数字信号控制器原理及应用
——基于 TMS320F2808

刘和平
刘 平　王华斌　严利平　编著

北京航空航天大学出版社

内 容 简 介

介绍 TI 公司推出的数字信号控制器芯片 TMS320F2808 的硬件结构、内部功能模块、系统控制和中断、流水线、寻址模式、汇编语言、C 语言编程和调试环境、F2808 实验开发板、外设模块等。以 F2808 的原理和应用为主线,介绍各个功能模块(I/O、eSCI、A/D、ePWM、eQEP、eCAP、I^2C、SPI、eCAN)的基本原理,列举出相应的应用实例,给出其应用的电路原理图和源程序清单。书中提供的所有程序均在本书作者配套设计的实验开发板上调试通过。本书通俗易懂,实例清楚易用,力求让学习数字信号控制器应用开发的人员容易入门,快速上手。附带光盘一张,内含书中全部程序代码。

本书可作为从事数字信号控制器应用开发的工程技术人员的参考用书,也可作为高校电子信息、自动化、计算机等专业本科生、研究生"数字信号控制器原理及应用"课程的教材。

图书在版编目(CIP)数据

数字信号控制器原理及应用:基于 TMS320F2808 /
刘和平等编著. -- 北京:北京航空航天大学出版社,
2011.7
　　ISBN 978 - 7 - 5124 - 0411 - 3

Ⅰ. ①数… Ⅱ. ①刘… Ⅲ. ①数字信号-信号处理-数字通信系统,TMS320F2808 Ⅳ. ①TN914.3

中国版本图书馆 CIP 数据核字(2011)第 063442 号

版权所有,侵权必究。

数字信号控制器原理及应用——基于 TMS320F2808
刘和平
刘　平　王华斌　严利平　编著
责任编辑　董云凤　张金伟　张　淳　李美娟
*
北京航空航天大学出版社出版发行
北京市海淀区学院路 37 号(邮编 100191)　http://www.buaapress.com.cn
发行部电话:(010)82317024　传真:(010)82328026
读者信箱:emsbook@gmail.com　邮购电话:(010)82316936
北京时代华都印刷有限公司印装　各地书店经销
*
开本:787×1 092　1/16　印张:27.25　字数:698 千字
2011 年 7 月第 1 版　2011 年 7 月第 1 次印刷　印数:4 000 册
ISBN 978 - 7 - 5124 - 0411 - 3　定价:49.50 元(含光盘 1 张)

前　言

　　TMS320F2808 是 TI 公司 C2000 平台上的定点 DSP 芯片新成员。F2808 芯片具有低成本、低功耗和高性能的特点,特别适用于有大量数据处理的测控和电机控制场合。该芯片内集成了几种功能强大的外设模块,形成真正的单芯片控制器。与 C24x 系列 DSP 芯片相比,F2808 芯片具有处理性能更好,外设模块集成度更高,程序存储器更大,模/数转换速度更快、精度更高等特点,而且与 C24x 的代码兼容。与 F2812 相比,F2808 的引脚更少,PCB 板面积更小,成本更低,寄存器有较大的差别,较多的外设模块功能有所增强,编程有较大的差异。

　　F2808 芯片可提供不同容量的存储器和不同的外设模块,以满足各种应用和性价比的要求,为多种用途的产品提供了更为经济的可编程解决方案。

　　F2808 芯片有 2 个事件管理模块,用于电机数字化控制应用,能对 2 个电机或逆变器进行控制。每个模块都包括中间或边缘对齐的 PWM 发生器;具有可编程的死区控制性能,以防止桥式驱动主电路的上下桥臂短路;可产生多种模/数转换启动信号。

　　芯片带有高性能的 12 位模/数转换模块,一次转换时间为 200 ns,连续转换时间为 60 ns。该模块还提供多达 16 路的模拟输入,具有自动排序功能,能使最多为 16 路的转换在同一个转换周期进行而不会增加 CPU 的开销。

　　该控制器集成有增强型串行通信接口(eSCI),因而能够与系统中其他控制器进行异步通信。ePWM、eQEP、eCAP 模块在 F2812 的基础上有所增强。另外,该控制器还提供了一个 16 位的同步串行外设接口(SPI)和增强型 eCAN 通信模块。这些功能的引脚也可设置为通用 I/O 引脚。

　　作者是在开发多种 DSP 芯片(F206、F24x、LF240x、F2812、F2808 等)应用项目的基础上编写了本书,编写体系以 F2808 芯片的模块原理和应用为主线,介绍各个功能模块的基本原理,列举出相应的应用实例,并给出其应用的电路原理图和程序清单。书中提供的所有程序均在重庆大学—美国德州仪器公司数字信号处理器解决方案实验室设计的配套实验开发板上调试通过。

　　在本书成书过程中,作者得到了重庆大学电气工程学院电力电子与电力传动系郑群英、邓力、江渝等老师的大力帮助和支持;还得到了崔晶、吴俊、王军生、杨小林、常猛、徐育军、彭岩、

前 言

周有为、杨利辉、张学锋、战祥真、胡建业、袁闪闪、郭军、李才强等硕士研究生的帮助。他们为本书做了大量的工作,在此一并表示感谢。

"重庆大学'211'三期创新人才培养计划"和"重庆大学研究生创新实践基地"为作者编写本书给予了大力支持,提供了实验场地,并组织开展了研究生培训工作。

作者还要感谢美国 TI 公司大学计划项目为本书所提供的大力支持。

限于作者的水平,书中难免存在错误和不当之处,恳请读者批评指正。

作 者

2010 年 10 月于重庆大学

目　　录

第 1 章　TMS320F2808 概述 ………………………………………………………… 1
1.1　概　　述 ……………………………………………………………………………… 1
1.2　TMS320F2808 CPU 控制器的功能结构图 ………………………………………… 3
1.3　TMS320F2808 引脚功能介绍 ……………………………………………………… 5
1.4　TMS320F2808 存储器映射图 ……………………………………………………… 12

第 2 章　TMS320F2808 内部功能 …………………………………………………… 15
2.1　内存总线 ……………………………………………………………………………… 15
2.2　外设模块总线 ………………………………………………………………………… 15
2.3　实时的 JTAG ………………………………………………………………………… 16
2.4　存储单元 ……………………………………………………………………………… 16
2.5　中断扩展模块 ………………………………………………………………………… 17
2.6　外部中断 ……………………………………………………………………………… 18
2.7　振荡器与锁相环 ……………………………………………………………………… 18
2.8　程序监视器 …………………………………………………………………………… 18
2.9　外设模块时钟 ………………………………………………………………………… 18
2.10　低功耗工作模式 ……………………………………………………………………… 18
2.11　外设模块结构 ………………………………………………………………………… 19
2.12　通用输入/输出多路复用器 ………………………………………………………… 19
2.13　32 位 CPU 定时器 …………………………………………………………………… 19
2.14　电机控制模块 ………………………………………………………………………… 19
2.15　串行接口 ……………………………………………………………………………… 20
2.16　寄存器映射 …………………………………………………………………………… 20
2.17　仿真寄存器 …………………………………………………………………………… 22

第 3 章　TMS320F2808 系统控制和中断 …………………………………………… 23
3.1　Flash 存储器和 OTP 存储器 ………………………………………………………… 23
　　3.1.1　Flash 存储器 …………………………………………………………………… 23
　　3.1.2　OTP 存储器 …………………………………………………………………… 23
　　3.1.3　Flash 存储器和 OTP 存储器功耗状态 ……………………………………… 23
　　3.1.4　Flash 存储器和 OTP 存储器性能 …………………………………………… 24

目 录

- 3.1.5 Flash 存储器流水线模式 ……………………………………………… 25
- 3.1.6 Flash 存储器和 OTP 存储器 …………………………………………… 25
- 3.2 代码安全模块 ……………………………………………………………………… 28
  - 3.2.1 功能描述 …………………………………………………………………… 28
  - 3.2.2 CSM 对其他片内资源的影响 ……………………………………………… 29
  - 3.2.3 用户应用中代码安全保护的具体表现 …………………………………… 30
  - 3.2.4 代码安全保护逻辑注意事项 ……………………………………………… 33
  - 3.2.5 CSM 特点总结 …………………………………………………………… 34
- 3.3 时 钟 ……………………………………………………………………………… 34
  - 3.3.1 时钟和系统控制 …………………………………………………………… 34
  - 3.3.2 OSC 和 PLL 模块 ………………………………………………………… 39
  - 3.3.3 TMS320F2808 芯片的 10 MHz 外部晶振的 10 倍频时钟设置 ………… 40
  - 3.3.4 低功耗工作模块 …………………………………………………………… 44
  - 3.3.5 程序监视器模块 …………………………………………………………… 46
  - 3.3.6 32 位 CPU 定时器 0、1、2 ……………………………………………… 48
- 3.4 外设中断扩展模块 ………………………………………………………………… 52
  - 3.4.1 PIE 模块 …………………………………………………………………… 52
  - 3.4.2 中断源 ……………………………………………………………………… 59
  - 3.4.3 PIE 配置和控制寄存器 …………………………………………………… 61
  - 3.4.4 外部中断控制寄存器 ……………………………………………………… 67

第 4 章 TMS320F28x 流水线、寻址模式及汇编语言指令集简介 ………………… 69

- 4.1 流水线 ……………………………………………………………………………… 69
  - 4.1.1 指令的流水线操作 ………………………………………………………… 69
  - 4.1.2 流水线活动 ………………………………………………………………… 72
  - 4.1.3 流水线活动的冻结 ………………………………………………………… 74
  - 4.1.4 流水线保护 ………………………………………………………………… 75
  - 4.1.5 避免无保护操作 …………………………………………………………… 77
- 4.2 TMS320F28x 寻址模式 …………………………………………………………… 79
  - 4.2.1 寻址模式分类 ……………………………………………………………… 79
  - 4.2.2 寻址模式选择位 …………………………………………………………… 80
  - 4.2.3 汇编器/编译器与 AMODE 位的关系 …………………………………… 82
  - 4.2.4 直接寻址模式 ……………………………………………………………… 82
  - 4.2.5 堆栈寻址模式 ……………………………………………………………… 83
  - 4.2.6 间接寻址模式 ……………………………………………………………… 84
  - 4.2.7 寄存器寻址模式 …………………………………………………………… 96
  - 4.2.8 数据/程序/IO 空间立即寻址模式 ………………………………………… 99
  - 4.2.9 程序空间间接寻址模式 …………………………………………………… 100
  - 4.2.10 字节寻址模式 …………………………………………………………… 101
  - 4.2.11 32 位定位操作 …………………………………………………………… 102

4.3 TMS320F28x 汇编语言指令集 ……………………………………………………… 102
  4.3.1 指令概述 …………………………………………………………………… 102
  4.3.2 寄存器操作 ………………………………………………………………… 103

第5章 C语言调试环境和编程 ……………………………………………………… 114
5.1 概述 ………………………………………………………………………………… 114
  5.1.1 C/C++语言特性 …………………………………………………………… 114
  5.1.2 编译器输出文件特性 ……………………………………………………… 114
  5.1.3 编译器接口连接特性 ……………………………………………………… 114
  5.1.4 编译器操作特性 …………………………………………………………… 115
  5.1.5 编译器应用程序特性 ……………………………………………………… 115
5.2 CCStudio 3.1 的安装 …………………………………………………………… 115
  5.2.1 CCStudio 3.1 主程序安装 ……………………………………………… 115
  5.2.2 仿真器驱动程序安装 ……………………………………………………… 119
5.3 C/C++语言编译器集成调试环境介绍 ………………………………………… 126
  5.3.1 配置仿真集成调试环境 …………………………………………………… 126
  5.3.2 集成调试环境介绍 ………………………………………………………… 130
  5.3.3 菜单及功能介绍 …………………………………………………………… 131
  5.3.4 工作窗口区介绍 …………………………………………………………… 135
5.4 用 C/C++编译器开发应用程序的步骤 ………………………………………… 137
5.5 头文件和命令文件 ……………………………………………………………… 138
  5.5.1 头文件 ……………………………………………………………………… 138
  5.5.2 命令文件.CMD …………………………………………………………… 142

第6章 TMS320F2808 实验开发板 ………………………………………………… 146
6.1 TMS320F2808 实验开发板介绍 ……………………………………………… 146
6.2 TMS320F2808 实验开发板功能介绍 ………………………………………… 147

第7章 数字量输入/输出模块 ……………………………………………………… 154
7.1 概述 ………………………………………………………………………………… 154
7.2 GPIO 复用 ………………………………………………………………………… 154
7.3 数字量 I/O 端口寄存器 …………………………………………………………… 154
7.3 I/O 接口应用 ……………………………………………………………………… 164

第8章 串行通信 ……………………………………………………………………… 169
8.1 概述 ………………………………………………………………………………… 169
8.2 串行通信接口的结构 …………………………………………………………… 172
  8.2.1 串行通信接口的信号 ……………………………………………………… 172
  8.2.2 多处理器和异步通信模式 ………………………………………………… 172
  8.2.3 串行通信接口可编程数据格式 …………………………………………… 173
  8.2.4 SCI 多处理器通信 ………………………………………………………… 173
  8.2.5 空闲线多处理器模式 ……………………………………………………… 174
  8.2.6 地址位多处理器模式 ……………………………………………………… 176

8.2.7　SCI 通信格式 ……………………………………………………………… 177
　　8.2.8　串行通信接口中断 …………………………………………………………… 178
　　8.2.9　SCI 波特率计算 ……………………………………………………………… 179
　　8.2.10　串行通信接口的增强特性 …………………………………………………… 179
8.3　串行通信寄存器概述 ……………………………………………………………… 182
8.4　串行通信接口程序设计举例 ……………………………………………………… 193

第 9 章　A/D 转换器 ……………………………………………………………… 196
9.1　A/D 转换模块特性 ………………………………………………………………… 196
9.2　自动排序器的工作原理 …………………………………………………………… 197
　　9.2.1　顺序采样模式 …………………………………………………………………… 200
　　9.2.2　同时采样模式 …………………………………………………………………… 200
9.3　自动排序连续模式 ………………………………………………………………… 202
　　9.3.1　排序器的启动/停止模式 ……………………………………………………… 204
　　9.3.2　同时采样模式 …………………………………………………………………… 205
　　9.3.3　输入触发器 ……………………………………………………………………… 205
　　9.3.4　在排序转换时的中断操作 …………………………………………………… 206
9.4　A/D 转换时钟的前分频 …………………………………………………………… 208
9.5　A/D 转换模块的低功耗工作模式 ………………………………………………… 208
9.6　A/D 转换模块上电顺序 …………………………………………………………… 209
9.7　排序器的新增特性 ………………………………………………………………… 209
9.8　内部/外部基准电压源的选择 ……………………………………………………… 210
9.9　A/D 转换寄存器 …………………………………………………………………… 212
9.10　A/D 转换电路 ……………………………………………………………………… 221
9.11　A/D 转换应用举例 ………………………………………………………………… 223

第 10 章　ePWM 模块 ……………………………………………………………… 227
10.1　ePWM 模块概述 …………………………………………………………………… 227
10.2　时基子模块 ………………………………………………………………………… 230
10.3　比较计数子模块 …………………………………………………………………… 232
10.4　动作限定子模块 …………………………………………………………………… 234
10.5　死区生成子模块 …………………………………………………………………… 236
10.6　斩波子模块 ………………………………………………………………………… 238
10.7　TZ 子模块 ………………………………………………………………………… 240
10.8　事件触发子模块 …………………………………………………………………… 241
10.9　ePWM 模块寄存器 ………………………………………………………………… 243

第 11 章　eQEP 模块 ……………………………………………………………… 262
11.1　eQEP 输入 ………………………………………………………………………… 262
11.2　eQEP 模块的主要功能 …………………………………………………………… 262
11.3　正交脉冲编码模块 ………………………………………………………………… 263
　　11.3.1　正交脉冲计数器输入模块 …………………………………………………… 263

11.3.2 eQEP 模块输入极性选择位 ……………………………………………… 265
11.3.3 位置比较同步输出 ………………………………………………………… 265
11.4 位置计数和控制电路 ……………………………………………………………… 265
11.4.1 位置计数器操作方式 ……………………………………………………… 265
11.4.2 位置计数器锁存 …………………………………………………………… 267
11.4.3 位置计数器初始化 ………………………………………………………… 268
11.4.4 位置比较电路 ……………………………………………………………… 268
11.5 eQEP 边沿捕获电路 ……………………………………………………………… 268
11.6 eQEP 程序监视定时器 …………………………………………………………… 269
11.7 定时器时基电路 ………………………………………………………………… 269
11.8 eQEP 中断结构 …………………………………………………………………… 270
11.9 eQEP 寄存器组 …………………………………………………………………… 270

第12章 捕获模块

12.1 概 述 ……………………………………………………………………………… 285
12.2 捕获与 APWM 工作模式 ………………………………………………………… 286
12.3 捕获模式概述 …………………………………………………………………… 287
12.3.1 事件前分频 ………………………………………………………………… 287
12.3.2 边沿极性选择和限定器 …………………………………………………… 288
12.3.3 连续捕获与首发捕获控制 ………………………………………………… 288
12.3.4 32 位计数器和相位控制 …………………………………………………… 289
12.3.5 捕获寄存器 ………………………………………………………………… 289
12.3.6 中断控制 …………………………………………………………………… 289
12.3.7 影子寄存器装载与禁止装载控制 ………………………………………… 290
12.3.8 APWM 模式的工作特性 …………………………………………………… 291
12.4 捕获模块寄存器 ………………………………………………………………… 292

第13章 I²C 串行通信

13.1 I²C 模块概述 ……………………………………………………………………… 305
13.2 I²C 模块的工作 …………………………………………………………………… 308
13.3 I²C 模块产生中断请求 …………………………………………………………… 313
13.4 重设/禁止 I²C 模块 ……………………………………………………………… 314
13.5 I²C 模块寄存器 …………………………………………………………………… 314
13.6 24LC256 与 F2812 的硬件接口 ………………………………………………… 329
13.7 24LC256 的应用编程 …………………………………………………………… 329

第14章 串行外设接口

14.1 概 述 ……………………………………………………………………………… 336
14.1.1 SPI 结构框图 ……………………………………………………………… 337
14.1.2 SPI 模块信号总汇 ………………………………………………………… 337
14.2 SPI 模块寄存器 …………………………………………………………………… 338
14.3 串行外设接口操作 ……………………………………………………………… 340

目 录

- 14.3.1 操作介绍 ………………………………………………………… 340
- 14.3.2 SPI 的主控和从动模式 …………………………………………… 341
- 14.4 SPI 中断 …………………………………………………………………… 342
  - 14.4.1 SPI 中断控制位 …………………………………………………… 342
  - 14.4.2 数据格式 …………………………………………………………… 343
  - 14.4.3 SPI 波特率设置和时钟模式 ……………………………………… 343
  - 14.4.4 SPI 的初始化 ……………………………………………………… 345
  - 14.4.5 SPI 数据传送 ……………………………………………………… 346
- 14.5 SPI FIFO 概述 …………………………………………………………… 347
- 14.6 SPI 控制寄存器 …………………………………………………………… 348
- 14.7 SPI 应用举例 ……………………………………………………………… 357

第15章 增强型局域网控制器 ……………………………………………… 360
- 15.1 eCAN 控制器结构 ………………………………………………………… 360
  - 15.1.1 CAN 概述 …………………………………………………………… 360
  - 15.1.2 CAN 网络及模块 …………………………………………………… 361
  - 15.1.3 eCAN 控制器概述 ………………………………………………… 363
  - 15.1.4 邮箱 ………………………………………………………………… 365
- 15.2 eCAN 寄存器 ……………………………………………………………… 369
  - 15.2.1 定时器管理单元 …………………………………………………… 386
  - 15.2.2 邮箱设置 …………………………………………………………… 389
  - 15.2.3 接收滤波器 ………………………………………………………… 392
- 15.3 eCAN 模块的配置 ………………………………………………………… 393
  - 15.3.1 CAN 模块的初始化 ………………………………………………… 393
  - 15.3.2 eCAN 的配置步骤 ………………………………………………… 396
  - 15.3.3 远程帧邮箱的处理 ………………………………………………… 399
  - 15.3.4 中断 ………………………………………………………………… 399
  - 15.3.5 CAN 模块的掉电模式 ……………………………………………… 405
- 15.4 eCAN 控制器的程序设计举例 …………………………………………… 406

第16章 TMS320F2808 的 C 语言编程应用实例 …………………………… 415
- 16.1 图形液晶显示模块与 TMS320F2808 接口编程 ………………………… 415
- 16.2 硬件设计 …………………………………………………………………… 415
- 16.3 液晶显示模块指令系统 …………………………………………………… 417
- 16.4 液晶显示程序清单 ………………………………………………………… 418

附 录 光盘内容说明 …………………………………………………………… 424

参考文献 ………………………………………………………………………… 425

第 1 章

TMS320F2808 概述

1.1 概 述

TMS320F2808（以下简称 F2808）是美国 TI 公司推出的 C2000 平台上的定点 DSP 芯片。F2808 芯片具有低成本、低功耗和高性能处理能力，特别适用于需要大量数据处理的测控领域和复杂运算的电机控制领域。

F2808 特点如下：

- 高性能静态 CMOS 技术：
  工作频率 100 MHz(10 ns 指令时间)；
  低功耗设计(内核 1.8 V 供电，I/O 口 3.3 V 供电)。
- 支持 JTAG 接口。
- 高性能 32 位 CPU：
  16×16 位和 32×32 位 MAC 操作；
  16×16 位双通道 MAC(乘累加运算)；
  哈佛总线结构；
  微结构高速运行；
  快速的中断响应和处理能力；
  标准统一的存储器编程模式；
  高效的 C/C++语言和汇编语言代码。
- 片内存储器：
  64K×16 位 Flash 存储器和 18K×16 位 SARAM 存储器；
  1K×16 位 OTP 和 ROM 存储器。
- 引导 ROM(4K×16 位)：
  软件引导模式(通过 SCI、SPI、CAN、I^2C 和通用并行 I/O 端口)；
  标准的数学函数库。
- 时钟系统：
  基于自动锁相环技术的时钟发生器；
  片内晶体振荡器；
  程序监视器。
- 任何一个通用输入/输出 A 口(GPIOA)的引脚都可编程连接到三个外部中断之一。

第 1 章 TMS320F2808 概述

- 外设中断扩展模块(PIE)支持所有的 43 个外设中断。
- 128 位代码安全密钥保护，保护 Flash/OTP 和 L0/L1 SARAM，防止软硬件逆向获取代码。
- 3 个 32 位 CPU 定时器。
- 增强型外设：
  16 路 PWM 输出通道；
  6 路 HRPWM 输出通道；
  4 个捕获输入接口；
  2 个正交增量编码器接口；
  6 个 32 位/16 位定时器。
- 串行外设模块：
  4 个 SPI 模块；
  2 个 SCI 模块；
  2 个 CAN 模块；
  1 个 I^2C 模块。
- 12 位的 A/D 转换器，通道数为 16 路：
  2×8 通道输入多路转换开关；
  2 个采样保持器；
  单个采样和 2 路同时采样的两种转换模式；
  快速转换周期为 160 ns，即转换率为 6.25 MSPS(每秒百万次采样)；
  具有内部参考源和外部参考源输入选择。
- 35 个可独立编程复用的通用 I/O 引脚(GPIO)，其输入引脚上有窄脉冲限定器。
- 先进的仿真性能：
  断点分析功能；
  硬件支持的实时调试方式。
- 开发工具：
  ANSI C/C++编译器/汇编器/链接器；
  CCS IDE；
  DSP/BIOS；
  数字电机控制和数字电源软件库。
- 低电压低功耗工作模式，支持 IDLE(空闲)、STANDBY(标准)及 HALT(停止)模式，可单独停止各个外设模块的时钟。
- 封装选项：
  小型四方扁平封装(PZ)；
  BGA 封装(GGM 和 ZGM)。
- 环境温度范围：
  A：−40℃～85℃；
  S/Q：−40℃～125℃。

F2808 芯片的硬件特性见表 1-1。

表 1-1 F2808 芯片的硬件特性

项 目	特 征
指令周期(在 100 MHz 时)	10 ns
单访问 RAM(SARAM,16 位字宽)	18K
3.3 V 片内 Flash(16 位字宽)	64K
片内 Flash/SARAM/OTP 模块安全代码	是
引导 ROM	是
OTP ROM(16 位字宽)	是
PWM 输出	ePWM1/2/3/4/5/6
HRPWM 通道	ePWM1A/2A/3A/4A
32 位捕获输入或者辅助 PWM 输出	eCAP1/2/3/4
32 位 QEP 通道(4 输入/通道)	eQEP1/2
程序监视器	是
12 位 16 通道 ADC 转换时间	160 ns
32 位 CPU 定时器	3
串行外设接口(SPI)	SPI—A/B/C/D
串行通信接口(SCI)	SCI—A/B
增强局域控制网络接口(eCAN)	eCAN—A/B
I²C 总线接口	I2C—A
I/O 引脚	35
外部中断输入	3
供电电压 内核 1.8 V 供电,I/O 口 3.3 V 供电	是
封装 100 引脚(PZ),BGA(GGM,ZGM)	是
温度选择 A:-40 ~85℃	PZ, GGM, ZGM
温度选择 S:-40 ~125℃	PZ, GGM, ZGM
温度选择 Q:-40 ~125℃	PZ
产品状态	TMS

1.2 TMS320F2808 CPU 控制器的功能结构图

图 1-1 和图 1-2 分别为 F2808 CPU 控制器的功能模块框图及 PZ LQFP 外形封装图。

F2808 用到了 96 个可能中断中的 43 个中断,1K×16 位 OTP 已经用 1K×16 位 ROM 代替。

第1章 TMS320F2808 概述

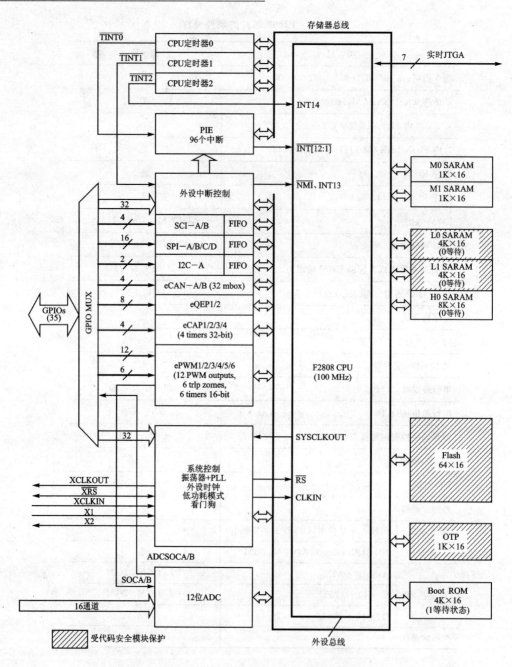

图 1-1 F2808 的 CPU 功能模块框图

第1章 TMS320F2808 概述

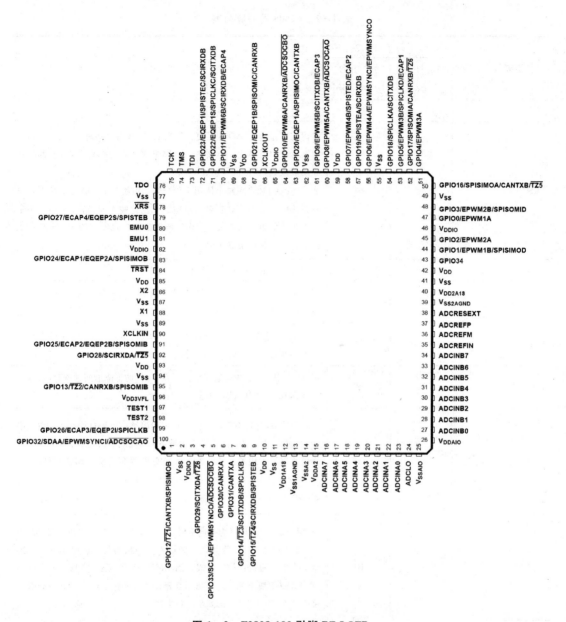

图 1-2 F2808 100 引脚 PZ LQFP

1.3 TMS320F2808 引脚功能介绍

表 1-2 列出了 F2808 控制器上所有可用的引脚信号。所有的数字输入都是 TTL 兼容的；所有的输出都是 3.3 V CMOS 电平。该控制器不能承受 5 V 的电平输入。

第1章 TMS320F2808 概述

表 1-2 F2808 的引脚列表

引脚名称	引脚序列号 100引脚 PZ	引脚序列号 100引脚 GGM/ZGM	功能描述
JTAG			
$\overline{TRST}$	84	A6	带内部下拉的 JTAG 测试复位。当$\overline{TRST}$为高电平时,扫描芯片运行在系统控制器模式。当该信号引脚未接或者为低电平时,器件运行在功能模式,复位信号无效。 注:不能在$\overline{TRST}$引脚上使用上拉电阻,因为芯片内部有下拉。在干扰较小的环境中,$\overline{TRST}$可以悬空。干扰比较大时,可以附加一个下拉电阻。电阻值与调试应用设计所需的驱动强度有关,一个 2.2 kΩ 的电阻可以提供足够保护
TCK	75	A10	带内部上拉的 JTAG 测试时钟
TMS	74	B10	JTAG 测试模式选择,带内部上拉。该串行时钟信号在 TCK 的上升沿输入到 TAP 控制器
TDI	73	C9	JTAG 测试数据输入,带内部上拉。TDI 时钟信号在 TCK 的上升沿输入到所选寄存器(指令或数据)
TD0	76	B9	JTAG 扫描输出,测试数据输出。在 TCK 的下降沿所选寄存器(指令或数据)的内容从 TDO 中移出
EMU0	80	A8	仿真引脚 0,当$\overline{TRST}$为高电平时,该引脚被用于来自或到仿真器的中断,通过 JTAG 扫描将其定义为输入或输出引脚。该引脚也可用来将仿真器设为边界扫描模式。当 EMU0 为高电平、EMU1 为低电平时,$\overline{TRST}$引脚上的上升沿将仿真器设为边界扫描模式。该引脚需要接一个 2.2~4.7 kΩ 的外部上拉电阻
EMU1	81	B7	仿真引脚 1,当$\overline{TRST}$为高电平时,该引脚被用于来自或到仿真器的中断,通过 JTAG 扫描将其定义为输入或输出引脚。该引脚也可用来将仿真器设为边界扫描模式。当 EMU0 为高电平、EMU1 为低电平时,$\overline{TRST}$引脚上的上升沿将仿真器设为边界扫描模式。该引脚需要接一个 2.2~4.7 kΩ 的外部上拉电阻
Flash			
V_{DD3VFL}	96	C4	3.3 V 的 Flash 内核电源引脚,该引脚必须与 3.3 V 的电源相连
TEST1	97	C4	测试引脚,必须悬空
TEST1	98	B3	测试引脚,必须悬空
CLOCK			
XCLKOUT	66	E8	引出 SYSCLOCKOUT 输出时钟,频率是系统时钟频率的 1/2、1/4 和 1 倍,由 XCLK 寄存器控制。复位时 XCLKOUT=SYSCLKOUT/4,与其他通用输入/输出引脚不同,XCLKOUT 引脚在复位期间不会处于高组态

续表 1-2

引脚名称	引脚序列号 100 引脚 PZ	引脚序列号 100 引脚 GGM/ZGM	功能描述
XCLKIN	90	B5	外设振荡输入，由外部振荡器提供一个 3.3 V 的电压，在这种情况下，X1 引脚必须接地。如果用的是晶体振荡器，该引脚必须接地
X1	88	E6	内部和外部振荡器输入，若用内部振荡器输入，必须通过 X1 或 X2 引脚连接石英晶体振荡器或陶瓷振荡器
X2	86	C6	内部振荡器输入，X1 或 X2 引脚连接石英晶体振荡器或陶瓷振荡器。如果 X2 没有使用，必须悬空
复位			
$\overline{XRS}$	78	B8	芯片复位或程序监视器复位。$\overline{XRS}$ 使芯片停止运行，PC 将指向 0x3FFFC0。当 $\overline{XRS}$ 变为高电平时，程序将从 PC 指向的地址开始执行；当程序监视器复位时，该引脚置为低电平。该引脚的输出缓冲器是一个带内部上拉的漏极开路缓冲器，推荐该引脚应由一个漏极开路驱动
ADC 信号			
ADCINA7	16	F3	8 通道模拟输入
ADCINA6	17	F4	8 通道模拟输入
ADCINA5	18	G4	8 通道模拟输入
ADCINA4	19	G1	8 通道模拟输入
ADCINA3	20	G2	8 通道模拟输入
ADCINA2	21	G3	8 通道模拟输入
ADCINA1	22	H1	8 通道模拟输入
ADCINA0	23	H2	8 通道模拟输入
ADCINB7	34	K5	8 通道模拟输入
ADCINB6	33	H4	8 通道模拟输入
ADCINB5	32	K4	8 通道模拟输入
ADCINB4	31	J4	8 通道模拟输入
ADCINB3	30	K3	8 通道模拟输入
ADCINB2	29	H3	8 通道模拟输入
ADCINB1	28	J3	8 通道模拟输入
ADCINB0	27	K2	8 通道模拟输入
ADCLO	24	J1	低电压参考
ADCRESEXT	38	F5	模/数转换外部电流偏置电阻，通过一个 22 kΩ 的电阻接到模拟地
ADCREFIN	35	J5	外部参考输入
ADCREFP	37	G5	模/数转换电压源输出，要求与模拟地之间有一个 2.2 μF 的旁路电容

续表 1-2

引脚名称	引脚序列号 100 引脚 PZ	引脚序列号 100 引脚 GGM/ZGM	功能描述
ADCREFM	36	H5	模/数转换基准电压源输出,要求与模拟地之间有一个 2.2 μF 的旁路电容
CPU 和 I/O 功率引脚			
V_{DDA2}	15	F2	模/数转换模拟 3.3 V 供电电源
V_{SSA2}	14	F1	模/数转换模拟地
V_{DDAIO}	26	J2	模/数转换模拟 I/O 供电电源
V_{SSAIO}	25	K1	模/数转换模拟 I/O 地
V_{DD1A18}	12	E4	模/数转换模拟供电电源 1.8 V
$V_{DD1AGND}$	13	E5	模/数转换模拟地
V_{DD2A18}	40	J6	模/数转换模拟电源 1.8 V
$V_{SS2AGND}$	39	K6	模/数转换模拟地
V_{DD}	10	E2	1.8 V CPU 和数字电源
V_{DD}	42	G6	
V_{DD}	59	F10	
V_{DD}	68	D7	
V_{DD}	85	B6	
V_{DD}	93	D4	
V_{DDIO}	3	C2	3.3 V 数字电源
V_{DDIO}	46	H7	
V_{DDIO}	65	E9	
V_{DDIO}	82	A7	
V_{SS}	2	B1	数字地
V_{SS}	11	E3	
V_{SS}	41	H6	
V_{SS}	49	K9	
V_{SS}	55	H10	
V_{SS}	62	F7	
V_{SS}	69	D10	
V_{SS}	77	A9	
V_{SS}	87	D6	
V_{SS}	89	A5	
V_{SS}	94	A4	

续表 1-2

引脚名称	引脚序列号		功能描述
	100 引脚 PZ	100 引脚 GGM/ZGM	
GPIO 和外设模块信号			
GPIO0 EPWM1A	47	K8	GPIO0 EPWM1A 输出
GPIO1 EPWM1B SPISIMOD	44	K7	GPIO1 EPWM1B SPI 主控输出,从控输入
GPIO2 EPWM2A	45	J7	GPIO2 EPWM2A 输出
GPIO3 EPWM2B SPISOMID	48	J8	GPIO3 EPWM2B SPI 从控输出,主控输入
GPIO4 EPWM3A	51	J9	GPIO4 EPWM3A 输出
GPIO5 EPWM3B SPICLKD ECAP1	53	H9	GPIO5 EPWM3B SPI-D 时钟 捕获 1 输出
GPIO6 EPWM4A EPWMSYNCI EPWMSYNCO	56	G9	GPIO6 EPWM4A 输出 外设 EPWM 同步输出 外设 EPWM 同步输入
GPIO7 EPWM4B SPISTED ECAP2	58	G8	GPIO7 EPWM4B 输出 SPI-D 从控传送使能 捕获 2 输出
GPIO8 EPWM5A CANTXB $\overline{ADCSOCAO}$	60	F9	GPIO8 EPWM5A 输出 CAN-B 输出 模/数转换启动
GPIO9 EPWM5B SCITXDB ECAP3	61	F8	GPIO9 EPWM5B 输出 SCI-B 传送数据 捕获 3 输出

续表 1-2

引脚名称	引脚序列号		功能描述
	100 引脚 PZ	100 引脚 GGM/ZGM	
GPIO10 EPWM6A CANRXB $\overline{\text{ADCSOCBO}}$	64	E10	GPIO10 EPWM6A 输出 CAN-B 接收 ADC 启动 B
GPIO11 EPWM6B SCIRXDB ECAP4	70	D9	GPIO11 EPWM6B 输出 SCI-B 接收数据 捕获 4 输出
GPIO12 $\overline{\text{TZ1}}$ CANTXB SPISIMOB	1	B2	GPIO12 $\overline{\text{TZ1}}$ CAN-B 传送 SPI-B 从控输入,主控输出
GPIO13 $\overline{\text{TZ2}}$ CANRXB SPISOMIB	95	B4	GPIO13 $\overline{\text{TZ2}}$ CAN-B 接收 SPI-B 从控输出,主控输入
GPIO14 $\overline{\text{TZ3}}$ SCITXDB SPICLKB	8	D3	GPIO14 $\overline{\text{TZ3}}$ SCI-B 传送 SPI-B 时钟输入/输出
GPIO15 $\overline{\text{TZ4}}$ SCIRXDB SPISTESB	9	E1	GPIO15 $\overline{\text{TZ4}}$ SCI-B 接收 SPI-B 从控传送使能
GPIO16 SPISOMOA CANTXB $\overline{\text{TZ5}}$	50	K10	GPIO16 SPI-A 从控输入,主控输出 CAN-B 传送 TZ5 输入
GPIO17 SPISOMIA CANRXB $\overline{\text{TZ6}}$	52	J10	GPIO17 SPI-A 从控输出,主控输入 CAN-B 接收 TZ6 输入

续表 1-2

引脚名称	引脚序列号		功能描述
	100 引脚 PZ	100 引脚 GGM/ZGM	
GPIO18 SPICLKA SCITXDB	54	H8	GPIO18 SPI-A 时钟输入/输出 SCI-B 传送
GPIO19 SPISTEA SCIRXDB	57	G10	GPIO19 SPI-A 从控传送使能 SCI-B 接收
GPIO20 EQEP1A SPISIMOC CANTXB	63	F6	GPIO20 EQEP1A 输入 SPI-C 从控输入,主控输出 CAN-B 传送
GPIO21 EQEP1B SPISOMIC CANRXB	67	E7	GPIO21 QEP1B 输入 SPI-C 主控输入,从控输出 CAN-B 接收
GPIO22 EQEP1S SPICLKC SCITXDB	71	DB	GPIO22 EQEP1 选通 SPI-C 时钟 SCI-B 传送
GPIO23 EQEP1I SPISTEC SCIRXDB	72	C10	GPIO23 EQEP1 零位输入 SPI-C 从控传送使能 SCI-B 从控输入,主控输出
GPIO24 ECAP1 EQEP2A SPISIMOB	83	C7	GPIO24 捕获 1 EQEP2 输入 SPI-B 主控输入,从控输出
GPIO25 ECAP2 EQEP2B SPISIMIB	91	C5	GPIO25 捕获 2 EQEP2B 输入 SPI-B 从控输入,主控输出
GPIO26 ECAP3 EQEP2I SPICLKB	99	A2	GPIO26 捕获 3 EQEP2I 零位输入 SPI-B 时钟

第1章 TMS320F2808 概述

续表 1-2

引脚名称	引脚序列号 100 引脚 PZ	引脚序列号 100 引脚 GGM/ZGM	功能描述
GPIO27 ECAP4 EQEP2S SPISTEB	79	C8	GPIO27 捕获 4 EQEP2B 选通 SPI-B 从控发送使能
GPIO28 SCIRXDA $\overline{TZ5}$	92	D5	GPIO28 SCI 接收 $\overline{TZ5}$
GPIO29 SCITXDA $\overline{TZ6}$	4	C3	GPIO29 SCI 发送 $\overline{TZ6}$
GPIO30 CANRXA	6	D2	GPIO30 CAN-A 接收
GPIO31 CANTXA	7	D1	GPIO31 CAN-A 发送
GPIO32 SDAA EPWMSYNCI $\overline{ADCSOCAO}$	100	A1	GPIO32 I^2C 数据开漏双向口 EPWM 外设同步脉冲输入 A/D 转换启动
GPIO33 SCLA EPWMSYNCO $\overline{ADCSOCBO}$	5	C1	GPIO33 I^2C 时钟开漏双向口 EPWM 外设同步脉冲输出 A/D 转换启动
GPIO34	43	G7	GPIO34

1.4 TMS320F2808 存储器映射图

F2808 存储器的映射图如图 1-3 所示,其 Flash 向量地址、使用代码安全模式的作用如表 1-3、表 1-4 所列。

对图 1-3 说明如下:

(1) 存储块不是按比例来分布的。

(2) 外设结构 0、外设结构 1、外设结构 2 的存储器映射图只限制在数据存储器内,编程时不能进入这些存储器映射图的程序空间。

(3)"保护"的意思是,带读取操作的写命令的操作顺序被保留,而不采用流水线操作顺序。

（4）某些存储范围受 EALLOW 保护，以免配置后意外改写。

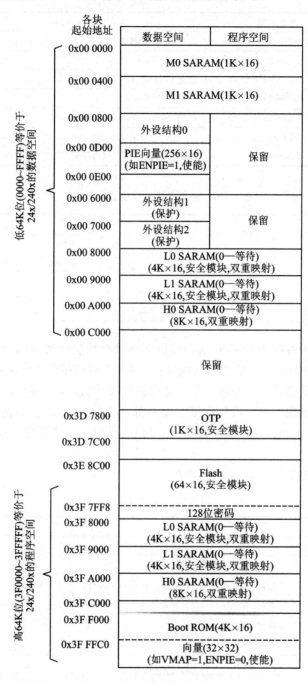

图 1-3　存储器映射图

第1章 TMS320F2808 概述

表 1-3 F2808 的 Flash 向量地址

地址范围	程序和数据空间
0x3E 8000～0x3E BFFF	向量 D(16K×16)
0x3E C000～0x3E FFFF	向量 C(16K×16)
0x3E 0000～0x3F 3FFF	向量 B(16K×16)
0x3F 4000～0x3F 7F7F	向量 A(16K×16)
0x3F 7F08～0x3F 7FF5	使用代码安全模式时写入 0x0000
0x3F 7FF6～0x3F 7FF7	Boot 到 Flash 的进入点(在此编写分支指令)
0x3F 7FF8～0x3F 7FFF	密钥(128 位)(所有位为零时不编程)

表 1-4 使用代码安全模式的作用

地　址	Flash		ROM	
	代码安全	不代码安全	代码安全	不代码安全
0x3F 7F80～0x3F 7FEF	各位全为 0	适用于代码和数据	各位全为 0	适用于代码和数据
0x3F 7FF0～0x3F 7FF5	各位全为 0	只为数据保留	不使用,为 TI 保留	
0x3D 7BFC～0x3D 7BFF		适用于代码和数据		

外设结构 1 和外设结构 2 为一组,这样可以对外设模块进行读/写保护,以便确保这些模块都是以写的形式被访问。F2808 的流水线结构与 CPU 的内存总线命令的执行顺序相反,每个写操作完成之后紧跟着的是一个对不同地址的读取操作,这样在用户希望先进行写操作的外设模块应用时将会出现问题。F2808 CPU 支持外设模块保护模式,在保护的存储区域范围内确保只进行写操作(不利的是完成这些操作有附加的周期)。这个模式是可编程的,默认情况下,保护所选择的区域。

不同存储空间的等待状态如表 1-5 所列。

表 1-5 等待状态

区　域	等待状态	说　明
M0 和 M1 SARAM	0 等待	固定
外设结构 0	0 等待	固定
外设结构 1	0 等待(写操作) 2 等待(读操作)	固定。外设 eCAN 可以提供需要的一个周期。背靠背地写操作会引入 1 周期的延时
外设结构 2	0 等待(写操作) 2 等待(读操作)	固定
L0 和 L1 SARAM	0 等待	
OTP	可编程的,最小 0 等待	通过 Flash 寄存器编程。0 等待状态在 CPU 频率降低时可能动作
Flash	可编程的,最小 0 等待	通过 Flash 寄存器编程。0 等待状态在 CPU 频率降低时可能动作。CSM 密钥存储单元被硬件连线为 16 等待状态
H0 SARAM	0 等待	固定
Boot SARAM	1 等待	固定

第 2 章

TMS320F2808 内部功能

由于 F2808 是 C2000 系列成员之一,所以 F2808 的源代码与 24x/F240x 芯片的源代码是兼容的,这有利于 F240x 的老用户进行软件升级。F2808 的 C/C++ 编辑器非常高效,用户不但可以使用高级语言开发系统控制软件,也可以通过 C/C++ 语言开发各种算法。在完成数字信号处理的数学计算任务时,F2808 也能进行系统控制,并且控制效率很高,因此许多应用系统没有必要使用第二个控制器。32×32 位 MAC 乘累加能力以及 64 位信息处理能力,使得 F2808 能够高效地解决更复杂的数学计算,否则就需要价格更贵的浮点处理器。快速中断响应以及自动保存关键寄存器内容的功能,使得芯片能够以最快的反应时间响应很多不同时发生的事件。F2808 拥有 8 级保护流水线,可以依次访问内存。该流水线结构使得 F2808 可以高速地运行而无需借助于价格昂贵的高速内存。F2808 特有的分支查表硬件缩短了条件中断的响应时间。

2.1 内存总线

F2808 内存总线(哈佛总线结构)包括程序读总线、数据读总线以及数据写总线。程序读总线包括 22 位地址线和 32 位数据线。数据读和数据写总线分别包括 32 位地址线和 32 位数据线。32 位的数据线可在一个周期内完成 32 位的操作。这种并行的总线结构叫做哈佛总线结构,它可使 F2808 具有在一个周期内完成取一条指令、读一个数据以及写一个数据的能力。所有连接到内存总线上的外设模块以及存储单元均需要按优先级顺序访问内存。通常情况下,内存总线访问优先级如下:

高优先级:写数据→写程序→读数据→读程序;

低优先级:取指令。

注:写数据和写程序不能同时发生;读程序和取指令也不能同时发生。

2.2 外设模块总线

F2808 采用外设模块总线标准,它使 TI 系列不同的 DSP 芯片互相移植更容易。外设模块总线把不同的总线连接起来,组成处理器的存储总线。它包括 16 位地址线和 16 位或 32 位数据线,并且与控制信号相连。

F2808 支持两个不同版本的外设模块总线——外设模块总线 1 和外设模块总线 2。其中外设模块总线 1 支持 16 位和 32 位访问,此结构用于要求更高处理能力的外设模块。而外设模块总线 2 只支持 16 位访问,此结构与 CF240x 的外设模块兼容。

2.3 实时的 JTAG

F2808 执行 IEEE 1149.1 JTAG 标准接口。F2808 支持实时工作模式，当处理器正在运行和执行代码以及中断服务时，可以实时修改存储单元、外设模块的内容以及寄存器的地址。如果与实时性要求高的中断服务不发生冲突，则用户可以通过非实时的单步执行代码。F2808 在 CPU 内部通过硬件执行实时模式而不需要软件监测，这是 F2808 的一个特点。另外，F2808 还提供特殊的硬件分析，用户可以设置硬件断点或数据/地址观测点，当发生匹配时将产生用户设置不同断点的事件。

2.4 存储单元

1. Flash

F2808 包含 64K×16 位的片内 Flash 存储器和 1K×16 位的 OTP 存储器。Flash 存储器被分为 4 个 16K×16 位单元、6 个 16K×16 位单元。F2808 包含 1 个 1K×16 位的 OTP 存储器，它的地址范围为 0x3D 7800～0x3D 78FF。F2808 不能使用 Flash 或 OTP 的一个单元执行运算去擦除或编写其他单元。

注：在应用中，Flash 和 OTP 的等待状态均可设置。这样就可以在更低的主频下用更少的等待状态来配置 Flash。若对 Flash 存储器使能了 Flash 的流水线模式，则可以提高 Flash 的执行效率。在 Flash 流水线模式下，代码的线性（按存储顺序取指令）执行速度加快，要比单独设置等待状态的情况更快。

2. M0、M1 SARAM

F2808 芯片包含两个可独立访问的存储单元模块，每一块大小为 1K×16 位。复位时，堆栈指针指向 M1 模块的开始位置。与 F28x 芯片内所有的其他存储单元一样，M0 和 M1 模块同时映射到程序空间和数据空间，因此用户可以使用 M0 和 M1 执行代码或存储数据变量。区域分割是在链接器内部完成的。F2808 芯片给用户提供了一个统一的内存分布方式，这样在使用高级语言编程时更加容易。

3. L0、L1、H0 SARAM

F2808 包含附加的 16K×16 位的可独立访问的 RAM，它们分为 3 个块：L0、L1、H0(4K＋4K＋8K)。F2808 可以独立地访问每一个块，这将缩短流水线运行时的延时时间。每一个块都可同时映射到程序空间和数据空间。

4. Boot ROM

Boot ROM 放置 Boot Loading 软件，引导装载出厂时编好的程序。复位时，F2808 就会运行 Boot ROM 程序，它通过检测几个 GPIO 引脚的状态来确定进入哪一种引导模式。例如，用户可以选择执行内部 Flash 已有的代码，或者通过几个外部串行接口之一将新的软件程序下载到内部 RAM 中。除此之外，还有其他的引导模式。Boot ROM 同样包含标准数学函数表，例如 sin/cos 函数，用于相关的数学运算。Boot 模式选择见表 2-1。

表 2-1 Boot 模式选择

模式	描述	GPIO18 SPICLKA SCITXDB	GPIO29 SCITXDA	GPIO34
引导至 Flash/ROM	Flash/ROM 的入口地址为 0x3F 7FF6,此处必须编写优先的分支指令去重置所需的重定向代码	1	1	1
SCI-A Boot	从 SCI-A 中下载数据流	1	1	0
SPI-A Boot	在 SPI-A 上一个附加的连续 SPI EEPROM 上下载	1	0	1
I²C Boot	在附加的 EEPROM 上下载数据,EEPROM 在 I²C 总线的地址为 0x50	1	0	0
eCAN-A Boot	从 eCAN-A 的邮箱 1 中下载 CAN_Boot	0	1	1
引导至 M0 SARAM	M0 SARAM 的入口地址为 0x00 0000	0	1	0
引导至 OTP	OTP 的入口地址为 0x3D 7800	0	0	1
并行 I/O 口 Boot	从 GPIO0~GPIO15 中下载数据	0	0	0

5. 代码安全

F2808 支持高级的代码安全保护,用来保护用户程序不被逆向读取操作。代码安全保护有 128 位的密钥(编码需 16 个等待周期),可下载到 Flash。代码安全模块(CSM)用来保护 Flash/ROM/OTP 以及 L0/L1 SARAM 空间。代码安全保护将禁止没有授权的用户通过 JTAG 接口检查存储内容,以及从外部存储单元执行代码,或者试图导出被保护的软件内容。代码安全针对片内存储器访问,它禁止未经授权的复制代码或数据。要访问被保护的模块,用户必须正确写入与 Flash 密钥一致的 128 位密钥值。

注:128 位密钥在 0x3F 7FF8~0x3F 7FFF 区域,必须全部编为 0,这样器件永远是代码安全的。

2.5 中断扩展模块

中断扩展模块(PIE)把多路中断源分成中断输入组,可以支持 96 个中断。F2808 用到其中的 43 个中断。这 96 个中断分成 8 组,并且每组输入到 CPU 的 12 个中断之一(INT1~INT12)。96 个中断的每个中断向量都存在指定的 RAM 区域,用户可以重写这个区域。在中断服务时,CPU 自动取出中断向量。取中断向量和保存 CPU 关键寄存器仅花费 8 个 CPU 时钟周期,保证 CPU 能快速响应中断事件。中断优先权可以由硬件和软件来控制。在 PIE 模块内可以使能或禁止每个中断。

2.6 外部中断

F2808 支持 3 个可屏蔽的外部中断（XINT1、XINT2、XNMI）。XNMI 可以与 CPU 的中断 INT13 或 NMI 相连接。每个中断都可以设置为上升沿或下降沿触发，可以单独地使能或禁止（包括 XNMI）。可屏蔽中断还包含一个 16 位全速运行的增计数器，当检测到有效的中断边沿时就复位到 0。该计数器可以用来精确地标定中断响应的延时时间。与 F281x 不同的是，F2808 没有单独的引脚提供外部中断，然而，任何 A 端口的引脚均可配置为外部中断触发引脚。

2.7 振荡器与锁相环

F2808 通过一个外部振荡器或者晶体振荡器连接到片内振荡器电路提供时钟。锁相环（PLL）可提供 10 种不同频率的时钟。如果要求低功耗工作模式，可以在软件中在线修改锁相环比例以改变运行时钟频率。锁相环模块还可以设置成旁路模式。

2.8 程序监视器

F2808 支持一个程序监视器（Watchdog）计时器。在一定时间内用户软件必须复位程序监视器计时器，否则，就会产生一个复位信号使处理器复位。如果需要也可以禁止程序监视器工作。

2.9 外设模块时钟

当某个外设模块未使用时，可禁止此外设模块的独立时钟来降低功耗。另外，串口（不包括 eCAN 和 I²C）、ADC 模块的系统时钟可以用 CPU 时钟来定标。这样可使得外设模块的时钟与越来越快的 CPU 时钟分开。

2.10 低功耗工作模式

F2808 是全静态 CMOS 器件，有如下 3 种低功耗工作模式：

IDLE　　　将 CPU 置于低功耗工作模式。外部时钟有选择性地关闭，只有需要工作的外设模块继续工作。来自外设模块的有效中断可将 CPU 从 IDLE 工作模式中唤醒。

STANDBY　关闭 CPU 和外设模块的时钟。此模式下保留振荡器和锁相环功能。一个外部中断事件将唤醒处理器和外设模块。运行从检测到中断事件后的下一个有效周期开始。

HALT　　　关闭振荡器。这个模式基本上关闭了控制器并让它处于最低能量消耗模式。这种状态下只有复位或 XNMI 信号可以唤醒控制器。

2.11 外设模块结构

F2808 把外设模块分成 3 类。外设模块的映射如下：
- PF0
  - PIE PIE 中断使能和控制寄存器及 PIE 矢量表；
  - Flash Flash 控制、编程、删除、检验寄存器；
  - Timers CPU 定时器 0、1、2 寄存器；
  - CSM 代码安全模块密钥寄存器；
  - ADC ADC 结果寄存器（双重映射）。
- PF1
  - eCAN eCAN 邮箱和控制寄存器；
  - GPIO GPIO 多路配置和控制寄存器；
  - ePWM 增强型 PWM 单元和寄存器；
  - eCAP 增强型捕获单元和寄存器；
  - eQEP 增强型正交编码单元和寄存器。
- PF2
  - SYS 系统控制寄存器；
  - SCI 串行通信接口（SCI）控制和 TX/RX（发送/接收）寄存器；
  - SPI 串行接口（SPI）控制和 TX/RX（发送/接收）寄存器；
  - ADC ADC 状态控制和结果寄存器；
  - I^2C 内部集成电路单元和寄存器。

2.12 通用输入/输出多路复用器

用户可以在外设模块信号或功能未用时，把引脚作为通用输入/输出使用。复位时所有的 GPIO 引脚默认配置为输入。用户可以对每个引脚进行编程，使引脚用于 GPIO 模块或者外设模块。对于特定的输入，用户可以选择输入信号周期，使用窄脉冲限定器滤除掉干扰信号。GPIO 引脚也可以用做使控制器退出低功率模式的触发引脚。

2.13 32 位 CPU 定时器

CPU 定时器 0、1 和 2 都是可预先设置周期的 32 位定时器，且具有 16 位时钟前分频。3 个定时器都有一个 32 位减计数器，减至零时将产生中断。减计数器的工作频率为 CPU 时钟频率除以设置的前分频值。当计数器减到零时，它自动重新装载 32 位的周期值。CPU 定时器 2 为实时操作系统（DSP/BIOS）应用而设置，连接到 CPU 的 INT14。如果不使用 DSP/BIOS，CPU 定时器 2 可以作为一般定时器使用。CPU 定时器 1 作为一般定时器使用，连接到 CPU 的 INT13。CPU 定时器 0 作为一般定时器使用，连接到 PIE 模块。

2.14 电机控制模块

F2808 支持下列用在嵌入式控制和通信的外设模块：

ePWM 增强型的 PWM 模块支持独立/互补的 PWM 波的产生,通过跟随波形的前沿和后沿,调整死区的产生。一些 PWM 引脚还可以支持 HRPWM(高分辨率的 PWM)功能。

eCAP 增强型的捕获模块使用 32 位时基寄存器在连续/一次捕获模式下产生最多 4 种可编程事件。此外设模块也可以配置产生辅助 PWM 信号。

eQEP 增强型的 QEP 模块有 32 位的位置计数器,低速测量时使用捕获单元,高速测量时使用 32 位的单位计时器。此外设模块有一个程序监视器,用来检测电机失速和输入错误检测逻辑,以确定在 QEP 信号中的同步边缘。

ADC 模/数转换模块是一个 12 位模拟/数字转换器,有单端 16 路通道。它包含两个采样/保持单元,可以保持两路同步采样。

2.15 串行接口

F2808 支持以下串行接口通信:

eCAN 这是 CAN 模块的升级版。它支持 32 个邮箱、信息的时间标定以及 CAN2.0B 协议。

SPI SPI 是高速、同步串行输入/输出接口。它允许可编程长度(1~16 位)的串行位流,以可编程的位传输率移入或移出控制器。SPI 通常用于 DSP 和外设模块或另外一个 DSP 之间的通信。典型应用包括外部 I/O 或者通过移位寄存器、显示驱动、模/数转换等的扩展。SPI 的主/从运行模式支持多个器件间的通信。F2808 的 SPI 支持 16 级 FIFO 的接收和发送,可以一批多个字节地发送和接收,以减少中断服务的时间开销。

SCI 串行通信接口是一个两线异步串行接口,就是通常所说的 UART。F2808 的 SCI 支持 16 级 FIFO 的接收和发送,可以一批多个字节地发送和接受,以减少中断服务的时间开销。

I^2C I^2C 模块为 DSP 和其他器件的连接提供了一个接口总线连接方式,它符合飞利浦半导体内部集成电路总线(I^2C 总线)规范版本 2.1。外部元件连接到此两线串行式总线上,控制器就可以通过 I^2C 模块传送/接收多达 8 位的数据。在 F2808 中,I^2C 有一个 16 级的 FIFO 接收和发送寄存器,可以一批多个字节地发送和接收,以减少中断服务的时间开销。

2.16 寄存器映射

F2808 包含 3 个外设模块寄存器空间。空间分类如下:
➢ 外设模块结构 0(PF0) 直接映射到 CPU 存储总线,见表 2-2。
➢ 外设模块结构 1(PF1) 直接映射到 32 位外设模块总线,见表 2-3。
➢ 外设模块结构 2(PF2) 直接映射到 16 位外设模块总线,见表 2-4。

第 2 章 TMS320F2808 内部功能

表 2-2　外设模块结构 0 寄存器

名　称	地址范围	大小(×16 位)	访问类型
控制器仿真寄存器	0x0880～0x09FF	384	EALLOW 保护
Flash 寄存器	0x0A80～0x0ADF	96	EALLOW 保护 CSM 保护
代码安全模块寄存器	0x0AE0～0x0AEF	16	EALLOW 保护
ADC 结果寄存器	0x0B00～0x0B0F	16	无 EALLOW 保护
CPU 定时器 0、1、2 寄存器	0x0C00～0x0C3F	64	无 EALLOW 保护
PIE 寄存器	0x0CE0～0x0CFF	32	无 EALLOW 保护
PIE 矢量表	0x0D00～0x0DFF	256	EALLOW 保护

注：(1) 结构 0 的寄存器支持 16 位和 32 位访问。
　　(2) 存储器空间中剩余的部分是保留位，不使用。
　　(3) 如果寄存器受 EALLOW 保护，只有用户执行 EALLOW 指令时可以执行写指令。EDIS 指令禁止写操作。这样可以有效地阻止错误代码或指针破坏寄存器内容。
　　(4) Flash 寄存器也受代码安全模块保护(CSM)。

表 2-3　外设模块结构 1 寄存器

名　称	地址范围	大小(×16 位)	访问类型
eCANA 寄存器	0x6000～0x60FF	256	某些 eCAN 寄存器(及其他 eCAN 控制寄存器的选择位)有 EALLOW 保护
eCANA 邮箱 RAM	0x6100～0x61FF	256	无 EALLOW 保护
eCANB 寄存器	0x6200～0x62FF	256	某些 eCAN 寄存器(及其他 eCAN 控制寄存器的选择位)有 EALLOW 保护
eCANB 邮箱 RAM	0x6300～0x63FF	256	无 EALLOW 保护
ePWM1 寄存器	0x6800～0x683F	64	某些 ePWM 寄存器有 EALLOW 保护
ePWM2 寄存器	0x6840～0x687F	64	
ePWM3 寄存器	0x6880～0x68BF	64	
ePWM4 寄存器	0x68C0～0x68FF	64	
ePWM5 寄存器	0x6900～0x693F	64	
ePWM6 寄存器	0x6940～0x697F	64	
eCAP1 寄存器	0x6A00～0x6A1F	32	无 EALLOW 保护
eCAP2 寄存器	0x6A20～0x6A3F	32	
eCAP3 寄存器	0x6A40～0x6A5F	32	
eCAP4 寄存器	0x6A60～0x6A7F	32	
eQEP1 寄存器	0x6B00～0x6B3F	64	
eQEP2 寄存器	0x6B40～0x6B7F	64	
GPIO 控制寄存器	0x6F80～0x6FBF	128	EALLOW 保护
GPIO 数据寄存器	0x6FC0～0x6FDF	32	无 EALLOW 保护
GPIO 中断和 LPM(低功耗状态)选择寄存器	0x6FE0～0x6FFF	32	EALLOW 保护

注：(1) eCAN 控制寄存器只支持 32 位读/写操作。所有 32 位存取都要在偶数地址的边界对齐。
　　(2) 存储器空间中剩余的部分是保留位，不使用。

表 2-4 外设模块结构 2 寄存器

名 称	地址范围	大小(×16 位)	访问类型
系统控制寄存器	0x7010~0x702F	32	EALLOW 保护
SPI-A 寄存器	0x7040~0x704F	16	无 EALLOW 保护
SCI-A 寄存器	0x7050~0x705F	16	无 EALLOW 保护
外设中断寄存器	0x7070~0x707F	16	无 EALLOW 保护
ADC 寄存器	0x7100~0x711F	32	无 EALLOW 保护
SPI-B 寄存器	0x7740~0x774F	16	无 EALLOW 保护
SCI-B 寄存器	0x7750~0x775F	16	无 EALLOW 保护
SPI-C 寄存器	0x7760~0x776F	16	无 EALLOW 保护
SPI-D 寄存器	0x7780~0x778F	16	无 EALLOW 保护
I^2C 寄存器	0x7900~0x792F	48	无 EALLOW 保护

注:(1) 外设模块结构 2 只允许 16 位存取。所有 32 位存取都被忽略(可能返回或写入无效数据)。
(2) 存储器空间中剩余的部分是保留位,不使用。

2.17 仿真寄存器

仿真寄存器用来控制 F2808 CPU 的保护模式和监测重要的控制器信号。寄存器定义如表 2-5 所列。

表 2-5 仿真寄存器

名 称	地址范围	大小(×16 位)	说 明
DEVICECNF	0x0880~0x0881	2	控制器配置寄存器
PARTID	0x0882	1	PARTID 寄存器 0x002C——F2801　0x0014——F28016 0x0024——F2802　0x001C——F28015 0x0034——F2806　0xFF2C——C2801 0x003C——F2808　0xFF24——C2802 0x00FE——F2809
REVID	0x0883	1	修改 ID 寄存器 0x0000——Silicon Rev. 0,TMX 0x0001——Silicon Rev. A,TMX 0x0002——Silicon Rev. B,TMS 0x0003——Silicon Rev. C,TMS
PROTSTART	0x0884	1	块保护开始地址寄存器
PROTRANCE	0x0885	1	块保护范围地址寄存器

表中,第一个字节 00 表示 Flash 器件;FF 表示 ROM 器件;其他的值为以后的器件保留。

第 3 章

TMS320F2808 系统控制和中断

3.1 Flash 存储器和 OTP 存储器

本节介绍 F2808 Flash 存储器、OTP 存储器和外设模块,以及如何使用 Flash 存储器和 OTP 存储器,然后介绍与这两个存储器相关的寄存器。

3.1.1 Flash 存储器

Flash 存储器的特点是可多次擦写,而且掉电后数据不会丢失。在带有 Flash 存储器的芯片中(TI 公司生产的 DSP 一般为 C2000 系列),片内的 Flash 存储器都可以映射到程序存储空间和数据存储空间。F2808 芯片中的 Flash 存储器总是使能的,有如下特点:
- 分为多个扇区;
- 低功耗运行状态;
- 代码安全保护;
- 可配置为基于 CPU 频率的可改变的等待状态;
- 具有改善代码线性执行性能的 Flash 存储器流水线模式。

3.1.2 OTP 存储器

OTP(One Time Programable,一次可编程)存储器只可以进行一次编程,编程后就不可以进行修改。OTP 存储器中的 1 能改写为 0,但 0 永远也不能改写成 1。1K×16 位的 OTP 存储器可以用来存储数据或程序代码。

3.1.3 Flash 存储器和 OTP 存储器功耗状态

以下运行状态适用于 Flash 存储器和 OTP 存储器。
- 复位或休眠状态:这是控制器复位后的状态,这时存储区和 CPU 处于休眠状态(低功耗状态),CPU 将暂停对 Flash 存储器和 OTP 存储器映射区的读取访问。
- 待机状态:存储区和 CPU 处于待机状态,CPU 将暂停对 Flash 存储器和 OTP 存储器映射区的读取访问。
- 激活状态:存储区和 CPU 处于激活状态(最大功耗状态),CPU 对 Flash 存储器和 OTP 存储器映射区的读取访问的等待状态由 FBANKWAIT 和 OTP 存储器读等待状态寄存器(FOTPWAIT)控制,它可以使能 Flash 存储器流水线的预取机制,以改善代码线性执行的性能。

FBANKWAIT 和 FOTPWAIT 控制寄存器可以使当前 Flash 存储器和 OTP 存储器功耗状态发生转变,如下所示。

➢ 转变到最低功耗状态:从高功耗状态转变为低功耗状态,改变 PWR 状态位(在 Flash 存储器功耗状态寄存器(FPWR)中),立即会使 Flash 存储器和 OTP 存储器存储区转变为低功耗状态。Flash 存储器功耗状态寄存器(FPWR)只能通过运行在 Flash 存储器和 OTP 存储器外的代码来访问修改。

➢ 从低功耗状态转变为高功耗状态的两种选择。

——改变 Flash 存储器功耗状态寄存器(FPWR)的值。

——通过读取操作访问 Flash 存储器或 OTP 存储器。该访问会自动使 Flash 存储器和 OTP 存储器进入激活状态。

从低功耗状态转变到更高的功耗状态时会有延时,这个延时是为了使 Flash 存储器在更高功耗状态下稳定。如果在该延时期间对 Flash 存储器和 OTP 存储器进行访问,则 CPU 会自动暂停,直到延时结束,其功耗转换状态图如图 3-1 所示。

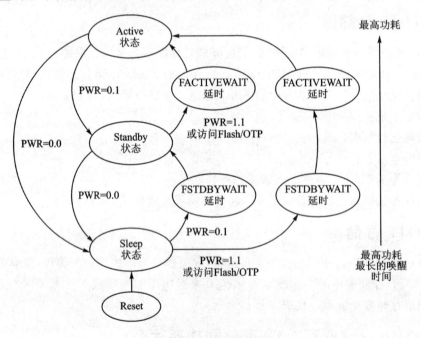

图 3-1 功耗转换状态图

延时时间由寄存器 FSTDBYWAIT 和 FACTIVEWAIT 设置。从休眠状态到待机状态的延时,由 FSTDBYWAIT 寄存器的一个计数器控制。从待机状态到激活状态的延时,由 FACTIVEWAIT 寄存器的一个计数器控制。从休眠状态(最低功耗)到激活状态(最大功耗)的延时由 FSTDBYWAIT+FACTIVEWAIT 控制。

3.1.4 Flash 存储器和 OTP 存储器性能

CPU 对 Flash 存储器和 OTP 存储器的读取操作采取下列形式之一:

➢ 读取 32 位指令;

➢ 读取 16 位或 32 位数据空间;

➤ 读取 16 位程序空间。

当 Flash 存储器处于激活状态时,对存储器映射区的读取访问可分为 3 类。

➤ Flash 存储器的随机访问:对于随机访问,等待状态数由 Flash 存储器页面读等待状态寄存器(FBANKWAIT)中的 RANDWAIT 位配置。该寄存器默认值为最差情况的计数值,用户需要根据 CPU 时钟频率和 Flash 存储器的访问时间来适当编程等待状态数,以改善其性能。

➤ Flash 存储器的页访问:对一行的第一次访问被认为是随机访问,接下来在同一行的访问可以更快,这就是页访问方式。利用页访问特性,用户可以通过 Flash 存储器页面读等待状态寄存器(FBANKWAIT)中的 PAGEWAIT 位来配置更少的等待状态数。

➤ OTP 存储器访问:对 OTP 存储器的读取访问由 OTP 存储器读等待状态寄存器(FOTPWAIT)中的 FOTPWAIT 位控制。对 OTP 存储器的访问需要花费比 Flash 存储器更长的时间,它没有页访问模式。

3.1.5 Flash 存储器流水线模式

Flash 存储器主要用来存储用户程序代码。为了改善代码线性执行性能,采取 Flash 存储器流水线模式。Flash 存储器流水线模式由 Flash 存储器选项寄存器(FOPT)中的 ENPIPE 位使能。此外,也可以在 ROM 上使用 Flash 存储器流水线模式,这是为了维持 Flash 存储器和 ROM 之间代码的时间一致性。该流水线模式与 CPU 流水线工作方式不同。

在该模式中,采取指令预取机制,减小了 Flash 存储器等待状态对代码线性执行性能的影响。采用流水线模式,可以显著改善 Flash 存储器执行代码的整体效率。这种性能的改善程度取决于不同的应用。

3.1.6 Flash 存储器和 OTP 存储器

Flash 存储器和 OTP 存储器寄存器配置如表 3-1 所列。对这些寄存器的写操作,只能通过执行 EALLOW 指令使能。执行 EDIS 指令后,写操作被禁止,这样可以防止寄存器被意外写操作,读取访问总是有效的。寄存器可以通过 JTAG 接口直接访问,而不需要执行 EALLOW 指令。这些寄存器支持 16 位和 32 位访问。

表 3-1 Flash 存储器和 OTP 存储器配置寄存器

名字	地址	长度(×16位)	配置寄存器描述
FOPT	0x0A80	1	Flash 存储器选择寄存器
保留	0x0A81	1	保留
FPWR	0x0A82	1	Flash 存储器功耗状态寄存器
FSTATUS	0x0A83	1	Flash 存储器状态寄存器
FSTDBYWAIT	0x0A84	1	Flash 存储器休眠到待机等待寄存器
FACTIVEWAIT	0x0A85	1	Flash 存储器待机到激活等待寄存器
FBANKWAIT	0x0A86	1	Flash 存储器读取访问等待状态寄存器
FOTPWAIT	0x0A87	1	OTP 存储器读取访问等待状态寄存器

注:(1) 访问 Flash 存储器或 OTP 存储器过程中不能访问 Flash 存储器配置寄存器。

(2) 这些寄存器受 EALLOW 保护和代码安全模块(CSM)保护。

第3章 TMS320F2808系统控制和中断

当在OTP存储器或Flash存储器中运行代码或正在写操作时,该代码不能对Flash存储器写操作。对Flash存储器的所有写操作都应该由Flash存储器或OTP存储器外的代码实现,但通过执行Flash存储器或OTP存储器中的代码可以读取Flash存储器,Flash存储器或OTP存储器的有效操作完成后才能访问Flash存储器。

1. Flash存储器选项寄存器(FOPT)

15		1	0
	保留		ENPIPE
	R-0		R/W-0

注:R=读操作;W=写操作;W1C=写入1清零;0=复位值。本书后面均为此约定,不再注释。

位15~1　保留位。

位0　　　ENPIPE:流水线模式使能位。当该位置位时,流水线模式有效。

注:当使能流水线模式时,Flash存储器等待状态(页面访问和随机访问)必须大于零。

2. Flash存储器功耗状态寄存器(FPWR)

15	2	1	0
	保留		PWR
	R-0		R/W-0

位15~2　保留位。

位1~0　　PWR:设置默认功耗状态位。该两位设置存储器和CPU的默认功耗状态:
　　　　　00　CPU和存储器休眠(最低功耗);
　　　　　01　CPU和存储器待机;
　　　　　10　保留(无效);
　　　　　11　CPU和存储器激活(最大功耗)。

3. Flash存储器状态寄存器(FSTATUS)

15				8
		保留		3VSTAT
		R-0		R/W-1

7	4	3	2	1	0
保留		ACTIVEWAITS	STDBYWAITS	PWRS	
R-0		R-0	R-0	R-0	

位15~9　保留位。

位8　　　3VSTAT:V_{DD3V}状态锁存位。该位表示从CPU模块来的3VSTAT信号变为高电平。它表示3V供电超过允许范围。该位通过写入1清零,写入0无效。

位7~4　保留位。

位3　　　ACTIVEWAITS:存储器和CPU从待机到激活等待状态设置位。该位设置各自的等待状态计数器对一个访问是否已到时。该位置位时,计数器计数。该位为零时,计数器不计数。

位2　　　STDBYWAITS:存储器和CPU从休眠到待机等待状态设置位。该位设置各自的等待状态计数器对一个访问是否已到时。该位置位时,计数器计数。该位为零时,计数器不计数。

位 1~0　　PWRS:功耗状态位。这两位表示器件当前的功耗状态:
　　　　　　00　存储器和 CPU 处于休眠状态(最低功耗);
　　　　　　01　存储器和 CPU 处于待机状态;
　　　　　　10　保留;
　　　　　　11　存储器和 CPU 处于激活状态(最大功耗)。

注:经过适当延时,上述位能设置控制器进入新的功耗状态。

4. Flash 存储器待机等待寄存器(FSTDBYWAIT)

15	9	8	0
保留		STDBYWAIT	
R-0		R/W-0	

位 15~9　　保留位。

位 8~0　　STDBYWAIT:设置存储器和 CPU 从休眠到待机等待状态计数器的值。该位域指定了延时的 CPU 时钟周期数(0~511 个系统时钟周期)。当存储器和 CPU 模块处于休眠状态时,对 Flash 存储器功耗状态寄存器(FPWR)的 PWR 位写操作(为了转变为更高功耗状态)或 CPU 对 Flash 存储器和 OTP 存储器读取访问,将启动计数器,该位域的值为计数器的设置值。在 PWRS 位设置为待机状态到计数器减计数到零之间的延时后,存储器和 CPU 转变为待机状态。如果启动了 CPU 对 Flash 存储器和 OTP 存储器的读取访问,则 CPU 会暂停,直到读取访问结束(见 ACTIVEWAIT 位)。

5. Flash 存储器从待机到激活等待寄存器(FACTIVEWAIT)

15	9	8	0
保留		ACTIVEWAIT	
R-0		R/W-1	

位 15~9　　保留位。

位 8~0　　ACTIVEWAIT:设置存储器和 CPU 从待机到激活等待状态计数器的值。该位域指定延时的 CPU 时钟周期数(0~511 个系统时钟周期)。当存储器和 CPU 处于待机状态,对 Flash 存储器功耗状态寄存器(FPWR)的 PWR 位执行写操作(进入更高功耗状态)或 CPU 对 Flash 存储器执行读取访问,将启动计数器,计数器的设置值由该位域设置。在计数器减计数到 0 到允许 CPU 访问之间的延时以后,存储器和 CPU 的功耗状态转变为激活状态。如果启动 CPU 对 Flash 存储器的读取访问,CPU 将暂停,直到访问完成(见 PAGEWAIT 和 RANDWAIT 位)。

6. Flash 存储器页面读等待状态寄存器(FBANKWAIT)

15	12	11	8	7	4	3	0
保留		PAGEWAIT		保留		RANDWAIT	
R-0		R/W-0		R-0		R/W-1	

位 15~12　保留位。

位 11~8　PAGEWAIT：Flash 存储器页面读等待状态位。该位域指定对存储器页面读取操作的等待状态的 CPU 时钟周期数（0~15 个 SYSCLKOUT 周期）。

位 7~4　保留位。

位 3~0　RANDWAIT：Flash 存储器随机读等待状态位。该位域指定对存储器随机读取操作的等待状态的 CPU 时钟周期数（0~15 个 SYSCLKOUT 周期）。

注：(1) 必须将 RANDWAIT 设置为一个大于或等于 PAGEWAIT 设置的值。没有硬件检测 PAGEWAIT 的值是否大于 RANDWAIT。

(2) 当使能 Flash 存储器流水线模式时，PAGEWAIT 和 RANDWAIT 的值必须大于零。

7. OTP 存储器读等待状态寄存器(FOTPWAIT)

15	5	4	0
保留		OTPWAIT	
R-0		R/W-1	

位 15~5　保留位。

位 4~0　OTPWAIT：OTP 存储器读等待状态位。该位域指定对 OTP 存储器读取操作的等待状态的 CPU 时钟周期数（0~32 个 SYSCLKOUT 周期）。在 OTP 存储器中没有页面模式。对于 F2808 来说，OTPWAIT 的值必须设为大于 0 的值，也就是说，至少要用 1 个等待状态。

3.2　代码安全模块

"代码安全"一词的意思是指保护片内存储器。"代码非安全"的意思是指不能保护片内存储器——即存储器内容可以用任何模式读取（比如通过类似 CCS3.1 的仿真工具）。

代码安全模块（CSM）是与 F2808 器件融为一体的代码安全特性。它禁止未授权的用户访问片内存储器——即禁止代码被复制和逆向操作。

3.2.1　功能描述

代码安全模块限制 CPU 访问片内存储器。这也就阻止了通过 JTAG 接口或外设模块对片内不同存储器的读和写操作。代码安全是针对片内存储器访问而定义的，它禁止未经授权的复制代码或数据。

代码安全时限制 CPU 访问片内受代码安全保护的存储器。当处于代码安全状态时，可能有两级保护，这取决于程序计数器当前所指的位置。当代码正在代码安全存储区内运行时，只封锁通过 JTAG 接口（即仿真器）来的访问，只允许在代码安全存储区内的代码访问代码安全存储区；如果代码正在非代码安全存储区运行，则封锁对代码安全存储区的所有访问。但用户代码可以随机的跳入和跳出代码安全存储区，因此，允许从非代码安全存储区调用代码安全存储区中的函数。

128位(8个16位字)的密钥存储在 Flash 存储器或 ROM 的 0x003F 7FF8～0x003F 7FFF 位置,通过对该位的设置就可以形成密钥,使器件处于代码安全状态。执行密钥匹配流程(PMF)通过后,器件处于代码非安全状态。表 3-2 显示了代码安全等级。

注:这些用来存储代码安全密钥的位置是由系统设计者预先设计好的。在控制器的 Flash 存储器中,只要知道旧密钥,任何时候都可以修改密钥。

表 3-2 代码安全等级

是否执行正确密钥的 PMF	工作模式	程序取指位置	代码安全描述
否	代码安全	代码安全存储区外	允许对代码安全存储区的读取
否	代码安全	代码安全存储区内	CPU 可以任意访问,JTAG 接口不能读代码安全存储区内容
是	代码非安全	任何位置	允许 CPU 和 JTAG 接口对代码安全存储区的所有访问

代码安全密钥存储在 Flash 存储器/ROM 存储器的(0x003F 7FF8～0x003F 7FFF)区域位置。这些用来存储代码安全密钥的位置是由系统设计者预先设计好的。在 Flash 存储器件中,只要知道旧密钥,任何时候都可以修改密钥;而在 ROM 型器件中,当 TI 公司生产后,密钥就不能修改。

如果 PWL(密钥存储器)的所有 128 位为全 1,则表示器件处于代码非安全状态。由于新的 Flash 存储器型器件已经擦除了 Flash 存储器密钥存储器(这时为全 1),只有对 PWL 的读才要求器件进入非代码安全模式。如果 PWL 的 128 位全为 0,则不管密钥存储器中的内容是什么,器件总是代码安全的。不要用全 0 作为密钥或在 Flash 存储器上执行清除程序(全 0)复位器件。当 PWL 为全 0 时,如果器件复位,器件将不能进入仿真或重新编程状态。

把用来使器件代码安全或代码非安全的、用户可访问的寄存器(8 个 16 位字)称为密钥寄存器。这些寄存器映射到存储器空间地址为 0x0AE0～0x0AE7,且受 EALLOW 保护。

注:为了保护代码,地址 0x003F 7F80～0x003F 7FF5 区域不能写入用户的程序代码或数据,在代码保护密钥设置以后,用户程序或数据只能写到 0x0000 中。如果不考虑代码安全保护,则上述地址的存储单元可以使用。

3.2.2 CSM 对其他片内资源的影响

CSM 对下述片内资源无任何影响:
- 单端口 RAM(SARAM)模块是代码非安全的——无论器件是否处于代码安全模式下,都可以自由地访问这些存储器模块和运行其中的代码。
- 导入 ROM 的内容——导入 ROM 中内容的可见度不受 CSM 影响。
- 片内外设模块寄存器——无论器件是否处于代码安全模式下,片内或片外存储器中运行的代码都可以初始化外设模块寄存器。
- PIE 模块中断向量表——无论器件是否处于代码安全模式下,都可以读/写中断向量表。

第3章 TMS320F2808 系统控制和中断

表3-3和表3-4分别列出了F2808器件上受CSM影响和不受影响的片内资源。

总之,通过JTAG接口可以将代码装载到表3-4所列的未受保护的片内程序RAM中,而不受CSM的任何影响。不管器件是否处于代码安全模式,都可以调试代码和初始化外设模块寄存器。

表3-3 F2808受CSM影响的资源

地 址	模 块
0x0A80~0x0A87	Flash存储器配置寄存器
0x8000~0x8FFF	L0 SARAM(4K×16位)
0x9000~0x9FFF	L1 SARAM(4K×16位)
0x003D 7800~0x003D 7BFF	一次可编程的(OTP存储器)(1K×16位)
0x003D 8000~0x003F 7FFF	Flash存储器或RAM(64K×16位、32K×16位或16K×16位)
0x003F 8000~0x003F 8FFF	L0 SARAM(4K×16位),映射
0x003F 9000~0x003F 9FFF	L1 SARAM(4K×16位),映射

表3-4 F2808不受CSM影响的资源

地 址	模 块
0x0000~0x03FF	M0 SARAM(1K×16位)
0x0400~0x07FF	M0 SARAM(1K×16位)
0x0800~0x0CFF	外设模块0(2K×16位)
0x0D00~0x0FFF	PIE模块中断向量RAM(256×16位)
0x6000~0x6FFF	外设模块1(4K×16位)
0x7000~0x7FFF	外设模块2(4K×16位)
0x0000 A000~0x0000 BFFF	H0 SARAM(8K×16位)
0x0000 A000~0x003F BFFF	H0 SARAM(8K×16位)映射
0x003F F000~0x003F FFFF	导入ROM(4K×16位)

3.2.3 用户应用中代码安全保护的具体表现

在开发阶段是不需要代码安全保护的;然而一旦完成一个完整的代码后,就需要用到代码安全保护。在下载代码到Flash存储器(或ROM)之前,应该先选择密钥保护器件中的代码。一旦密钥确定后,器件便处于代码安全状态。此后,通过任何模式访问代码安全存储区中的内容都必须提供有效的密钥。代码安全模块(CSM)寄存器见表3-5。从代码安全存储区外(例如终端用户使用)运行代码时,不需要密钥;然而在仿真时,访问代码安全存储区中的内容则需要密钥。

1. 代码安全模块(CSM)寄存器

代码安全模块(CSM)寄存器如表3-5所列。

表 3-5 代码安全模块(CSM)寄存器

寄存器地址	寄存器名	复位值	寄存器描述
密钥寄存器——用户可访问的			
0x0000 0AE0	KEY0†	0xFFFF	128 位密钥寄存器的低位字
0x0000 0AE1	KEY1†	0xFFFF	128 位密钥寄存器的第二个字
0x0000 0AE2	KEY2†	0xFFFF	128 位密钥寄存器的第三个字
⋮	⋮	⋮	⋮
0x0000 0AE7	KEY7†	0xFFFF	128 位密钥寄存器的高位字
0x0000 0AEF	CSMCR†	0x005F	CSM 状态和控制寄存器
存储器中的 PWL——保留,仅用于密钥保护			
0x003F 7FF8	PWL0	用户定义	128 位密钥的低位字
0x003F 7FF9	PWL1	用户定义	128 位密钥的第二个字
⋮	⋮	⋮	⋮
0x003F 7FFF	PWL7	用户定义	128 位密钥的高位字

† 受 EALLOW 保护。

2. CSM 状态和控制寄存器(CSMSCR)

15	14　　　　　　　　　7	6　　　　　　　　　1	0
FORCESEC	保留	保留	SECURE
W-1	R-0	R-10111	R-1

位 15　FORCESEC：置 1 将清除密钥寄存器并使器件处于代码安全状态。读该位总是返回 0。

位 0　SECURE：反映器件代码安全状态的只读位。
　　　0　器件代码安全(CSM 锁定);
　　　1　器件代码非安全(CSM 解锁)。

以下几种典型情况不需要代码安全保护：
➢ 用调试器(例如 CCS3.1)进行代码开发。
➢ 用 TI 的 Flash 存储器工具进行 Flash 存储器编程。
　　在代码开发和调试阶段,常采用 Flash 存储器编程。一旦用户提供了必要的密钥,在试图编程 Flash 存储器之前,Flash 存储器工具就会禁止代码安全。在未使用过的器件中,没有任何授权,Flash 存储器工具可以禁止代码安全,因为未使用过的器件中已擦除 Flash 存储器(这时为全 1)。然而,在重新编程器件时(这时已有用户设置的密钥),就必须提供正确的密钥,才能编程。
➢ 应用程序定义的用户环境。

另外,在以下情况下,也需要访问代码安全存储区的内容：
➢ 用片内引导装载程序(on_chip bootloader)编程 Flash 存储器时。
➢ 从外部存储器或片内非代码安全保护存储区中执行代码和需要访问代码安全存储区的查表时(不建议这种操作,因为从外部的代码提供密钥会危及代码安全)。

在所有上述情况下,解除代码安全的顺序都是一样的。为了直观,这些顺序称为密钥匹配流程(PMF)。图 3-2 说明了用户试图解除器件保护时,每次需要操作的次序。为了清晰可见,在本小节最后列出了例程代码。

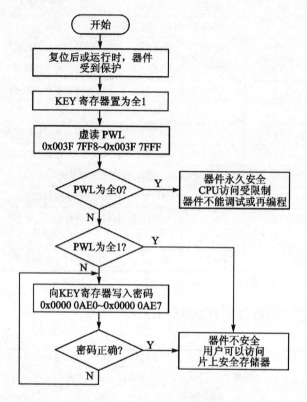

图 3-2 密钥匹配流程(PMF)

(1) 密钥匹配流程

密钥匹配流程(PMF)本质上是从密钥存放位置处(PWL)进行 8 次虚读,再向密钥寄存器进行 8 次写的序列。图 3-2 列出了 PMF 如何初始化代码安全逻辑寄存器和怎样禁止代码安全逻辑。

(2) 器件解除代码安全保护的注意事项

情况 1:有代码安全保护的器件

有代码安全保护的器件应该有预先确定的密钥存储在 PWL 中,下面是解除代码安全保护的步骤:

① 执行 PWL 的一次虚读。

② 向密钥寄存器写密钥(位于存储器的 0x0AE0~0x0AE7)。

③ 如果密钥正确,则器件变为代码非安全的;否则保持代码安全保护。

注:存储器的 0x003F 7F80~0x003F 7FF5 部分应该编程为全 0,并且不能用来存储程序或数据。

情况 2:无代码安全保护的器件

没有代码安全保护的器件在 PWL 中应该存储 0xFFFF FFFF FFFF FFFF FFFF FFFF FFFF FFFF(128 位全 1)。以下是使用这种器件的步骤:

① 在复位时,CSM 将锁定 CSM 保护的存储器区域。

② 执行 PWL 的一次虚读。

③ 一旦前面的操作完成后,代码安全存储区就可以任意访问。

注：即使器件没有密钥保护,虚读取操作也必须在读、写或编程代码安全存储区之前执行。

(3) 解除代码安全保护的 C 代码例子

```
volatile int * CSM = 0x000AE0;          //CSM 寄存器文件
volatile int * PWL = 0x3F7FF8;          //密钥位置
volatile int tmp;
int i;                                  //密钥位置的虚读
for(i = 0; i<8; i++) tmp = PWL++;
//如果 PWL = 全 1,以下代码对未保护的 CSM 是不必要的,向密钥寄存器写密钥
asm("EALLOW");                          //密钥寄存器受 EALLOW 保护
*CSM++ = PASSWORD0;
*CSM++ = PASSWORD1;
*CSM++ = PASSWORD2;
*CSM++ = PASSWORD3;
*CSM++ = PASSWORD4;
*CSM++ = PASSWORD5;
*CSM++ = PASSWORD6;
*CSM++ = PASSWORD7;
asm("EDIS");
```

(4) 重新保护的 C 代码例子

```
volatile int * CSM = 0x000AE0;          //CSM 寄存器文件,设置 FORCESEC 位
asm("EALLOW");                          //CSMSCR 寄存器受 EALLOW 保护
*CSM = 0x8000;
asm("EDIS");
```

3.2.4　代码安全保护逻辑注意事项

➢ 为了使调试和代码开发阶段简单化,应使用器件的非代码安全保护模式,即 PWL 的 128 位为全 1(或使用容易记忆的密钥)。在开发的代码确定后再使用密钥。

➢ 在使用 Flash 存储器工具编程 COFF 文件之前重新核对 PWL 中的密钥。

➢ 当器件被保护时,为了访问代码安全存储区中的数据变量,执行的代码必须从代码安全存储区中运行。

➢ 当使用代码安全模块(CSM)时,将存储器的 0x003F7F80～0x003F7FF5 部分编程为全 0。

➢ 如果需要代码保护,则在应用中不能把密钥嵌入在除了 PWL 以外的任何地方,否则会危及代码安全。

➢ 在清除 Flash 存储器(全 0)之后,擦除 Flash 存储器(写入数据)之前,不能复位,即不能用 128 位全 0 作为密钥,否则会自动保护器件,而不管密钥寄存器中的内容。因此,器件就不能仿真或重新编程。

3.2.5 CSM 特点总结

① 复位后,在密钥匹配流程(PMF)被执行之前,Flash 存储器处于代码安全保护。

② 在 Flash 存储器或 ROM 外运行代码的标准方法是用代码对 Flash 存储器进行编程(对于 ROM 型器件,程序在器件制造时已被固化进去)和给处于微处理器模式的控制器上电。不管 CSM 是什么状态,都允许从代码安全存储区读取指令,即使没有执行 PMF,代码也会正确地执行。

③ 在器件处于完全保护时,代码安全存储区不能被修改。

④ 在器件处于完全保护时,不能用非代码安全保护存储区运行的程序代码来读取代码安全存储区。

⑤ 在器件处于完全保护的任何时刻,仿真器(即 CCS3.1)都不能读或写代码安全存储区。

⑥ 在器件未处于完全保护时,CPU 中执行的代码和仿真器都可以完全访问代码安全存储区。

3.3 时 钟

本节将介绍 F2808 的晶体振荡器、锁相环(PLL)和时钟机制,以及程序监视器的功能和低功耗工作状态。

3.3.1 时钟和系统控制

图 3-3 显示了 F2808 器件的各种时钟和复位信号作用的区域。

表 3-6 所列出的寄存器用来控制锁相环 PLL、时钟、程序监视器和低功耗工作状态。

表 3-6 PLL、时钟、程序监视器和低功耗工作状态寄存器

寄存器名	地 址	长度(×16 位)	描 述
XCLK	0x7010	1	XCLKOUT 引脚控制、X1 和 XCLKIN 状态寄存器
PLLSTS	0x7011	1	PLL 状态寄存器
保留	0x7012~0x7019	8	保留
HISPCP	0x701A	1	HSPCLK 时钟的高速外设时钟前分频寄存器
LOSPCP	0x701B	1	LSPCLK 时钟的低速外设时钟前分频寄存器
LPMCR0	0x701C	1	外设时钟控制寄存器 0
LPMCR1	0x701D	1	外设时钟控制寄存器 1
LPMCR0	0x701E	1	低功耗状态控制寄存器 0
保留	0x701F	1	保留
保留	0x7020	1	保留
PLLCR	0x7021	1	PLL 控制寄存器
SCSR	0x7022	1	系统控制与状态寄存器

续表 3-6

寄存器名	地 址	长度(×16 位)	描 述
WDCNTR	0x7023	1	程序监视器计数寄存器
保留	0x7024	1	保留
WDKEY	0x7025	1	程序监视器复位密钥寄存器
保留	0x7026~0x7028	3	保留
WDCR	0x7029	1	程序监视器控制寄存器
保留	0x702A~0x702F	6	保留

注：(1) 表中所有寄存器只有在执行 EALLOW 指令后，才可以访问。

(2) PLL 控制寄存器(PLLCR)只能被 $\overline{\text{XRS}}$ 信号复位到已知状态。

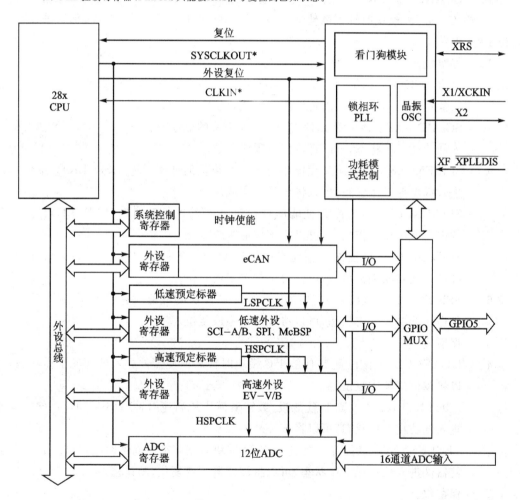

* CLKIN 是送入 CPU 的时钟，由 CPU 转发后由 SYSCLKOUT 引脚传出(也就是 CLKIN=SYSCLKOUT)。

图 3-3 时钟和复位

第3章 TMS320F2808系统控制和中断

PCLKCR0和PCLKCR1寄存器使能/禁止F2808的各个外设模块的时钟。

1. 外设模块时钟控制寄存器0(PCLKCR0)

15	14	13	12	11	10	9	8
ECANBENCLK	ECANAENCLK	保留		SCIBENCLK	SCIAENCLK	SPIBENCLK	SPIAENCLK
R/W-0	R/W-0	R-0	R-0	R/W-0	R/W-0	R/W-0	R/W-0

7	6	5	4	3	2	1	0
SPIDENCLK	SPICENCLK	保留	I2CAENCLK	ADCENCLK	TBCLKSYNC	保留	
R/W-0	R/W-0	R-0	R/W-0	R/W-0	R/W-0	R-0	R-0

位15 ECANBENCLK：该位置1，使能eCAN-B模块时钟；该位置0(默认值)，禁止eCAN-B模块时钟。欲使器件进入低功耗工作状态，可以将该位清零或复位。

位14 ECANAENCLK：该位置1，使能eCAN-A模块时钟；该位置0(默认值)，禁止eCAN-A模块时钟。欲使器件进入低功耗工作状态，可以将该位清零或复位。

位13 保留位。

位12 保留位。

位11 SCIBENCLK：该位置1，使能SCI-B模块的低速时钟(LSPCLK)。欲使器件进入低功耗工作状态，可以将该位清零或复位。

位10 SCIAENCLK：该位置1，使能SCI-A模块的低速时钟(LSPCLK)。欲使器件进入低功耗工作状态，可以将该位清零或复位。

位9 SPIBENCLK：该位置1，使能串行接口B模块的低速时钟(LSPCLK)。欲使器件进入低功耗工作状态，可以将该位清零或复位。

位8 SPIAENCLK：该位置1，使能串行接口A模块的低速时钟(LSPCLK)。欲使器件进入低功耗工作状态，可以将该位清零或复位。

位7 SPIDENCLK：该位置1，使能串行接口D模块的低速时钟(LSPCLK)。欲使器件进入低功耗工作状态，可以将该位清零或复位。

位6 SPICENCLK：该位置1，使能串行接口C模块的低速时钟(LSPCLK)。欲使器件进入低功耗工作状态，可以将该位清零或复位。

位5 保留位。

位4 I2CAENCLK：该位置1，使能I^2C模块时钟。欲使器件进入低功耗工作状态，可以将该位清零或复位。

位3 ADCENCLK：该位置1，使能模/数转换模块的高速时钟(HSPCLK)。欲使器件进入低功耗工作状态，可以将该位清零或复位。

位2 TBCLKSYNC：该位置1，使能ePWM模块时基时钟的高速时钟(HSPCLK)。欲使器件进入低功耗工作状态，可以将该位清零或复位(默认值)。

位1 保留位。

位0 保留位。

2. 外设模块时钟控制寄存器1(PCLKCR1)

15	14	13	12	11	10	9	8
EQEP2ENCLK	EQEP1ENCLK	保留		ECAP4ENCLK	ECAP3ENCLK	ECAP2ENCLK	ECAP1ENCLK
R/W–0	R/W–0	R–0	R–0	R/W–0	R/W–0	R/W–0	R/W–0
7	6	5	4	3	2	1	0
保留		EPWM6ENCLK	EPWM5ENCLK	EPWM4ENCLK	EPWM3ENCLK	EPWM2ENCLK	EPWM1ENCLK
R–0		R/w–0	R/w–0	R/w–0	R/w–0	R/w–0	R/w–0

位15　EQEP2ENCLK：该位置1，使能EQEP2模块时钟；该位置0（默认值），禁止EQEP2模块时钟。

位14　EQEP1ENCLK：该位置1，使能EQEP1模块时钟，该位置0（默认值），禁止EQEP1模块时钟。

位13　保留位。

位12　保留位。

位11　ECAP4ENCLK：该位置1，使能ECAP4模块时钟。该位置0（默认值），禁止ECAP4模块时钟。

位10　ECAP3ENCLK：该位置1，使能ECAP3模块时钟。该位置0（默认值），禁止ECAP3模块时钟。

位9　ECAP2ENCLK：该位置1，使能ECAP2模块时钟。该位置0（默认值），禁止ECAP2模块时钟。

位8　ECAP1ENCLK：该位置1，使能ECAP1模块时钟。该位置0（默认值），禁止ECAP1模块时钟。

位7　保留位。

位6　保留位。

位5　EPWM6ENCLK：该位置1，使能EPWM6模块时钟。该位置0（默认值），禁止EPWM6模块时钟。

位4　EPWM5ENCLK：该位置1，使能EPWM5模块时钟。该位置0（默认值），禁止EPWM5模块时钟。

位3　EPWM4ENCLK：该位置1，使能EPWM4模块时钟。该位置0（默认值），禁止EPWM4模块时钟。

位2　EPWM3ENCLK：该位置1，使能EPWM3模块时钟。该位置0（默认值），禁止EPWM3模块时钟。

位1　EPWM2ENCLK：该位置1，使能EPWM2模块时钟。该位置0（默认值），禁止EPWM2模块时钟。

位0　EPWM1ENCLK：该位置1，使能EPWM1模块时钟。该位置0（默认值），禁止EPWM1模块时钟。

3. 系统控制和状态寄存器(SCSR)

15					8
		保留			
		R-0			

7			3	2	1	0
保留				WDINTS	WDENINT	WDOVERRIDE
R-0				R-1	R/W-0	R/W1C-1

位 15～3　保留位。

位 2　WDINTS：程序监视器中断状态位。该位反映了来自程序监视器模块的 $\overline{\text{WDINT}}$ 信号的当前状态。

位 1　WDENINT：该位置 1，程序监视器($\overline{\text{WDRST}}$)输出的复位信号将无效，将使能程序监视器中断($\overline{\text{WDINT}}$)输出信号。该位清零，使能 $\overline{\text{WDRST}}$ 输出信号，禁止 $\overline{\text{WDINT}}$ 输出信号。这是复位后的默认状态。

位 0　WDOVERRIDE：该位置 1（复位后），则允许用户改变程序监视器控制寄存器（WDCR）中的程序监视器禁止位（WDDIS）的状态。如果 WDOVERRIDE 位清零（写入 1 清零），则用户不能通过写入 1 的方式来改变 WDDIS 位（见程序监视器模块）；而如果程序监视器当前处于禁止状态，则使能程序监视器。写入 0 对该位无效。如果清零该位，它将保持其状态直到发生复位为止。用户可以读取该位的当前状态。

4. 高速外设模块时钟前分频寄存器(HISPCP)

HISPCP 寄存器用来配置高速外设模块时钟。

15		3	2		0
	保留			HSPCLK	
	R-0			R/W-001	

位 15～3　保留位。

位 2～0　HSPCLK：该位域配置与 SYSCLKOUT 相关的高速外设模块时钟（HSPCLK）频率。

000　高速时钟频率＝SYSCLKOUT/1。
001　高速时钟频率＝SYSCLKOUT/2，为 HSPCLK 的复位默认值。
010　高速时钟频率＝SYSCLKOUT/4。
011　高速时钟频率＝SYSCLKOUT/6。
100　高速时钟频率＝SYSCLKOUT/8。
101　高速时钟频率＝SYSCLKOUT/10。
110　高速时钟频率＝SYSCLKOUT/12。
111　高速时钟频率＝SYSCLKOUT/14。

5. 低速外设模块时钟前分频寄存器(LOSPCP)

LOSPCP 寄存器用来配置低速外设时钟模块。

15		3	2	0
	保留		LSPCLK	
	R-0		R/W-010	

位 15～3　保留位。

位 2～0　LSPCLK：该位域配置与 SYSCLKOUT 低速外设模块时钟(LSPCLK)频率相关。

　　000　低速时钟频率＝SYSCLKOUT/1。
　　001　低速时钟频率＝SYSCLKOUT/2。
　　010　低速时钟频率＝SYSCLKOUT/4，为 LSPCLK 的默认复位值。
　　011　低速时钟频率＝SYSCLKOUT/6。
　　100　低速时钟频率＝SYSCLKOUT/8。
　　101　低速时钟频率＝SYSCLKOUT/10。
　　110　低速时钟频率＝SYSCLKOUT/12。
　　111　低速时钟频率＝SYSCLKOUT/14。

3.3.2　OSC 和 PLL 模块

F2808 芯片带有基于锁相环(PLL)的时钟模块。该模块提供了器件所必需的时钟信号以及低功耗工作状态的控制。PLL 有 4 位比率控制，用来选择不同的 CPU 时钟频率。基于 PLL 的时钟模块提供了两种工作模式：

- 晶体振荡器模式。该模式允许使用外部晶体振荡器/振荡电路作为器件的外部时钟。
- 外部时钟源模式。该模式允许旁路内部晶体振荡器。器件时钟由外部时钟源引脚 XTAL1/CLKIN 输入。在这种情况下，须将一个外部晶体振荡器连接到 XTAL1/CLKIN 引脚。

图 3-4 显示了 F2808 芯片的 OSC(振荡器)和 PLL 模块。F2808 芯片的 X1/XCLKIN 和 X2 引脚连接晶体振荡器使 OSC 电路工作。如果不使用晶体振荡器，那么外部振荡器的信号应该直接连接到 X1/XCLKIN 引脚而 X2 引脚保持悬空。表 3-7 列出了 PLL 的配置模式。

表 3-7　PLL 配置模式

PLL 模式	说　明	SYSCLKOUT
PLL 禁止	上电复位时通过将 XPLLDIS 引脚拉低来调用。PLL 模块完全禁止。输入到 CPU 的时钟(CLKIN)由 X1/XCLKIN 引脚的时钟信号直接驱动	XCLKIN
PLL 旁路	如果 PLL 未处于禁止状态，则为上电复位的默认配置模式。PLL 自身被旁路，但是从 X1/XCLKIN 引脚输入的时钟在送到 CPU 之前，先经过 PLL 的"/2"电路除以 2	XCLKIN/2
PLL 使能	通过给 PLLCR 寄存器写入一个非 0 的"n"值来实现。时钟在送到 CPU 之前，先经过 PLL 的"/2"电路除以 2。	(XCLKIN×n)/2

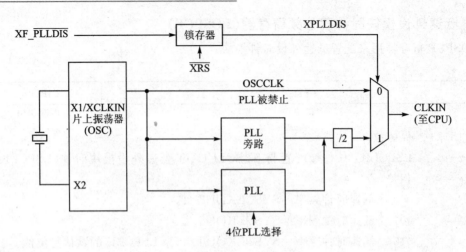

图 3-4 OSC 和 PLL 模块

PLLCR 寄存器：

15	4	3	0
保留		DIV	
R-0		R/W-0	

位 15~4　保留位。

位 3~0　DIV：该位域控制是否旁路 PLL，不旁路时，用于设置 PLL 时钟比率。

    0000 CLKIN= OSCCLK/2(PLL 旁路)。

    0001 CLKIN=(OSCCLK×1.0)/2。

    0010 CLKIN=(OSCCLK×2.0)/2。

    0011 CLKIN=(OSCCLK×3.0)/2。

    0100 CLKIN=(OSCCLK×4.0)/2。

    0101 CLKIN=(OSCCLK×5.0)/2。

    0110 CLKIN=(OSCCLK×6.0)/2。

    0111 CLKIN=(OSCCLK×7.0)/2。

    1000 CLKIN=(OSCCLK×8.0)/2。

    1001 CLKIN=(OSCCLK×9.0)/2。

    1010 CLKIN=(OSCCLK×10.0)/2。

    1011~1111 保留。

注：$\overline{XRS}$ 复位引脚复位 PLLCR 寄存器到已知状态。如果为仿真复位，则 PLL 时钟频率不改变。

3.3.3　TMS320F2808 芯片的 10 MHz 外部晶振的 10 倍频时钟设置

本小节将介绍 F2808 芯片采用外部的 10 MHz 晶振情况下，如何设置 10 倍频时钟的内部 CPU 时钟。由于 TI 公司 C2000 几个系列芯片的锁相环电路 PLL 设计有一定差异，不能照搬 C2000 系列其他芯片的设置方式。因此，本小节以一个实例介绍 F2808 芯片采用外部的 10 MHz 晶振的锁相环电路的设置方法和步骤，并给出相应的程序修改情况。设置步骤如下：

1. 启用锁相环电路 PLL

通过将非零值 n 写入 PLLCR 寄存器来实现启用锁相环电路 PLL。写入 PLLCR 寄存器，F2808 将切换到 PLL 旁路方式和锁相环电路 PLL 锁定状态。表 3-8 列出了锁相 PLLCR 寄存器的值与锁相倍数间的关系。

表 3-8 锁相 PLLCR 寄存器的值与锁相倍数间的关系

PLLCR[DIV][1]	SYSCLKOUT(CLKIN)[2]	PLLCR[DIV][1]	SYSCLKOUT(CLKIN)[2]
0000(PLL 旁路)	OSCCLK/n	0110	(OSCCLK×6)/n
0001	(OSCCLK×1)/n	0111	(OSCCLK×7)/n
0010	(OSCCLK×2)/n	1000	(OSCCLK×8)/n
0011	(OSCCLK×3)/n	1001	(OSCCLK×9)/n
0100	(OSCCLK×4)/n	1010	(OSCCLK×10)/n
0101	(OSCCLK×5)/n	1011~1111	保留

注：(1) 该寄存器受 EALLOW 保护。
(2) CLKIN 是 CPU 的输入时钟。SYSCLKOUT 是从 CPU 输出的系统时钟。SYSCLKOUT 信号和 CLKIN 信号是一致的。如果设置 CLKINDIV=0，则 $n=2$；如果设置 CLKINDIV=1，则 $n=1$。

由表 3-8 可以知道，$n=1$ 时，可以实现 10 倍频时钟的锁相功能，达到锁相的最大倍数。

2. 设置 CLKINDIV 的值，实现 10 倍频时钟的锁相倍数

根据图 3-5 所示的 F2808 的 OSC 和 PLL 模块可知，F2808 芯片可以通过设置寄存器 PLLSTS 中的 CLKINDIV 位，来设置 PLL 的"/2"电路，从而实现 10 倍频时钟。

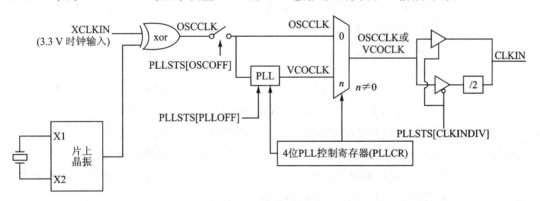

图 3-5 OSC 和 PLL 模块

3. PLL 状态寄存器 PLLSTS

15							8
保留							
R-0							

7	6	5	4	3	2	1	0
保留	MCLKOFF	OSCOFF	MCLKCLR	MCLKSTS	PLLOFF	CLKINDIV	PLLLOCKS
R-0	R/W-0	R/W-0	R=0/W-0	R-0	R/W-0	R/W-0	R-1

位 15~7　保留位。

位6 CLKOFF：振荡器不稳定检测电路选择位。
 0 禁止振荡器失败检测逻辑（默认值）。
 1 使能振荡器失败检测逻辑。不想受检测电路影响的用户可以使用此模式。例如，外部时钟关闭。

位5 OSCOFF：振荡器时钟关闭位。
 0 来自X1/X2或XCLKIN的OSCCLK信号馈送至PLL块（默认值）。
 1 来自X1/X2或XCLKIN的OSCCLK信号未馈送至PLL块。此模式对于测试主振荡器失败检测逻辑非常有用。此模式不关闭内部振荡器。

位4 MCLKCLR：时钟不稳定清除位。
 0 写入0无效。该位的读数始终为0。
 1 强制时钟不稳定检测电路清零和复位。如果仍然缺少OSCCLK，则检测电路将再次生成传送至系统的复位信号，设置时钟不稳定状态位（MCLKSTS），且由PLL以时钟不稳定模式频率驱动CPU。

位3 MCLKSTS：时钟不稳定状态位。复位后检查该位的状态，以确定是否检测到缺少振荡器的情况。在正常情况下，该位应为0。对该位的写入将被忽略。通过写入MCLKCLR位或强制实施外部复位，可以清除该位。
 0 未检测到时钟不稳定的情况。
 1 检测到缺少OSCCLK。主振荡器失败检测逻辑已重置此器件，并且CPU当前已由按时钟不稳定模式频率运行的PLL计时。

位2 PLLOFF：锁相环PLL关闭位。该位关闭PLL有助于系统噪声测试。此模式应只在PLLCR寄存器设置为0x0000时使用。
 0 PLL打开（默认值）。
 1 PLL关闭设置了PLLOFF位时，PLL模块应保持断电。控制器芯片必须处于PLL旁路模式（PLLCR=0x0000），然后才能将1写入PLLOFF。当PLL关闭（PLLOFF=1）时，不要为PLLCR写入非零值。当PLLOFF=1时，STANDBY和HALT低功率模式将如预期正常工作。在从HALT或STANDBY唤醒之后，PLL模块将继续断电。

位1 CLKINDIV：时钟除以2使能/禁止位。通过该位能够使能/禁止CLKIN信号输入CPU的时钟除以2电路。CLKINDIV在写入PLLCR值前必须为0，只有在PLLLOCKS=1以后才能被设置。
 0 CLKIN除以2使能（默认值）。CLKINDIV在写入PLLCR值前必须为0。
 1 CLKIN除以2禁止。只有在PLLLOCKS=1以后才能更改CLKINDIV为1。

位0 PLLLOCKS：PLL锁定状态位。
 0 指示已写入PLLCR寄存器且PLL当前已锁定。由OSCCLK/2为CPU计时，直至PLL锁定。
 1 指示PLL已锁定且现在已稳定。

注：(1) 只能由 XRS 信号或程序监视器复位信号使寄存器复位到它的默认状态。时钟不稳定或调试器复位信号不能使它复位。

(2) 此寄存器受 EALLOW 保护。

需要注意的是，在 TI 公司的 ACI3_3 程序中，并没有在寄存器 PLLSTS 中设置 CLKINDIV 位，需要用户添加。

4. PLLSTS 寄存器设置

可以将 TI 公司提供的 ACI3_3 中 PLLSTS 寄存器定义的源程序做如下修改后满足应用的要求。

修改部分以斜体字加粗标注：

```
struct PLLSTS_BITS   {              //位      描述
    Uint16 PLLLOCKS:1;              //0       PLL lock status
    Uint16 rsvd1:1;                 //1       CLKINDIV
    Uint16 PLLOFF:1;                //2       PLL off bit
    Uint16 MCLKSTS:1;               //3       Missing clock status bit
    Uint16 MCLKCLR:1;               //4       Missing clock clear bit
    Uint16 OSCOFF:1;                //5       Oscillator clock off
    Uint16 MCLKOFF:1;               //6       Missing clock detect
    Uint16 rsvd2:9;                 //15:7    保留
};
```

将其中斜体字的部分修改：

```
struct PLLSTS_BITS   {              //位      描述
    Uint16 PLLLOCKS:1;              //0       PLL lock status
    Uint16 CLKINDIV:1;              //1       CLKINDIV
    Uint16 PLLOFF:1;                //2       PLL off bit
    Uint16 MCLKSTS:1;               //3       Missing clock status bit
    Uint16 MCLKCLR:1;               //4       Missing clock clear bit
    Uint16 OSCOFF:1;                //5       Oscillator clock off
    Uint16 MCLKOFF:1;               //6       Missing clock detect
    Uint16 rsvd2:9;                 //15:7    保留
};
```

由此可以在程序中直接调用 CLKINDIV 位。

程序代码在源程序的基础上修改。

```
//初始化 PLLCR 寄存器为 0xA
InitPll(0xA);                       //10 倍频时钟
void InitPll(Uint16 val)
{
    volatile Uint16 iVol;
    //Make sure the PLL is not running in limp mode
    if(SysCtrlRegs.PLLSTS.bit.MCLKSTS != 1)
    {
```

```
            if(SysCtrlRegs.PLLCR.bit.DIV != val)
            {
              EALLOW;
                //Before setting PLLCR turn off missing clock detect
              SysCtrlRegs.PLLSTS.bit.MCLKOFF = 1;
              SysCtrlRegs.PLLCR.bit.DIV = val;
              EDIS;
                //Optional: Wait for PLL to lock.
                //During this time the CPU will switch to OSCCLK/2 until
                //the PLL is stable.  Once the PLL is stable the CPU will
                //switch to the new PLL value.
                //This time-to-lock is monitored by a PLL lock counter.
                //Code is not required to sit and wait for the PLL to lock.
                //However, if the code does anything that is timing critical,
                //and requires the correct clock be locked, then it is best to
                //wait until this switching has completed.
                //The watchdog should be disabled before this loop, or fed within the loop.
              DisableDog();
                //Wait for the PLL lock bit to be set.
                //Note this bit is not available on 281x devices.  For those devices
                //use a software loop to perform the required count.
              while(SysCtrlRegs.PLLSTS.bit.PLLLOCKS != 1) { }
              EALLOW;
              SysCtrlRegs.PLLSTS.bit.CLKINDIV = 1;           //在确认 PLLLOCKS = 1 以后,设置 CLKINDIV
                                                             //为 1,关闭 CLKIN 时钟输入 CPU 除以 2 电路
              SysCtrlRegs.PLLSTS.bit.MCLKOFF = 0;
              EDIS;
            }
        }
        //If the PLL is in limp mode, shut the system down
        else
        {
            //Replace this line with a call to an appropriate  function.
            //SystemShutdown();
            asm("        ESTOP0");
        }
    }
```

3.3.4 低功耗工作模块

F2808 芯片低功耗工作状态如表 3-9 所列。

表 3-9　F2808 芯片低功耗工作状态

状态	IDLES	LPM(1~0)	OSCCLK	CLKIN	SYSCLKOUT	Exit[†]
正常	低	x,x	On	On	On	—
空闲(IDLE)	高	0,0	On	On	On[‡]	$\overline{XRS}$,WAKEINT 任何使能的中断 XNMI
备用(STANDBY)	高	0,1	On(程序监视器仍在运行)	Off	Off	$\overline{XRS}$,WAKEINT XINT1,XNMI $\overline{T1/2/3/4CT\ RIP}$ $\overline{C1/2/3/4/5/6TRIP}$ SCIRXDA,SCIRXDB, CANRX,仿真器[§]
停止(HALT)	高	1,x	Off(关闭晶体振荡器和PLL,程序监视器禁止)	Off	Off	$\overline{XRS}$,XNMI,仿真器[§]

[†] Exit 列为退出低功耗工作状态的信号和条件。这些信号必须保持足够长的低电平时间,才能使控制器能够识别中断。否则,不会退出 IDLE 工作状态,而控制器将又回到低功耗工作状态。

[‡] F2808 芯片的 IDLE 工作状态和 F24x/F240x 的运行状态不同。在 F2808 芯片中,系统内核时钟输出(SYSCLKOUT)一直起作用。

[§] 对于 F2808 芯片,即使 CPU 时钟(CLKIN)关闭,JTAG 接口也一直起作用。

各种低功耗工作状态操作如下:

① IDLE 工作状态。当控制器识别到任何已经使能的中断或 NMI 时,都将退出低功耗工作状态。只要 LPMCR0[0] 和 LPMCR0[1] 位设置为 00,则低功耗工作状态模块不执行任务。

② HALT 工作状态。仅 $\overline{XRS}$ 和 XNMI 外部信号可以从 HALT 工作状态唤醒控制器。在 XMNICR 寄存器中有一个使能/禁止位控制输入到 CPU 的 XNMI 信号。

③ STANDBY 工作状态。如果 LPMCR0 寄存器中的 LPM 位设置为 1x,则当执行 IDLE 指令时,控制器进入 HALT 状态。在 HALT 状态中,所有控制器的时钟以及 PLL 和振荡器关闭。当出现唤醒控制器的信号时,在 LPMCR0 寄存器中选择的信号(包括 XNMI)可以将控制器从 STANDBY 工作状态中唤醒。选择信号在唤醒控制器前被 OSCCLK 限定了宽度,要求必须满足一定的 OSCCLK 数目的宽度,OSCCLK 数目由 LPMCR0 寄存器设定。

低功耗工作状态控制寄存器 0(LPMCR0):

15	8	7	2	1	0
保留		QUALSTDBY		LPM	
R-0		R/W-1		R/W-0	

位 15~8　保留位。

位 7~2　QUALSTDBY:当从 STANDBY 工作状态中唤醒 LPM 时,选择限定输出的 OSCCLK 时钟周期数。

000000＝2×OSCCLK;

000001＝3×OSCCLK;

⋮

111111＝65×OSCCLK。

位 1～0　　LPM：这两位设置器件的低功耗工作状态。

注：(1) 这两位被复位信号($\overline{XRS}$)清零。

(2) 仅当执行 IDLE 指令时,低功耗工作状态位(LPM)有效。因此,在执行 IDLE 指令前,用户必须设置 LPM 位为对应的状态。

3.3.5　程序监视器模块

F2808 芯片上的程序监视器模块和 F240x 芯片是相同的。当 8 位程序监视器增计数器计数到最大值时,程序监视器模块产生一个输出脉冲,脉宽为 512 个晶体振荡器时钟宽度(OSCCLK)。为了阻止程序监视器复位,用户必须禁止计数器或程序周期性地向程序监视器密钥寄存器写入 0x55＋0xAA 序列,否则将复位程序监视器计数器。如图 3-6 所示为程序监视器模块。

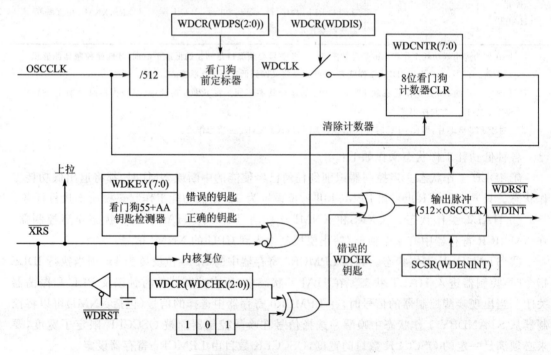

注：$\overline{WDRST}$ 信号被拉低 512 个 OSCCLK 周期。

图 3-6　程序监视器模块

$\overline{WDINT}$ 信号可使程序监视器用做唤醒 IDLE/STANDBY 工作状态的定时器。

在 STANDBY 工作状态中,器件的所有外设模块都关闭,只有程序监视器还在工作。程序监视器模块仍以 PLL 时钟或晶体振荡器时钟在运行。$\overline{WDINT}$ 使器件从 STANDBY 工作状态中唤醒(如果使能)。

在 IDLE 工作状态中,$\overline{WDINT}$ 信号可以产生一个 CPU 中断(PIE 模块中的 WAKEINT 中断),使 CPU 退出 IDLE 工作状态。

在 HALT 工作状态中不能使用,因为晶体振荡器和 PLL 已关闭,程序监视器也关闭。

1. 程序监视器计数器（WDCNTR）

15	8	7	0
保留		WDCNTR	
R-0		R/W-0	

位 15~8　保留位。

位 7~0　WDCNTR：程序监视器计数器的当前值。8 位计数器不断地以 WDCLK 频率增加。如果计数器上溢，则程序监视器发出复位信号。如果写入一个有效数据序列到 WDKEY 寄存器，则计数器复位到 0。WDCLK 频率由程序监视器控制寄存器（WDCR）配置。

2. 程序监视器复位密钥寄存器（WDKEY）

15	8	7	0
保留		WDKEY	
R-0		R/W-0	

位 15~8　保留位。

位 7~0　WDKEY：写入 0x55 后再写入 0xAA 将清零 WDCNTR。写任何其他值都会立即使程序监视器发出复位信号。读取操作时返回程序监视器控制寄存器（WDCR）值。

3. 程序监视器控制寄存器（WDCR）

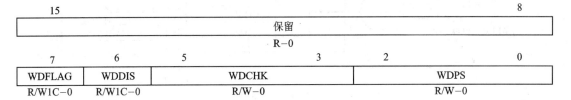

位 15~8　保留位。

位 7　WDFLAG：程序监视器复位状态标志位。该位为 1，表示程序监视器（$\overline{WDRST}$）产生了复位；如果为 0，则表示是外部器件或上电产生的复位。该位保持锁存的状态直到用户写入 1 后清零。写入 0 无效。

位 6　WDDIS：向该位写入 1 将禁止程序监视器，写入 0 使能程序监视器。该位只有在系统控制状态寄存器（SCSR）中的 WDOVERRIDE 位为 1 时，才能修改。复位时，使能程序监视器。

位 5~3　WDCHK：任何时候执行对程序监视器控制寄存器（WDCR）的写操作，用户都必须向该位域写入 1、0、1。写其他任何值都会立即引起内核复位（如果程序监视器使能）。

位 2~0　WDPS：该位域配置程序监视器与 OSCCLK/512 有关的计数器时钟频率。
　　000　WDCLK=OSCCLK/512/1　　100　WDCLK=OSCCLK/512/8
　　001　WDCLK=OSCCLK/512/1　　101　WDCLK=OSCCLK/512/16
　　010　WDCLK=OSCCLK/512/2　　110　WDCLK=OSCCLK/512/32
　　011　WDCLK=OSCCLK/512/4　　111　WDCLK=OSCCLK/512/64

第 3 章 TMS320F2808 系统控制和中断

当$\overline{\text{XRS}}$线为低电平时，WDFLAG 位强迫为低。只有在检测到$\overline{\text{WDRST}}$信号上升沿（同步和 4 个周期后）和$\overline{\text{XRS}}$信号为高电平时，才会置位 WDFLAG 位。如果在$\overline{\text{WDRST}}$变为高电平时，$\overline{\text{XRS}}$信号为低，那么 WDFLAG 位将保持为 0。

程序监视器在不同的仿真条件时工作如下。

CPU 暂停模式： 当 CPU 暂停时，同时会暂停程序监视器的时钟（WDCLK）。

自由运行模式： 当 CPU 置于自由运行模式时，程序监视器重新正常工作。

实时单步模式： 当 CPU 处于实时单步模式时，将悬挂程序监视器时钟。即使处于实时中断中，程序监视器也保持悬挂状态。

实时自由运行模式：当 CPU 处于实时自由运行模式时，程序监视器正常工作。

3.3.6 32 位 CPU 定时器 0、1、2

F2808 芯片有 3 个 32 位的 CPU 定时器（TIMER0、1、2）。用户可以使用 CPU 定时器 0，保留 CPU 定时器 1 和定时器 2 用于实时操作系统（RTOS）（例如 TI 公司的 DSP/BIOS）。CPU 定时器如图 3-7 所示。

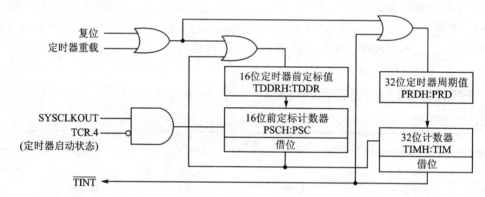

图 3-7 CPU 定时器

在 F2808 芯片中，CPU 定时器中断信号（$\overline{\text{TINT0}}$、$\overline{\text{TINT1}}$、$\overline{\text{TINT2}}$）连接如图 3-8 所示。

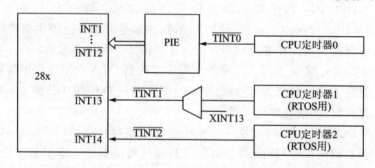

注：(1) CPU 定时器的寄存器被连接到 F2808 控制器的存储器总线上。
(2) CPU 定时器的时序与 F2808 控制器时钟的 SYSCLKOUT 是同步的。

图 3-8 CPU 定时器中断信号和输出信号

定时器的一般工作过程为，将周期寄存器 PRDH：PRD 中的值装载到 32 位计数器 TIMH：TIM。计数器以 F2808 芯片的 SYSCLKOUT 频率递减。当计数器减到 0 时，产生一个定时器中断输出信号脉冲。表 3-10 为配置定时器所用到的寄存器。

表 3-10 CPU 定时器 0、1、2 配置和控制寄存器

寄存器名	地址	长度(×16 位)	描述
TIMER0TIM	0x0C00	1	CPU 定时器 0,计数器
TIMER0TIMH	0x0C01	1	CPU 定时器 0,计数器高位字
TIMER0PRD	0x0C02	1	CPU 定时器 0,周期寄存器
TIMER0PRDH	0x0C03	1	CPU 定时器 0,周期寄存器高位字
TIMER0TCR	0x0C04	1	CPU 定时器 0,控制寄存器
保留	0x0C05	1	
TIMER0TPR	0x0C06	1	CPU 定时器 0,前分频寄存器
TIMER0TPRH	0x0C07	1	CPU 定时器 0,前分频寄存器高位字
TIMER1TIM	0x0C08	1	CPU 定时器 1,计数器
TIMER1TIMH	0x0C09	1	CPU 定时器 1,计数器高位字
TIMER1PRD	0x0C0A	1	CPU 定时器 1,周期寄存器
TIMER1PRDH	0x0C0B	1	CPU 定时器 1,周期寄存器高位字
TIMER1TCR	0x0C0C	1	CPU 定时器 1,控制寄存器
保留	0x0C0D	1	
TIMER1TPR	0x0C0E	1	CPU 定时器 1,前分频寄存器
TIMER1TPRH	0x0C0F	1	CPU 定时器 1,前分频寄存器高位字
TIMER2TIM	0x0C10	1	CPU 定时器 2,计数器
TIMER2TIMH	0x0C11	1	CPU 定时器 2,计数器高位字
TIMER2PRD	0x0C12	1	CPU 定时器 2,周期寄存器
TIMER2PRDH	0x0C13	1	CPU 定时器 2,周期寄存器高位字
TIMER2TCR	0x0C14	1	CPU 定时器 2,控制寄存器
保留	0x0C15	1	
TIMER2TPR	0x0C16	1	CPU 定时器 2,前分频寄存器
TIMER2TPRH	0x0C17	1	CPU 定时器 2,前分频寄存器高位字
保留	0x0C18~0x0C3F	40	

1. TIMERxTIM 计数器($x=0$、1、2)

15	0
TIM	
R/W-0	

位 15~0　TIM：CPU 定时器计数器(TIMH：TIM)。TIM 计数器保存定时器当前 32 位计数值的低 16 位。TIMH 计数器保存定时器当前 32 位计数值的高 16 位。每(TDDRH：TDDR+1)个时钟 TIMH：TIM 减 1,TDDRH：TDDR 为定时器前分频值。当 TIMH：TIM 减到 0 时,TIMH：TIM 计数器重新装载 PRDH：PRD 周期寄存器中的周期值,并产生定时器中断信号(TINT)。

2. TIMERxTIMH 计数器（x=0、1、2）

15	0
TIMH	
R/W-0	

位 15~0　　TIMH：见 TIMERxTIM 的描述。

3. TIMERxPRD 寄存器（x=0,1,2）

15	0
PRD	
R/W-0	

位 15~0　　PRD：定时器周期寄存器（PRDH：PRD）。PRD 寄存器保存 32 位周期值的低 16 位。PRDH 寄存器保持 32 位周期值的高 16 位。当 TIMH：TIM 减到 0 时，在下一个定时器输入时钟（前分频器的输出）开始时，TIMH：TIM 计数器重新装载 PRDH：PRD 周期寄存器中的周期值。当定时器控制寄存器（TCR）中的定时器重装载位（TRB）置位时，PRDH：PRD 的值也将装载到 TIMH：TIM。

4. TIMERxPRDH 寄存器（x=0、1、2）

15	0
PRDH	
R/W-0	

位 15~0　　PRDH：见 TIMERxPRD 的描述。

5. TIMERxTCR 寄存器（x=0、1、2）

15	14	13	12	11	10	9	8
TIF	TIE	保留		FREE	SOFT	保留	
R/W-0	R/W-0	R-0		R/W-0	R/W-0	R-0	

7	6	5	4	3			0
保留	TRB	TSS		保留			
R-0	R/W-0	R/W-0		R-0			

位 15　　　　　TIF：CPU 定时器中断标志位。当定时器减到 0 时，该标志位置位。该位写入 1 清零，但是它只能由定时器计数到 0 时置位。向该位写入 0 无效。

位 14　　　　　TIE：CPU 定时器中断使能位。如果定时器减到 0，并且该位置 1，则定时器将产生中断请求。

位 13~12　　　保留位。

位 11、位 10　　FREE、SOFT：CPU 定时器仿真模式位。这两位是专门的仿真位，确定了在高级语言仿真中遇到断点时定时器的状态。如果 FREE 位为 1，则在软件断点时，定时器继续运行（也就是自由运行）。在此情况下，与 SOFT 的状态无关。但是如果 FREE 为 0，则 SOFT 将起作用。此时，如果 SOFT=0，则定时器停止下一次 TIMH：TIM 减计数。如果 SOFT=

1，则当 TIMH：TIM 减计数到 0 时，定时器停止。

FREE	SOFT	定时器仿真模式；
0	0	在 TIMH：TIM 的下一次减计数后停止（硬件停止）；
0	1	在 TIMH：TIM 减计数到 0 后停止（软件停止）；
1	x	自由运行。

注：在软件停止模式中，定时器在关闭之前会产生一个中断（因为到达 0 满足中断的产生条件）。

位 9～6　　保留位。

位 5　　TRB：CPU 定时器重装载位。向该位写入 1 时，TIMH：TIM 将重新装载 PRDH：PRD 中的周期值，前分频计数器（PSCH：PSC）重新装载分频寄存器（TDDRH：TDDR）中的值。读该位时，值为 0。

位 4　　TSS：CPU 定时器停止状态位。该位为停止或启动定时器的一个标志位。向该位写入 1，将会停止定时器；写入 0 将会启动或重新开始定时器。复位时，该位清零，定时器立刻启动。

位 3～0　　保留位。

6. TIMERxTPR 寄存器（x＝0、1、2）

15		8	7		0
	PSC			TDDR	
	R−0			R/W−0	

位 15～8　　PSC：CPU 定时器前分频计数器。该位域保存定时器的当前前分频计数值。对于每一个定时器时钟源的周期，PSCH：PSC 的值大于 0，PSCH：PSC 进行减 1 计数。在 PSCH：PSC 到 0 之后的一个定时器时钟周期（定时器前分频器的输出），PSCH：PSC 重新装载 TDDRH：TDDR 的值，而定时器计数器（TIMH：TIM）减 1。当软件设置重装载位（TRB）为 1 时，也会重装载 PSCH：PSC。可以通过读 PSCH：PSC 寄存器来检查保存的值，但是不能直接设置该位域。该位域必须从定时器前分频值寄存器（TDDRH：TDDR）中取值。复位时，PSCH：PSC 为 0。

位 7～0　　TDDR：CPU 定时器前分频位。每（TDDRH：TDDR＋1）个定时器时钟源周期，定时器计数器（TIMH：TIM）减 1。复位时，TDDRH：TDDR 位为 0。为了以整数因子增加所有计数器计数，写该因子减 1 的数到 TDDRH：TDDR 位。当前分频计数器（PSCH：PSC）值为 0 时，一个定时器时钟周期后，TDDRH：TDDR 重新装载 PSCH：PSC 的值，TIMH：TIM 减 1。当软件置位定时器重装载位（TRB）为 1 时，TDDRH：TDDR 也会重新装载到 PSCH：PSC。

7. TIMERxTPRH 寄存器位定义（x＝0、1、2）

15		8	7		0
	PSCH			TDDRH	
	R−0			R/W−0	

位 15～8　　PSCH：见 TIMERxTPR 的描述。

位 7~0 TDDRH：见 TIMERxTPR 的描述。

3.4 外设中断扩展模块

F2808 芯片有大量的外设模块，每一个外设模块都可以产生一个或多个对应于外设模块事件的外设模块级中断。由于 CPU 没有能力在 CPU 级处理所有的外设中断请求，因此需要外设中断扩展模块 PIE(Peripheral Interrupt Expansion)去集中和仲裁不同来源的中断请求。F2808 外设中断扩展模块支持 96 个独立的中断，它们分为 8 组，每一组对应 12 个内核中断($\overline{INT1}$~$\overline{INT12}$)中的一个。因此，外设中断扩展模块可以把大量的中断源组合到较少的中断输入组中。每一个中断在专用的 RAM 中都有自己的中断向量(即地址)，用户可以修改此中断向量。中断服务时，CPU 会自动地读取对应的中断向量。取中断向量和保存一些关键的 CPU 寄存器需要花费约 9 个 CPU 时钟周期。中断的优先级由硬件和软件控制。在 PIE 模块中，可以独立地使能或禁止每一个中断。

3.4.1 PIE 模块

F2808 CPU 支持一个非屏蔽中断(NMI)和 16 个可屏蔽的有优先级的 CPU 级中断请求(INT1~INT14、RTOSINT 和 DLOGINT)。PIE 模块中断向量表用来存储各个中断服务程序的入口地址。包括所有复用和非复用在内的每个中断都有一个中断向量。在器件初始化阶段，用户需要配置中断向量表，而在操作运行期间也可以更新中断向量表。

1. 中断操作顺序

如图 3-9 所示为所有通过 PIE 模块复用的中断概况。PIE 模块中断分为 3 级，分别为：外设模块级、PIE 模块级和 CPU 级，非复用的中断源不用经过前两级则直接输入到 CPU。

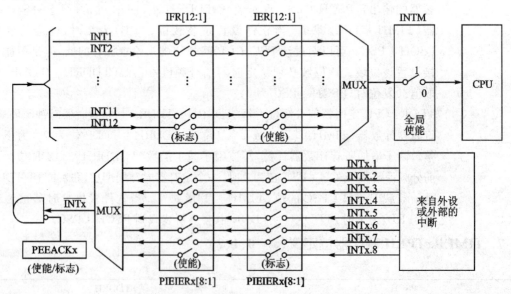

图 3-9 通过 PIE 模块复用的中断概况图

(1) 外设模块级

一个外设模块产生一个中断事件。对应于该事件的特定寄存器中的中断标志位 IF(Interrupt Flag)将置位。如果对应的中断使能位 IE(Interrupt Enable)已置位,则外设模块就向 PIE 模块发出一个中断请求;如果外设模块级中断没有使能,则 IF 保持置位,直到被软件清零为止。在外设模块寄存器中的中断标志必须由用户程序清零。

特别注意: 如果中断标志先置位且保持为 1,然后再使能,则 PIE 模块对这种中断请求的响应是不确定的,应该避免这种情况。

(2) PIE 模块级

PIE 模块将 8 个外设模块和外部引脚的中断组合到一个 CPU 中断。这些中断分为 12 组: PIE 组 1～PIE 组 12。1 个组的中断组合成一个 CPU 中断。例如,PIE 组 1 的 12 个中断组合到 CPU 中断 1(INT1),而 PIE 组 12 的 12 个中断组合到 CPU 中断 12(INT12)。除 12 个 PIE 组的 CPU 中断外,其余的 CPU 中断都是单路的。对于这些单路的中断,PIE 模块将中断请求直接送到 CPU 中断。

图 3-10 举例说明了在不同的 PIEIFR 和 PIEIER 寄存器条件下 PIE 模块的硬件行为。在 PIE 模块中的每一个中断组都有对应的中断标志位(PIEIFR$x.y$)和中断使能位(PIEIER$x.y$),每一个 CPU 中断(INT1～INT12)都有一个应答位(PIEACKx)。一旦向 PIE 模块发出中断请求后,对应的 PIE 模块的中断标志(PIEIFR$x.y$)置 1。如果对应的 PIE 模块的中断使能位(PIEIER$x.y$)也为 1,则 PIE 模块将检查对应的 PIEACKx 位,确定 CPU 是否做好准备来响应该组的一个中断。如果该组的 PIEACKx 位为 0,那么 PIE 模块将向 CPU 发出中断请求。如果 PIEACKx 位为 1,那么 PIE 模块将等待,直到它清零时,才能再次发出中断请求 INTx。

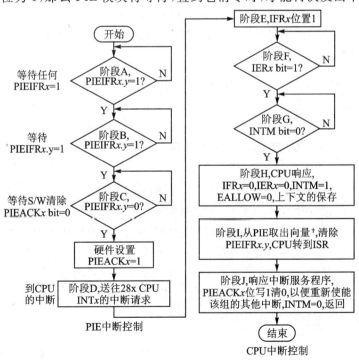

† 对于复用的中断,PIE 模块将响应标志已置位且已使能为最高优先级的中断。

图 3-10 典型的 PIE/CPU 中断响应流程

(3) CPU 级

一旦中断请求送到 CPU,对应于 INTx 的 CPU 级中断标志位(IFR)将置位。标志锁存到中断标志寄存器(IFR)后,只要相应的 CPU 中断使能寄存器(IER)或仿真中断使能寄存器(DBGIER)使能,而且全局中断屏蔽位也使能,则 CPU 就会响应该中断,准备执行相应的中断服务程序。在开始阶段,CPU 将对应的 IFR 和 IER 位清除,清除 EALLOW 和 LOOP,置位 INTM 和 DBGM,清空流水线,保存返回地址并自动保存上下文信息。然后从 PIE 模块取出中断服务程序中断向量(ISR)。如果该中断是组合的,则 PIE 模块将由 PIEIERx 和 PIEIFRx 寄存器给出相应的中断服务程序地址译码(中断向量)。如果 DSP 处于实时模式和 CPU 正在运行,那么使用上述一般的中断处理进程。

当 F2808 芯片处于实时仿真模式且 CPU 暂停时,将使用不同的进程。在该特殊情况中,使用了 DBGIER 寄存器,而且忽略了 INTM 位。在大多数的中断处理进程中没有使用 DBGIER 寄存器。表 3-11 为在 CPU 级需要使能可屏蔽中断的中断处理进程。

表 3-11 中断使能

中断处理进程	中断是否使能
标准	INTM=0 且 IER 中的对应位为 1
DSP 处于实时模式并且暂停	IER 中对应的位为 1 且 DBGIER 为 1

每个中断服务程序都有自己的入口地址,如果把所有的中断程序的入口地址集合在一起,就称这个集合为中断向量表。PIE 模块中 96 个中断的每一个中断都有一个对应的 32 位中断向量。PIE 模块中的中断标志(PIEIFR$x.y$)在取回中断向量后,硬件自动清零。然而为了从 PIE 模块中接收更多的中断,PIE 模块中断应答位必须由用户程序清零。

2. 中断向量表映射

在 F2808 芯片中,中断向量表可以映射到 5 个完全不同的存储器位置。在实际中,F2808 芯片仅使用了 PIE 模块中断向量表映射。中断向量表的映射由以下的位控制。

VMAP: 状态寄存器 1(ST1)位 3。VMAP 的状态可以通过写入 ST1 或通过指令"SETC/CLRC VMAP"修改。在通常的 F2808 芯片操作中,该位保持为 1。复位时,该位为 1。

M0M1MAP: 状态寄存器 1(ST1)位 11。M0M1MAP 的状态可以通过写 ST1 或通过指令"SETC/CLRC M0M1MAP"修改。在通常的 F2808 芯片操作中,该位保持为 1。M0M1MAP=0 仅用于 TI 测试中。复位时,该位为 1。

MP/$\overline{\text{MC}}$: F2808 芯片没带外部扩展接口,MP/MC 引脚被内部拉低。

ENPIE: 寄存器 PIECTRL 的位 1。ENPIE 可以在复位后通过 PIECTRL 修改。复位时的默认值为 0(禁止 PIE 模块)。

使用这些位,中断向量表映射如表 3-12 所列。

表 3 – 12　中断向量表映射[†]

中断向量映射	取中断向量的位置	地址范围	VMAP	M0M1MAP	MP/$\overline{MC}$	ENPIE
M1 中断向量[‡]	M1 SARAM 块	0x00 0000～0x00 003F	0	0	x	x
M0 中断向量[‡]	M0 SARAM 块	0x00 0000～0x00 003F	0	1	x	x
BROM 中断向量	ROM 块	0x3F FFC0～0x3F FFFF	1	x	0	0
PIE 中断向量	PIE	0x00 0D00～0x00 0DFF	1	x	x	1

[†] 对于 F2808 芯片，VMAP 和 M0M1MAP 位在复位时为 1。ENPIE 位复位时为 0。

[‡] 中断向量映射 M1 和 M0 仅为一种保留模式。在 F2808 上，它们用做 RAM。

M1 和 M0 中断向量表映射仅用于 TI 公司芯片测试。当使用其他中断向量映射时，M0 和 M1 存储器块作为 RAM，可以自由地使用，不受任何限制。

芯片复位后，中断向量表映射如表 3 – 13 所列。

表 3 – 13　复位操作后的中断向量表映射[†]

中断向量映射	复位取用位置	地址范围	VMAP	M0M1MAP	MP/$\overline{MC}$	ENPIE
BROM 中断向量	ROM 块	0x3F FFC0～0x3F FFFF	1	1	0	0

[†] 对于 F2808 芯片，VMAP 和 M0M1MAP 位在复位时为 1。ENPIE 位复位时为 0。

复位和引导完成之后，用户代码应该立即初始化 PIE 模块中断向量表，然后在应用中使能 PIE 模块中断向量表。此后，将会从 PIE 模块中断向量表中读取中断向量。

注：当发生复位时，复位中断向量总是从表 3 – 13 的中断向量表中读取。复位后，PIE 模块中断向量总是禁止的。

图 3 – 11 描述了选择中断向量表映射的过程。

3. PIE 模块中断向量表

PIE 模块中断向量表包括 256×16 位的 SARAM 模块，在 PIE 模块未使用时，也可以用做 RAM 存储器使用，但只能配置在数据空间。复位时，PIE 模块中断向量表的内容是不确定的，而 INT1～INT12 的中断优先级是确定的。

PIE 模块控制着每组 8 个中断的优先级。例如，当 INT1.1 和 INT8.1 同时发生时，两个中断会同时由 PIE 模块向 CPU 发出中断请求，但是 CPU 将先响应 INT1.1，然后响应 INT1.8。中断优先级是在取中断向量的过程中实现的。

"TRAP1"～"TRAP12"指令或"INTR INT1"～"INTR INT12"指令都可以从每一组的第一个位置(INTR1.1～INTR12.1)读取中断向量。类似地，如果对应的中断标志已经置位，则指令"OR IFR, ♯16bit"将从 INTR1.1～INTR12.1 处取回中断向量。所有其他的"TRAP"、"INTR"、"OR IFR, ♯16bit"操作都将分别从对应的位置处读取中断向量。但对 INTR1～INTR12 应该避免使用这样的操作。TRAP ♯0 操作将返回 0x00 0000 中断向量值。PIE 模块中断向量表如表 3 – 14 所列。

第3章 TMS320F2808系统控制和中断

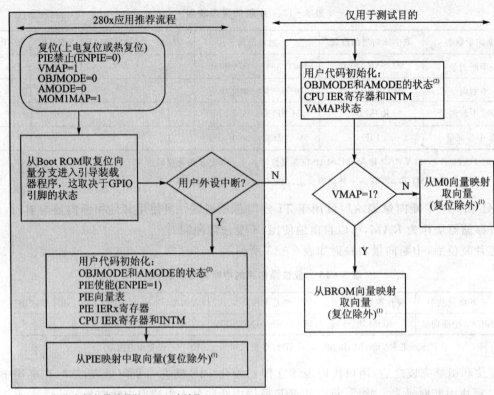

注：(1) 复位中断向量总是从BROM中读取。

(2) F2808芯片的兼容工作模式由状态寄存器1(ST1)中的OBJMODE和模式AMODE位组合确定。即：

工作模式	OBJMODE	AMODE
F2808模式	1	0
C2xLP源代码兼容	1	1
C27x目标代码兼容	0	0（复位时的默认模式）

图3-11 复位流程框图

表3-14 PIE模块中断向量表

名 字	中断向量ID	地 址	长度（×16位）	描 述	CPU优先级	PIE组优先级
Reset	0	0x0D00	2	复位总是从Boot ROM的0x003F FFC0读取	1(最高)	—
INT1	1	0x0D02	2	未用，见PIE组1	5	—
INT2	2	0x0D04	2	未用，见PIE组2	6	—
INT3	3	0x0D06	2	未用，见PIE组3	7	—
INT4	4	0x0D08	2	未用，见PIE组4	8	—
INT5	5	0x0D0A	2	未用，见PIE组5	9	—
INT6	6	0x0D0C	2	未用，见PIE组6	10	—
INT7	7	0x0D0E	2	未用，见PIE组7	11	—
INT8	8	0x0D10	2	未用，见PIE组8	12	—

续表 3-14

名字	中断向量 ID	地址	长度 (×16 位)	描述	CPU 优先级	PIE 组 优先级
INT9	9	0x0D12	2	未用,见 PIE 组 9	13	—
INT10	10	0x0D14	2	未用,见 PIE 组 10	14	—
INT11	11	0x0D16	2	未用,见 PIE 组 11	15	—
INT12	12	0x0D18	2	未用,见 PIE 组 12	16	—
INT13	13	0x0D1A	2	外部中断 13(XINT13)或 CPU 定时器 1(RTOS)	17	—
INT14	14	0x0D1C	2	CPU 定时器 2(RTOS)	18	—
DATALOG	15	0x0D1E	2	CPU 数据记录中断	19(最低)	—
RTOSINT	16	0x0D20	2	CPU 实时操作系统中断	4	—
EMUINT	17	0x0D22	2	CPU 仿真中断	2	—
NMI	18	0x0D24	2	外部不可屏蔽中断	3	—
ILLEGAL	19	0x0D26	2	非法操作	—	—
USER1	20	0x0D28	2	用户自定义陷阱	—	—
⋮	⋮	⋮	⋮	⋮	⋮	⋮
USER12	31	0x0D3E	2	用户自定义陷阱	—	—
INT1.1	32	0x0D40	2	SEQ1INT	5	1(最高)
INT1.2	33	0x0D42	2	SEQ2INT	5	
INT1.3	34	0x0D44	2	保留	5	
INT1.4	35	0x0D46	2	XINT1	5	
INT1.5	36	0x0D48	2	XINT2	5	
INT1.6	37	0x0D4A	2	ADCINT	5	
INT1.7	38	0x0D4C	2	TINT0	5	
INT1.8	39	0x0D4E	2	WAKEINT(LPM/WD)	5	8(最低)
INT2.1	40	0x0D50	2	EPWM1_TZINT(ePWM1)	6	1(最高)
INT2.2	41	0x0D52	2	EPWM2_TZINT(ePWM2)	6	
INT2.3	42	0x0D54	2	EPWM3_TZINT(ePWM3)	6	
INT2.4	43	0x0D56	2	EPWM4_TZINT(ePWM4)	6	
INT2.5	44	0x0D58	2	EPWM5_TZINT(ePWM5)	6	
INT2.6	45	0x0D5A	2	EPWM6_TZINT(ePWM6)	6	
INT2.7	46	0x0D5C	2	保留	6	
INT2.8	47	0x0D5E	2	保留	6	8(最低)

续表 3-14

名字	中断向量ID	地址	长度（×16位）	描述	CPU优先级	PIE组优先级
INT3.1	48	0x0D60	2	EPWM1_INT(ePWM1)	7	1(最高)
INT3.2	49	0x0D62	2	EPWM2_INT(ePWM2)	7	
INT3.3	50	0x0D64	2	EPWM3_INT(ePWM3)	7	
INT3.4	51	0x0D66	2	EPWM4_INT(ePWM4)	7	
INT3.5	52	0x0D68	2	EPWM5_INT(ePWM5)	7	
INT3.6	53	0x0D6A	2	EPWM6_INT(ePWM6)	7	
INT3.7	54	0x0D6C	2	保留	7	
INT3.8	55	0x0D6E	2	保留	7	8(最低)
INT4.1	56	0x0D70	2	ECAP1_INT(eCAP1)	8	1(最高)
INT4.2	57	0x0D72	2	ECAP2_INT(eCAP2)	8	
INT4.3	58	0x0D74	2	ECAP3_INT(eCAP3)	8	
INT4.4	59	0x0D76	2	ECAP4_INT(eCAP4)	8	
INT4.5	60	0x0D78	2	保留	8	
INT4.6	61	0x0D7A	2	保留	8	
INT4.7	62	0x0D7C	2	保留	8	
INT4.8	63	0x0D7E	2	保留	8	8(最低)
INT5.1	64	0x0D80	2	EQEP1_INT(eQEP1)	9	1(最高)
INT5.2	65	0x0D82	2	EQEP1_INT(eQEP2)	9	
INT5.3	66	0x0D84	2	保留	9	
INT5.4	67	0x0D86	2	保留	9	
INT5.5	68	0x0D88	2	保留	9	
INT5.6	69	0x0D8A	2	保留	9	
INT5.7	70	0x0D8C	2	保留	9	
INT5.8	71	0x0D8E	2	保留	9	8(最低)
INT6.1	72	0x0D90	2	SPIRXINTA(SPI-A)	10	1(最高)
INT6.2	73	0x0D92	2	SPIRXINTA(SPI-A)	10	
INT6.3	74	0x0D94	2	SPIRXINTB(SPI-B)	10	
INT6.4	75	0x0D96	2	SPIRXINTB(SPI-B)	10	
INT6.5	76	0x0D98	2	SPIRXINTC(SPI-C)	10	
INT6.6	77	0x0D9A	2	SPIRXINTC(SPI-C)	10	
INT6.7	78	0x0D9C	2	SPIRXINTD(SPI-D)	10	
INT6.8	79	0x0D9E	2	SPIRXINTD(SPI-D)	10	8(最低)
INT7.1	80	0x0DA0	2	SPIRXINTA	11	1(最高)
⋮	⋮	⋮	⋮	⋮	⋮	⋮
INT7.8	87	0x0DAE	2	保留	11	8(最低)

续表 3-14

名字	中断向量 ID	地址	长度（×16 位）	描述	CPU 优先级	PIE 组优先级
INT8.1	88	0x0DB0	2	I2CINT1A(I2C-A)	12	1(最高)
INT8.1	89	0x0DB2	2	I2CINT2A(I2C-A)	12	
INT8.1	90	0x0DB4	2	保留	12	
INT8.1	91	0x0DB6	2	保留	12	
INT8.1	92	0x0DB8	2	保留	12	
INT8.1	93	0x0DBA	2	保留	12	
INT8.1	94	0x0DBC	2	保留	12	
INT8.8	95	0x0DBE	2	保留	12	8(最低)
INT9.1	96	0x0DC0	2	SCIRXINTA(SCI-A)	13	1(最高)
INT9.2	97	0x0DC2	2	SCITXINTA(SCI-A)	13	
INT9.3	98	0x0DC4	2	SCIRXINTB(SCI-B)	13	
INT9.4	99	0x0DC6	2	SCITXINTB(SCI-B)	13	
INT9.5	100	0x0DC8	2	ECAN0INTA(eCAN-A)	13	
INT9.6	101	0x0DCA	2	ECAN0INTA(eCAN-A)	13	
INT9.7	102	0x0DCC	2	ECAN1INTA(eCAN-B)	13	
INT9.8	103	0x0DCE	2	ECAN0INTA(eCAN-B)	13	8(最低)
INT10.1	104	0x0DD0	2	保留	14	1(最高)
⋮	⋮	⋮	⋮	⋮	⋮	⋮
INT10.8	111	0x0DDE	2	保留	14	8(最低)
INT11.1	112	0x0DE0	2	保留	15	1(最高)
⋮	⋮	⋮	⋮	⋮	⋮	⋮
INT11.8	119	0x0DEE	2	保留	15	8(最低)
INT12.1	120	0x0DF0	2	保留	16	1(最高)
⋮	⋮	⋮	⋮	⋮	⋮	⋮
INT12.8	127	0x0DFE	2	保留	16	8(最低)

注：(1) PIE 模块中断向量表中的所有位置都受 EALLOW 保护。
(2) DSP/BIOS 使用中断向量 ID。
(3) 复位中断向量总是从 Boot ROM 的 0x003F FFC0 处读取。

3.4.2 中断源

图 3-12 所示为 F2808 芯片的中断组合形式。

连接到 PIE 模块的外设模块和外部中断的中断组如表 3-15 所列。表中每行的 8 个中断组合成一个特定的 CPU 中断输入。

第3章 TMS320F2808 系统控制和中断

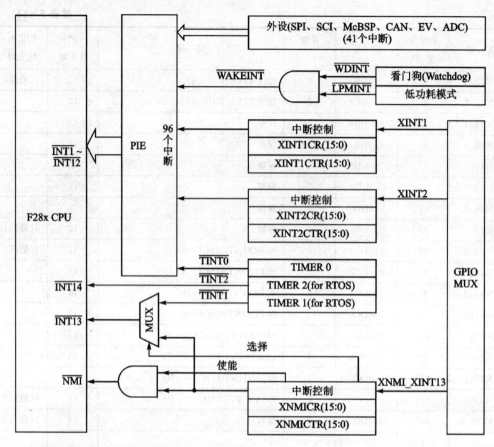

注：(1) 在通用输入/输出多路复用(GPIO MUX)中，XINT1、XINT2 和 XNMI 信号要按 CPU 时钟数进行窄脉冲限定器操作，可以编程选择需要的时钟个数，以便有效地滤除输入信号中的窄脉冲干扰。
(2) $\overline{\text{WAKEINT}}$ 输入信号在提供给 PIE 模块之前必须与 CPU 时钟同步(一般采用处理器的 SYSCLKOUT)。

图 3-12　中断框图

表 3-15　PIE 模块外设中断

CPU 中断	PIE 中断							
	INTx.8	INTx.7	INTx.6	INTx.5	INTx.4	INTx.3	INTx.2	INTx.1
INT1.y	WAKEINT (LPM/WD)	TINT0 (TIMER 0)	ADCINT (ADC)	XINT2	XINT1	保留	PDPINTB (EV-B)	PDPINTA (EV-A)
INT2.y	保留	T1OFINT (EV-A)	T1UFINT (EV-A)	T1CINT (EV-A)	T1PINT (EV-A)	CMP3INT (EV-A)	CMP2INT (EV-A)	CMP1INT (EV-A)
INT3.y	保留	CAPINT3 (EV-A)	CAPINT2 (EV-A)	CAPINT1 (EV-A)	T2OFINT (EV-A)	T2UFINT (EV-A)	T2CINT (EV-A)	T2PINT (EV-A)
INT4.y	保留	T3OFINT (EV-B)	T3UFINT (EV-B)	T3CINT (EV-B)	T3PINT (EV-B)	CMP6INT (EV-B)	CMP5INT (EV-B)	CMP4INT (EV-B)
INT5.y	保留	CAPINT6 (EV-B)	CAPINT5 (EV-B)	CAPINT4 (EV-B)	T4OFINT (EV-B)	T4UFINT (EV-B)	T4CINT (EV-B)	T4PINT (EV-B)

续表 3-15

CPU 中断	PIE 中断							
	INTx.8	INTx.7	INTx.6	INTx.5	INTx.4	INTx.3	INTx.2	INTx.1
INT6.y	保留	保留	MXINT (McBSP)	MRINT (McBSP)	保留	保留	SPITXINTA (SPI)	SPIRXINTA (SPI)
INT7.y	保留	保留	保留	保留	保留	保留	保留	保留
INT8.y	保留	保留	保留	保留	保留	保留	保留	保留
INT9.y	保留	保留	ECAN1INT (CAN)	ECAN0INT (CAN)	SCITXINTB (SCI-B)	SCIRXINTB (SCI-B)	SCITXINTA (SCI-A)	SCIRXINTA (SCI-A)
INT10.y	保留	保留	保留	保留	保留	保留	保留	保留
INT11.y	保留	保留	保留	保留	保留	保留	保留	保留
INT12.y	保留	保留	保留	保留	保留	保留	保留	保留

注：在 96 个可用中断中，已使用了 45 个，其余的保留给将来的型号使用。然而，如果它们在 PIEIFRx 级使能，这些中断也可以作为软件中断使用。

3.4.3 PIE 配置和控制寄存器

1. PIE 控制寄存器(PIECTRL)

15		1	0
	PIE VECT		ENPIE
	R-0		R/W-0

位 15～1　PIE VECT：这些位保存从 PIE 模块中断向量表中读取的中断向量地址。忽略地址的最低有效位，只用到位 15～1。用户可以读取该中断向量值，以确定是哪一个产生的中断。

位 0　　　ENPIE：使能从 PIE 模块中取中断向量。当该位置 1 时，所有中断向量从 PIE 模块中断向量表中读取。如果该位为 0，禁止 PIE 模块，中断向量从 Boot ROM 中读取。即使禁止 PIE 模块，所有 PIE 模块寄存器(PIEACK、PIEIFR、PIEIER)都是可以访问的。

注：不会从 PIE 模块读取复位中断向量，即使 PIE 模块是使能的，复位中断向量总是从 Boot ROM 读取。复位时，置位寄存器。

2. PIE 中断应答寄存器(PIEACKx)

15	12	11	0
保留		PIEACK	
R-1		R/W1C-1	

位 15～12　保留位。

位 11～0　　PIEACK：向中断应答位写入 1 将使能 PIE 模块的 12 个中断之一，如果有中断正悬挂着，则会引起 CPU 内核中断。读该寄存器可以查看各个中断组中是否有中断悬挂。位 0 对应于 INT1……位 11 对应于 INT12。写入 0 无效。复位时，将置位寄存器。

3. PIE 中断标志寄存器(PIEIFRx, $x=1\sim12$)

CPU 的每一个中断对应 12 个 PIEIFR 寄存器的一个。

15							8
保留 R-0							
7	6	5	4	3	2	1	0
INTx.8	INTx.7	INTx.6	INTx.5	INTx.4	INTx.3	INTx.2	INTx.1
R/W-0							

位 15~8　保留位。

位 7~0　　INTx.8~1：该位域表示当前是否有中断。当一个中断有效时，对应的寄存器位置 1。当响应中断或向寄存器中的对应位写入 0 时，可以清零该位。读该位域也可以确定哪一个中断有效或悬挂着。$x=1\sim12$。复位时，置位寄存器。

注：(1) 上述所有寄存器复位时都置位。
　　(2) CPU 访问 PIEIFR 寄存器时，有硬件优先级。
　　(3) 在读取中断向量时，硬件自动清零 PIEIFR 寄存器位。

4. PIE 中断使能寄存器(PIEIERx, $x=1\sim12$)

每一个 CPU 中断对应 12 个 PIEIER 寄存器的一个。

15							8
保留 R-0							
7	6	5	4	3	2	1	0
INTx.8	INTx.7	INTx.6	INTx.5	INTx.4	INTx.3	INTx.2	INTx.1
R/W-0							

位 15~8　保留位。

位 7~0　　INTx.8~1：该位域分别使能中断组中的一个中断，与 CPU 内核中断使能寄存器作用相似。写入 1 则对应的中断使能，写入 0 将禁止对应的中断。$x=1\sim12$。复位时，置位寄存器。

5. 中断标志寄存器(IFR)

中断标志寄存器(IFR)是 16 位的 CPU 寄存器，包含 CPU 级的所有可屏蔽中断(INT1~INT14、DLOGINT 和 RTOSINT)的标志位。

当请求一个可屏蔽中断时，对应的外设模块控制寄存器的中断标志位置 1。如果对应的中断屏蔽寄存器屏蔽位也为 1，则向 CPU 发出中断请求，置位 IFR 中的相应中断标志位。这表示中断正被悬挂或等待应答。IFR 用来识别和清除悬挂着的中断。

为了识别正悬挂着的中断，用 PUSH IFR 指令，然后测试堆栈值。用 OR IFR 指令置位 IFR，用 AND IFR 指令清除悬挂的中断。用指令 AND IFR ♯0 或通过硬件复位可以清除所有正悬挂着的中断。

以下事件也可以清除 IFR 标志：
➢ CPU 应答中断。

➢ F2808 芯片复位。

注：(1) 为了清除 IFR 位,必须向其写入 1。

(2) 当 CPU 应答一个可屏蔽中断时,自动清零 IFR 位,对应的外设模块控制寄存器中的中断标志位不清零。如果需要清零控制寄存器,则必须通过软件实现。

(3) IMR 和 IFR 寄存器适用于 CPU 级中断。所有外设模块在其各自的控制/配置寄存器中都有自己的中断屏蔽和标志位。

IFR 的各位如下：

15	14	13	12	11	10	9	8
RTOSINT	DLOGINT	INT14	INT13	INT12	INT11	INT10	INT9

R/W-0

7	6	5	4	3	2	1	0
INT8	INT7	INT6	INT5	INT4	INT3	INT2	INT1

R/W-0

位 15　RTOSINT：实时操作系统(RTOS)中断标志位。
　　　　0　无 RTOS 中断,可以写入 0 清除中断请求；
　　　　1　至少有一个 RTOS 中断正悬挂着。

位 14　DLOGINT：数据记录中断标志位。
　　　　0　无 DLOGINT 中断,可以写入 0 清除中断请求；
　　　　1　至少有一个 DLOGINT 中断正悬挂着。

位 13　INT14：中断 14 的标志位。该位是连接到 CPU 的 INT14 中断的标志位。
　　　　0　无 INT14 中断；
　　　　1　至少有一个 INT14 中断正悬挂着,写入 0 将清零该位和清除中断请求。

位 12　INT13：中断 13 的标志位。该位是连接到 CPU 的 INT13 中断的标志位。
　　　　0　无 INT13 中断；
　　　　1　至少有一个 INT13 中断正悬挂着,写入 0 将清零该位和清除中断请求。

位 11　INT12：中断 12 的标志位。该位是连接到 CPU 的 INT12 中断的标志位。
　　　　0　无 INT12 中断；
　　　　1　至少有一个 INT12 中断正悬挂着,写入 0 将清零该位和清除中断请求。

位 10　INT11：中断 11 的标志位。该位是连接到 CPU 的 INT11 中断的标志位。
　　　　0　无 INT11 中断；
　　　　1　至少有一个 INT11 中断正悬挂着,写入 0 将清零该位和清除中断请求。

位 9　INT10：中断 10 的标志位。该位是连接到 CPU 的 INT10 中断的标志位。
　　　　0　无 INT10 中断；
　　　　1　至少有一个 INT10 中断正悬挂着,写入 0 将清零该位和清除中断请求。

位 8　INT9：中断 9 的标志位。该位是连接到 CPU 的 INT9 中断的标志位。
　　　　0　无 INT9 中断；
　　　　1　至少有一个 INT9 中断正悬挂着,写入 0 将清零该位和清除中断请求。

位 7　INT8：中断 8 的标志位。该位是连接到 CPU 的 INT8 中断的标志位。
　　　　0　无 INT8 中断；
　　　　1　至少有一个 INT8 中断正悬挂着,写入 0 将清零该位和清除中断请求。

位 6	INT7：中断 7 的标志位。该位是连接到 CPU 的 INT7 中断的标志位。
	0　无 INT7 中断；
	1　至少有一个 INT7 中断正悬挂着，写入 0 将清零该位和清除中断请求。
位 5	INT6：中断 6 的标志位。该位是连接到 CPU 的 INT6 中断的标志位。
	0　无 INT6 中断；
	1　至少有一个 INT6 中断正悬挂着，写入 0 将清零该位和清除中断请求。
位 4	INT5：中断 5 的标志位。该位是连接到 CPU 中断优先级 INT5 中断的标志。
	0　无 INT5 中断；
	1　至少有一个 INT5 中断正悬挂着，写入 0 将清零该位和清除中断请求。
位 3	INT4：中断 4 的标志位。该位是连接到 CPU 的 INT4 中断的标志位。
	0　无 INT4 中断；
	1　至少有一个 INT4 中断正悬挂着，写入 0 将清零该位和清除中断请求。
位 2	INT3：中断 3 的标志位。该位是连接到 CPU 的 INT3 中断的标志位。
	0　无 INT3 中断；
	1　至少有一个 INT3 中断正悬挂着，写入 0 将清零该位和清除中断请求。
位 1	INT2：中断 2 的标志位。该位是连接到 CPU 的 INT2 中断的标志位。
	0　无 INT2 中断；
	1　至少有一个 INT2 中断正悬挂着，写入 0 将清零该位和清除中断请求。
位 0	INT1：中断 1 的标志位。该位是连接到 CPU 的 INT1 中断的标志位。
	0　无 INT1 中断；
	1　至少有一个 INT1 中断正悬挂着。写入 0 将清零该位和清除中断请求。

6．中断使能寄存器(IER)

中断使能寄存器(IER)是一个 16 位的 CPU 寄存器。IER 包含所有可屏蔽的 CPU 中断(INT1～INT14、RTOSINT 和 DLOGINT)的使能位。可以读 IER 来识别已使能或禁止的中断，也可以写 IER 来使能或禁止中断。为了使能一个中断，可以用 OR IER 指令把对应的 IER 位置 1。为了禁止一个中断，可以用 AND IER 指令把对应的 IER 位清零。当禁止一个中断时，不论 INTM 位的值是什么，都不会响应它。当使能一个中断时，如果对应的 IFR 位为 1 和 INTM 位为 0，则中断会得到应答。当使用 OR IER 和 AND IER 指令修改 IER 位时，要保证不修改位 15(RTOSINT)的状态，除非当前是处于实时操作系统模式下。

注：(1) 当响应 TRAP 指令发出的中断请求时，IER 位不会自动清零。在 TRAP 指令产生中断的情况中，如果对应的 IER 位需要清零，则必须在中断服务程序中由用户程序完成。

(2) 当执行一个硬件中断或执行 INTR 指令时，会自动清零对应的 IER 位。

复位时，所有的 IER 位都为 0，禁止所有可屏蔽的 CPU 级中断。IER 的各位如下：

15	14	13	12	11	10	9	8
RTOSINT	DLOGINT	INT14	INT13	INT12	INT11	INT10	INT9

R/W-0

7	6	5	4	3	2	1	0
INT8	INT7	INT6	INT5	INT4	INT3	INT2	INT1

R/W-0

位15　RTOSINT：实时操作系统中断使能位，该位使能或禁止 CPU RTOS 中断。
　　　　0　禁止 RTOSINT 中断；1　使能 RTOSINT 中断。
位14　DLOGINT：数据记录中断使能位，该位使能或禁止 CPU 数据记录中断。
　　　　0　禁止 DLOGINT 中断；1　使能 DLOGINT 中断。
位13　INT14：中断14使能位，该位使能或禁止 CPU 中断 INT14。
　　　　0　禁止 INT14 中断；1　使能 INT14 中断。
位12　INT13：中断13使能位，该位使能或禁止 CPU 中断 INT13。
　　　　0　禁止 INT13 中断；1　使能 INT13 中断。
位11　INT12：中断12使能位，该位使能或禁止 CPU 中断 INT12。
　　　　0　禁止 INT12 中断；1　使能 INT12 中断。
位10　INT11：中断11使能位，该位使能或禁止 CPU 中断 INT11。
　　　　0　禁止 INT11 中断；1　使能 INT11 中断。
位9　INT10：中断10使能位，该位使能或禁止 CPU 中断 INT10。
　　　　0　禁止 INT10 中断；1　使能 INT10 中断。
位8　INT9：中断9使能位，该位使能或禁止 CPU 中断 INT9。
　　　　0　禁止 INT9 中断；1　使能 INT9 中断。
位7　INT8：中断8使能位，该位使能或禁止 CPU 中断 INT8。
　　　　0　禁止 INT8 中断；1　使能 INT8 中断。
位6　INT7：中断7使能位，该位使能或禁止 CPU 中断 INT7。
　　　　0　禁止 INT7 中断；1　使能 INT7 中断。
位5　INT6：中断6使能位，该位使能或禁止 CPU 中断 INT6。
　　　　0　禁止 INT6 中断；1　使能 INT6 中断。
位4　INT5：中断5使能位，该位使能或禁止 CPU 中断 INT5。
　　　　0　禁止 INT5 中断；1　使能 INT5 中断。
位3　INT4：中断4使能位，该位使能或禁止 CPU 中断 INT4。
　　　　0　禁止 INT4 中断；1　使能 INT4 中断。
位2　INT3：中断3使能位，该位使能或禁止 CPU 中断 INT3。
　　　　0　禁止 INT3 中断；1　使能 INT3 中断。
位1　INT2：中断2使能位，该位使能或禁止 CPU 中断 INT2。
　　　　0　禁止 INT2 中断；1　使能 INT2 中断。
位0　INT1：中断1使能位，该位使能或禁止 CPU 中断 INT1。
　　　　0　禁止 INT1 中断；1　使能 INT1 中断。

7．仿真中断使能寄存器(DBGIER)

仿真中断使能寄存器(OBGIER)只有在 CPU 处于实时仿真模式中和 CPU 暂停时才有效。在 DBGIER 中使能的中断定义为时间优先中断。在实时模式下，当 CPU 暂停时，只有在 IER 中使能的时间优先中断才进入仿真服务程序。如果 CPU 运行在实时仿真模式，则使用标准的中断处理进程，而忽略 DEBIER。

与 IER 一样，用户也可以通过读 DBGIER 去识别中断是否使能或禁止，或写 DBGIER 以使能或禁止中断。对相应的位置1，则使能中断，对相应的位置0，则禁止中断。用 PUSH

第 3 章 TMS320F2808 系统控制和中断

DBGIER 指令可以读取 DBGIER 的值,指令 POP DBGIER 可以向 DEBIER 寄存器写数据。复位时,所有 DBGIER 位都为 0。DBGIER 的各位如下:

15	14	13	12	11	10	9	8
RTOSINT	DLOGINT	INT14	INT13	INT12	INT11	INT10	INT9
R/W-0							

7	6	5	4	3	2	1	0
INT8	INT7	INT6	INT5	INT4	INT3	INT2	INT1
R/W-0							

位 15 RTOSINT:实时操作系统中断使能位,该位使能或禁止 CPU RTOS 中断。
    0 禁止 RTOSINT 中断;1 使能 RTOSINT 中断。

位 14 DLOGINT:数据记录中断使能位,该位使能或禁止 CPU 数据记录中断。
    0 禁止 DLOGINT 中断;1 使能 DLOGINT 中断。

位 13 INT14:中断 14 使能位,该位使能或禁止 CPU 中断 INT14。
    0 禁止 INT14 中断;1 使能 INT14 中断。

位 12 INT13:中断 13 使能位,该位使能或禁止 CPU 中断 INT13。
    0 禁止 INT13 中断;1 使能 INT13 中断。

位 11 INT12:中断 12 使能位,该位使能或禁止 CPU 中断 INT12。
    0 禁止 INT12 中断;1 使能 INT12 中断。

位 10 INT11:中断 11 使能位,该位使能或禁止 CPU 中断 INT11。
    0 禁止 INT11 中断;1 使能 INT11 中断。

位 9 INT10:中断 10 使能位,该位使能或禁止 CPU 中断 INT10。
    0 禁止 INT10 中断;1 使能 INT10 中断。

位 8 INT9:中断 9 使能位,该位使能或禁止 CPU 中断 INT9。
    0 禁止 INT9 中断;1 使能 INT9 中断。

位 7 INT8:中断 8 使能位,该位使能或禁止 CPU 中断 INT8。
    0 禁止 INT8 中断;1 使能 INT8 中断。

位 6 INT7:中断 7 使能位,该位使能或禁止 CPU 中断 INT7。
    0 禁止 INT7 中断;1 使能 INT7 中断。

位 5 INT6:中断 6 使能位,该位使能或禁止 CPU 中断 INT6。
    0 禁止 INT6 中断;1 使能 INT6 中断。

位 4 INT5:中断 5 使能位,该位使能或禁止 CPU 中断 INT5。
    0 禁止 INT5 中断;1 使能 INT5 中断。

位 3 INT4:中断 4 使能位,该位使能或禁止 CPU 中断 INT4。
    0 禁止 INT4 中断;1 使能 INT4 中断。

位 2 INT3:中断 3 使能位,该位使能或禁止 CPU 中断 INT3。
    0 禁止 INT3 中断;1 使能 INT3 中断。

位 1 INT2:中断 2 使能位,该位使能或禁止 CPU 中断 INT2。
    0 禁止 INT2 中断;1 使能 INT2 中断。

位 0 INT1:中断 1 使能位,该位使能或禁止 CPU 中断 INT1。
    0 禁止 INT1 中断;1 使能 INT1 中断。

3.4.4 外部中断控制寄存器

有些器件支持 3 个可屏蔽的外部中断 XINT1、XINT2 和 XINT13,其中 XINT13 是与非屏蔽中断 XNMI 复用。这些外部中断都可以选择上升沿或下降沿触发,也可以独立使能或禁止(包括 XNMI)。

可屏蔽中断包含了一个 16 位的自由运行的增计数器,当检测到有效的中断边沿时,复位为 0。对于每一个外部中断,各有一个 16 位的计数器,当检测到中断边沿时复位为 0。这些计数器用来精确地标记出中断发生的时间。

1. 外部中断 1 控制寄存器(XINT1CR)

15		4	3	2	1	0
	保留		Polarity	保留		Enable
	R-0		R/W-0	R/W-0		R/W-0

位 15～4　保留位。读出值为 0,写操作无效。

位 3～2　Polarity:外部中断 XINT1 极性位,写该 3 位确定是引脚信号的上升沿还是下降沿产生中断。

　　　　00　下降沿产生中断;01　上升沿产生中断。
　　　　10　下降沿产生中断;11　下降沿和上升沿均产生中断。

位 1　　保留位:读出值为 0,写操作无效。

位 0　　Enable:外部中断 XINT1 使能位。写该位使能/禁止外部中断 XINT1。

　　　　0　禁止外部中断 XINT1;1　使能外部中断 XINT1。

2. 外部中断 2 控制寄存器(XINT2CR)

15		4	3	2	1	0
	保留		Polarity	保留		Enable
	R-0		R/W-0	R/W-0		R/W-0

位 15～4　保留位:读出值为 0,写操作无效。

位 3～2　Polarity:外部中断 XINT2 极性位。写该 3 位确定是引脚信号的上升沿还是下降沿产生中断。

　　　　00　下降沿产生中断;01　上升沿产生中断。
　　　　10　下降沿产生中断;11　下降沿和上升沿均产生中断。

位 1　　保留位:读出值为 0,写操作无效。

位 0　　Enable:外部中断 XINT2 使能位。写该位使能/禁止外部中断 XINT2。

　　　　0　禁止外部中断 XINT2;1　使能外部中断 XINT2。

3. 外部 NMI 中断控制寄存器(XNMICR)

15							8
			保留				
			R-0				

7			3	2	1	0
保留				Polarity	Select	Enable
R-0				R/W-0	R/W-0	R/W-0

位 15~3　保留位：读出值为 0，写操作无效。

位 2　Polarity：外部非屏蔽中断 XNMI 极性位。写该位确定是引脚信号的上升沿还是下降沿产生中断。

　　　　0　下降沿产生中断；1　上升沿产生中断。

位 1　Select：外部非屏蔽中断 XNMI 选择位。

　　　　0　CPU 定时器 1 连接到 INT13；1　XNMI 连接到 INT13。

位 0　Enable：外部非屏蔽中断 XNMI 使能位。写该位使能/禁止外部非屏蔽中断 XNMI。

　　　　0　禁止外部非屏蔽中断 XNMI；1　使能外部非屏蔽中断 XNMI。

4. 外部中断 1 计数器(XINT1CTR)

15	0
INTCTR	
R-0	

位 15~0　INTCTR：为 SYSCLKOUT 时钟频率自由增计数的 16 位计数器。当检测到有效的中断边沿时复位到 0x0000，然后连续计数直到检测到下一个有效中断边沿为止。当禁止中断时，计数器停止计数。当计数到最大值时，计数器会返回到 0，继续计数。该计数器是一个只读寄存器，只有在检测到有效中断边沿或复位时才跳变为 0。

5. 外部中断 2 计数器(XINT2CTR)

15	0
INTCTR	
R-0	

位 15~0　INTCTR：与外部中断 1 计数器相同作用。

6. 外部 NMI 中断计数器(XNMICTR)

15	0
INTCTR	
R-0	

位 15~0　INTCTR：与外部中断 1 计数器相同作用。

第 4 章

TMS320F28x 流水线、寻址模式及汇编语言指令集简介

本章主要介绍 F28x 指令流水线的操作、寻址模式,并且简要介绍汇编语言指令。

4.1 流水线

流水线硬件的保护功能,可防止向某一寄存器或数据存储单元同时进行读和写操作,以免造成混乱。如果很好利用流水线的操作,可以提高程序执行的效率,并避免两种未加保护的流水线冲突。

4.1.1 指令的流水线操作

执行一条指令时,F28x CPU 将完成以下基本操作:
- 从程序存储器中取出指令;
- 对指令译码;
- 从存储器或 CPU 寄存器中读取数据;
- 执行指令;
- 将结果写入存储器或 CPU 寄存器。

为了提高效率,F28x 分 8 个独立的阶段执行这些操作。从存储器中读取数据分为两个步骤,相应的流水线操作分为两个阶段。在某一时刻,可能会执行多达 8 条指令,而每条指令处于流水线的不同阶段。下述按发生的先后顺序描述流水线的 8 个阶段。

① 取指 1(F1):在取指 1 阶段(F1)中,CPU 将某一程序存储器地址送给 22 位的程序地址总线,即 PAB(21~0)。

② 取指 2(F2):在取指 2 阶段(F2)中,CPU 通过程序读数据总线(即 PRDB31~0),读取程序存储器的内容,并且将指令装载到取指令序列中。

③ 译码 1(D1):F28x 支持 32 位和 16 位指令,并且一条指令可以存入奇地址或偶地址开始的存储区中。译码 1(D1)通过硬件识别所取指令的边界,来确定下一条将执行指令的长度,也可以判断该指令是否合法。

④ 译码 2(D2):译码 2(D2)通过硬件从取指令队列中取回一条指令,并将其存入指令寄存器中,在那里完成译码。一旦指令执行到 D2 阶段,便一直执行完毕。在这个流水线阶段,会完成以下任务。

> 如果从存储器中读取数据，CPU将会生成源地址。
> 如果数据写到存储器中，CPU会生成目标地址。
> 地址寄存器算术单元（ARAU）可按要求执行对堆栈指针（SP）、辅助寄存器或辅助寄存器指针（ARP）的修改。
> 如果有必要，可以中断程序流程（如分支或非法指令陷阱）。

⑤ 读取1（R1）：如果要从存储器中读取数据，读取1（R1）就通过硬件将地址送到对应地址总线上。

⑥ 读取2（R2）：如果在R1阶段送出了数据地址，那么读取2（R2）就通过硬件从对应的数据总线读取数据。

⑦ 执行（E）：在执行阶段（E），CPU执行所有乘法、移位和ALU操作，这包括所有涉及累加器和乘积寄存器的基本运算和逻辑操作。对读数－修改－保存这样的操作，特别是算术和逻辑操作，修改都将在流水线的E阶段完成。任何在乘法器、移位器和ALU用到的CPU寄存器值，都是在E阶段开始时从CPU寄存器读取，E阶段结束时存入CPU寄存器。

⑧ 写入（W）：如果要将转换值或结果写入存储器，那么写操作就发生在写入（W）阶段。CPU驱动目的地址，激活对应的写选通脉冲，然后写入数据。存储最少需要一个时钟周期。实际上，存储作为CPU流水线的一部分是不可见的，它通过存储器管理器和外设模块接口逻辑来处理。

虽然每条指令都要通过这8个阶段，但是并不是在每个阶段都要执行。有一些指令在译码2阶段就完成所有操作，而另一些可在执行阶段完成，还有一些仍然要到写入阶段才能完成。例如，不需要从存储器读数据的指令不必执行读阶段的操作，不需要向存储器写数据的指令不必执行写入阶段的操作。

在流水线的各个阶段，由于不同的指令执行存储器和寄存器的更改，无保护的流水线可能不会按照预定的顺序在同一区域进行读和写操作。CPU自动加入延时，以确保读和写操作按预定的顺序进行。

1. 流水线解耦

从取指1到译码1（即F1～D1）的硬件与译码2到写入（即D2～W）的硬件是各自独立执行的。这就使得当D2～W阶段中断时，CPU可以继续进行取指令；在取新指令延时时，也可以取指令继续执行流水线的D2～W阶段。

如果产生了一个中断或者别的不连续程序流，这将导致处于取指1、取指2和译码1阶段的指令被舍弃。在程序流发生中断之前，进入到译码2的指令将会继续运行。

2. 取指令机构

某些分支指令执行预取指令操作。分支目标的前面少数指令被取出，但不允许进入到D2阶段，直到知道是否会出现不连续。取指令机构是完成F1～F2流水线阶段的硬件。在F1阶段，此机构将地址送到程序地址总线（PAB）上；在F2阶段，通过程序读数据总线（PRDB）读取指令。在F2阶段，当从程序存储器中读出指令时，下一个要取指令的地址已经放到程序地址总线上（在下一个F1阶段）。

取指令机构包含一个由4个32位寄存器组成的取指令队列。在F2阶段，取得的指令加入到队列中。此队列类似于先进先出缓冲器（FIFO），队列中的第一条指令将第一个执行。取指令机构完成32位取指令直到队列充满。当程序流不连续(如出现分支或者发生中断)时,队列将会被清空。当处于队列底部的指令到达D2阶段时,这条指令就会进入指令寄存器,为以后的译码作准备。

3. 地址计数器FC、IC和PC

在取指令和执行指令的项目中,涉及3个程序地址计数器。

(1) 取指令计数器(FC)

取指令寄存器包含在F1流水线阶段送到程序地址总线(PAB)的地址。除非队列已满或者因程序流的中断而被清空,CPU将会不断增加FC的值。一般情况下,FC保存偶地址,它的值每次增加2,以适应32位取指。唯一的例外是,当中断后的代码从一个奇地址开始。在这种情况下,FC保存一个奇地址。在奇地址处执行16位取址后,CPU使FC的值增加1,并且在偶地址处恢复32位取指。

(2) 指令计数器(IC)

在D1阶段硬件确定指令的长度(16位或32位)后,指令计数器(IC)中装入下一条指令的地址,并一直保持到D2阶段译码。在中断或调用操作中,IC值表示返回地址,这个地址保存在堆栈、辅助寄存器XAR7或RPC中。

(3) 程序计数器(PC)

当一个新的地址装入IC时,之前IC的值就会装入PC中。程序计数器(PC)总是包含到达D2阶段指令的地址。

图4-1表示出流水线和地址计数器FC、IC和PC之间的关系。

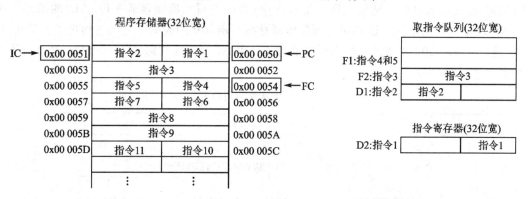

图4-1 流水线与地址计数器FC、IC和PC之间的关系

指令1到达D2阶段(已经放入指令寄存器中),PC指向获取指令1的地址(0x00 0050)。指令2到达D1阶段并且将要执行(假定没有程序流中断发生,即不会使取指令队列清空)。IC指向获取指令2的地址(0x00 0051)。指令3到达F2阶段,它已经加入取指令队列中,但并没有进行译码。指令4和指令5都在F1阶段,FC包含的地址(0x00 0054)被送到PAB上。在下一个32位取址时,指令4和指令5将从地址0x00 0054和0x00 0055加入队列中。

本节剩余部分将着重描述PC,而FC和IC仅略为介绍。例如,当执行调用或者初始化中断时,IC的值存储在堆栈或者辅助寄存器XAR7中。

第4章 TMS320F28x流水线、寻址模式及汇编语言指令集简介

4.1.2 流水线活动

【例4-1】 流水线活动情况。

地址	代码	指令	初始值
00 0040	F345	I1: MOV DP,#VarA	;DP为VarA所在页。VarA地址为0x00 0203
00 0041	F346	I2: MOV AL,@VarA	;将VarA的值放入AL。VarA = 0x00 1230
00 0042	F347	I3: MOV AR0,#VarB	;AR0指向VarB。VarB地址为0x00 0066
00 0043	F348	I4: ADD AL,*XAR0++	;将VarB的值加入AL,VarB = 0x00 0001 ;并将XAR0加1。(VarB+1) = 0x00 0003
00 0044	F349	I5: MOV @VarC,AL	;将VarC的值替换为(VarB+2) = 0x00 0005 ;AL的值。VarC地址为0x00 0204
00 0045	F34A	I6: ADD AL,*XAR0++	;将(VarB+1)的值加入VarD地址为0x00 0205 ;AL,并将XAR0加1
00 0046	F34B	I7: MOV @VarD,AL	;将VarD的值替换为AL的值
00 0047	F34C	I8: ADD AL,*XAR0	;将(VarB+2)的值加入AL

例4-1列举了8条指令(I1～I8),并且列出了这些指令的流水线活动,如表4-1、表4-2所列。

F1栏表示地址,F2栏表示从这些地址读出的操作代码。取指令时,读取一个32位的指令,其中16位取自于指定的地址,另外16位取自下一个地址。D1栏表示取指令队列中的分割开的指令,D2栏表示地址的产生和地址寄存器的更改。指令栏表示到达D2阶段的指令。R1栏、R2栏表示从这些地址读数据。在E栏中,列出了写入累加器低8位(AL)的结果。在W栏中,地址和数据值同时送到对应的存储器总线。例如在图表的最后一栏列出了有效的W阶段,地址0x00 0202驱动到写数据写地址总线(DWAB),并且数据值0x00 1234驱动到写数据数据总线(DWDB)。

表4-1 流水线活动情况

阶 段	活动情况
F1	将地址0x00 0042在送到程序地址总线(PAB)上
F2	分别在地址0x00 0042和0x00 0043上读取操作代码F347和F348
D1	在取指令队列中分离F348
D2	用XAR0=0x00 0066来产生一个源地址0x00 0066,之后将XAR0的值增加为0x00 0067
R1	在读数据数据总线(DRDB)上驱动地址0x00 0066
R2	从地址0x00 0066中读取数据值1
E	将AL的内容(0x00 1230)加1并将结果(0x00 1231)存入AL中
W	无操作

在表4-2中,阴影部分表示指令"ADD AL,*AR0++"的执行过程。

第4章 TMS320F28x流水线、寻址模式及汇编语言指令集简介

表4-2 指令"ADD AL, *AR0++"的执行过程

F1	F2	D1	指令	D2	R1	R2	E	W
00 0040								
	F346;F345							
00 0042		F345						
	F348;F347	F346	I1:MOV DP,#VarA	DP=8				
00 0044		F347	I2:MOV AL,@VarA	生成VarA的地址	—			
	F34A;F349	F348	I3:MOVB AR0,#VarB	XAR0=66	00 0203	—		
00 0046		F349	I4:ADD AL,*XAR0++	XAR0=67	—	1230	—	
	F34C;F34B	F34A	I5:MOV @VarC,AL	生成VarC的地址	00 0066	—	AL=1230	—
		F34B	I6:ADD AL,*XAR0++	XAR0=68		0001		
		F34C	I7:MOV @VarD,AL	生成VarD的地址	00 0067	—	AL=1231	—
			I8:ADD AL,*XAR0	XAR0=68	—	0003		—
					00 0068	—	AL=1234	00 0204 1231
						0005	—	—
							AL=1239	00 0205 1234

注:在F2和D1栏中显示的代码是为了举例选择的,并不是所示指令的实际代码。

例4-1中显示的流水线活动,也可以简单表示为如表4-3所列。如果只关心每条指令的执行过程,而不针对特定的流水线事件,这种图表是适用的。在第8周期时,流水线就满了:在每个流水线阶段都会有一条指令。当然,每一条指令的有效执行时间是一个周期。有些指令在D2阶段就完成了操作,有一些在E阶段完成,还有一些在W阶段完成。但是,如果选择一段来观察,就可以看到每条指令在该阶段用一个周期完成的情况。

表4-3 简化流水线活动

F1	F2	D1	D2	R1	R2	E	W	周期
I1								1
I2	I1							2
I3	I2	I1						3
I4	I3	I2	I1					4
I5	I4	I3	I2	I1				5
I6	I5	I4	I3	I2	I1			6
I7	I6	I5	I4	I3	I2	I1		7
I8	I7	I6	I5	I4	I3	I2	I1	8
	I8	I7	I6	I5	I4	I3	I2	9
		I8	I7	I6	I5	I4	I3	10
			I8	I7	I6	I5	I4	11
				I8	I7	I6	I5	12
					I8	I7	I6	13
						I8	I7	14
							I8	15

4.1.3 流水线活动的冻结

该小节将要描述导致流水线冻结的两个原因：
- 等待状态；
- 无法获取指令的情况。

1. 等待状态

当CPU需要对存储器或外设模块进行读/写操作时，该模块完成数据传输所花时间可能要比CPU分配的默认时间要多。这时，每个模块都必须在数据转换中加入一个CPU准备好信号。CPU有3个独立的模块等待信号：第一个为读出或写入程序空间，第二个为读数据空间，第三个为写数据空间。如果在指令的F1、R1或W阶段接收到等待状态信号，该信号就要求冻结部分流水线。

① F1阶段的等待状态。在F1阶段出现等待状态时，取指令机构暂停，直到等待状态结束。这个暂停有效地冻结了在F1、F2和D1阶段的指令活动。然而，因为F1～D1阶段的硬件和D2～W的硬件是解耦的，所以处于D2～W阶段的信号会继续执行。

② R1阶段的等待状态。在R1阶段出现等待状态时，所有在D2～W流水线阶段的活动都会冻结。这样做是很有必要的，因为接下来的指令可能要读数据。取指令会继续，直到取指令队列装满或者在F1阶段收到一个等待状态请求。

③ W阶段的等待状态。在W阶段出现等待状态时，所有在D2～W流水线阶段的活动都会冻结。这样做是很有必要的，因为接下来的指令可能首先要进行写操作。取指令会继续，直到取指令队列装满或者在F1阶段收到一个等待状态请求。

2. 无法获取指令的情况

D2流水线阶段硬件请求从取指令队列获取一条指令。如果获取了一条新的指令，并且已经完成了D1阶段的操作，指令就装入指令寄存器以备进一步译码。然而，如果取指令队列中没有新的指令，就出现不可获得指令的情况。F1～D1阶段的硬件活动继续进行，而D2～W阶段的硬件停止，直到能获得新的指令为止。

如果指令不连续执行后的第一条指令从奇地址开始并且有32位，就会出现指令不可获取的情况。不连续就是连续程序流的中断，一般由分支、调用、返回或中断造成。当发生不连续时，取指令队列被清空，CPU转移到一个指定的地址。如果指定的地址是奇地址，将在该奇地址执行16位取指操作，在接下来的偶地址完成32位取指操作。因此，如果不连续后的第一条指令从奇地址开始并且为32位，就要求用两次取指操作来取得完整的指令。D2～W阶段硬件中断，直到指令准备进入D2阶段。

为了尽可能地避免延时，可以用一条或者两条（最好是两条）16位指令作为代码块的开始：

```
Function    A:
    16 bit    instruction;    ;第一条指令
    16 bit    instruction;    ;第二条指令
    16 bit    instruction;    ;32位的指令可以从这里开始
    :
```

如果用 32 位指令作为函数或子程序的第一条指令，将只能确保该指令从偶地址开始，才可以避免流水线的延时。

4.1.4 流水线保护

流水线中指令是并行执行的，在指令执行的不同阶段，不同指令都在对存储器和寄存器进行修改。如果没有流水线保护，这将导致流水线冲突——在同一位置不按照预定的顺序进行读/写操作。但是，F28x 有一个保护机制，可以自动避免流水线冲突。以下是 F28x 中可能发生的两种流水线冲突：

- 在同一数据空间同时进行读/写操作产生的冲突；
- 寄存器冲突。

在可能导致冲突的指令之间，流水线通过增加无效周期来防止这些冲突。

以下介绍在什么情况下加上这些流水线保护周期，并且介绍如何避免冲突的发生，以便在程序中减少无效周期。

1. 对同一数据空间进行读/写的保护

假如有两条指令，指令 A 和指令 B。指令 A 在它的 W 阶段向一个存储区写入一个值；而指令 B 必须在 R1 和 R2 阶段从同一存储区读取该值。因为这两条指令是并行执行的，指令 B 的 R1 阶段可能发生在指令 A 的 W 阶段之前。如果没有流水线保护，指令 B 由于读得太早而取得的是错误值。F28x 的流水线保护则为：让指令 B 的读取操作等待一段时间再执行，即指令 B 保持在 D2 阶段，直到指令 A 完成写操作后再执行。

【例 4-2】 在同一存储区进行读和写的冲突。

```
I1: MOV    @VarA,AL        ;把 AL 的值写入数据存储区
I2: MOV    AH,@VarA        ;读出同一存储区的数据,存入 AH 中
```

例 4-2 表示两条指令在访问同一数据存储器区时产生的冲突。为简便起见，F1～D1 阶段没有表示出来。在第 5 周期，I1 对 VarA 进行写操作。在第 6 周期，数据存储器完成存储。如果没有流水线保护机制，I2 不能早于第 7 周期从该存储区读取数据。不过，I2 也可以在第 4 周期(提前 3 个周期)执行读取操作。为了预防这种冲突，流水线保护机制将 I2 停留在 D2 阶段，保持 3 个周期。在这些流水线保护周期中，不能进行其他操作。表 4-4 表示有流水线保护时访问数据空间的流水线活动。

表 4-4 有流水线保护时访问数据空间的流水线活动

D2	R1	R2	E	W	周期	D2	R1	R2	E	W	周期
I1					1	I2				I1	5
I2	I1				2	I2					6
I2		I1			3			I2			7
I2			I1		4				I2		8

如果在程序里采用其他指令插入产生冲突的两条指令之间，就能够减少或消除这些流水线保护周期。当然，插入的指令不能引起新冲突或导致后面的指令不能正确执行。例如，可以在例 4-2 代码的两条 MOV 指令之间插入一条 CLRC 指令(假设 CLRC SXM 指令后的操作

正好需要 SXM=0):

```
I1: MOV    @VarA,AL      ;把 AL 的值写入数据存储区
    CLRC   SXM           ;SXM = 0(取消符号扩展)
I2: MOV    AH,@VarA      ;读出同一存储区的数据,存入 AH 中
```

在 I1 和 I2 间插入 CLRC 指令,使流水线保护周期数减少到两个。再插入两条这样的指令,就不需要流水线保护周期了。一般情况下,如果对同一存储区的读取操作和写操作之间少于 3 条指令,则流水线保护机制至少要加上一个保护周期。

2. 寄存器冲突的保护

所有对 CPU 寄存器的读和写操作都发生在指令的 D2 阶段或 E 阶段。当一条指令在 E 阶段对某个寄存器的写操作还没有完成,而其后的一条指令在 D2 阶段,要读取和/或修改该寄存器的值,就会产生寄存器冲突。

流水线保护机制将后一指令在 D2 阶段保持几个周期(1~3 个),以消除寄存器冲突。除非希望达到最高的流水线效率,则不必考虑寄存器冲突。如果希望尽可能少的流水线保护周期,就必须确定访问寄存器的流水线阶段,并且尽量把可能引起冲突的指令分开。

通常,寄存器冲突涉及下列寄存器之一:
➢ 16 位辅助寄存器 AR0~AR7;
➢ 32 位辅助寄存器 XAR0~XAR7;
➢ 16 位数据页指针(DP);
➢ 16 位堆栈指针(SP)。

【例 4-3】 寄存器冲突。

```
I1: MOV B   AR0,@7       ;将由操作数@7 寻址的数据存储器的值装入 AR0
                         ;并把 XAR0 的高 16 位清零
I2: MOV     AH,*XAR0     ;将由 XAR0 指向的 16 位存储单元的值装入 AH
```

例 4-3 说明了涉及一个辅助寄存器 XAR0 的寄存器冲突。表 4-5 表示无流水线保护时的流水线活动,为简便起见,F1~D1 阶段没有表示出来。I1 写到第 4 周期结束,I2 在第 4 周期结束时才能完成对 XAR0 的写操作,I2 至少要等到第 5 周期才能读 XAR0。但是有了流水线保护机制,I2 在第 2 周期读取 XAR0 的值(产生一个地址)也不会产生冲突,因为这种机制会让 I2 在 D2 阶段保持 3 个周期。在这些周期中,不会进行其他操作。

表 4-5 无流水线保护时访问寄存器的流水线活动

D2	R1	R2	E	W	周期	D2	R1	R2	E	W	周期
I1					1	I2				I1	5
I2	I1				2		I2				6
I2		I1			3			I2			7
I2			I1		4						

当然也可以在引起寄存器冲突的指令之间插入其他指令,以减少或消除流水线保护周期。例如,要改进例 4-3 的代码,可以把程序中其他地方的指令移到这里来(假设在指令 SETC SXM 后面的操作恰好需要 PM=1 和 SXM=1):

```
I1: MOV B    AR0,@7        ;将由操作数@7 寻址的数据存储器的值装入 AR0
                           ;并把 XAR0 的高 16 位清零
    SPM      0             ;PM = 1(乘积不移位)
    SETC     SXM           ;SXM = 1(符号扩展使能)
I2: MOV      AH, * XAR0    ;将由 XAR0 指向的 16 位存储单元的值装入 AH
```

插入了 SPM 和 SETC 指令就使流水线保护周期数减少到一个。再多插入一条指令就不需要流水线保护了。一般情况下,如果对同一寄存器进行读和写操作之间少于 3 条指令,则流水线保护机制至少要加上一个保护周期。

4.1.5 避免无保护操作

这一小节描述流水线保护机制无法进行保护的流水线冲突。这些冲突是可以避免的,本小节提供了避免这些冲突的一些建议。

1. 无保护程序空间的读和写

流水线仅仅保护寄存器和数据空间的读和写,它不保护 PREAD 和 MAC 指令对程序空间的读操作或 PWRITE 指令对程序空间的写操作。当用这些指令去访问一个数据空间和程序空间共享的存储器模块时,要特别当心。

例如,假设在程序空间的地址 0x00 0D50 和数据空间的地址 0x00 0D50 都可以访问一个存储器区。考虑如下代码:

```
;在程序空间    XAR7 = 0x00 0D50
;在数据空间    Data1 = 0x00 0D50
ADD      @Data1,AH         ;将 AH 的值存入数据空间的位置 Data1 处
PREAD    @AR1,* XAR7       ;用 XAR7 指向的程序空间的值装载 AR1
```

操作符@Data1 和 * XAR7 指向同一位置,但是流水线不能识别。在 ADD 指令写入存储器区(在 W 阶段)之前,PREAD 指令就对该存储器区进行读取操作(在 R2 阶段)。

但是,在这个程序里 PREAD 指令是不必要的,因为可以通过一条指令从数据空间读取这个存储区。即可以用另一条指令,比如 MOV 指令:

```
ADD      @Data1,AH         ;将 AH 的值存入数据空间的位置 Data1 处
MOV      AR1,* XAR7        ;用 XAR7 指向的数据空间的值装载 AR1
```

2. 访问对其他单元产生影响的单元

如果对某一单元的访问影响到另一单元,就需要更改程序以防止流水线冲突。如果在不受保护的范围寻址,就需要注意这种类型的流水线冲突。可以参见以下例子:

```
       MOV    @DataA,#4      ;这样写 DataA 会引起一个外设模块清除 DataB 的第 15 位
$10:   TBIT   @DataB,#15     ;测试 DataB 的第 15 位
       SB     $10,NTC        ;循环直到第 15 位置 1
```

这个程序引起一个读错误。在 MOV 指令写入到第 15 位之前(在 W 阶段),TBIT 指令就读取了这一位(在 R2 阶段)。如果 TBIT 指令读取的是 1,代码就过早地结束了循环。因为 DataA 和 DataB 涉及不同的数据存储区,流水线不能够识别这种冲突。

但是,可以通过插入 2 个或更多的 NOP(空操作)指令来改正这种错误,即在写 DataA 和

改变 DataB 的第 15 位之间加一定的延时。例如，如果有 2 个周期延时就足够了，前面的代码就可以修改如下：

```
        MOV     @DataA,#4       ;这样写 DataA 会引起一个外设模块清除 DataB 的第 15 位
        NOP                     ;延时一个周期
        NOP                     ;延时一个周期
$10:    TBIT    @DataB,#15      ;测试 DataB 的第 15 位
        SB      $10,NTC         ;循环直到第 15 位置 1
```

3. 读操作紧跟写操作的保护模式

CPU 包含一个读操作紧跟写操作的保护模式，以确保任何在保护地址之内写操作之后才进行读操作。这种保护模式在写操作之后加一个延时，直到写操作完成后再执行读操作。参见芯片的数据手册，就可以了解哪一部分属于有读操作紧跟写操作的保护模式的存储区。PROTSTART(15～0)和 PROTRANGE(15～0)用以设置保护范围。PROTRANGE(15～0)值是一个二进制的倍数值，设置的保护范围最小值为 64 字，最大值为 4M 字(即：64、128、256…1M、2M、4M 字)。PROTSTART 地址必须是所选定范围的倍数。例如，如果选择 4K 的模块为保护范围，那么起始地址必须是 4K 的倍数。

当设置 ENPROT 信号为高电平时使能该特性，当设置为低电平时禁止该特性。

以上所有的信号在每个周期都锁存一次。这些信号都与寄存器相关联，并且能够在应用程序里进行改变。

以上读操作紧跟写操作的保护机制，仅仅在保护范围内有效。对保护范围之外的区域，读和写的顺序是无效的，如以下例子所示：

【例 4-4】
```
        write protected_area
        write protected_area
        write protected_area
                                ←流水线保护(3 个周期)
        read protected_area
```

【例 4-5】
```
        write protected_area
        write protected_area
        write protected_area
                                ←无流水线保护
        read non_protected_area
                                ←流水线保护(2 个周期)
        read protected_area
        read protected_area
```

【例 4-6】
```
        write non_protected_area
        write non_protected_area
        write non_protected_area
                                ←无流水线保护
        read protected_area
```

4.2 TMS320F28x 寻址模式

本节描述 F28x 的寻址模式,并给出具体例子。

4.2.1 寻址模式分类

F28x CPU 支持 4 种基本的寻址模式。

1. 直接寻址模式

DP(数据页指针):在直接寻址模式中,16 位 DP 寄存器作为固定的页指针。指令提供 6 位或 7 位偏移量,这个偏移量和 DP 寄存器的值相连接组合。访问固定地址的数据结构,如外设模块寄存器、C/C++中的全局或静态变量。

2. 堆栈寻址模式

SP(堆栈指针):在堆栈寻址模式中,16 位 SP 指针用来访问软件堆栈中的信息。在 F28x 中,软件堆栈是按从低地址到高地址进行存储,并且堆栈指针总是指向下一个空单元。指令提供 6 位偏移量,这个偏移量是相对于当前堆栈指针的,用以访问堆栈中的数据。在数据入栈和出栈时,这个偏移量可以分别用于堆栈指针操作后增加或操作前减少的值。

3. 间接寻址模式

XAR0~XAR7(辅助寄存器指针):在间接寻址模式中,32 位的 XARn 寄存器作为数据指针。指令可以指定寄存器指针值可以操作后增加,操作前/后减少,或者由 3 位立即数指定偏移量,或者用另外一个 16 位寄存器内容作为索引。

4. 寄存器寻址模式

在寄存器寻址模式中,另一个寄存器可以作为访问的源操作数或目标操作数。这就使得在 F28x 系列中能进行寄存器与寄存器的操作。

在大多数 F28x 指令中,指令操作码中有一个 8 位的字段,它选择使用哪种访问模式以及对这种模式进行怎样的修改。在 F28x 指令集中,该字段如下:

loc16:为 16 位数据访问选择直接/堆栈/间接/寄存器寻址模式。
loc32:为 32 位数据访问选择直接/堆栈/间接/寄存器寻址模式。
使用上述字段的 F28x 指令描述如下:

```
ADD    AL,loc16
```

把 AL 寄存器的 16 位值与 loc16 字段所指定的 16 位地址中的内容相加,并将结果送回 AL 寄存器。

```
ADDL   loc32,ACC
```

将 loc32 字段指向的地址中的 32 位值与 32 位 ACC 寄存器的值相加,结果送回由 loc32 字段指定的地址中。

F28x 支持的其他类型的寻址模式如下。

> 数据/程序/IO 空间立即寻址模式:在这种模式中,将存储器操作数的地址嵌入到指

令中。

> 程序空间间接寻址模式：某些指令可以利用间接指针访问程序空间的操作数。因为F28x系列中的存储器是统一编址的，这就使得可以在一个周期中读取两个操作数。

仅仅一小部分指令使用上述寻址模式，而且它们通常与loc16/loc32模式相结合。以后几节通过举例详细说明寻址模式。

4.2.2 寻址模式选择位

由于提供了多种类型的寻址模式，因此要用寻址模式选择位（AMODE）来选择8位字段（loc16/loc32）的译码。寻址模式位属于状态寄存器1(ST1)。寻址模式大致分类如下：

AMODE=0。这是复位后的默认模式，也是F28x C/C++编译器使用的模式。它并不完全与C2xLP CPU寻址模式兼容。数据页指针偏移量是6位（C2xLP数据页指针偏移量是7位），而且C2xLP不支持所有的间接寻址模式。

AMODE=1。在设置AMODE=1时，寻址模式完全与C2xLP兼容。数据页指针偏移量为7位，而且所有C2xLP支持的间接寻址模式都有效。

对loc16或loc32字段，有效的寻址模式总结如表4-6所列。

表4-6 loc16或loc32寻址模式

模式 AMODE=0		模式 AMODE=1	
8位译码	loc16/loc32语法	8位译码	loc16/loc32语法
直接寻址模式(DP)			
0 0 1 1 1 1 1 1	@6 bit	0 1 1 1 1 1 1 1	@@7 bit
堆栈寻址模式(SP)			
0 1 1 1 1 1 1 1	*−SP [6 bit]		
1 0 1 1 1 1 0 1	*SP++	1 0 1 1 1 1 0 1	*SP++
1 0 1 1 1 1 1 0	*−−SP	1 0 1 1 1 1 1 0	*−−SP
F28x间接寻址模式(XAR0~XAR7)			
1 0 0 0 0 A A A	*XARn++	1 0 0 0 0 A A A	*XARn++
1 0 0 0 1 A A A	*−−XARn	1 0 0 0 1 A A A	*−−XARn
1 0 0 1 0 A A A	*+XARn[AR0]	1 0 0 1 0 A A A	*+XARn[AR0]
1 0 0 1 1 A A A	*+XARn[AR1]	1 0 0 1 1 A A A	*+XARn[AR1]
1 1 1 1 1 A A A	*+XARn [3 bit]		
C2xLP间接寻址模式(ARP、AR0~AR7)			
1 0 1 1 1 0 0 0	*	1 0 1 1 1 0 0 0	*
1 0 1 1 1 0 0 1	*++	1 0 1 1 1 0 0 1	*++
1 0 1 1 1 0 1 0	*−−	1 0 1 1 1 0 1 0	*−−
1 0 1 1 1 0 1 1	*0++	1 0 1 1 1 0 1 1	*0++
1 0 1 1 1 1 0 0	*0−−	1 0 1 1 1 1 0 0	*0−−
1 0 1 1 1 1 1 0	*BR0++	1 0 1 1 1 1 1 0	*BR0++
1 0 1 0 1 1 1 1	*BR0−−	1 0 1 0 1 1 1 1	*BR0−−

第4章 TMS320F28x 流水线、寻址模式及汇编语言指令集简介

续表 4-6

模式 AMODE=0								模式 AMODE=1							
1	0	1	1	0	R	R	R	*,ARPn	1	0	1	1	0	R	R	R	*,ARPn
									1	1	0	0	0	R	R	R	*++,ARPn
									1	1	0	0	1	R	R	R	*--,ARPn
									1	1	0	1	0	R	R	R	*0++,ARPn
									1	1	0	1	1	R	R	R	*0--,ARPn
									1	1	1	0	0	R	R	R	*BR0++,ARPn
									1	1	1	0	1	R	R	R	*BR0--,ARPn
循环间接寻址模式(XAR6,XAR1)																
1	0	1	1	1	1	1	1	*AR6%++	1	0	1	1	1	1	1	1	*+XAR6[AR1%++]
32位寄存器寻址模式(XAR0~XAR7、ACC、P、XT)																
1	0	1	0	0	A	A	A	@XARn	1	0	1	0	0	A	A	A	@XARn
1	0	1	0	1	0	0	1	@ACC	1	0	1	0	1	0	0	1	@ACC
1	0	1	0	1	0	1	1	@P	1	0	1	0	1	0	1	1	@P
1	0	1	0	1	1	0	0	@XT	1	0	1	0	1	1	0	0	@XT
16位寄存器寻址模式(AR0~AR7、AH、AL、PH、PL、TH、SP)																
1	0	1	0	0	A	A	A	@ARn	1	0	1	0	0	A	A	A	@ARn
1	0	1	0	1	0	0	0	@AH	1	0	1	0	1	0	0	0	@AH
1	0	1	0	1	0	0	1	@AL	1	0	1	0	1	0	0	1	@AL
1	0	1	0	1	0	1	0	@PH	1	0	1	0	1	0	1	0	@PH
1	0	1	0	1	0	1	1	@PL	1	0	1	0	1	0	1	1	@PL
1	0	1	0	1	1	0	0	@TH	1	0	1	0	1	1	0	0	@TH
1	0	1	0	1	1	0	1	@SP	1	0	1	0	1	1	0	1	@SP

在F28x间接寻址模式中,隐含指定所用到的辅助寄存器指针。而在C2xLP间接寻址模式中,用一个3位辅助寄存器指针(ARP)来选定当前辅助寄存器,以及下一操作该用哪个指针。

以下例子说明F28x间接寻址模式和C2xLP间接寻址模式之间的差别。

ADD   AL,*XAR4++

读取由辅助寄存器XAR4指向的16位存储器单元的内容,并把它加到AL寄存器中,然后XAR4的内容加上1。

ADD   AL,*++

假定状态寄存器1(ST1)中的ARP指针的值是4。读取由寄存器XAR4指向的16位存储器单元的值,并把它加到AL寄存器中,然后XAR4的内容加上1。

ADD   AL,*++,ARP5

假定状态寄存器1(ST1)中的ARP指针的值是4。读取由寄存器XAR4指向的16位存

储器单元的值,并把它加到 AL 寄存器中,然后 XAR4 的值加 1,而 ARP 指针设为 5。现在这个指针指向 XAR5。在 F28x 指令语法中,目标操作数总是在左边,而源操作数则在右边。

4.2.3 汇编器/编译器与 AMODE 位的关系

编译器总是认定寻址模式为 AMODE=0,因此仅仅满足 AMODE=0 的寻址模式才有效。汇编器可以通过命令行选项来指定默认值为模式 AMODE=0 或模式 AMODE=1。命令行选项为:

-v28	假定模式 AMODE=0(F28x 寻址模式)
-v28-m20	假定模式 AMODE=1(所有 C2xLP 兼容的寻址模式)

另外,汇编器允许在文件中嵌入命令,该命令指示汇编器忽略默认模式,并改变语法校对,改变为新的寻址模式的设置:

.c28_amode	通知汇编器紧跟其后的任何代码都假定为模式 AMODE=0 (F28x 寻址模式)
.lp_amode	通知汇编器紧跟其后的任何代码都假定为模式 AMODE=1 (全部 C2xLP 兼容的寻址模式)

以上命令不能嵌套,但可以在汇编程序中按如下模式使用:

```
;用"-v28"选项进行文件汇编(假设模式 AMODE = 0)
 ⋮                  ;这部分代码代码仅适用模式 AMODE = 0 寻址模式
SETC AMODE          ;将模式 AMODE 改变为 1
.lp_amode           ;通知汇编器校对模式 AMODE = 1 语法
 ⋮                  ;这部分代码仅适用模式 AMODE = 1 寻址模式
CLRC AMODE          ;恢复模式 AMODE = 0
.c28_amode          ;通知汇编器校对模式 AMODE = 1 语法
 ⋮                  ;这部分代码仅适用模式 AMODE = 0 寻址模式
;结束文件
```

4.2.4 直接寻址模式

模式	loc16/loc32 语法	说明
0	@6 bit	32 位数据地址(31～22)= 0 32 位数据地址(21～6)=DP(15～0) 32 位数据地址(5～0)=6 位 注:6 位偏移量与 16 位 DP 寄存器相连接。对当前的 DP 寄存器值,偏移量的值可以访问 0～63 字

举例:

```
MOVW   DP,#VarA       ;用 VarA 的页面值装载 DP 指针
ADD    AL,@VarA       ;将 VarA 的内容加到寄存器 AL 中
MOV    @VarB,AL       ;用 AL 装载 VarB、VarB 和 VarA 在同一 64 字的数据页内
MOVW   DP,#VarC       ;用 VarC 的页面值装载 DP 指针
```

```
SUB    AL,@VarC          ;从寄存器 AL 中减去 VarC 的内容
MOV    @VarD,AL          ;将 AL 的值存储到 VarD 中,VarC 和 VarD 在同一 64 字的数据页内,
                         ;但是它们与 VarA 和 VarB 不在同一页
```

模式	loc16/loc32 语法	说明
1	@@ 7 bit	32 位数据地址(31~22)=0 32 位数据地址(21~7)=DP(15~1) 32 位数据地址(6~0)=7 位 注:7 位偏移量与 DP 寄存器的高 15 位相连,忽略 DP 寄存器的第 0 位,不受操作影响。对当前 DP 寄存器值,偏移量值能寻址对应的 0~127 字

举 例:

```
SETC   AMODE             ;设置模式 AMODE=1
.lp_amode                ;通知汇编器模式 AMODE=1
MOVW   DP,#VarA          ;用 VarA 的页值装载 DP 指针
ADD    AL,@@VarA         ;将 VarA 存储器的值加到寄存器 AL 中
MOV    @@VarB,AL         ;将 AL 存储到 VarB 中,VarB 和 VarA 在同一 128 字数据页内
MOVW   DP,#VarC          ;用 VarC 的数据页值装载 DP 指针
SUB    AL,@@VarC         ;从寄存器 AL 中减去 VarC 的值
MOV    @@VarD,AL         ;将 AL 的值存储到 VarD 中、VarC 和 VarD 在同一 128 字数据页内
                         ;VarC & D 与 VarA & B 不在同一页
```

注:在 F28x 芯片中,直接寻址模式仅能访问低 4M 的数据地址空间。

4.2.5 堆栈寻址模式

模式	loc16/loc32 语法	说明
0	*-SP[6 bit]	32 位数据地址(31~16)=0x0000 32 位数据地址(15~0)=SP-6 位 注:从当前 16 位 SP 寄存器值中减去 6 位数偏移量,对当前 DP 寄存器值,能寻址对应的 0~63 字

举 例:

```
ADD    AL,*-SP[5]        ;把堆栈顶部-5 字位置的 16 位数据加到 AL 寄存器
MOV    *-SP[8],AL        ;把 16 位数 AL 寄存器装载到堆栈顶部-8 字位置
ADDL   ACC,*-SP[12]      ;把堆栈顶部-12 字位置的 32 位数加到 ACC 寄存器
MOVL   *-SP[34],ACC      ;将 32 位 ACC 寄存器的内容装载到堆栈顶部-34 字的位置
```

模式	loc16/loc32 语法	说明
X	*SP++	32 位数据地址(31~16)=0x0000 32 位数据地址(15~0)=SP 若为 loc16,SP=SP+1 若为 loc32,SP=SP+2

第4章 TMS320F28x 流水线、寻址模式及汇编语言指令集简介

举例：

```
MOV    * SP ++ , AL        ;将 AL 寄存器的 16 位数据压到堆栈的顶部
MOVL   * SP ++ , P         ;将 P 寄存器的 32 位数据压到堆栈的顶部
```

模式	loc16/loc32 语法	说明
X	* − − SP	若为 loc16，SP＝SP−1 若为 loc32，SP＝SP−2 32 位数据地址(31～16)＝0x0000 32 位数据地址(15～0)＝SP

举例：

```
ADD    AL, * -- SP         ;把堆栈顶部的内容弹出并加到 16 位 AL 寄存器中
MOVL   ACC, * -- SP        ;把堆栈顶部的内容弹出并存储到 32 位 ACC 寄存器中
```

注：在 F28x 芯片中，这种寻址模式仅能访问低 64K 的数据地址空间。

4.2.6 间接寻址模式

本小节介绍 F28x 的间接寻址模式，也介绍循环间接寻址模式。

1. F28x 间接寻址模式（XAR0～XAR7）

模式	loc16/loc32 语法	说明
X	* XARn ++	ARP＝n 32 位数据地址(31～0)＝XARn 若为 loc16，XARn＝XARn＋1 若为 loc32，XARn＝XARn＋2

举例：

```
       MOVL   XAR2, # Array1      ;用 Array1 的起始地址装载 XAR2
       MOVL   XAR3, # Array2      ;用 Array2 的起始地址装载 XAR3
       MOV    @AR0, # N-1         ;用循环次数 N 装载 AR0
Loop:
       MOVL   ACC, * XAR2 ++      ;用 XAR2 所指向的存储器值装载 ACC，且 XAR2 的内容加 1
       MOVL   * XAR3 ++ , ACC     ;用 ACC 的值装载 XAR3 所指向的存储单元，且 XAR3 的内容加 1
       BANZ   Loop, AR0 --        ;循环直到 AR0 == 0，且 AR0 减 1
```

模式	loc16/loc32 语法	说明
X	* − − XARn	ARP＝n 若为 loc16，XARn＝XARn−1 若为 loc32，XARn＝XARn−2 32 位数据地址(31～0)＝XARn

第4章 TMS320F28x流水线、寻址模式及汇编语言指令集简介

举 例：

```
    MOVL    XAR2,#Array1+N*2    ;用Aarray1的最后一个地址装载XAR2
    MOVL    XAR3,#Array2+N*2    ;用Aarray2的最后一个地址装载XAR3
    MOV     @AR0,#N-1           ;用循环次数N装载AR0
Loop:
    MOVL    ACC,*--XAR2         ;XAR2减1,然后用XAR2所指向的值装载ACC
    MOVL    *--XAR3,ACC         ;XAR3减1,然后将ACC的值存储到XAR3所指定的存储单元
    BANZ    Loop,AR0--          ;循环直到AR0=0,循环一次AR0自动减1
```

模 式	loc16/loc32 语法	说 明
X	*+XARn[AR0]	ARP=n 32位数据地址(31~0)=XARn+AR0 注：XAR0的低16位被加到选定的32位寄存器中,XAR0的高16位将被忽略。AR0作为一个无符号16位数。XARn可能上溢到高16位

举 例：

```
    MOVW    DP,#Array1Ptr       ;指向Array1指针位置
    MOVL    XAR2,@Array1Ptr     ;用指向Array1的指针值装载XAR2
    MOVB    XAR0,#16            ;AR0=16,AR0H=0
    MOVB    XAR1,#68            ;AR1=68,AR1H=0
    MOVL    ACC,*+XAR2[AR0]     ;交换Array1[16]和Array1[68]的值
    MOVL    P,*+XAR2[AR1]
    MOVL    *+XAR2[AR1],ACC
    MOVL    *+XAR2[AR0],P
```

模 式	loc16/loc32 语法	说 明
X	*+XARn[AR1]	ARP=n 32位数据地址(31~0)=XARn+AR1 注：XAR0的低16位被加到所选的32位寄存器中,XAR0的高16位将被忽略,AR0作为一个无符号的16位数。XARn可能上溢到高16位。

举 例：

```
    MOVW    DP,#Array1Ptr       ;指向Array1指针位置
    MOVL    XAR2,@Array1Ptr     ;用指向Array1的指针值装载XAR2
    MOVB    XAR0,#16            ;AR0=16,AR0H=0
    MOVB    XAR1,#68            ;AR1=68,AR1H=0
    MOVL    ACC,*+XAR2[AR0]     ;交换Array1[16]和Array1[68]的值
    MOVL    P,*+XAR2[AR1]
    MOVL    *+XAR2[AR1],ACC
    MOVL    *+XAR2[AR0],P
```

第 4 章 TMS320F28x 流水线、寻址模式及汇编语言指令集简介

模式	loc16/loc32 语法	说明
X	*XARn [3 bit]	ARP=n 32 位数据地址(31~0)= XARn+3 bit 注：立即数作为一个无符号的 3 位数处理

举 例：

```
MOVW    DP,#Array1Ptr        ;指向 Array1 指针位置
MOVL    XAR2,@Array1Ptr      ;用指向 Array1 的指针值装载 XAR2
MOVL    ACC,*+XAR2[2]        ;交换 Array1[2]和 Array1[5]的值
MOVL    P,*+XAR2[5]
MOVL    *+XAR2[5],ACC
MOVL    *+XAR2[2],P
```

注：汇编器也接受 XARn 作为寻址模式，这与 *+XARn[0]有相同的译码模式。

2. C2xLP 间接寻址模式(ARP,XAR0~XAR7)

模式	loc16/loc32 语法	说明
X	*	32 位数据地址(31~0)=XAR(ARP) 注：所用到的 XARn 寄存器是由 ARP 指针的当前值指定的。当 ARP=0 时指向 XAR0，当 ARP=1 时指向 XAR1，以此类推

举 例：

```
MOVZ    DP,#RegAPtr          ;用包含 RegAPtr 的页地址装载 DP
MOVZ    AR2,@RegAPtr         ;用 RegAPtr 的值装载 AR2,AR2H=0
MOVZ    AR3,@RegBPtr         ;用 RegBPtr 的值装载 AR3,AR3H=0
;RegAPtr 和 RegBPtr 处在同一个 128 字的数据页上，而且都位于低 64K 数据存储空间
NOP     *,ARP2               ;设置 ARP 指针,指向 XAR2
MOV     *,#0x0404            ;将 0x0404 存入 XAR2 所指向的存储单元
NOP     *,ARP3               ;设置 ARP 指针,指向 XAP3
MOV     *,#0x8000            ;用 0x8000 存入 XAR3 所指向的存储单元
```

模式	loc16/loc32 语法	说明
X	*,ARPn	32 位数据地址(31~0)=XAR(ARP),ARP=n

举 例：

```
MOVZ    DP,#RegAPtr              ;用包含 RegAPtr 的页地址装载 DP
MOVZ    AR2,@RegAPtr             ;用 RegAPtr 值装载 AR2,AR2H=0
MOVZ    AR3,@RegBPtr             ;用 RegBPtr 值装载 AR3,AR3H=0
;RegAPtr 和 RegBPtr 处在同一个 28 字数据页上,而且都位于低 64K 数据存储空间
NOP     *,ARP2                   ;设置 ARP 指针,指向 XAP2
MOV     *,#0x0404,ARP3           ;用 ARP2 所指向的地址存储 0x0404,ARP 指针指向 XAR3
MOV     *,#0x8000                ;用 XAR3 所指向的地址存储 0x8000
```

第4章 TMS320F28x 流水线、寻址模式及汇编语言指令集简介

模式	loc16/loc32 语法	说　明
X	*++	32位数据地址(31~0)=XAR(ARP) 若为 loc16，XAR(ARP)=XAR(ARP)+1 若为 loc32，XAR(ARP)=XAR(ARP)+2

举　例：

```
        MOVL    XAR2,#Array1        ;用 Array1 的起始地址装载 XAR2
        MOVL    XAR3,#Array2        ;用 Array2 的起始地址装载 XAR3
        MOV     @AR0,#N-1           ;用循环次数 N 装载 AR0
Loop:
        NOP     *,ARP2              ;设置 ARP 指针指向 XAR2
        MOVL    ACC,*++             ;用 XAR2 指向的存储单元的值装载 ACC,然后 XAR2 加 1
        NOP     *,ARP3              ;设置 ARP 指针指向 XAR3
        MOVL    *++,ACC             ;用 ACC 的值装载 XAR3 指向的地址,然后 XAR3 加 1
        NOP     *,ARP0              ;设置 ARP 指针指向 XAR0
        BANZ    Loop,*--            ;循环直到 AR0=0,每次循环 AR0 减 1
```

模式	loc16/loc32 语法	说　明
X	*++,ARP*n*	32位数据地址(31~0)=XAR(ARP) 若为 loc16，XAR(ARP)=XAR(ARP)+1 若为 loc32，XAR(ARP)=XAR(ARP)+2

举　例：

```
        MOVL    XAR2,#Array1        ;用 Array1 的起始地址装载 XAR2
        MOVL    XAR3,#Array2        ;用 Array2 的起始地址装载 XAR3
        MOV     @AR0,#N-1           ;用循环次数 N 装载 AR0
        NOP     *,ARP2              ;设置 ARP 指针指向 XAR2
        SETC    AMODE               ;确保模式 AMODE=1
        .lp_amode                   ;通知汇编器模式 AMODE=1
Loop:
        MOVL    ACC,*++,ARP3        ;用 XAR3 指向地址的内容装载 ACC,然后 XAR2 加 1
                                    ;设置 ARP 指向 XAR3
        MOVL    *++,ACC,ARP0        ;用 ACC 的值装载 XAR3 指向的存储单元,然后 XAR3 加 1
                                    ;设置 ARP 指向 XAR0
        XBANZ   Loop,*--,ARP2       ;循环直到,AR0=0,每次循环 AR0 减 1
                                    ;设置 ARP 指针指向 XAR2
```

模式	loc16/loc32 语法	说　明
X	*--	32位数据地址(31~0)=XAR(ARP) 若为 loc16，XAR(ARP)=XAR(ARP)+1 若为 loc32，XAR(ARP)=XAR(ARP)+2

第4章 TMS320F28x 流水线、寻址模式及汇编语言指令集简介

举 例：

```
        MOVL    XAR2,#Array1+(N-1)*2    ;用 Array1 末地址装载 XAR2
        MOVL    XAR3,#Array2+(N-1)*2    ;用 Array2 末地址装载 XAR3
        MOV     @AR0,#N-1               ;将循环次数 N 装载 AR0
Loop:
        NOP     *,ARP2                  ;设置 ARP 指针指向 XAR2
        MOVL    ACC,*--                 ;用 XAR2 指向的存储单元值装载 ACC,XAR2 减 1
        NOP     *,ARP3                  ;设置 ARP 指针指向 XAR3
        MOVL    *--,ACC                 ;将 ACC 的值装载 XAR3 指向的存储单元,XAR3 减 1
        NOP     *,ARP0                  ;设置 ARP 指针指向 XAR0
        XBANZ   Loop,*--                ;循环直到 AR0==0,每次循环 AR0 减 1
```

模式	loc16/loc32 语法	说明
1	*--,ARP*n*	32 位数据地址(31～0)=XAR(ARP) 若为 loc16,XAR(ARP)=XAR(ARP)+1 若为 loc32,XAR(ARP)=XAR(ARP)+2 ARP=*n*

举 例：

```
        MOVL    XAR2,#Array1+(N-1)*2    ;用 Array1 末地址装载 XAR2
        MOVL    XAR3,#Array2+(N-1)*2    ;用 Array2 末地址装载 XAR3
        MOV     @AR0,#N-1               ;用循环次数 N 装载 AR0
        NOP     *,ARP2                  ;设置 ARP 指针指向 XAR2
        SETC    AMODE                   ;设置模式 AMODE=1
        .lp_amode                       ;通知编译器模式 AMODE=1
Loop:
        MOVL    ACC,*--,ARP3            ;用 XAR2 指向的存储单元的值装载 ACC,XAR2 减 1
                                        ;设置 ARP 指向 XAR3
        MOVL    *--,ACC,ARP0            ;保存 ACC 到 XAR3 指向的位置,XAR3 减 1
                                        ;设置 ARP 指向 XAR0
        XBANZ   Loop,*--,ARP2           ;循环直至 AR0=0,每次循环 AR0 减 1
                                        ;设置 ARP 指向 XAR2
```

模式	loc16/loc32 语法	说明
X	*0++	32 位数据地址(31～0)= XAR(ARP) XAR(ARP)=XAR(ARP)+AR0 注:XAR0 的低 16 位被加到选定的 32 位寄存器,忽略 XAR0 的高 16 位。AR0 看作是一个无符号的 16 位数。XAR(ARP)会向高 16 位上溢

举 例：

```
        MOVL    XAR2,#Array1            ;用 Array1 首地址装载 XAR2
        MOVL    XAR3,#Array2            ;用 Array2 首地址装载 XAR3
        MOV     @AR0,#4                 ;设置 AR0 为 4,即每 4 个值从 Array1 到 Array2 复制一次
```

第4章 TMS320F28x 流水线、寻址模式及汇编语言指令集简介

```
         MOV     @AR1,#N-1           ;用循环次数 N 装载 AR1
Loop:
         NOP     *,ARP2              ;设置 ARP 指针指向 XAR2
         MOVL    ACC,*0++            ;用 XAR2 指向的存储单元的值装载 ACC,然后 XAR2 加上 AR0
         NOP     *,ARP3              ;设置 ARP 指向 XAR3
         MOVL    *++,ACC             ;保存 ACC 的值到 XAR3 指向的位置,XAR3 减 1
         NOP     *,ARP1              ;设置 ARP 指针指向 XAR1
         BANZ    Loop,*--            ;循环直到 AR1=0,每循环一次 AR1 减 1
```

模式	loc16/loc32 语法	说明
1	*0++,ARPn	32 位数据地址(31~0)=XAR(ARP) XAR(ARP)=XAR(ARP)+AR0,ARP=n 注:XAR0 的低 16 位被加到选定的 32 位寄存器,忽略 XAR0 的高 16 位。AR0 看作是一个无符号的 16 位数。XAR(ARP)会上溢至高 16 位

举 例:

```
         MOVL    XAR2,#Array1        ;用 Array1 首地址装载 XAR2
         MOVL    XAR3,#Array2        ;用 Array2 首地址装载 XAR3
         MOV     @AR0,#4             ;设置 AR0 为 4,每 4 个值执行一次从 Array1 到 Array2
                                     ;的复制
         MOV     @AR1,#N-1           ;用循环次数 N 装载 AR1
         NOP     *,ARP2              ;设置 ARP 指针指向 XAR2
         SETC    AMODE               ;设置模式 AMODE=1
         .lp_amode                   ;通知编译器模式 AMODE=1
Loop:
         MOVL    ACC,*0++,ARP3       ;用 XAR2 指向的存储单元的值装载 ACC
                                     ;XAR2 减去 AR0,设置 ARP 指针指向 XAR3
         MOVL    *++,ACC,ARP1        ;保存 ACC 的值到 XAR3 指向的位置
                                     ;XAR3 加 1,设置 ARP 指针指向 XAR1
         BANZ    Loop,*--,ARP2       ;循环直到 AR1=0,每循环一次 AR1 减 1
                                     ;设置 ARP 指针指向 XAR2
```

模式	loc16/loc32 语法	说明
X	*0--	32 位数据地址(31~0)=XAR(ARP) XAR(ARP)=XAR(ARP)-AR0 注:从选定的 32 位寄存器中减去 XAR0 的低 16 位,XAR0 的高 16 位忽略。AR0 看作是一个无符号的 16 位数。XAR(ARP)可能会下溢到高 16 位

举 例:

```
         MOVL    XAR2,#Array1+(N-1)*8   ;用 Array1 末地址装载 XAR2
         MOVL    XAR3,#Array2+(N-1)*2   ;用 Array2 末地址装载 XAR3
         MOV     @AR0,#4                ;设置 AR0 为 4,每 4 个值从 Array1 到 Array2 复制一次
         MOV     @AR1,#N-1              ;用循环次数 N 装载 AR1
```

第4章 TMS320F28x 流水线、寻址模式及汇编语言指令集简介

```
Loop:
    NOP     *,ARP2              ;设置 ARP 指向 XAR2
    MOVL    ACC,*0--            ;用 XAR2 指向位置的值装载 ACC,XAR2 减去 AR0
    NOP     *,ARP3              ;设置 ARP 指针指向 XAR3
    MOVL    *--,ACC             ;保存 ACC 的内容到 XAR3 指向的位置,XAR3 减 1
    NOP     *,ARP1              ;设置 ARP 指针指向 XAR1
    XBANZ   Loop,*--            ;循环直到 AR1=0,每循环一次 AR1 减 1
```

模 式	loc16/loc32 语法	说 明
1	*0--,ARPn	32 位数据地址(31~0)=XAR(ARP) XAR(ARP)=XAR(ARP)-AR0,ARP=n 注:选定的 32 位寄存器值减去 XAR0 的低 16 位,XAR0 的高 16 位忽略。AR0 看作一个无符号的 16 位数。XAR(ARP)可能下溢至低 16 位

举 例:

```
    MOVL    XAR2,#Array1+(N-1)*8    ;用 Array1 末地址装载 XAR2
    MOVL    XAR3,#Array2+(N-1)*2    ;用 Array2 末地址装载 XAR3
    MOV     @AR0,#4                 ;设置 AR0 为 4,每 4 个值从 Array1 到 Array2 复制一次
    MOV     @AR1,#N-1               ;用循环次数 N 装载 AR1
    NOP     *,ARP2                  ;设置 ARP 指针指向 XAR2
    SETC    AMODE                   ;设置模式 AMODE=1
    .lp_amode                       ;通知编译器模式 AMODE=1
Loop:
    MOVL    ACC,*0--,ARP3           ;用 XAR2 指向的位置的值装载 ACC,
                                    ;XAR2 减去 AR0,设置 ARP 指针指向 XAR3
    MOVL    *--,ACC,ARP1            ;保存 ACC 到 XAR3 指向的位置
                                    ;XAR3 递减,设置 ARP 指针指向 XAR1
    XBANZ   Loop,*--,ARP2           ;循环直至 AR1=0,AR1 递减
                                    ;设置 ARP 指针指向 XAR2
```

模 式	loc16/loc32 语法	说 明
X	*BR0++	32 位数据地址(31~0)=XAR(ARP) XAR(ARP)(15~0)= AR(ARP) rcadd AR0 XAR(ARP)(31~16)=未改变 注:XAR0 的低 16 位逆向进位加法加到所选择寄存器的低 16 位,忽略 XAR0 的高 16 位,操作不改变所选寄存器的高 16 位

举 例:

```
;将 Array1 的内容逐位反序传送给 Array2:
    MOVL    XAR2,#Array1        ;用 Array1 的起始地址装载 XAR2
    MOVL    XAR3,#Array2        ;用 Array2 的起始地址装载 XAR3
    MOV     @AR0,#N             ;用数组的大小装载 AR0
                                ;N 必须是 2 的幂(2,4,8,16,…)
```

第4章 TMS320F28x 流水线、寻址模式及汇编语言指令集简介

```
       MOV     @AR1,#N-1              ;用循环次数 N 装载 AR1
Loop:
       NOP     *,ARP2                 ;设置 ARP 指针指向 XAR2
       MOVL    ACC,*++                ;用 XAR2 指向的位置的值装载到 ACC,然后 XAR2 加 1
       NOP     *,ARP3                 ;设置指针 ARP 指针指向 XAR3
       MOVL    *BR0++,ACC             ;存储 ACC 的值到 XAR3 指向的位置,
                                      ;然后 XAR3 加上 AR0(逆向进位相加)
       NOP     *,ARP1                 ;设置 ARP 指针指向 XAR1
       XBANZ   Loop,*--               ;循环,直到 AR1=0,AR1 递减
```

模式	loc16/loc32 语法	说 明
X	*BR0++,ARP*n*	32 位数据地址(31~0) = XAR(ARP) XAR(ARP)(15~0) = AR(ARP)rcadd AR0 XAR(ARP)(31~16)不变 注:XAR0 的低 16 位逆向进位加法加到所选寄存器的低 16 位,忽略 XAR0 的高 16 位,所选寄存器的高 16 位不受操作影响

举 例:

```
;将 Array1 的内容逐位反序传送给 Array2:
       MOVL    XAR2,#Array1           ;用 Array1 的起始地址装载 XAR2
       MOVL    XAR3,#Array2           ;用 Array2 的起始地址装载 XAR3
       MOV     @AR0,#N                ;用数组的大小装载 AR0
                                      ;N 必须是 2 的幂(2,4,8,16,…)
       MOV     @AR1,#N-1              ;用循环次数 N 装载 AR1
       NOP     *,ARP2                 ;设置 ARP 指针指向 XAR2
       SETC    AMODE                  ;确保模式 AMODE=1
       .lp_amode                      ;通知编译器模式 AMODE=1
Loop:
       MOVL    ACC,*++,ARP3           ;用 XAR2 指向的地址的值装载 ACC
                                      ;然后 XAR2 加 1,设置 ARP 指针指向 XAR2
       MOVL    *BR0++,ACC             ;把 ACC 存储到 XAR3 指向的位置
                                      ;XAR2 与 AR0 反序进位相加,设置 ARP 指针指向 XAR1
       XBANZ   Loop,*--,ARP2          ;循环,逐步递减 1 直到 AR1==0
                                      ;设置 ARP 指针指向 XAR2
```

模式	loc16/loc32 语法	说 明
X	*BR0--	地址生成: 32 位数据地址(31~0) = XAR(ARP) XAR(ARP)(15~0) = AR(ARP)rcadd AR0 XAR(ARP)(31~16)不变 注:所选寄存器的低 16 位逆向借位减去 XAR0 的低 16 位,忽略 XAR0 的高 16 位,操作不影响所选寄存器的高 16 位

第4章 TMS320F28x 流水线、寻址模式及汇编语言指令集简介

举 例:

```
;将 Array1 的内容逐位反序传递给 Array2:
    MOVL    XAR2,#Array1+(N-1)*2    ;用 Array1 的末地址装载 XAR2
    MOVL    XAR3,#Array2+(N-1)*2    ;把 Array2 的末地址装载 XAR3
    MOV     @AR0,#N                 ;用数组的大小装载 AR0,N 必须是 2 的幂(2,4,8,16,…)
    MOV     @AR1,#N-1               ;用循环次数 N 装载 AR1
Loop:
    NOP     *,ARP2                  ;设置 ARP 指针指向 XAR2
    MOVL    ACC,*--                 ;用 XAR2 指向的地址的内容装载 ACC,然后 XAR2 减 1
    NOP     *,ARP3                  ;设置 ARP 指针指向 XAR3
    MOVL    *BR0--,ACC              ;把 ACC 存储到 XAR3 指向的位置,XAR3 反序借位减去 AR0
    NOP     *,ARP1                  ;设置 ARP 指针指向 XAR1
    XBANZ   Loop,*--                ;循环,递减 AR1 直到 AR1=0
```

模 式	loc16/loc32 语法	说 明
1	*BR0--,ARPn	32 位数据地址(31~0)=XAR(ARP) XAR(ARP)(15~0)=AR(ARP)rbsub AR0 XAR(ARP)(31~16)不变,ARP=n 注:所选择寄存器的低 16 位逆向借位减去 XAR0 的低 16 位,忽略 XAR0 的高 16 位,所选寄存器的高 16 位受操作影响

举 例:

```
;将 Array1 的内容逐位反序传递给 Array2:
    MOVL    XAR2,#Array1+(N-1)*2    ;用 Array1 的末地址装载 XAR2
    MOVL    XAR3,#Array2+(N-1)*2    ;把 Array2 的末地址装载 XAR3
    MOV     @AR0,#N                 ;用数组的大小装载 AR0,N 必须是 2 的幂(2,4,8,16,…)
    MOV     @AR1,#N-1               ;用循环次数 N 装载 AR1
    NOP     *,ARP2                  ;设置 ARP 指针指向 XAR2
    SETC    AMODE                   ;确保模式 AMODE=1
    .lp_amode                       ;通知编译器模式 AMODE=1
Loop:
    MOVL    ACC,*--,ARP3            ;用 XAR2 指向的地址装载 ACC,然后 XAR2 减 1
                                    ;设置 ARP 指针指向 XAR2,
    MOVL    *BR0--,ACC,ARP1         ;在 XAR3 指向的位置存储 ACC 的值
                                    ;XAR3 反序借位减去 AR0,设置 ARP 指针指向 XAR1
    XBANZ   Loop,*--,ARP2           ;循环,递减 AR1 直到 AR1==0,设置 ARP 指针指向 XAR2
```

反序进位加法或是反借位减法用于实现位取反寻址,比如用在 FFT 的倒位序算法中。典型情况下,AR0 初始化为(FFT 长度)/2,然后 AR0 的值采用逆向进位加法或者逆向借位减法进行加或减,以产生位反序地址。

逆向进位加法的例子如下(FFT 长度=16):

XAR(ARP)(15~0)	= 0 0 0 0	0 0 0 0	0 0 0 0	0 0 0 0
+ AR0	= 0 0 0 0	0 0 0 0	0 0 0 0	1 0 0 0
XAR(ARP)(15~0)	= 0 0 0 0	0 0 0 0	0 0 0 0	1 0 0 0
+ AR0	= 0 0 0 0	0 0 0 0	0 0 0 0	1 0 0 0
XAR(ARP)(15~0)	= 0 0 0 0	0 0 0 0	0 0 0 0	0 1 0 0
+ AR0	= 0 0 0 0	0 0 0 0	0 0 0 0	1 0 0 0
XAR(ARP)(15~0)	= 0 0 0 0	0 0 0 0	0 0 0 0	1 1 0 0
+ AR0	= 0 0 0 0	0 0 0 0	0 0 0 0	1 0 0 0
XAR(ARP)(15~0)	= 0 0 0 0	0 0 0 0	0 0 0 0	0 0 1 0
+ AR0	= 0 0 0 0	0 0 0 0	0 0 0 0	1 0 0 0
XAR(ARP)(15~0)	= 0 0 0 0	0 0 0 0	0 0 0 0	1 0 1 0

⋮

逆向借位减法例子如下(FFT 长度=16):

XAR(ARP)(15~0)	= 0 0 0 0	0 0 0 0	0 0 0 0	0 0 0 0
− AR0	= 0 0 0 0	0 0 0 0	0 0 0 0	1 0 0 0
XAR(ARP)(15~0)	= 0 0 0 0	0 0 0 0	0 0 0 0	1 1 1 1
− AR0	= 0 0 0 0	0 0 0 0	0 0 0 0	1 0 0 0
XAR(ARP)(15~0)	= 0 0 0 0	0 0 0 0	0 0 0 0	0 1 1 1
− AR0	= 0 0 0 0	0 0 0 0	0 0 0 0	1 0 0 0
XAR(ARP)(15~0)	= 0 0 0 0	0 0 0 0	0 0 0 0	1 0 1 1
− AR0	= 0 0 0 0	0 0 0 0	0 0 0 0	1 0 0 0
XAR(ARP)(15~0)	= 0 0 0 0	0 0 0 0	0 0 0 0	0 0 1 1
− AR0	= 0 0 0 0	0 0 0 0	0 0 0 0	1 0 0 0
XAR(ARP)(15~0)	= 0 0 0 0	0 0 0 0	0 0 0 0	1 1 0 1

⋮

在 F28x 中,反转位寻址的范围被限制在小于 64K 的模块内。大多数 FFT 运算的点数都远远小于 64K,因此是可行的。

第4章 TMS320F28x 流水线、寻址模式及汇编语言指令集简介

3. 循环间接寻址模式(XAR6、XAR1)

模 式	loc16/loc32 语法	说 明

0	*AR6%++	32 位数据地址(31~0)=XAR6
		若(XAR6(7~0)=XAR1(7~0))
		{
		    XAR6(7~0)=0x00
		    XAR6(15~8)不变
		}
		否则
		{
		    若为 16 位数据,XAR6(15~0)=+1
		    若为 32 位数据,XAR6(15~0)=+2
		}
		XAR6(31~16)不变
		ARP=6
		注:在这个寻址模式下,环路缓冲器不能通过 64 字节的数据页边界并且限制在低 64K 的数据存储空间中

如图 4-2 所示,缓冲器的大小由 AR1 的低 8 位(即 AR1[7~0])确定。此处缓冲器的大小为 AR1[7:0]+1。当 AR1[7:0]是 255 时,缓冲器的大小达到最大值 256 字。

XAR6 指向缓冲器的当前地址。缓冲器顶部地址必须是低 8 位全为 0。

如果某条访问循环缓冲器的指令执行 32 位操作,必须确保访问前 XAR6 和 AR1 都是偶数。

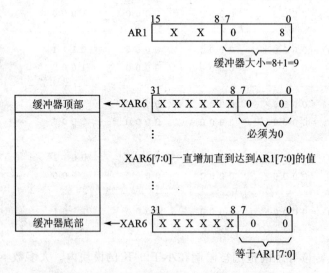

图 4-2 模式 AMODE=0 时,循环缓冲器图

举 例:

;计算 FIR 滤波器(X[N]=数据数组,.C[N]=系数数组):
    MOVW   DP,#Xpointer   ;用 Xpointer 的页地址装载 DP

	MOVL	XAR6,@Xpointer	;用当前 X 指针装载 XAR6
	MOVL	XAR7,♯C	;用 C 数组的起始地址装载 XAR7
	MOV	@AR1,♯N	;用数组次数 N 装载 AR1
	SPM	-4	;设置乘积移位模式,右移 4 位
	ZAPA		;ACC,P,OVC 清零
	RPT	♯N-1	;重复下一条指令 N 次
||	QMACL	P,*XAR6%++,*XAR7++	;ACC = ACC + P >> 4,
			;P = (*AR6%++ * *XAR7++)>>32
	ADDL	ACC,P<<PM	;最后累加
	MOVL	@Xpointer,XAR6	;保存 XAR6 的值到当前 X 指针
	MOVL	@Sum,ACC	;保存结果到 Sum

模 式	loc16/loc32 语法	说 明

1	*+XAR6[AR1%++]	32 位数据地址(31~0)==XAR6+XAR1
		若(XAR1(15~0)==XAR1(31~16))
		{
		　　XAR1(15~0)= 0x0000
		}
		否则
		{
		　　若为 16 位数据,XAR1(15~0)=+1
		　　若为 32 位数据,XAR1(15~0)=+2
		}
		XAR1(31~16)不变
		ARP=6
		注:使用这种寻址模式,没有循环缓冲器定位要求

如图 4-3 所示,缓冲器的大小由 XAR1 的高 16 位确定,即 XAR1[31:16]。此处大小为 AR1[31:16]+1。XAR6 指向缓冲器的顶部。缓冲器中,当前的地址指向 XAR6 的值加上偏移量 XAR1[15:0]。

如果某条访问循环缓冲器的指令执行 32 位操作,必须确保 XAR6 和 XAR1[31:16]都是偶数。

举 例：

```
;计算 FIR 滤波器(X[N] = 数据数组,.C[N] = 系数数组):
    MOVW    DP,♯Xindex          ;用 Xindex 的页地址装载 DP
    MOVL    XAR6,♯X             ;用 X 数组的起始地址装载 XAR6
    MOV     @AH,♯N              ;用 X[N]的大小装载 AH
    MOV     AL,@Xindex          ;用当前索引值装载 AL
    MOVL    XAR1,@ACC           ;将参数装入 XAR1
    MOVL    XAR7,♯C             ;用 C 数组的起始地址装载 XAR7
    SPM     -4                  ;设置乘积移位模式,右移 4 位
    ZAPA                        ;ACC,P,OVC 清零
    RPT     ♯N-1                ;重复下一条指令 N 次
```

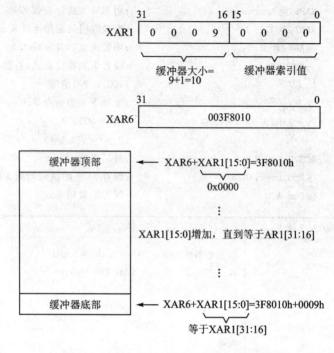

图 4-3 模式 AMODE=1 时,循环缓冲器图

```
|| QMACL    P,*+XAR6[AR1%++],*XAR7++    ;ACC = ACC + P >> 4
                                         ;P = (*AR6%++ * *XAR7++)>>32
   ADDL     ACC,P<<PM                    ;最后累加
   MOVL     @Xindex,AR1                  ;将 AR1 的值存入当前 X 索引
   MOVL     @Sum,ACC                     ;保存结果到 Sum
```

4.2.7 寄存器寻址模式

本小节介绍 16 位和 32 位寄存器寻址模式。

1. 32 位寄存器寻址模式

模 式	loc32 语法	说　明
X	@ACC	访问 32 位 ACC 寄存器的内容 当"@ACC"寄存器为目的操作数时,将会影响 Z、N、V、C、OVC 标志位

举 例:

```
MOVL    XAR6,@ACC      ;用 ACC 的内容装载 XAR6
MOVL    @ACC,XT        ;用 XT 寄存器的内容装载 ACC
ADDL    ACC,@ACC       ;ACC = ACC + ACC
```

模 式	loc32 语法	说　明
X	@P	访问 32 位 P 寄存器的内容

举例：

```
MOVL    XAR6,@P        ;用 P 的内容装载 XAR6
MOVL    @P,XT          ;用 XT 寄存器的内容装载 P
ADDL    ACC,@P         ;ACC = ACC + P
```

模式	loc32 语法	说明
X	@XT	访问 32 位 XT 寄存器

举例：

```
MOVL    XAR6,@XT       ;用 XT 值装载 XAR6
MOVL    P,@XT          ;将 XT 值装载到 P
ADDL    ACC,@XT        ;ACC = ACC + XT
```

模式	loc32 语法	说明
X	@XAR*n*	访问 32 位 XAR*n* 寄存器

举例：

```
MOVL    XAR6,@XAR2     ;用 XAR2 值装载 XAR6
MOVL    P,@XAR2        ;用 XAR2 值装载 P
ADDL    ACC,@XAR2      ;ACC = ACC + XAR2
```

注： 当书写汇编代码时，寄存器名称前的"@"符号是可选的。例如："MOVL ACC,@P"可以写为"MOVL ACC,P"。反汇编器会用"@"符号来识别操作数是 loc16 还是 loc32。例如："MOVL ACC,@P"就是"MOVL ACC,loc32"指令；而"MOVL @ACC,P"就是"MOVL loc32,P"指令。

2. 16 位寄存器寻址模式

模式	loc16 语法	说明
X	@AL	访问 16 位的 AL 寄存器。AH 寄存器的内容不受影响 当"@AL"寄存器是目的操作数时，将影响 Z、N、V、C、OVC 标志位

举例：

```
MOV     PH,@AL         ;用 AL 的值装载 PH
ADD     AH,@AL         ;AH = AH + AL
MOV     T,@AL          ;用 AL 的值装载 T
```

模式	loc16/loc32 语法	说明
X	@AH	访问 16 位 AH 寄存器。AL 寄存器内的值不受影响 当"@AH"寄存器是目的操作数时，将影响 Z、N、V、C、OVC 标志位

第4章 TMS320F28x 流水线、寻址模式及汇编语言指令集简介

举 例:

MOV	PH,@AH	;用 AH 值装载 PH
ADD	AL,@AH	;AL = AL + AH
MOV	T,@AH	;用 AH 值装载 T

模 式	loc16 语法	说 明
X	@PL	访问 16 位的 PL 寄存器。PH 寄存器内的内容不受影响

举 例:

MOV	PH,@PL	;用 PL 值装载 PH
ADD	AL,@PL	;AL = AL + PL
MOV	T,@PL	;用 PL 值装载 PH

模 式	loc16 语法	说 明
X	@PH	访问 16 位的 PH 寄存器。PL 寄存器的内容不受影响

举 例:

MOV	PL,@PH	;用 PH 的值装载 PL
ADD	AL,@PH	;AL = AL + PH
MOV	T,@PH	;用 PH 的值装载 T

模 式	loc16 语法	说 明
X	@TH	访问 16 位的 TH 寄存器。TL 寄存器的内容不受影响

举 例:

MOV	PL,@T	;用 T 值装载 PL
ADD	AL,@T	;AL = AL + T
MOVZ	AR4,@T	;用 T 值装载 AR4,并将 XAR4 高 16 位清零

模 式	loc16 语法	说 明
X	@SP	访问 16 位的 SP 寄存器

举 例:

MOVZ	AR4,@SP	;用 SP 的值装载 AR4,并将 XAR4 高 16 位清零
MOV	AL,@SP	;用 SP 的值装载 AL
MOV	@SP,AH	;用 AH 值装载到 SP

模 式	loc16 语法	说 明
X	@ARn	访问 16 位的 AR0~AR7 寄存器。XAR0~XAR7 寄存器的高 16 位不受影响

举 例:

MOVZ	AR4,@AR2	;用 AR2 的值装载 AR4,并将 XAR4 高 16 位清零

```
MOV    AL,@AR3              ;用 AR3 的值装载 AL
MOV    @AR5,AH              ;用 AH 的值装载 AR5,XAR5 高 16 位不变
```

4.2.8 数据/程序/IO 空间立即寻址模式

语　法	说　明
*(0:16 bit)	32 位数据地址(31~16)=0 32 位数据地址(15~0)=16 位立即数 注：如果指令重复，地址就会在每次执行后增加。这种寻址模式只能访问数据空间的低 64K

举　例：

```
MOV    loc16,*(0:16 bit)    ;[loc16] = [0:16 bit]
MOV    *(0:16 bit),loc16    ;[loc16] = [0:16 bit]
```

语　法	说　明
*(PA)	32 位数据地址(31~16)=0 32 位数据地址(15~0)=PA 16 位立即数 注：如果指令重复，地址就会在每次执行后增加。当用这种寻址模式访问 I/O 空间时，I/O 选通信号将被触发。数据空间地址线用来访问 I/O 空间

举　例：

```
OUT    *(PA),loc16          ;IO 空间[0:PA] = [loc16]
UOUT   *(PA),loc16          ;IO 空间[0:PA] = [loc16] (未被保护)
IN     loc16,*(PA)          ;[loc16] = IO 空间[0:PA]
```

语　法	说　明
0:pma	22 位程序地址(21~16)=0 22 位程序地址(15~0)=pma16 位立即数 注：如果指令重复，地址就会在每次执行后增加。这种寻址模式只能访问程序空间的低 64K

举　例：

```
MAC    P,loc16,0:pma        ;ACC = ACC + P << PM
                            ;P = [loc16] * 程序空间[0:pma]
```

语　法	说　明
*(pma)	22 位程序地址(21~16)= 0x3F 22 位程序地址(15~0)=pma 16 位立即数 注：如果指令重复，地址就会在每次执行后增加。这种寻址模式只能访问程序空间的高 64K

举 例:

```
XPREAD  loc16,*(pma)        ;[loc16] = 程序空间[0x3F:pma]
XMAC    P,loc16,*(pma)      ;ACC = ACC + P << PM
                            ;P = [loc16] * 程序空间[0x3F:pma]
XMACD   P,loc16,*(pma)      ;ACC = ACC + P << PM
                            ;P = [loc16] * 程序空间[0x3F:pma]
                            ;[loc16 + 1] = [loc16]
```

4.2.9 程序空间间接寻址模式

语 法	说 明
*AL	22 位程序地址(21~16) = 0x3F 22 位程序地址(15~0) = AL 注:如果指令重复,AL 内的地址会复制到一个影子寄存器并且它的值会在每次执行后增加。AL 寄存器不会发生变化。这种寻址模式只能访问程序空间的高 64K

举 例:

```
XPREAD  loc16,*AL           ;[loc16] = 程序空间[0x3F:AL]
XPWRITE *AL,loc16           ;程序空间[0x3F:AL] = [loc16]
```

语 法	说 明
*XAR7	22 位程序地址(21~0) = XAR7 注:如果指令重复,只有在 XPREAD 和 XPWRITE 指令时,XAR7 内的地址才会复制到一个影子寄存器,并且它的值会在每次执行后增加。XAR7 寄存器不会发生变化。对于其他指令,即使重复执行,地址也不会增加

举 例:

```
MAC     P,loc16,*XAR7       ;ACC = ACC + P << PM
                            ;P = [loc16] * 程序空间[*XAR7]
DMAC    ACC:P,loc32,*XAR7   ;ACC = ([loc32].MSW * 程序空间[*XAR7].MSW)>> PM
                            ;P = ([loc32].LSW * 程序空间[*XAR7].MSW)>> PM
QMACL   P,loc32,*XAR7       ;ACC = ACC + P >> PM
                            ;P = ([loc32] * 程序空间[*XAR7]) >> 32
IMACL   P,loc32,*XAR7       ;ACC = ACC + P
                            ;P = ([loc32] * 程序空间[*XAR7]) << PM
PREAD   loc16,*XAR7         ;[loc16] = 程序空间[*XAR7]
PWRITE  *XAR7,loc16         ;程序空间[*XAR7] = [loc16]
```

语　法	说　明
*XAR7++	22位程序地址(21～0)=XAR7 若为16位操作,XAR7=XAR7+1 若为32位操作,XAR7=XAR7+2 注：如果指令重复,地址就会与正常状态下一样,在运行后增加

举　例：

```
MAC    P,loc16,* XAR7 ++         ;ACC = ACC + P << PM
                                 ;P = [loc16] * 程序空间 [* XAR7 ++]
DMAC   ACC:P,loc32,* XAR7 ++     ;ACC = ([loc32].MSW * 程序空间 [* XAR7 ++].MSW)>>PM
                                 ;P = ([loc32].LSW * 程序空间 [* XAR7 ++].MSW)>>PM
QMACL  P,loc32,* XAR7 ++         ;ACC = ACC + P >> PM
                                 ;P = ([loc32] * 程序空间 [* XAR7 ++]) >> 32
IMACL  P,loc32,* XAR7 ++         ;ACC = ACC + P
                                 ;P = ([loc32] * 程序空间 [* XAR7 ++]) << PM
```

4.2.10　字节寻址模式

语　法	说　明
*+XAR*n*[AR0] *+XAR*n*[AR1] *+XAR*n*[3 bit]	32位数据地址(31～0)=XAR*n*+偏移量(偏移量=AR0/AR1/3 bit) 若偏移量=偶数值,访问16位存储单元的低有效字节;高有效字节不变 若偏移量=奇数值,访问16位存储单元的高有效字节;低有效字节不变 注：对于其他所有的寻址模式,只能访问低有效字节的存址空间,没有触及到高有效字节

举　例：

```
MOVB   AX.LSB,loc16     ;若地址模式 == * +XARn[AR0/AR1/3 bit]
                        ;若偏移量 == 偶数
                        ;    AX.LSB = [loc16].LSB;
                        ;    AX.MSB = 0x00;
                        ;若偏移量 == 奇数
                        ;    AX.LSB = [loc16].MSB;
                        ;    AX.MSB = 0x00;
                        ;否则
                        ;    AX.LSB = [loc16].LSB;
                        ;    AX.MSB = 0x00;

MOVB   AX MSB,loc16     ;若地址模式 == * +XARn[AR0/AR1/3 bit]
                        ;若偏移量 == 偶数
                        ;    AX.LSB = 不变;
                        ;    AX.MSB = [loc16].LSB;
                        ;若偏移量 == 奇数
                        ;    AX.LSB = 不变;
                        ;    AX.MSB = [loc16].MSB;
```

```
            MOVB    loc16,AX.LSB        ;否则
                                        ;       AX.LSB=不变；
                                        ;       AX.MSB=[loc16].LSB；
                                        ;若地址模式 = = * + XARn [AR0/AR1/3 bit]
                                        ;若偏移量 = = 偶数
                                        ;       [loc16].LSB=AX.LSB；
                                        ;       [loc16].MSB=不变；
                                        ;若偏移量 = = 奇数
                                        ;       [loc16].LSB=不变；
                                        ;       [loc16].MSB=AX.LSB；
                                        ;否则
                                        ;       [loc16].LSB=AX.LSB；
                                        ;       [loc16].MSB=不变；
            MOVB    loc16,AX.MSB        ;若地址模式 = = * + XARn [AR0/AR1/3 bit]
                                        ;若偏移量 = = 偶数
                                        ;       [loc16].LSB=AX.MSB；
                                        ;       [loc16].MSB=不变；
                                        ;若偏移量 = = 奇数
                                        ;       [loc16].LSB=不变；
                                        ;       [loc16].MSB=AX.MSB；
                                        ;否则
                                        ;       [loc16].LSB=AX.MSB；
                                        ;       [loc16].MSB=不变；
```

4.2.11 32位定位操作

所有对存储器的32位读和写操作，都定位到存储器接口的偶地址边界，即32位数据的最低有效字定位于偶地址。地址产生单位的输出不会强制定位，因此其指针保持原值。例如：

```
    MOVB    AR0,#5          ;AR0 = 5
    MOVL    * AR0,ACC       ;AL→地址 0x0004
                            ;AH→地址 0x0005
                            ;AR0 = 5
```

当生成地址不在偶数边界时，编程者必须考虑上述规则。

32位的操作数按以下顺序存储：低位0~15；然后是高位16~31；接下来是高16位地址增量（低位在前的二进制格式）。

4.3 TMS320F28x汇编语言指令集

本节介绍指令集概要，定义所使用的特殊标志和符号，并按字母顺序详细地说明每一条指令。

4.3.1 指令概述

注：本小节的例程都是假定控制器已经工作在F28x模式（OBJMODE=1，模式 AMODE

=0)。复位后,若要使控制器进入 F28x 模式,必须通过执行指令 C28OBJ(或 SETC OBJ-MODE)来设置 ST1 的 OBJMODE 位。

按功能分类的指令如表 4-7 所列。

表 4-7 指令一览表(按功能分类)

符号	描述	符号	描述
XARn	XAR0~XAR7 寄存器	8 bit	8 位立即数
ARn,ARm	XAR0~XAR7 寄存器的低 16 位	0:8 bit	零扩展的 8 位立即数
ARnH	XAR0~XAR7 寄存器的高 16 位	S:8 bit	符号扩展的 8 位立即数
ARPn	3 位辅助寄存器指针,ARP0~ARP7,ARP0 指向 XAR0,ARP7 指向 XAR7	10 bit	10 位立即数
		0:10 bit	零扩展的 10 位立即数
AR(ARP)	ARP 指向的辅助寄存器低 16 位	16 bit	16 位立即数
XAR(ARP)	ARP 指向的辅助寄存器	0:16 bit	零扩展的 16 位立即数
AX	累加器的高(AH)和低(AL)寄存器	S:16 bit	符号扩展的 16 位立即数
#	立即数	22 bit	22 位立即数
PM	乘积移位模式(+4、1、0、-1、-2、-3、-4、-5、-6)	0:22 bit	零扩展的 22 位立即数
		LSb	最低有效位
PC	程序计数器	LSB	最低有效字节
~	按位求反码	LSW	最低有效字
[loc16]	16 位地址单元的内容	MSb	最高有效位
0:[loc16]	零扩展 16 位地址单元的值	MSB	最高有效字节
S:[loc16]	符号扩展 16 位地址单元的值	MSW	最高有效字
[loc32]	32 位地址单元的内容	OBJ	对某条指令,OBJMODE 位的状态
0:[loc32]	零扩展 32 位地址单元的值	N	重复次数(N=0,1,2,3,4,5,6,7,…)
S:[loc32]	符号扩展 32 位地址单元的值	{ }	可选项
7 bit	7 位立即数	=	赋值
0:7 bit	零扩展的 7 位立即数	==	等于
S:7 bit	符号扩展的 7 位立即数		

4.3.2 寄存器操作

各寄存器操作如表 4-8 所列。

注:本小节的例程都假定控制器已经工作在 F28X 模式(OBJMODE=1,模式 AMODE=0)。复位后,若要使控制器进入 F28x 模式,必须首先执行指令 C28OBJ(或 SETC OBJ-MODE),以设置 ST1 寄存器的 OBJMODE 位。

表 4-8 寄存器操作

助记符		描 述
XAR0~XAR7 寄存器操作		
ADDB	XARn,#7 bit	7位立即数与辅助寄存器相加,结果保存到辅助寄存器
ADRK	#8 bit	8位立即数与当前辅助寄存器相加,结果保存到辅助寄存器
CMPR	0/1/2/3	比较辅助寄存器
MOV	AR6/7,loc16	装载辅助寄存器
MOV	loc16,ARn	保存辅助寄存器的 16 位数
MOV	XARn,PC	保存当前程序计数器
MOVB	XARn,#8 bit	用 8 位数装载辅助寄存器
MOVB	XAR6/7,#8 bit	用 8 位常数装载辅助寄存器
MOVL	XARn,loc32	装载 32 位辅助寄存器
MOVL	loc32,XARn	保存 32 位辅助寄存器
MOVL	XARn,#22 bit	用常数装载 32 位辅助寄存器
MOVZ	ARn,loc16	装载 XAR0~XAR7 的低 16 位,高 16 位清零
SBRK	#8 bit	从当前辅助寄存器中减去 8 位常数
SUBB	XARn,#7 bit	从辅助寄存器中减去 7 位常数
DP 寄存器操作		
MOV	DP,#10 bit	装载数据页指针
MOVW	DP,#16 bit	装载整个数据页面
MOVZ	DP,#10 bit	装载数据页,并清高位
SP 寄存器操作		
ADDB	SP,#7 bit	堆栈指针加 7 位常数
POP	ACC	堆栈的内容弹到 ACC 累加器
POP	AR1:AR0	堆栈的内容弹到 AR1 和 AR0 寄存器
POP	AR1H:AR0H	堆栈的内容弹到 AR1H 和 AR0H 寄存器
POP	AR3:AR2	堆栈的内容弹到 AR3 和 AR2 寄存器
POP	AR5:AR4	堆栈的内容弹到 AR5 和 AR4 寄存器
POP	DBGIER	堆栈的内容弹到 DBGIER 寄存器
POP	DP:ST1	堆栈的内容弹到 DP 和 ST1 寄存器
POP	DP	堆栈的内容弹到 DP 寄存器
POP	IFR	堆栈的内容弹到 IFR 寄存器
POP	loc16	从堆栈弹出 loc16 数据
POP	P	堆栈的内容弹到 P 寄存器
POP	RPC	堆栈的内容弹到 RPC 寄存器
POP	ST0	堆栈的内容弹到 ST0 寄存器
POP	ST1	堆栈的内容弹到 ST1 寄存器

第 4 章　TMS320F28x 流水线、寻址模式及汇编语言指令集简介

续表 4-8

助记符		描 述
POP	T:ST0	堆栈的内容弹到 T 和 ST0 寄存器
POP	XT	堆栈的内容弹到 XT 寄存器
POP	XARn	堆栈的内容弹到辅助寄存器
PUSH	ACC	压 ACC 累加器的值到堆栈
PUSH	ARn:ARn	压 ARn 和 ARn 寄存器的值到堆栈
PUSH	AR1H:AR0H	压 AR1H 和 AR0H 寄存器的值到堆栈
PUSH	DBGIER	压 DBGIER 寄存器的值到堆栈
PUSH	DP:ST1	压 DP 和 ST1 寄存器的值到堆栈
PUSH	DP	压 DP 寄存器的值到堆栈
PUSH	IFR	压 IFR 寄存器的值到堆栈
PUSH	loc16	压 loc16 地址单元中的数据到堆栈
PUSH	P	压 P 寄存器的值到堆栈
PUSH	RPC	压 RPC 寄存器的值到堆栈
PUSH	ST0	压 ST0 寄存器的值到堆栈
PUSH	ST1	压 ST1 寄存器的值到堆栈
PUSH	T:ST0	压 T 和 ST0 寄存器的值到堆栈
PUSH	XT	压 XT 寄存器的值到堆栈
PUSH	XARn	压 XARn 寄存器的值到堆栈
SUBB	SP,♯7 bit	从堆栈指针中减去 7 位常数
	AX 寄存器(AH,AL)	
ADD	AX,loc16	加值到 AX
ADD	loc16,AX	将 AX 的内容加到指定的地址单元中
ADDB	AX,♯8 bit	加 8 位常数到 AX 中
AND	AX,loc16,♯16 bit	按位"与"
AND	AX,loc16	按位"与"
AND	loc16,AX	按位"与"
ANDB	AX,♯8 bit	与 8 位数按位"与"
ASR	AX,1～16	算术右移
ASR	AX,T	算术右移,右移位数由 T(3:0)=0～15 设置
CMP	AX,loc16	与 loc16 地址单元的值比较
CMP	AX,♯8 bit	比较
FLIP	AX	颠倒 AX 寄存器中位的次序
LSL	AX,1～16	逻辑左移
LSL	AX,T	逻辑左移,由 T(3:0)=0～15 设置左移位数
LSR	AX,1～16	逻辑右移
LSR	AX,T	逻辑右移,由 T(3:0)=0～15 设置右移位数

续表 4-8

助记符		描述
MAX	AX,loc16	求最大值
MIN	AX,loc16	求最小值
MOV	AX,loc16	装载 AX
MOV	loc16,AX	保存 AX
MOV	loc16,AX,COND	条件保存 AX 寄存器
MOVB	AX,#8 bit	装载 8 位常数到 AX
MOVB	AX.LSB,loc16	装载 AX 寄存器的最低有效字节,MSB=0x00
MOVB	AX MSB,loc16	装载 AX 寄存器的最高有效字节,LSB=不变
MOVB	loc16,AX.LSB	保存 AX 寄存器的最低有效字节
MOVB	loc16,AX.MSB	保存 AX 寄存器的最高有效字节
NEG	AX	求 AX 寄存器中的值的负数
NOT	AX	求 AX 寄存器中的值的"非"
OR	AX,loc16	按位"或"
OR	loc16,AX	按位"或"
ORB	AX,#8 bit	与 8 位常数按位"或"
SUB	AX,loc16	从 AX 中减去指定地址单元的内容
SUB	loc16,AX	从指定地址单元的值中减去 AX
SUBR	loc16,AX	从 AX 中反序减去指定地址单元的值
SXTB	AX	对 AX 寄存器的最低有效字节进行符号扩展到最高有效字节
XOR	AX,loc16	按位"异或"
XORB	AX,#8 bit	与 8 位常数按位"异或"
XOR	loc16,AX	按位"异或"
16 位 ACC 累加器操作		
ADD	ACC,loc16 {<<0~16}	(loc16)地址单元中的数加到累加器
ADD	ACC,#16 bit {<<0~15}	16 位立即数与累加器相加,结果保存到 ACC
ADD	ACC,loc16 <<T	移位后的值与累加器相加,结果保存到 ACC
ADDB	ACC,#8 bit	8 位立即数与累加器相加,结果保存到 ACC
ADDCU	ACC,loc16	无符号数与累加器带进位位相加,结果保存到 ACC
ADDU	ACC,loc16	无符号数与累加器相加,结果保存到 ACC
AND	ACC,loc16	按位"与"
AND	ACC,#16 bit {<<0~16}	按位"与"
MOV	ACC,loc16 {<<0~16}	指定地址单元的内容移位后装载累加器
MOV	ACC,#16 bit {<<0~15}	16 位立即数移位后装载累加器
MOV	loc16,ACC<<1~8	保存累加器移位后的低字节
MOV	ACC,loc16 <<T	loc16 地址单元中的内容移位并装载累加器
MOVB	ACC,#8 bit	8 位立即数装载累加器

续表 4-8

助记符		描述
MOVH	loc16,ACC << 1~8	保存累加器移位后的高字节到 16 位地址单元中
MOVU	ACC,loc16	用 16 位地址的无符号数装载累加器
SUB	ACC,loc16 << T	从累加器中减去 16 位地址的内容移位后的值
SUB	ACC,loc16 { << 0~16 }	从累加器中减去 16 位地址的内容移位后的值
SUB	ACC,#16 bit { << 0~15 }	从累加器中减去 16 位立即数移位后的值
SUBB	ACC,#8 bit	从累加器中减去 8 位立即数
SBBU	ACC,loc16	累加器与 16 位地址的无符号数带逆向借位相减
SUBU	ACC,loc16	从累加器中减去无符号 16 位地址的内容
OR	ACC,loc16	按位"或"
OR	ACC,#16 bit { << 0~16 }	按位"或"
XOR	ACC,loc16	按位"异或"
XOR	ACC,#16 bit { << 0~16 }	按位"异或"
ZALR	ACC,loc16	AL 清零;loc16 的内容取整,然后装载 AH
32 位 ACC 累加器操作		
ABS	ACC	累加器的内容取绝对值
ABSTC	ACC	累加器的内容取绝对值,并装载 TC
ADDL	ACC,loc32	32 位数值与累加器相加,结果保存到 ACC
ADDL	loc32,ACC	累加器与指定地址相加,结果保存到指定地址
ADDCL	ACC,loc32	32 位地址的内容与累加器带进位位相加,结果保存到 ACC
ADDUL	ACC,loc32	32 位地址的无符号数与累加器相加,结果保存到 ACC
ADDL	ACC,P << PM	移位后的 P 与累加器相加,结果保存到 ACC
ASRL	ACC,T	算术右移累加器,右移位数由 T(4:0) 位设置
CMPL	ACC,loc32	比较 32 位地址的内容
CMPL	ACC,P << PM	比较 32 位数
CSB	ACC	计算符号位
LSL	ACC,1~16	逻辑左移 1~16 位
LSL	ACC,T	逻辑左移 T(3:0)=0~15 位
LSRL	ACC,T	逻辑右移 T(4:0) 位
LSLL	ACC,T	逻辑左移 T(4:0) 位
MAXL	ACC,loc32	求 32 数据的最大值
MINL	ACC,loc32	求 32 数据的最小值
MOVL	ACC,loc32	用 32 位数据装载累加器
MOVL	loc32,ACC	累加器值保存到 32 位地址单元中,[loc32]=ACC
MOVL	P,ACC	用累加器的值装载 P
MOVL	ACC,P << PM	用移位后的 P 装载累加器
MOVL	loc32,ACC,COND	条件保存 ACC 到 32 位地址单元中

续表 4-8

助记符		描 述
NORM	ACC,XARn++/－－	规格化 ACC,并修改所选辅助寄存器
NORM	ACC,*ind	兼容 C2xLP 模式的规格化 ACC 操作
NEG	ACC	求 ACC 的负数
NEGTC	ACC	若 TC=1,则求 ACC 的负数
NOT	ACC	对 ACC 求"非"
ROL	ACC	循环左移 ACC
ROR	ACC	循环右移 ACC
SAT	ACC	根据 OVC 的值,使 ACC 位数填满
SFR	ACC,1~16	右移累加器 1~16 位
SFR	ACC,T	右移累加器的位数,由 T(3:0)=0~15 位设置
SUBBL	ACC,loc32	32 位地址的内容与 ACC 带借位逆向借位相减,结果保存到 ACC
SUBCU	ACC,loc16	条件减 16 位地址的内容
SUBCUL	ACC,loc32	条件减 32 位地址的内容
SUBL	ACC,loc32	减去 32 位地址的内容,结果保存到 ACC
SUBL	loc32,ACC	减去 32 位地址的内容,结果保存到 32 位地址单元中
SUBL	ACC,P<<PM	减去 32 位数
SUBRL	loc32,ACC	ACC 的值逆向减去指定 32 位地址的内容
SUBUL	ACC,loc32	减去 32 位地址单元中的无符号数,结果保存到 ACC
TEST	ACC	测试累加器是否等于零
64 位 ACC:P 寄存器操作		
ASR64	ACC:P,#1~16	64 位数算术右移,右移位数 1~16
ASR64	ACC:P,T	64 位数算术右移,其右移位数由 T(5:0)位设置
CMP64	ACC:P	比较 64 位数
LSL64	ACC:P,1~16	逻辑左移 1~16 位
LSL64	ACC:P,T	64 位数逻辑左移,左移位数由 T(5:0)位设置
LSR64	ACC:P,#1~16	64 位数逻辑右移 1~16 位
LSR64	ACC:P,T	64 位数逻辑右移,右移位数由 T(5:0)位设置
NEG64	ACC:P	求 ACC:P 的负数
SAT64	ACC:P	根据 OVC 值,使 ACC:P 的值为饱和值
P 或 XT 寄存器操作(P、PH、PL、XT、T、TL)		
ADDUL	P,loc32	32 位无符号数加到 P
MAXCUL	P,loc32	条件求取 32 位地址的内容的无符号最大值
MINCUL	P,loc32	条件求取 32 位地址的内容的无符号最小值
MOV	PH,loc16	装载 P 寄存器的高 16 位
MOV	PL,loc16	装载 P 寄存器的低 16 位
MOV	loc16,P	保存移位后的 P 寄存器中的值的低 16 位

第4章 TMS320F28x 流水线、寻址模式及汇编语言指令集简介

续表 4-8

助记符		描述
MOV	T,loc16	装载 XT 寄存器的高 16 位
MOV	loc16,T	保存 T 寄存器
MOV	TL,#0	XT 寄存器的低 16 位清零
MOVA	T,loc16	装载 T 寄存器,并加上先前的乘积
MOVAD	T,loc16	装载 T 寄存器
MOVDL	XT,loc32	保存 XT,并装载新的 XT 值
MOVH	loc16,P	保存 P 寄存器的高字节
MOVL	P,loc32	装载 P 寄存器
MOVL	loc32,P	保存 P 寄存器
MOVL	XT,loc32	装载 XT 寄存器
MOVL	loc32,XT	保存 XT 寄存器
MOVP	T,loc16	装载 T 寄存器,并保存 P 寄存器到累加器
MOVS	T,loc16	装载 T,并从累加器中减去 P
MOVX	TL,loc16	用符号扩展装载 XT 的低 16 位
SUBUL	P,loc32	减去无符号 32 位数
		16×16 乘法操作
DMAC	ACC:P,loc32,*XAR7/++	两个 16 位数相乘,并累加
MAC	P,loc16,0:pma	乘加且累加
MAC	P,lo16,*XAR7/++	乘加且累加
MPY	P,T,loc16	16×16 乘法
MPY	P,loc16,#16 bit	16×16 位乘法
MPY	ACC,T,lo16	16×16 位乘法
MPY	ACC,lo16,#16 bit	16×16 位乘法
MPYA	P,loc16,#16 bit	16×16 位乘法,并加上先前的乘积
MPY	P,T,loc16	16×16 位乘法,并加上先前的乘积
MPYB	P,T,#8 bit	有符号数与一个无符号 8 位立即数相乘
MPYS	P,T,loc16	16×16 位相乘,并累减
MPYD	ACC,T,#8 bit	ACC 与一个 8 位立即数相乘
MPYU	ACC,T,loc16	16×16 位无符号乘法
MPYU	P,T,loc16	无符号 16×16 位乘法
MPYXU	P,T,loc16	有符号数与无符号数乘
MPYXU	ACC,T,loc16	有符号数与无符号数乘
SQRA	loc16	对[loc16]作平方,并与 P 相加结果送累加器
SQRS	loc16	对[loc16]作平方,并且累加器的内容将其减去
XMAC	P,loc16,*(pma)	与 C2xLP 源代码兼容的乘加
XMACD	P,loc16,*(pma)	与 C2xLP 源代码兼容,且带数据移动乘加

续表 4-8

助记符		描述
32×32 位乘法操作		
IMACL	P,loc32,*XAR7/++	有符号 32×32 位乘加(低半部分)
IMPYAL	P,XT,loc32	有符号 32 位乘法(低半部分),并加上先前的 P 值
IMPYL	P,XT,loc32	有符号 32×32 位乘法(低半部分)
IMPYL	ACC,XT,loc32	有符号 32×32 位乘法(低半部分)
IMPYSL	P,XT,loc32	有符号 32 位乘法(低半部分),并减去 P
IMPYXUL	P,XT,loc32	有符号 32 位×无符号 32 位(低半部分)
QMACL	P,loc32,*XAR7/++	有符号 32×32 位乘加(高半部分)
QMPYAL	P,XT,loc32	有符号 32 位乘法(高半部分),并加上先前的 P
QMPYL	ACC,XT,loc32	有符号 32×32 位乘法(高半部分)
QMPYL	P,XT,loc32	有符号 32×32 位乘法(高半部分)
QMPYSL	P,XT,loc32	有符号 32 位乘法(高半部分),并减去先前的 P
QMPYUL	P,XT,loc32	无符号 32×32 位乘法(高半部分)
QMPYXUL	P,XT,loc32	有符号 32 位×无符号 32 位(高半部分)
直接存储器操作		
ADD	loc16,#16 bit Signed	将常数加到指定地址单元
AND	loc16,#16 bit Signed	按位"与"
CMP	loc16,#16 bit Signed	比较
DEC	loc16	减 1
DMOV	loc16	移动 16 位地址的内容
INC	loc16	加 1
MOV	*(0:16 bit),loc16	移动数据
MOV	loc16,*(0:16 bit)	移动数据
MOV	loc16,#16 bit	保存 16 位立即数
MOV	loc16,#0	16 位的内容清零
MOVB	loc16,#8 bit,COND	条件保存字节
OR	loc16,#16 bit	按位"或"
TBIT	loc16,#bit	位测试
TBIT	loc16,T	测试 T 寄存器指定的位
TCLR	loc16,#bit	测试并清零指定位
TSET	loc16,#bit	测试并置位指定位
XOR	loc16,#16 bit	按位"异或"
I/O 空间操作		
IN	loc16,*(PA)	从端口输入数据
OUT	*(PA),loc16	输出数据到端口
UOUT	*(PA),loc16	未加保护的数据输出到端口

续表 4-8

助记符		描述
		程序空间操作
PREAD	loc16,*XAR7	读程序存储器
PWRITE	*XAR7,loc16	写程序存储器
XPREAD	loc16,*AL	与C2xLP源代码兼容的程序读
XPREAD	loc16,*(pma)	与C2xLP源代码兼容的程序读
XPWRITE	*AL,loc16	与C2xLP源代码兼容的程序写
		跳转/调用/返回操作
B	16 bit Off,COND	条件跳转
BANZ	16 bit Off,ARn——	若辅助寄存器不等于零,则跳转
BAR	16 bit Off,ARn,ARn,EQ,NEQ	与辅助寄存器比较后跳转
BF	16 bit Off,COND	快速跳转
FFC	XAR7,22 bit Addr	快速函数调用
IRET		中断返回
LB	22 bit Addr	长跳转(22位程序地址)
LB	*XAR7	间接长跳转
LC	22 bit Addr	立即长调用
LC	*XAR7	间接长调用
LCR	22 bit Addr	用RPC长调用
LCR	*XAR7	用RPC间接长调用
LOOPZ	loc16,#16 bit	等于零时,循环
LOOPNZ	loc16,#16 bit	不等于零时,循环
LRET		长返回
LRETE		长返回,并使能中断
LRETR		用RPC的长返回
RPT	#8 bit/loc16	重复下一条指令
SB	8 bit Off,COND	条件短跳转
SBF	8 bit Off,EQ/NEQ/TC/NTC	条件快速短跳转
XB	pma	与C2xLP源代码兼容的跳转
XB	pma,COND	与C2xLP源代码兼容的条件跳转
XB	pma,*,ARPn	与C2xLP源代码兼容的函数调用跳转
XB	*AL	与C2xLP源代码兼容函数调用
XBANZ	pma,*ind{,ARPn}	若ARn不等于零,则为与C2xLP源代码兼容的跳转
XCALL	pma	与C2xLP源代码兼容的函数调用
XCALL	pma,COND	与C2xLP源代码兼容的条件函数调用
XCALL	pma,*ARPn	与C2xLP源代码兼容的函数调用,并同时修改ARP
XCALL	*AL	与C2xLP源代码兼容的间接函数调用

续表 4-8

助记符		描述
XRET		与 XRETC UNC 等效
XRETC	COND	与 C2xLP 源代码兼容的条件返回
中断寄存器操作		
AND	IER,#16 bit	按位"与",禁止指定的 CPU 中断
AND	IFR,#16 bit	按位"与",清除悬挂的 CPU 中断
IACK	#16 bit	中断应答
INTR	INT1~INT14 NMI EMUINT DLOGINT RTOSINT	仿真器硬件中断
MOV	IER,loc16	装载中断使能寄存器
MOV	loc16,IER	保存中断使能寄存器
OR	IER,#16 bit	按位"或"
OR	IFR,#16 bit	按位"或"
TRAP	#0~31	软件陷阱
状态寄存器(ST0、ST1)操作		
CLRC	Mode	状态位清零
CLRC	XF	XF 状态位清零,并输出信号
CLRC	AMODE	模式 AMODE 位清零
C28ADDR		模式 AMODE 状态位清零
CLRC	OBJMODE	OBJMODE 位清零
C27OBJ		OBJMODE 位清零
CLRC	M0M1MAP	M0M1MAP 位清零
C27MAP		M0M1MAP 位置 1
CLRC	OVC	OVC 位清零
ZAP	OVC	溢出计数器清零
DINT		可屏蔽中断禁止(INTM 位置 1)
EINT		可屏蔽中断使能(INTM 位清零)
MOV	PM,AX	装载乘积移位模式位 PM=AX(2:0)
MOV	OVC,loc16	装载溢出计数器
MOVU	OVC,loc16	用无符号数装载溢出计数器
MOV	loc16,OVC	保存溢出计数器
MOVU	loc16,OVC	保存无符号的溢出计数器
SETC	Mode	乘积状态位置 1
SETC	XF	XF 位置 1 和输出信号
SETC	M0M1MAP	M0M1MAP 位置 1
C28MAP		M0M1MAP 位置 1
SETC	OBJMODE	OBJMODE 位置 1

续表 4-8

助记符		描述
C28OBJ		OBJMODE 位置 1
SETC	AMODE	模式 AMODE 位置 1
LPADDR		与 SETC AMODE 等效
SPM	PM	设置乘积移位模式位
其他操作		
ABORTI		异常中断
ASP		定位堆栈指针(偶地址)
EALLOW		对保护空间的访问使能
IDLE		处理器进入低功耗(IDLE)模式
NASP		不定位堆栈指针
NOP	{ * ind }	空操作,同时可以修改间接地址
ZAPA		将累加器、P 寄存器和 OVC 清零
EDIS		禁止对保护空间的访问
ESTOP0		仿真停止 0
ESTOP1		仿真停止 1

第 5 章

C 语言调试环境和编程

5.1 概　述

F28x 由一系列软件开发工具支持，包括 C/C++编译器、汇编器、链接器和各种应用程序。F28xC/C++编译器是一个功能齐全的优化编译器，它的主要功能是把标准的 ANSI C 语言和 C++语言程序转换成 F28x 的汇编语言代码。以下介绍该编译器的一些重要特性。

5.1.1　C/C++语言特性

F28x 编译器完全与 ANSI C 标准一致。ANSI C 标准包含对 C 的扩展，这些扩展使 C 语言应用更方便，功能更强大。

该编译器工具包含一个完整的实时运行库。该库中包含具有下列功能的库函数：标准输入/输出、字符串操作、动态存储空间分配、数据转换、时间记录、三角函数计算、指数计算和双曲函数计算等。但是信号处理函数没有包含在内，因为对于不同的目标系统会有很大的区别。该库经过扩充后，包含支持存储器远模式(far)访问的 RTS 函数。C++库包含 ANSI C 子集和支持语言的必备组件。

5.1.2　编译器输出文件特性

➢ 汇编源文件输出。编译器生成可以查看的汇编语言文件，该文件是由 C/C++源文件产生的。

➢ COFF 目标文件。通用目标文件格式(COFF)允许在链接时定义自己的系统存储器映射，这个优化功能能够把 C/C++语言代码和数据链接到特定的存储区域。COFF 也支持源程序级调试。

➢ 初始化 ROM 中的代码数据。对于单机嵌入式应用系统，能够链接 ROM 中所有选用代码和初始化数据，允许复位时运行 C/C++代码。

5.1.3　编译器接口连接特性

➢ 编译器集成调试程序(shell)。编译器工具含有一个集成调试程序，用此程序一步就能完成程序的编译、汇编和链接。

➢ 灵活的汇编语言接口。编译器具有明确的函数调用规范，可以很容易地编写相互调用的 C/C++语言函数和汇编语言函数。

5.1.4 编译器操作特性

- 集成预处理程序。C/C++预处理程序集成了语法分析程序,其编译速度快,还可以得到单片机预处理信息或预处理列表。
- 最优化。该编译器采用一种融合了几种先进技术的优化途径,将 C/C++源程序生成高效、紧凑的代码。普通的优化方法也可以优化任何 C/C++源代码,但是 F28x 编译器特有的优化功能充分利用了 F28x 的独特结构。

5.1.5 编译器应用程序特性

- 源文件交叉列表应用程序。该编译器包含一个应用程序,它可以将 C/C++源文件生成交叉列表,并生成汇编语言输出。利用这个功能,可以很容易地查看每一个 C/C++源文件生成的汇编代码。
- 创建库应用程序。编译器包含一个应用程序(mk2000 - v28),它一步完成从归档源程序库创建目标库。这对需要用编译器选项实现重编译 RTS 库的用户是很有用的。完整的 RTS 库源程序都包含在编译器产品中。
- C++名称修复应用程序。C++名称修复程序(dem2000)是一个调试助手,它可以把编译器的输出文件(例如汇编文件和链接错误信息)中发现的损坏名称恢复成 C++源程序中定义的名称。

5.2 CCStudio 3.1 的安装

将安装光盘装入 CD - ROM 驱动器中,执行安装程序。下面详细叙述在 WindowsXP 操作系统之下,安装 CCS3.1 版本的具体步骤。

5.2.1 CCStudio 3.1 主程序安装

第1步:双击 CCS3.1 SETUP.EXE 应用程序的图标,出现如图 5-1 所示开始安装对话框。

图 5-1 开始安装对话框

第5章 C语言调试环境和编程

第2步：在图5-1中单击Next接钮,出现如图5-2所示系统要求对话框。

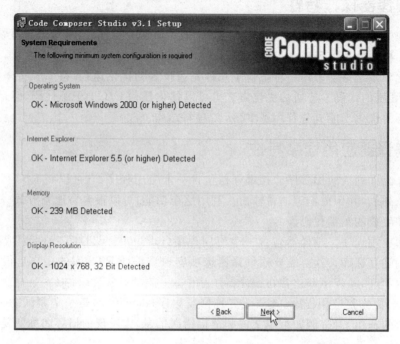

图5-2 系统要求对话框

第3步：再单击Next按钮,出现如图5-3所示授权对话框。

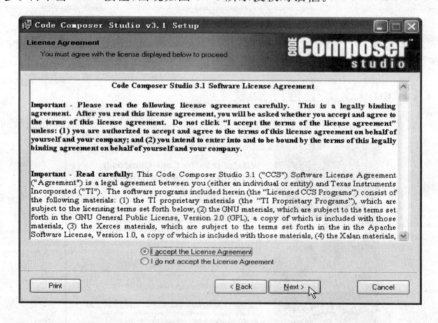

图5-3 授权对话框

第4步：在图5-3中选择I accept the License Agreement后,再单击Next按钮,将出现如图5-4所示安装模式选择对话框。

图 5-4 安装模式选择对话框

默认典型安装选择 Typical Install 图标,如图 5-4 所示。如果用户自定义安装,则选择 Custom Install 图标,如图 5-5 所示。

图 5-5 用户自定义安装选项

一般选择默认典型安装,选择 Typical Install 图标,出现如图 5-6 所示界面。其中 C:\CCStudio_v3.1 为默认安装路径。如要改变软件安装路径,可单击 Browse 按钮,确定软件安装路径,此处使用默认安装路径。

第5章 C语言调试环境和编程

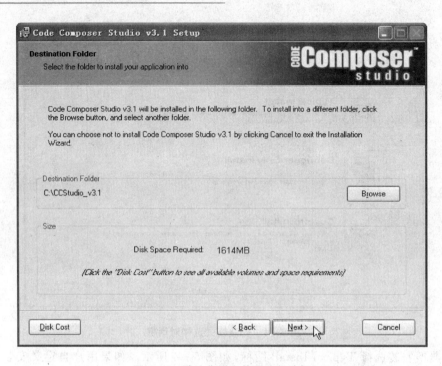

图 5-6 默认典型安装及路径选择

第 5 步：再单击 Next 按钮，将出现如图 5-7 所示安装信息对话框。

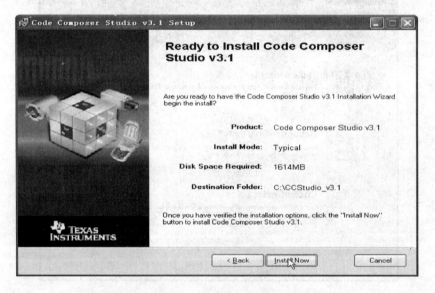

图 5-7 安装信息对话框

第 6 步：单击 Install Now 按钮，出现如图 5-8 所示安装界面。

第 7 步：安装完成，出现如图 5-9 所示界面，单击 Finish 按钮。

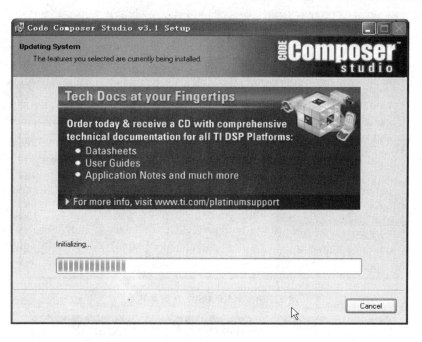

图 5-8　安装界面

图 5-9　安装完成界面

5.2.2　仿真器驱动程序安装

在安装完 CCS3.1 之后,按以下步骤安装 USB 仿真器驱动程序。

第 1 步:双击 USB 仿真器驱动程序图标 SEED USB2.0,如图 5-10 所示,出现图 5-11 所示 SEED USB2.0 驱动程序信息的界面。

第 2 步:单击 Next 按钮,出现图 5-12 USB 安装路径选择界面。

第 3 步:单击 Browse 按钮可以修改安装路径,出现如图 5-13 所示的路径选择界面。

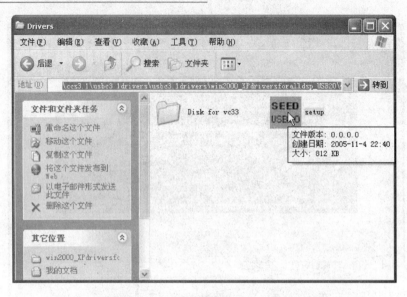

图 5-10　SEED USB2.0 驱动程序

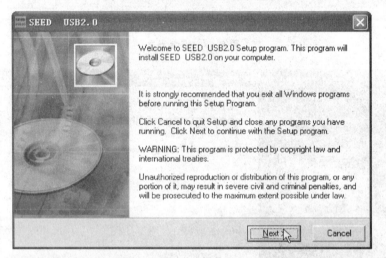

图 5-11　SEED USB2.0 驱动程序信息

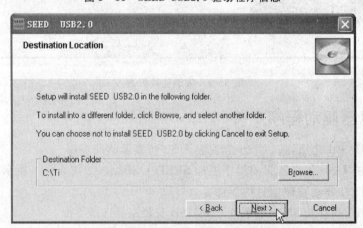

图 5-12　USB 安装路径选择界面

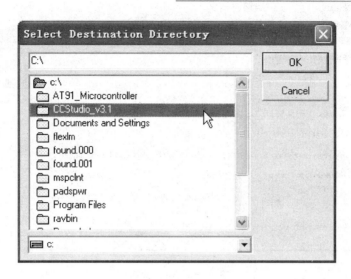

图 5-13　路径选择界面

第 4 步：选择如图 5-14 所示的安装路径，单击 OK 按钮。

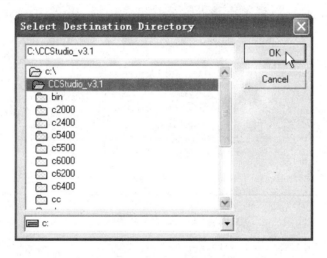

图 5-14　安装路径选择

第 5 步：在弹出的如图 5-15 所示路径确认界面中单击 Yes 按钮，出现如图 5-16 所示路径选择界面。

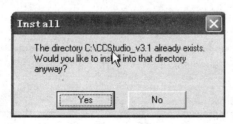

图 5-15　路径确认

第 6 步：在图 5-16 路径选择界面中，单击 Next 按钮。

第 5 章 C 语言调试环境和编程

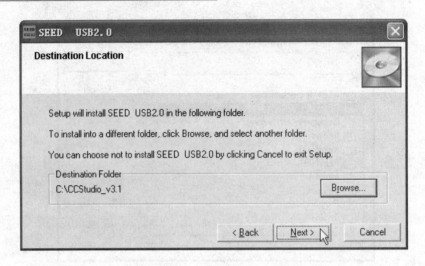

图 5-16 路径选择

第 7 步：在图 5-17 安装空间需求界面中，单击 Next 按钮。

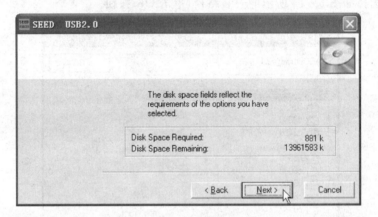

图 5-17 安装空间需求

第 8 步：在图 5-18 确认安装界面中单击 Next 按钮。

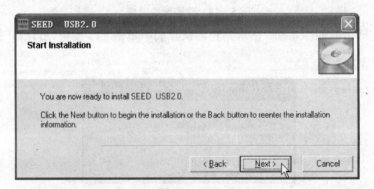

图 5-18 确认安装

第 9 步：在图 5-19 安装完成界面中，单击 Finish 按钮，完成安装。
第 10 步：连接硬件仿真器与目标系统；上电正常，仿真器上的指示灯亮（注：也可以不上

图 5-19 安装完成

电,也能识别 USB 设备)。硬件连接完毕后,出现如图 5-20 所示的硬件安装向导。选择图 5-20 中第 3 个选项,单击"下一步"按钮。

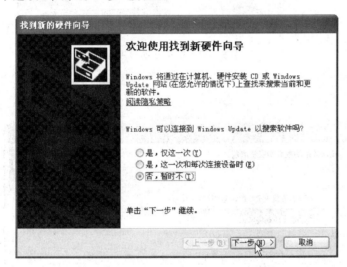

图 5-20 硬件安装向导

第 11 步:选择图 5-21 安装选项界面中第 2 项,单击"下一步"按钮。

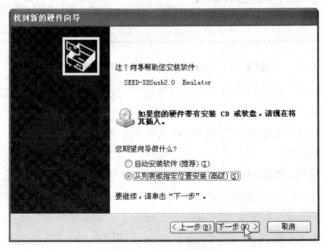

图 5-21 安装选项

第5章 C语言调试环境和编程

第12步：在图5-22搜索驱动程序界面中选择"在搜索中包括这个位置"选项，单击"浏览"按钮选择路径。

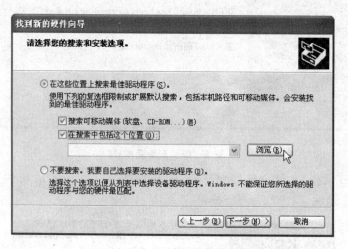

图5-22 搜索驱动程序

第13步：选择厂家提供的USB驱动程序存放的位置，如图5-23所示，选择USB驱动程序所在位置，单击"下一步"按钮。

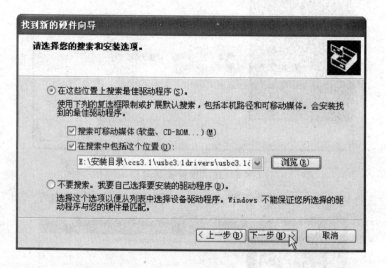

图5-23 选择USB驱动程序所在位置

第14步：在图5-24安装界面中单击"仍然继续"按钮，出现如图5-25所示的安装进程界面。

第15步：在图5-26安装完成界面中，单击"完成"按钮。

第16步：重启计算机。

第17步：安装完毕，重启计算机后，打开控制面板查看系统中的设备管理器，出现如图5-27设备管理器中的结果，证明硬件连接成功；否则，需检查硬件连接和USB驱动程序安装是否正确。

第18步：找到厂家提供的usb20emurst.exe程序，本例为\SEED-XDSUSB2.0\

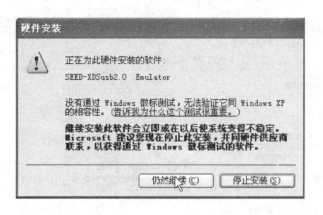

图 5-24　安装界面

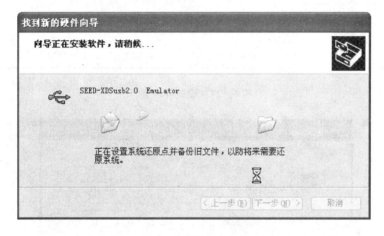

图 5-25　安装进程界面

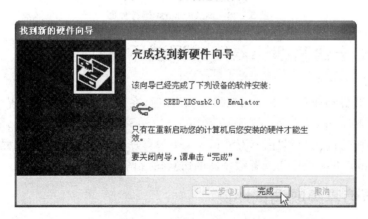

图 5-26　安装完成界面

Win2000,XP\USBdriver\下的 usb20emurst.exe。双击该文件,如果出现如图 5-28 usb20emurst 运行界面的提示,证明仿真器与目标系统连接正常(此步只是运行检查程序,并没安装 CCS3.1 与仿真器之间的驱动)。

至此,CCS3.1 调试环境软件和 USB 仿真器驱动程序全部安装完成。

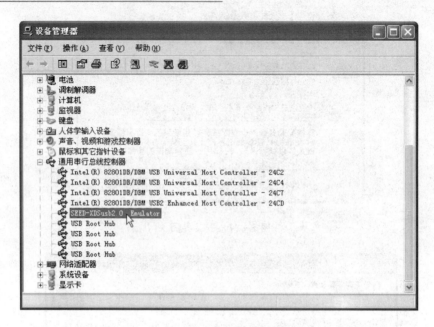

图 5-27 设备管理器

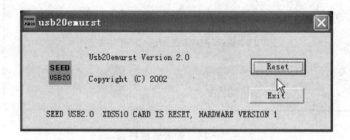

图 5-28 usb20emurst 运行界面

5.3 C/C++语言编译器集成调试环境介绍

在系统上安装好编译器 CCS3.1 调试环境软件后,在计算机桌面上将出现两个快捷图标,一个是 Setup CCStudio v3.1,另一个是 CCStudio 3.1。Setup CCStudio v3.1 用来对该编译器的运行环境进行配置的执行程序。CCStudio 3.1 为程序仿真集成调试环境程序。首先要执行 Setup CCStudio v3.1 程序来配置编译器的仿真集成调试环境。

5.3.1 配置仿真集成调试环境

编译器设置定义使用编译器的实验开发板或仿真器,这个设置过程称为系统配置。它确定了编译器选用的仿真工具,因此在编译一个应用程序之前必须进行系统配置。编译器分为系统配置、已链接的仿真器类型及设置命令 3 大部分。

配置仿真器的在线帮助可以通过 Setup CCStudio v3.1 的帮助菜单获得。

如想修改系统配置,在保证仿真器和实验开发板之间连线正确后,给实验开发板供电,然后按以下步骤操作:

第1步：双击 Setup CCStudio v3.1 图标，打开设置界面，如图 5-29 所示。Available Factory Boards 选项显示出系统配置的选择。

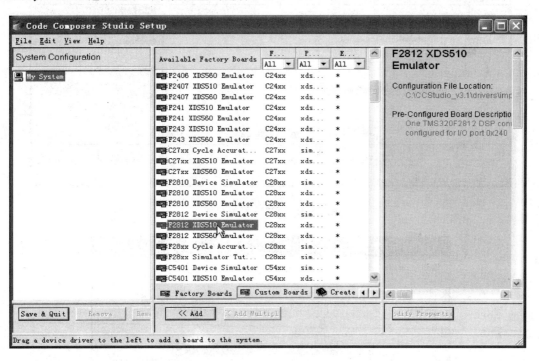

图 5-29 设置界面

第2步：选择合适的系统配置，如图 5-29 所示，双击 F2812 XDS510 Emulator，出现如图 5-30 所示的配置界面。

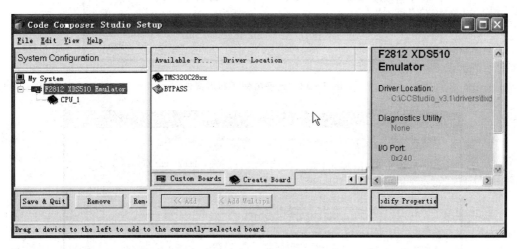

图 5-30 配置界面

第3步：选中 F2812 XDS510 Emulator，右击鼠标，出现如图 5-31 所示 F2812 配置界面，单击 Properties，出现如图 5-32 所示连接名称和数据文件界面。

第4步：在图 5-33 的下拉列表框，选择中间一个选项，如图 5-33 所示。

第5章 C语言调试环境和编程

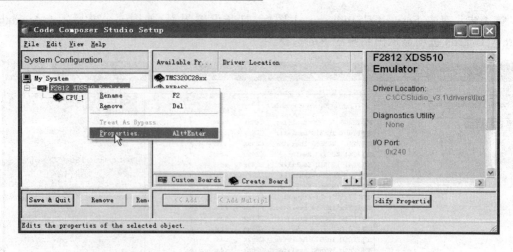

图 5-31 F2812 配置界面

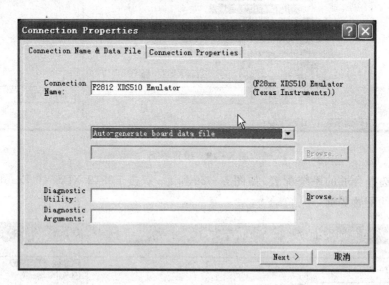

图 5-32 连接名称和数据文件

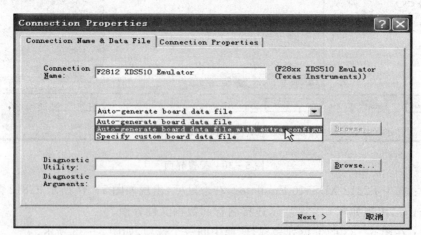

图 5-33 数据文件选项

第 5 步：在图 5-33 数据文件选项界面中单击 Browse，出现如图 5-34 所示界面，选择 Seedusb2.cfg 文件，并打开，如图 5-35 所示。

图 5-34 drivers 文件夹

第 6 步：在图 5-35 所示的配置界面中单击 Next 按钮，出现如图 5-36 所示通信端口特性界面。

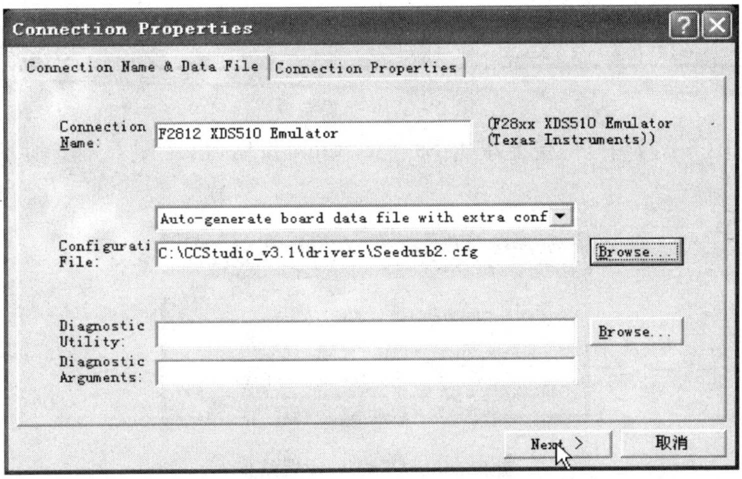

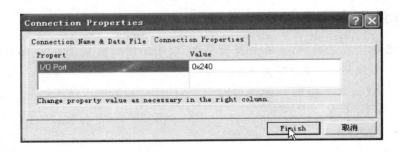

图 5-35 配置界面

图 5-36 通信端口特性

第 7 步：在图 5-36 中可以选择 I/O Port 为 0x240（也可以设为 340）。
第 8 步：在图 5-36 中单击 Finish 按钮，出现图 5-37 所示的配置完成界面。

第5章 C语言调试环境和编程

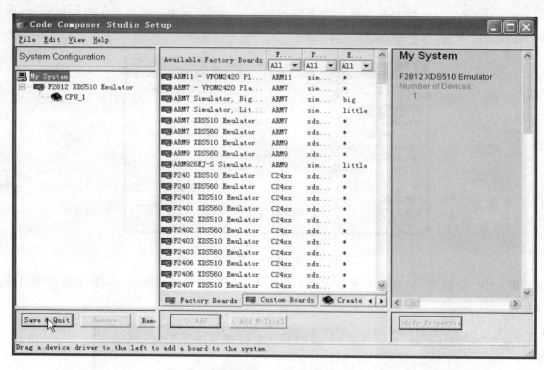

图 5-37 配置完成

第9步：在图 5-37 中，一定要单击 Save & Quit 按钮，出现图 5-38 所示的 CCS Setup 结束界面。

图 5-38 CCS3.1 设置结束

第10步：在图 5-38 中单击"否"按钮，关闭 CCS Setup，不启动 CCS3.1。

5.3.2 集成调试环境介绍

完成对系统的配置之后，给实验开发板供电，双击快捷图标 CCStudio 3.1，就可进入如图 5-39 所示的集成调试环境。它由 4 部分组成：

- 顶部为集成调试环境的标题栏(/F2812 XDS510 Emulator/CPU_1 - F28xx - Code Composer Studio)。
- 第 2 行为菜单栏(File、Edit、View…)。
- 左下角部分表示系统连接状态，开始为未连接状态(如图 5-39 所示)，选择菜单栏的 Debug→Connect，将系统连接上(如图 5-40 集成调试环境界面所示)。
- 其余部分为工作窗口区(Files、Diassembly、CPU…)。

另外在图 5-39 所示的集成调试环境里面还有一些菜单栏的快捷图标，如文件的打开和保存、程序的开始运行和停止运行等。

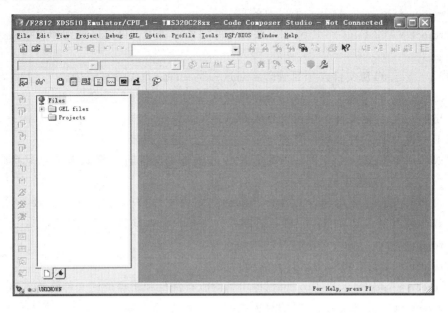

图 5-39　集成调试环境

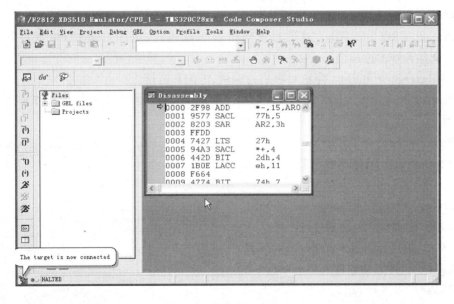

图 5-40　集成调试界面

5.3.3　菜单及功能介绍

1. 项目(Project)菜单

CCS3.1 不能直接由汇编源代码或 C 语言源代码文件建立(Build)生成 DSP 可执行代码，必须使用项目(Project)来管理整个设计过程。项目文件保存在磁盘中，后缀为.pjt 文件。项目菜单中的主要命令如下：

① Project→New　新建一个项目,将该项目保存至新建项目文件夹里面。
② Project→Open　打开一个已有的项目。
③ Project→Add Files to Project　添加文件到该项目中。可以添加到项目中的文件的扩展名如下:

* .C　　　　C 源文件。项目管理将对这一类文件进行编译和链接。
* .ASM　　汇编源文件。项目管理将对这一类文件进行汇编和链接。
* .OBJ　　目标文件。项目管理将对这一类文件进行链接。
* .LIB　　库文件。项目管理将对这一类文件进行链接。
* .CMD　　链接命令文件。项目管理在链接各个文件时根据此文件分配系统程序空间、数据空间。

对头文件和在程序中用包含文件(include)引用的文件,只要在同一个目录下,项目管理程序会自动地将其加入到项目中。项目管理不允许用户添入其他类型的文件。

④ Project→Save　将一个已打开的项目保存。
⑤ Project→Close　将一个已打开的项目关闭。
⑥ Project→Add Files to Project　将用到的所有文件和所需的库文件添加到该项目中。
⑦ Project→Compile Files　对项目中的 C 语言和汇编语言源代码文件进行编译。
⑧ Project→Build　对项目进行编译、汇编和链接,生成可执行文件,执行文件的后缀为.OUT,对于以前编译过到目前为止还没有修改过的源文件不重新编译。
⑨ Project→Rebuild All　对项目重新进行一次编译、汇编和链接,生成可执行文件.OUT,不论是否修改过都编译一次。
⑩ Project→Stop Build　停止对项目的编译、汇编和链接。
⑪ Project→Show Project Dependencies　显示该项目中用到的所有文件和所需的库文件。
⑫ Project→Scan All File Dependencies　详细查看该项目中用到的所有文件和所需的库文件。
⑬ Project→Build Options　对编译器、汇编器和链接器的参数进行配置。如图 5-41 所示,编译器设置对话框,可以配置寄存器优先调试、特定函数优先调试,或某个子程序优先调试等选项,这为某些程序的调试和修改带来方便。通常在编译、汇编和链接时采用默认设置。

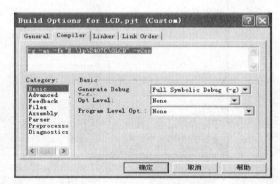

图 5-41　编译器设置对话框

⑭ Project→Recent Project Files　显示最近打开过的项目。

2. 观察(View)菜单

在观察菜单中,可以选择是否显示各种工具栏、窗口和对话框等。其中常用的命令如下:
① View→Disassembly　观察反汇编程序窗口。当将 DSP 可执行程序 COFF 文件载入目标系统后,CCS3.1 将自动打开一个反汇编窗口,反汇编窗口根据存储器的内容显示反汇编

指令和符号信息。

② View→Memory 观察存储器窗口。单击此选项后,出现如图 5-42 所示的存储器对话框。在 Address 文本框中输入需要观察的存储器的起始地址,Q-Value 文本框一般填 0,则后面出现的存储器窗口中的显示值就是实际值(也可以填其他数,但后面出现的存储器窗口中的显示值不是实际值)。数据格式 Format 下拉列表框中有不同的格式,用户可以选择存储器的显示格式,如十六进制、二进制等。如果采用 IEEE 浮点格式显示,则选中使用 IEEE 浮点格式 Use IEEE Float。从 Page 下拉列表框中,可以选择显示的存储器的类型,如程序存储器(Program)、数据存储器(Data)和 I/O 空间。使能参考缓存区(Enable Reference Buffer)和后面的各项很少用到。

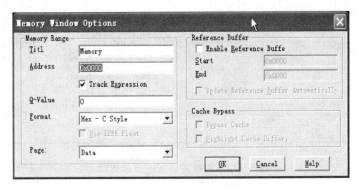

图 5-42 存储器对话框

③ View→Registers 包含 CPU、Status 两个选项,单击相应的选项可以观察调试过程中 CPU 寄存器和状态寄存器各个状态位的变化情况。

④ View→Peripherals 单击可以观察调试过程中外设模块寄存器的变化情况。

⑤ View→Watch Window 观察调试过程中的变量、C 表达式、地址空间和寄存器的值。选择此选项后,将有一个空白窗口出现在 CCS3.1 窗口的下部,如图 5-43 所示。

通常用如下的方法在观察窗口(Watch Window)中加入一个新的表达式:在观察窗口中的 Name 中直接输入要观察的变量名,或者在程序窗口中选中要观察的变量名,然后单击右键,在打开的快捷菜单中选择 Add to Watch Window 即可。

要在观察窗口中删除一个表达式,则右击需要删除的表达式,在弹出的快捷菜单中选择 Delete Selected Item(s)即可。

如果添加变量时在"添加变量对话框"的文本框中只是输入变量名,则在观察窗口中只显示出该变量的地址;如果需要显示该变量的值,则需要在变量名前加"*"号。

如果在一个 C 源文件中定义变量标志,并且特别指定了调试信息标志(-g),则变量标志代表的是相应地址的值。

变量的地址或值的显示默认格式为十进制。如果想改变显示格式,则在输入变量时,在其后面紧跟一个逗号和一个格式指示字母。常用指示字母和其代表格式的对应关系如表 5-1 所列。

第 5 章　C 语言调试环境和编程

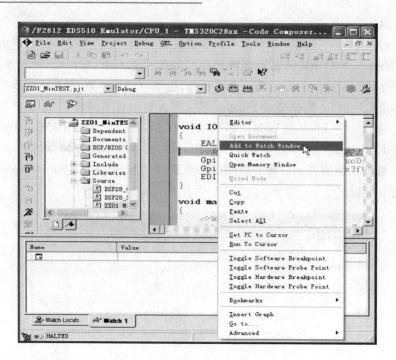

图 5-43　观察窗口下的空白窗口

表 5-1　变量显示常用格式列表

指示字母符号	代表的格式	指示字母符号	代表的格式
D	十进制	O	八进制
E	指数浮点	U	无符号整型
F	十进制浮点	C	ASCII 字符（字节）
X	十六进制		

⑥ View→Mixed Source　选择此选项则能同时显示 C 语言代码及与之关联的反汇编代码（反汇编代码位于 C 语言代码下方）。在进行 C 语言编程时该选项特别有用，可以清楚地了解 C 语言如何变换为汇编语言、C 语言的汇编效率等。若需要取消此功能，只要再次单击此选项即可。

3. 调试(Debug)菜单

调试菜单中包含常用的调试命令，其中比较重要的命令如下：

① Debug→Breakpoints　断点设置。将光标放在程序中需设置断点处，选择 Debug→Breakpoints 并进行相应的设置，可在程序中设置断点。但这种方法设置断点较为复杂，也较慢，最简单的方法是右击需要设置断点的程序处，从弹出的快捷菜单中选择 Toggle breakpoint 即可；若要去掉断点，则右击，从弹出的快捷菜单中再次选择 Toggle breakpoint 即可。

② Debug→Probe Points　探测点设置。在设置探测点的地方，可以将主机文件的数据读到 DSP 目标系统的存储器，或将 DSP 目标系统存储器的数据写入主机的文件中。

③ Debug→Step Into　单步执行。单步执行程序，如果运行到调用函数处，则跳入调用的

程序继续单步执行。

④ Debug→Step Over 单步执行。单步执行程序,但与 Step Into 不同的是,不进入调用的程序(子程序、中断服务程序),即该命令一步执行完被调用的程序。

⑤ Debug→Step Out 跳出子程序。当使用 Step Into 或 Step Over 单步执行指令时,如果程序运行到一个子程序中,执行该命令将使程序执行完函数或子程序后,回到调用的地方。

⑥ Debug→Run 执行程序到断点、探测点或用户中断点(按系统机键盘上的 ESC 键中断)。

⑦ Debug→Halt 当执行 Run 时,用 Halt 来暂停程序的执行。

⑧ Debug→Reset CPU 对 DSP 进行复位。也复位 DSP 的目标系统,停止程序的执行,初始化所有的寄存器。

⑨ Debug→Restart 将程序指针(PC)指向程序的起始地址。

⑩ Debug→Reset Emulator 对仿真器进行复位。

以上只简要地介绍集成调试环境 CCS3.1 中的一些常用菜单功能,其他菜单功能在此不再进行详细介绍。一些常用菜单在图 5-39 所示的集成调试环境里都有快捷图标,用户可从 CCS3.1 的帮助文件中得到详细的信息。其方法步骤如下:在图 5-39 的菜单中按如下的顺序对各级选项进行选择 Help→Tutorial,然后在出现的窗口左边的目录中选择适当的子目录,便可获得详细信息。适当地利用快捷图标可以使调试更为方便、快捷。

5.3.4 工作窗口区介绍

在 CCS3.1 集成调试环境中,常用工作窗口有文件(Files)窗口、反汇编程序(Disassembly)窗口、CPU 寄存器窗口、存储器(Memory)窗口以及观察(Watch)窗口等,如图 5-44 所示。根据需要,用户可对这些窗口分别打开、关闭、调整大小、移动和浏览窗口的内容等。

(1) 文件(Files)窗口

文件窗口包括当前系统用到的 GEL 文件和项目。通常在 GEL 文件里包括默认的 f2812.gel 文件。在项目里包括用户用到的头文件、用 include 定义的引用文件,以及用户建立或添加的 C 源文件 *.C、汇编源文件 *.ASM、目标文件 *.OBJ、库文件 *.LIB 和链接命令文件 *.CMD。右击相应的.pjt 文件夹,可以从弹出的快捷菜单中选择 Add Files to Project 选项,选择添加适当的文件到项目中;如果需要删除文件,则右击相应文件,从弹出的快捷菜单中选择 Remove from project 选项,从项目中删除文件即可。

(2) 反汇编程序(Disassembly)窗口

反汇编程序窗口用来显示程序的反汇编代码和程序存储器的内容。在这个窗口中,用一反显高亮条来表示当前程序指针。同时可用单击汇编语句的方法来设置断点,再单击一次,则取消断点。

(3) CPU 寄存器窗口

该窗口显示在程序调试过程中 CPU 寄存器(程序指针 PC、累加器 ACC、状态寄存器 ST0 和 ST1、重复计数器 RTC、辅助寄存器 XAR0~XAR7、中断使能寄存器 IER 和中断标志寄存器 IFR 等)的内容。用户可通过 CPU 寄存器窗口来监视程序的执行过程。要改变寄存器的内容,只需单击要改变的寄存器,输入值后回车即可。

第5章 C语言调试环境和编程

图 5-44 CCS3.1 工作窗口

(4) 状态寄存器窗口

状态寄存器窗口显示状态寄存器中的各个状态位：SXM、OVM、TC、C、Z、N、V、PM、OVC、INTM、DBGM、PAGE0、VMAP、SPA、LOOP、EALLOW、IDLESTAT、AMODE、OBJMODE、CNT、M0M1MAP、XF、ARP 的状态。通过该窗口用户可以清楚地看到程序执行过程中各状态位的变化情况。要改变状态位内容，可单击需改变的状态位，输入值后回车即可。

(5) 存储器(Memory)窗口

存储器窗口显示存储器的内容。存储器可为程序存储器、数据存储器和 I/O 空间。要改变存储器内容，可单击需改变的存储器地址，输入值后回车即可。注意，不能改变某些存储器的内容。

(6) 观察(Watch)窗口

观察窗口用来显示所选择的变量、寄存器和存储器的内容。

(7) 建立状态窗口

对项目进行编译、汇编和链接时，建立状态(Build)窗口显示一些状态信息。如果在编译、汇编和链接过程中发现错误，则该窗口显示出错误类型和错误的位置。用户可根据此信息对发生错误的地方进行修改。单击错误信息处，光标就跳到程序中出错地方的对应位置。

5.4 用 C/C++编译器开发应用程序的步骤

要用 C/C++编译器开发 C 语言的 DSP 应用程序，有以下两个步骤。

1. 书写 4 种类型的文件

开发一个 DSP 的 C 语言应用程序，需要以下 4 种类型的文件：C/C++语言文件、汇编语言文件、头文件和命令文件。C 语言文件是必须有的；汇编语言文件则根据实际情况而定，一般而言，对运算量大又具有通用性的程序采用汇编语言编写；头文件定义 DSP 内部寄存器的地址分配，书写一次后可被其他程序反复使用；链接命令文件主要定义堆栈、程序空间分配和数据空间分配等。这些文件书写后，需要存储成相应的格式：C/C++语言文件为.C 格式；汇编语言文件为.ASM 格式；头文件为.H 格式；链接命令文件为.CMD 格式。注意这 4 种类型的文件必须存储在同一个文件夹中。除此之外，还需要把一个 rts2800.lib 的库文件复制到该目录中，在默认情况下，该文件可以在目录 C:\CCStudio_v3.1\C2000\cgtools\lib 中找到。

2. 建立一个应用项目

一个项目的信息存储在一个项目文件中(*.pjt)。当项目中建立多个文件时，每个文件名都必须是唯一的。在安装好 CCStudio_v3.1 仿真调试软件之后，在安装目录之下会出现一个文件夹 C:\CCStudio_v3.1\MyProjects，用户调试的项目就可以放在该文件夹中，当然用户也可以将要调试的项目放在其他地方。本例中将新建的项目放在 MyProjects 文件夹下。

选择菜单命令 Project→New，在弹出的文件选择对话框中，选择要保存项目文件的文件夹，输入项目文件名，再用"保存"退出。

注：由于不同项目使用的源文件以及 C 语言头文件不尽相同，所以最好每个项目选择一个文件夹，以便把不同的项目分开。

在项目管理窗口中，可以查看建立的项目以及项目所包含的源文件、目标文件等是否加入到项目管理文件的相应文件夹中。

(1) 将文件添加到该项目中。选择 Project→Add Files to Project。将该项目中用到的(*.asm*、*.s、*.cmd*、*.o、*.lib 等)文件添加到该项目中。

(2) 检查源程序代码。

(3) 编译链接和调试程序。编译和运行程序请按下述步骤：

① 选择 Project→Rebuild All，或者单击 ![icon] 工具栏按钮，CCS3.1 就会重编译、汇编并且链接项目中所有的文件。

② 默认的.out 文件被内建到项目目录中的调试目录中。要想改变这个目录，在 CCS3.1 工具栏中选择不同的目录：

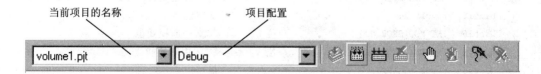

③ 选择 File→Load Program。也可以在 CCS3.1 中直接设置编译完后下载功能，这样每

次编译后自动下载。

④ 选择 View→Mixed Source。这可以直接看到 C 语言源代码以及汇编结果代码。

⑤ 选择 Debug→Go Main 来开始主函数里的执行。执行就暂停在主程序并用 ⇨ 标识。

⑥ 选择 Debug→Run,或者单击调试工具栏按钮 ❋ 运行程序。

⑦ 选择 Debug→Halt,退出正在运行的程序。

⑧ 可以在 GEL 菜单下查看程序执行时寄存器的变化。

5.5 头文件和命令文件

5.5.1 头文件

头文件中定义了 DSP 系统用到的寄存器映射地址,用户用到的常量和用户自定义的寄存器也在头文件中定义,文件名的后缀为.H。F2812 的头文件应用 C++ 的模块化的思想,把其寄存器的位定义为结构体的形式,使用户编程时,更加方便、简单,程序更加直观、明了,也增加了程序的可读性。例如头文件 DSP28_Adc.h 如下所示:

```
DSP28_Adc.h
#ifndef DSP28_ADC_H
#define DSP28_ADC_H
//ADC 专用寄存器的位定义:
struct ADCTRL1_BITS {              //位描述
    Uint16   rsvd1:4;              //位 3～0      保留位
    Uint16   SEQ_CASC:1;           //位 4         级连排序器工作模式选择位
    Uint16   rsvd2:1;              //位 5         保留位
    Uint16   CONT_RUN:1;           //位 6         连续转换位
    Uint16   CPS:1;                //位 7         模/数转换时钟前分频位
    Uint16   ACQ_PS:4;             //位 11～8     采样时间选择位
    Uint16   SUSMOD:2;             //位 13～12    仿真悬挂工作模式选择位
    Uint16   RESET:1;              //位 14        模/数转换复位位
    Uint16   rsvd3:1;              //位 15        保留位
};
union ADCTRL1_REG {
    Uint16 all;
    struct ADCTRL1_BITS bit;
};
struct ADCTRL2_BITS {              //位描述
    Uint16   EVB_SOC_SEQ2:1;       //位 0         事件管理 EVB 对 SEQ2 产生 SOC 的屏蔽位
    Uint16   rsvd1:1;              //位 1         保留位
    Uint16   INT_MOD_SEQ2:1;       //位 2         SEQ2 中断模式位
    Uint16   INT_ENA_SEQ2:1;       //位 3         SEQ2 中断使能位
    Uint16   rsvd2:1;              //位 4         保留位
    Uint16   SOC_SEQ2:1;           //位 5         启动 SEQ2 的转换位
    Uint16   RST_SEQ2:1;           //位 6         复位 SEQ2
```

```c
    Uint16      EXT_SOC_SEQ1 : 1;       //位 7       外部信号对 SEQ1 的启动转换位
    Uint16      EVA_SOC_SEQ1 : 1;       //位 8       事件管理 EVA 对 SEQ1 产生 SOC 的屏蔽位
    Uint16      rsvd3 : 1;              //位 9       保留位
    Uint16      INT_MOD_SEQ1 : 1;       //位 10      SEQ1 中断模式位
    Uint16      INT_ENA_SEQ1 : 1;       //位 11      SEQ1 中断使能位
    Uint16      rsvd4 : 1;              //位 12      保留位
    Uint16      SOC_SEQ1 : 1;           //位 13      启动 SEQ1 的转换位
    Uint16      RST_SEQ1 : 1;           //位 14      复位 SEQ 1
    Uint16      EVB_SOC_SEQ : 1;        //位 15      EVB SOC 使能位
};
union ADCTRL2_REG {
    Uint16 all;
    struct ADCTRL2_BITS bit;
};
struct ADCCASEQSR_BITS {                //位描述
    Uint16      SEQ1_STATE : 4;         //位 3~0     SEQ1 状态
    Uint16      SEQ2_STATE : 3;         //位 6~2     SEQ2 状态
    Uint16      rsvd1 : 1;              //位 7       保留位
    Uint16      SEQ_CNTR : 4;           //位 11~8    排序计数器状态位
    Uint16      rsvd2 : 4;              //位 15~12   保留位
};
union ADCCASEQSR_REG {
    Uint16 all;
    struct ADCCASEQSR_BITS bit;
};
struct ADCMAXCONV_BITS {
    Uint16      MAX_CONV : 7;           //位 6~0     最大转化通道数位
    Uint16      rsvd1 : 9;              //位 15~7    保留位
};
union ADCMAXCONV_REG {
    Uint16 all;
    struct ADCMAXCONV_BITS bit;
};
struct ADCCHSELSEQ1_BITS {
    Uint16      CONV00 : 4;
    Uint16      CONV01 : 4;
    Uint16      CONV02 : 4;
    Uint16      CONV03 : 4;
};
union   ADCCHSELSEQ1_REG{
    Uint16 all;
    struct ADCCHSELSEQ1_BITS bit;
};
struct ADCCHSELSEQ2_BITS {
    Uint16      CONV04 : 4;
```

```c
    Uint16    CONV05 : 4;
    Uint16    CONV06 : 4;
    Uint16    CONV07 : 4;
};
union ADCCHSELSEQ2_REG{
    Uint16 all;
    struct ADCCHSELSEQ2_BITS bit;
};
struct ADCCHSELSEQ3_BITS {
    Uint16    CONV08 : 4;
    Uint16    CONV09 : 4;
    Uint16    CONV10 : 4;
    Uint16    CONV11 : 4;
};
union ADCCHSELSEQ3_REG{
    Uint16 all;
    struct ADCCHSELSEQ3_BITS bit;
};
struct ADCCHSELSEQ4_BITS {
    Uint16    CONV12 : 4;
    Uint16    CONV13 : 4;
    Uint16    CONV14 : 4;
    Uint16    CONV15 : 4;
};
union ADCCHSELSEQ4_REG {
    Uint16 all;
    struct ADCCHSELSEQ4_BITS bit;
};
struct ADCTRL3_BITS {
    Uint16    SMODE_SEL : 1;      //位 0        采样模式选择位
    Uint16    ADCCLKPS : 4;       //位 4~1      模/数转换时钟分频器
    Uint16    ADCPWDN : 1;        //位 5        模/数转换掉电位
    Uint16    ADCBGRFDN : 2;      //位 7~6      模/数转换内部参考电压源电源选择位
    Uint16    rsvd1 : 8;          //位 15~8     保留位
};
union ADCTRL3_REG {
    Uint16 all;
    struct ADCTRL3_BITS bit;
};
struct ADCST_BITS {
    Uint16    INT_SEQ1 : 1;       //位 0        SEQ1 中断标志
    Uint16    INT_SEQ2 : 1;       //位 1        SEQ2 中断标志
    Uint16    SEQ1_BSY : 1;       //位 2        SEQ1 忙状态位
    Uint16    SEQ2_BSY : 1;       //位 3        SEQ2 忙状态位 s
    Uint16    INT_SEQ1_CLR : 1;   //位 4        SEQ1 中断清零位
```

```c
    Uint16      INT_SEQ2_CLR:1;         //位 5       SEQ2 中断清零位
    Uint16      EOS_BUF1:1;             //位 6       排序缓冲器 1 的末尾
    Uint16      EOS_BUF2:1;             //位 7       排序缓冲器 2 的末尾
    Uint16      rsvd1:8;                //位 15~8    保留位
};
union ADCST_REG {
    Uint16 all;
    struct ADCST_BITS bit;
};
struct ADC_REGS {
    union ADCTRL1_REG ADCTRL1;              //模/数转换控制寄存器 1
    union ADCTRL2_REG ADCTRL2;              //模/数转换控制寄存器 2
    union ADCMAXCONV_REG ADCMAXCONV;        //最大转换通道数寄存器
    union ADCCHSELSEQ1_REG ADCCHSELSEQ1;    //通道选择排序控制寄存器 1
    union ADCCHSELSEQ2_REG ADCCHSELSEQ2;
    union ADCCHSELSEQ3_REG ADCCHSELSEQ3;
    union ADCCHSELSEQ4_REG ADCCHSELSEQ4;
    union ADCCASEQSR_REG ADCASEQSR;         //自动排序状态寄存器
    Uint16 ADCRESULT0;                      //转换结果缓冲寄存器 0~15
    Uint16 ADCRESULT1;
    Uint16 ADCRESULT2;
    Uint16 ADCRESULT3;
    Uint16 ADCRESULT4;
    Uint16 ADCRESULT5;
    Uint16 ADCRESULT6;
    Uint16 ADCRESULT7;
    Uint16 ADCRESULT8;
    Uint16 ADCRESULT9;
    Uint16 ADCRESULT10;
    Uint16 ADCRESULT11;
    Uint16 ADCRESULT12;
    Uint16 ADCRESULT13;
    Uint16 ADCRESULT14;
    Uint16 ADCRESULT15;
    union ADCTRL3_REG ADCTRL3;              //模/数转换控制寄存器 3
    union ADCST_REG ADCST;                  //模/数转换状态寄存器
};
//模/数转换外部参数函数声明
extern volatile struct ADC_REGS AdcRegs;
#endif                                      //DSP28_ADC_H 定义结束
```

上述形式定义后,如果要对 ADCTRL1 赋值 value,则表达式为"AdcRegs.ADCTRL1.all=value;"。如果要对 ADCTRL1 的某一位进行操作,如对 ADCTRL1 的复位位写入 1,使 ADC 模块复位,则表达式为"AdcRegs.ADCTRL1.bit.RESET=1;"。

5.5.2 命令文件.CMD

命令文件指定存储区域的分配,文件扩展名为.CMD。

1. 命令文件常用的几种伪指令

编译器产生几个可以重新分配的代码块和数据块,这些块叫做段,它可以以各种模式分配到存储器中以符合多种系统配置。

有两种基本的段类型:已初始化段和未初始化段。

① 已初始化段包含数据表或可执行的代码。C 编译器产生以下已初始化段:.text、.cinit、.const、.econst、.pinit 和.switch。

.text	包含所有可执行的代码和常量。
.cinit	包含全局变量和静态变量的 C 初始化纪录。
.pinit	包含全局构造器(C++)程序列表。
.const	包含字符串常量和明确初始化了的全局和静态变量(由 const 限定的)的初始化和说明。
.econst	包含字符串常量和明确初始化了的全局和静态变量(由 far const 限定的)的初始化和说明。
.switch	包含转换语句声明的列表。

② 未初始化段在存储器(通常是 RAM)中保留了空间。这些段在目标文件中没有实际内容,仅仅保留存储空间而已。在程序运行时,创建和存储变量可以使用这些空间。编译器产生未被初始化段包括:.bss、ebss、.stack、.sysmem 和.esysmem。

.bss	为全局和静态变量保留的空间。在程序启动时,C 引导程序将.cinit 空间(可以在 ROM 中)中的数据复制出来并存储在.bss 空间中。
.ebss	为由 far 限定的全局和静态变量或者使用大存储器模式时的全局和静态变量保留的空间。在程序启动时,C 引导程序将.cinit 空间(可以在 ROM 中)中的数据复制出来并存储在.ebss 空间中。
.stack	为 C 系统堆栈保留的空间。这个存储区用于给函数传递变量和为局部变量分配空间。
.sysmem	为动态存储分配保留的空间。保留的空间被宏函数所用。如没有使用宏函数,该空间大小保留为 0。
.esysmem	为动态存储分配保留空间。保留的空间被 far 宏函数所用。如没有使用 far 宏函数,该空间大小保留为 0。

链接器从不同的模块中取出每个段并将这些段用同一个名称联合起来产生输出段。全部的程序都是由这些输出段组成的。可以根据需要将这些输出段放置到地址空间的任何位置,以满足系统的要求。.text、.cinit 和.switch 段通常链接到 ROM 和 RAM 中,且必须链接到程序存储器中(page 0)。.const 段也可以链接到 ROM 和 RAM 中,但必须在数据空间(page 1)。.bss、.ebss、.stack、.sysmem 和.esysmem 段必须链接到 RAM 中且必须在数据存储器中。表 5-2 列出了每个段所需要的存储器类型。

表 5-2　每个段所需要的存储器类型

段	存储器类型	页	段	存储器类型	页
.text	ROM 或 RAM	0	.bss	RAM	1
.cinit	ROM 或 RAM	0	.ebss	RAM	1
.pinit	ROM 或 RAM	0	.stack	RAM	1
.switch	ROM 或 RAM	0,1	.sysmem	RAM	1
.const	ROM 或 RAM	1	.esysmem	RAM	1
.econst	ROM 或 RAM	1			

命令文件常用的伪指令还有 MEMORY 和 SECTIONS。MEMORY 伪指令用来表示实际存在目标系统中可以使用的存储器范围,每个存储器范围具有名字、起始地址和长度;SECTIONS 伪指令的作用是描述输入段是如何组合到输出段内的。

2. 命令文件 .CMD 示例

以下是一个简单实用的命令文件示例,用命令文件可以把程序下载到 F28x 片内 RAM 中。

```
//文件:EzDSP_RAM_lnk.cmd
//标题:该命令文件假设用户在导入时跳到 H0 模式
MEMORY
{
PAGE 0:
   /* SARAM  H0 在 PAGE 0 和 PAGE 1 之间分配 */
   PRAMH0    : origin = 0x3F8000,length = 0x001000
   /* 仅当从 XINTF Zone 7 导入时,该存储模块与复位矢量一起下载;否则复位矢量从导入 ROM 获取。
      查看以下部分 */
   RESET     : origin = 0x3FFFC0,length = 0x000002
PAGE 1:
   /* SARAM */
   RAMM0     : origin = 0x000000,  length = 0x000400
   RAMM1     : origin = 0x000400,  length = 0x000400
   /* 外设模块组 0: */
   DEV_EMU   : origin = 0x000880,  length = 0x000180
   FLASH_REGS: origin = 0x000A80,  length = 0x000060
   CSM       : origin = 0x000AE0,  length = 0x000010
   XINTF     : origin = 0x000B20,  length = 0x000020
   CPU_TIMER0: origin = 0x000C00,  length = 0x000008
   CPU_TIMER1: origin = 0x000C08,  length = 0x000008
   CPU_TIMER2: origin = 0x000C10,  length = 0x000008
   PIE_CTRL  : origin = 0x000CE0,  length = 0x000020
   PIE_VECT  : origin = 0x000D00,  length = 0x000100
   /* 外设模块组 1: */
   ECAN_A    : origin = 0x006000,  length = 0x000100
```

```
    ECAN_AMBOX      : origin = 0x006100,  length = 0x000100
    /* 外设模块组 2: */
    SYSTEM          : origin = 0x007010,  length = 0x000020
    SPI_A           : origin = 0x007040,  length = 0x000010
    SCI_A           : origin = 0x007050,  length = 0x000010
    XINTRUPT        : origin = 0x007070,  length = 0x000010
    GPIOMUX         : origin = 0x0070C0,  length = 0x000020
    GPIODAT         : origin = 0x0070E0,  length = 0x000020
    ADC             : origin = 0x007100,  length = 0x000020
    EV_A            : origin = 0x007400,  length = 0x000040
    EV_B            : origin = 0x007500,  length = 0x000040
    SPI_B           : origin = 0x007740,  length = 0x000010
    SCI_B           : origin = 0x007750,  length = 0x000010
    MCBSP_A         : origin = 0x007800,  length = 0x000040
    /* CSM 端口令位置 */
    CSM_PWL         : origin = 0x3F7FF8,  length = 0x000008
    /* SARAM H0 在 PAGE 0 和 PAGE 1 之间分配 */
    DRAMH0          : origin = 0x3f9000,  length = 0x001000
}
SECTIONS
{
    /* 分配程序空间,导入到 H0 模式的设置:代码起始区间(可以在 CodeStartBranch.asm 中找到)重
       新执行到用户的起始代码位置。在 H0 起始时放置该部分或.text 部分 */
    codestart           :> PRAMH0,      PAGE = 0
    .text               :> PRAMH0,      PAGE = 0
    .cinit              :> PRAMH0,      PAGE = 0
    ramfuncs            :> PRAMH0,      PAGE = 0, TYPE = DSECT
/* 当只使用 RAM 时不使用分配数据空间 */
    .stack              :> RAMM1,       PAGE = 1
    .bss                :> DRAMH0,      PAGE = 1
    .ebss               :> DRAMH0,      PAGE = 1
    .const              :> DRAMH0,      PAGE = 1
    .econst             :> DRAMH0,      PAGE = 1
    .sysmem             :> DRAMH0,      PAGE = 1
    /* .reset 表示 C 代码的起始_c_int00,当使用导入 ROM 时,不需使用该部分,因此,默认类型被设
       置为 DESECT */
    .reset              :> RESET,       PAGE = 0, TYPE = DSECT
    /* 分配外设模块组 0 寄存器结构: */
    DevEmuRegsFile      :> DEV_EMU,     PAGE = 1
    FlashRegsFile       :> FLASH_REGS,  PAGE = 1
    CsmRegsFile         :> CSM,         PAGE = 1
    XintfRegsFile       :> XINTF,       PAGE = 1
    CpuTimer0RegsFile   :> CPU_TIMER0,  PAGE = 1
    /* CPU_TIMER1 和 CPU_TIMER2 保留,用于 DSP BIOS 和 RTOS。因此在该例程中不分配该段
    CpuTimer1RegsFile   :> CPU_TIMER1,  PAGE = 1
```

```
   CpuTimer2RegsFile  : > CPU_TIMER2,  PAGE = 1  ——————  */
   PieCtrlRegsFile    : > PIE_CTRL,    PAGE = 1
   PieVectTable       : > PIE_VECT,    PAGE = 1
/* 分配外设模块组 2 寄存器结构：*/
   ECanaRegsFile      : > ECAN_A,      PAGE = 1
   ECanaMboxesFile    : > ECAN_AMBOX   PAGE = 1
/* 分配外设模块组 1 寄存器结构：*/
   SysCtrlRegsFile    : > SYSTEM,      PAGE = 1
   SpiaRegsFile       : > SPI_A,       PAGE = 1
   SciaRegsFile       : > SCI_A,       PAGE = 1
   XIntruptRegsFile   : > XINTRUPT,    PAGE = 1
   GpioMuxRegsFile    : > GPIOMUX,     PAGE = 1
   GpioDataRegsFile   : > GPIODAT      PAGE = 1
   AdcRegsFile        : > ADC,         PAGE = 1
   EvaRegsFile        : > EV_A,        PAGE = 1
   EvbRegsFile        : > EV_B,        PAGE = 1
   ScibRegsFile       : > SCI_B,       PAGE = 1
   McbspaRegsFile     : > MCBSP_A,     PAGE = 1
/* CSM 端口令位置 */
   CsmPwlFile         : > CSM_PWL,     PAGE = 1
}
```

第 6 章

TMS320F2808 实验开发板

6.1 TMS320F2808 实验开发板介绍

TMS320F2808 实验开发板是一套基于 F2808 的学习、实验、产品前期开发的平台。F2808 开发套件既可作为开发板供用户学习使用,也可作为系统板嵌入到用户的产品供用户进行二次开发,以缩短产品开发周期。

1. 结构介绍

F2808 实验开发板是由 JTAG 接口的仿真器和实验开发板两部分构成,其中仿真器带有即插即用的 USB 接口,很方便用户的使用。仿真器所配置的 CCS3.1 软件可以开发所有 TI 公司 C2XX 系列的 DSP 芯片。实验开发板基本配置如下:

- F2808 芯片一片;
- 增强型控制器区域网络(eCAN)接口电路;
- 异步串口 RS232 接口电路;
- 按键 9 个(包括 1 个芯片复位按键和 8 个电平输入按键),发光二极管 8 个,贴片发光二极管 2 个;
- SPI 接口的 4 个七段数码管电路;
- LCD 显示模块;
- CPU 的手动复位电路;
- 模/数转换输入模块,包括 8 路交流信号采样、8 路直流信号采样;
- 14 路 PWM 输出,8 路错误信号输入;
- 3 路捕获单元 CAP 输入;
- SPI 接口的数/模转换(DAC)输出模块;
- I^2C 接口的 EEPROM 模块,日历时钟模块。

2. 主要功能及结构特点

该套实验开发板具有教学实验和产品开发两大功能。其开发功能强大,特别适合于初学者使用,读者也可根据实际要求借鉴实验开发板的相关硬件设计和软件程序来开发相应的产品。实验开发板提供了丰富的 DSP 外设模块电路,硬件采用模块化设计,各模块之间可灵活组合,操作方便、直观;软件可以采用 C 语言源代码和汇编语言源代码调试,可以方便地调试和观察 CPU 各寄存器和外设模块的状态,调试本书中的例程。

3. 可在实验开发板上完成的实验

- CPU 指令实验(熟悉 DSP 指令特性);
- 跑马灯实验;
- 键盘扫描实验;
- LCD 显示实验;
- 模/数转换实验;
- 数/模转换实验;
- 中断实验;
- RS-232 异步串口与 PC 机的接口实验;
- 定时器实验;
- SPI 发送数据在数码管上显示数码实验;
- CAN 的自发自收及通过 CAN 总线与上位机进行通信实验;
- PWM 与 SPWM 输出实验;
- 捕获单元 CAP 实验;
- EEPROM 数据存储实验;
- 日历时钟实验;
- SPI 与 I^2C 总线实验等。

6.2 TMS320F2808 实验开发板功能介绍

1. 实验开发板概述

实验开发板的结构框图如图 6-1 所示。由于 F2808 要求 3.3 V 的 I/O 和 Flash 编程供电电压及 1.8 V 的内核供电电压,所以实验开发板上采用 TI 的 LDO 型电压调整芯片 TPS75733 和 TPS76801Q 把 5 V 转变为 3.3 V 及 1.8 V。外部晶体振荡器频率为 30 MHz,经 F2808 内部锁相环 5 倍频至 150 MHz。实验开发板框图主要包括键盘输入、LED 显示、LCD 显示、电源接口、JTAG 接口、片外存储器接口、开关量输入/输出接口、交直流信号模/数

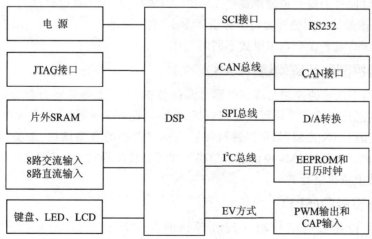

图 6-1 实验开发板框图

第 6 章 TMS320F2808 实验开发板

转换接口、SCI 接口、CAN 接口、D/A 转换接口、I^2C 总线接口、事件管理器接口等。

2. JTAG 接口

JTAG 是一种国际标准测试协议,通常所说的 JTAG 大致可用于测试芯片的电气特性,检测芯片是否有问题,以及用于程序在线调试、仿真与下载程序。

在本书实验中需要通过 JTAG 接口进行在线调试与仿真,从而不但能控制和观察系统中控制器的运行状态,还可以用这个接口来下载程序。与 JTAG 接口同时工作的还有一个分析模块,它支持断点的设置和程序存储器、数据存储器、DMA 的访问,程序的单步运行和跟踪,以及程序的分支和外部中断的计数等。总之,将集成调试环境 CCS3.1 与 JTAG 接口相结合设计的实验开发板,给用户学习和应用 DSP 提供了极大的方便。

3. A/D 转换

F2808 芯片内含 12 位单极性 16 个通道 A/D 转换模块,包括直流电流转换模块、直流电压转换模块、交流电流转换模块、交流电压转换模块。一次转换时间为 200 ns,连续转换时间为 60 ns。此模块可实现对电机的三相电压采样而无需进行相位补偿。但由于是单极性的原因,对交流采样时要加提升电路,转换交流输入电压范围为 0~3.3 V,以满足 DSP 的 A/D 输入通道转换电路对输入电压的要求。

4. 人机交互功能

键盘和显示是人机交互信息的主要途径,实验开发板上共有 8 个按键、8 个发光二极管(LED)、4 个液晶显示器(LCD)及 4 个七段数码管。

F2808 芯片通过 GPIOB 端口输出显示信号,经 74HC273 芯片进行锁存并驱动 8 个发光二极管。使用发光二极管显示可以调试一些简单的 I/O 输出程序,如点亮发光二极管、延时循环点亮发光二极管等程序。因其简单直观,对于熟悉 DSP 调试方法,使用仿真开发环境,开始汇编语言或用 C 语言编程的初学者有很大的帮助。

8 个按键与 LED 可实现显示数字、模仿钟表运行、秒表计时等多种应用功能。

LCD 显示的信息量较大,可显示点阵汉字、字符及简单图像等。

5. 串行通信接口(SCI)

串行通信接口(SCI)就是通常所说的 UART。F2808 的 SCI 可以通过 RS-232 转换芯片与 PC 机进行异步通信。实验开发板上提供了 RS-232 标准的通信接口,使芯片能够在半双工模式下分时工作,或者在全双工模式下同时工作。

6. 增强型控制器区域网络(eCAN)

CAN 总线用于众多的控制与测试仪器之间的数据交换,是一种串行数据通信协议,它的特点是一种多主总线。通信介质可以是双绞线、同轴电缆或光导纤维,通信速率可达 1 Mbps。

F2808 集成的 CAN 控制器,可以通过设置内部寄存器的自测试位,来实现 CAN 控制器的自发/自收功能,为调试 CAN 通信的下位机提供了方便。通过 CAN 驱动器 MCP2551 就可以与其他节点或上位机进行通信。

7. 串行外设接口(SPI)

通过串行外设接口可以控制 8 段数码管的数字显示,中间需要由 74HC595 驱动。74HC595 为串入并出型驱动器,也可接到 DSP 的 SPI 端口上。此外,实验开发板上设计了带内部电压参考的 SPI 总线接口的数/模芯片 MAX5742 与 F2808 的 SPI 端口相连,数/模芯片作为接收方(即为从控制器),DSP 作为主机只负责发送数据。

8. 用 I²C 总线实现与 EEPROM 和日历时钟的接口

由于 F2808 没有专用的 I²C 总线接口,所以实验开发板设计时采用了通用的 I/O 引脚模拟 I²C 总线,将这些 I/O 引脚与外部 I²C 总线芯片的数据线 SDA 和时钟线 SCL 相连,用软件模拟 I²C 时序。实验开发板上带写保护的 EEPROM 芯片 24LC256,日历时钟芯片 PCF8583 与 DSP 的连接采用了 I²C 总线的接口模式。

在实际调试程序时,由于 I²C 的 EEPROM 写操作至少需要 5 ms 的写周期,所以不能立即读出写入的数据。否则经过写/读取操作后,数据虽然被正确地写入相应的地址,但是读出的数据与写入的数据不相符。

9. 实验开发板的硬件设置

图 6-2 是实验开发板位置图,在图上给出了外部接口位置、跳针位置及其他一些在调试中要用到的信号。实验开发板实物见图 6-3。

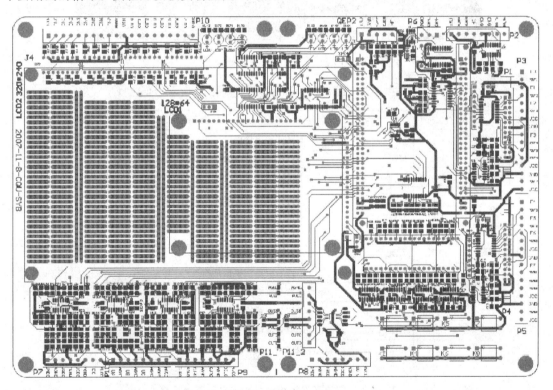

图 6-2 实验开发板元件位置图

外部接口功能见表 6-1。实验开发板跳针引脚定义及跳针设置见表 6-2。可调电阻 R128 用于调节输入 LCD1 第 5 引脚的输入电压值,以调节液晶屏的显示对比度;可调电阻 R164 用于调节 LCD2 中 V0 的输入电压;可调电阻 R165 用于调节 LCD2 第 19 引脚的输入电压。另外为了测试方便,实验开发板中加了一些测试点,如 GND 测试点方便示波器探头连接。

第6章 TMS320F2808 实验开发板

图 6-3 实验开发板实物

表 6-1 外部接口功能表

符 号	实际含义	功能介绍
P1	DRIVE_PORT1	PWM 输出针接口
P2	QEP1/RS232	正交脉冲编码电路1与RS232通信接口
P3	EVA	PWM 接口
P4	DRIVE_PORT2	PWM 输出针接口
P5	EVB	PWM 接口
P6	CAN	CAN 总线接口
P7	ADC	4 路直流电压模拟量输入
P8	ADC	4 路直流电流模拟量输入
P9	ADC	4 路交流电流模拟量输入
P10	I/O	8 路数字量输入、输出
P11	ADC	4 路直流电流模拟量输入
QEP2	QEP2	正交脉冲编码电路 2

表 6-2 实验开发板跳针引脚定义及跳针设置

符 号	位 置	引脚定义			功能介绍
		1	2	3	
J3	子板	BUSY	PWM6	CSDA	选择 LCD 与模拟量输出选通功能
J4	子板	ECAP2	GPIO25	SPISIMO	选择捕获、普通 I/O 还是串行外设接口的 SIMO 功能
J7	子板	138A	GPIO32	I2C DA	选择 138 译码器选通、普通 I/O、I^2C 功能

续表 6-2

符号	位置	引脚定义			功能介绍
		1	2	3	
J8	子板	138B	GPIO33	I2CCLK	选择 138 译码器选通、普通 I/O、I²C 功能
J9	子板	138C	GPIO34	I2CWP	选择 138 译码器选通、普通 I/O、I²C 功能
J10	子板	PWM1	T3PWM	—	连接使 PWM14 引脚输出与 1 引脚相同的信号
J11	子板	D0	TZ	PDPINTB	LCD、普通 I/O 与 PWM 接口选择
J12	子板	D1	TZ	PDPINTB	LCD、普通 I/O 与 PWM 接口选择
J13	子板	D2	TZ	PDPINTB	LCD、普通 I/O 与 PWM 接口选择
J14	子板	D3	TZ	PDPINTA	LCD、普通 I/O 与 PWM 接口选择
J15	子板	D4	TZ	PDPINTA	LCD、普通 I/O 与 PWM 接口选择
J16	子板	D5	TZ	PDPINTA	LCD、普通 I/O 与 PWM 接口选择
JP2	母版	GND	RRJ1	V_{CC}	RRJ1 选择高电平还是低电平
JP3	母版	GND	RRJ2	V_{CC}	RRJ2 选择高电平还是低电平

部分插座引脚详细说明见表 6-3。

表 6-3 部分插座引脚详细说明

符号	功能介绍	各引脚定义(未标注的引脚表示未用,数字为引脚编号)
P1	DRIVE_PORT1	1 POUT1,2 POUT2,3 POUT3,4 POUT4,5 POUT5,6 POUT6,7 F0,8 F1, 9 F2,10 F3,11 POUT7,12 13 25 26 V_{CC},其余引脚为 GND
P2	QEP1/RS232	1 +5V,2 HA_QEP1,3 HB_QEP2,4 HC,5 6 GND,7 RS_TX,8 RS_RX
P3	7 路 PWM 输出和 4 路故障信号输入	1 F0,2 POUT1,3 F1,4 POUT2,5 F2,6 POUT2,7 V_{CC},8 GND 9 F3, 10 POUT4,11 POUT5,12 POUT6,13 V_{CC},14 GND,15 POUT7,16 V_{CC}
P4	DRIVE_PORT2	1 POUT8,2 POUT9,3 POUT10,4 POUT11,5 POUT12,6 POUT13,7 F4, 8 F5,9 F6,10 F7,11 POUT14,12 13 25 26 V_{CC},其余引脚为 GND
P5	7 路 PWM 输出和 4 路故障信号输入	1 F4,2 POUT8,3 F5,4 POUT9,5 F6,6 POUT10,7 V_{CC},8 GND,9 F7, 10 POUT6,11 POUT10,12 POUT11,13 V_{CC},14 GND,15 POUT14,16 V_{CC}
P6	CAN 总线接口	1 CANH,2 CANL,3 GND
P7	4 路直流电压模拟量输入	1 UADC,2 AGND,3 UBDC,4 AGND,5 UCDC,6 AGND,7 DC,8 AV_{CC}
P8	4 路直流电流模拟量输入	1 IADC,2 AGND,3 IBDC,4 AGND,5 ICDC,6 AGND,7 DC_V,8 AV_{CC}
P9	4 路交流电流模拟量输入	1 CURA,2 AGND,3 CURB,4 AGND,5 CURC,6 AGND,7 DC_CUR,8 AV_{CC}
P10	8 路数字量输入、输出	1 VIN,3 IN0,5 IN1,6 IN2,7 IN3,8 IN4,9 IN5,10 IN6,11 IN7,12 OUT0, 13 OUT1,14 OUT2,15 OUT3,16 OUT4,17 OUT5,18 OUT6,19 OUT7, 20 GNDINI
P11_1	4 路交流电压模拟量输入	1 UA,2 AGND,3 UB,4 AGND,5 UC,6 AGND,7 AD15,8 AV_{CC}
P11_2	4 路模拟量输出	1 OUTTD,2 OUTTC,3 AV_{CC},4 AGND,5 OUTTB,6 OUTTA,7 AV_{CC}, 8 AGND
QEP2	正交脉冲编码器 QEP 接口	1 CAP1,3 CAP2,5 CAP3,9~10 +5 V,其余引脚为 GND

第 6 章　TMS320F2808 实验开发板

实验开发板上 F2808 芯片与晶振连接的顶层布线方式、F2808 芯片数字地与模拟地的布线连接方式、F2808 芯片数字与模拟分开供电方式、JTAG 插头连接方式(单个 F2808 芯片系统)以及 JTAG 插头连接方式(多个 F2808 芯片系统)的电路图分别如图 6-4~图 6-8 所示。

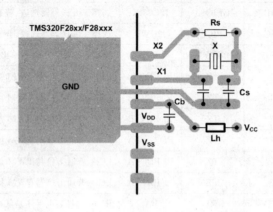

图 6-4　DSP 与晶体振荡器的连接顶层布线方式

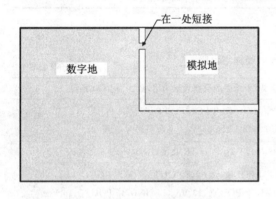

图 6-5　F2808 芯片布线数字地与模拟地的连接方式

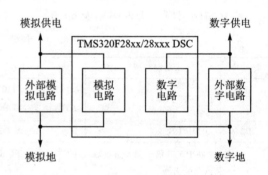

图 6-6　F2808 芯片数字与模拟分开供电方式

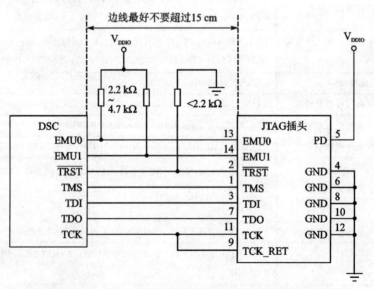

图 6-7　JTAG 插头连接方式(单个 F2808 芯片系统)

第6章 TMS320F2808 实验开发板

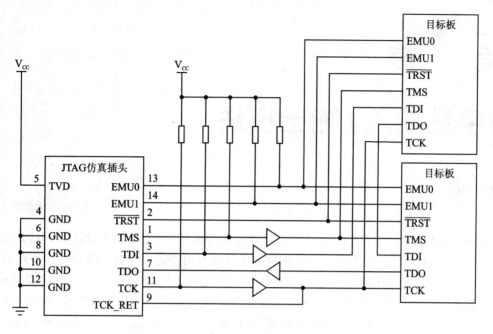

图 6-8 JTAG 插头连接方式（多个 F2808 芯片系统）

第 7 章

数字量输入/输出模块

7.1 概　述

F2808 芯片有 35 个(GPIO0~GPIO34)可独立编程复用的通用 I/O(GPIO)引脚,每个引脚除了具有 I/O 功能之外,每个 GPIO 引脚上还可以复用多达 3 个独立的功能。通用 I/O 复用寄存器可以设置引脚的部分功能。这些引脚可以通过 GPAMUX1/2、GPBMUX1 和 GPx-MUX 寄存器分别设置成数字量 I/O 引脚或外设模块引脚。如果设置成数字量 I/O 引脚模式,GPADIR 和 GPBDIR 寄存器可以设置引脚的数据传输方向,并且还可以通过 GPAQSEL1/2、GPBQSEL1/2、GPACTRL 和 GPBCTRL 寄存器对输入信号的窄脉冲进行滤除处理,这是 F28x 系列与 F24x 系列相比其改进特点之一,对按键消抖动和输入信号抗干扰十分有用。

7.2 GPIO 复用

F2808 芯片可以在 GPIO 端口的每个引脚上复用多达 3 个不同的外设功能,并且能提供独立的引脚位中断触发功能。

GPIO 复用模块的每个引脚如图 7-1 所示。由于 I^2C 引脚为漏极开路输出方式,GPIO 复用模块引脚图与 F2812 芯片相比有一些变化。

7.3 数字量 I/O 端口寄存器

1. GPIO 寄存器

F2808 芯片有 35 个 GPIO 引脚。GPIO 控制和数据寄存器映射到外设架构中使能寄存器中的 32 位操作(和 16 位操作)。表 7-1 是 GPIO 寄存器映射表。表 7-2 是 GPIO 数据寄存器,它们均无 EALLOW 保护。表 7-3 是 GPIO 中断和低功率状态选择寄存器。表 7-4 是 GPIO 复用寄存器。

第7章 数字量输入／输出模块

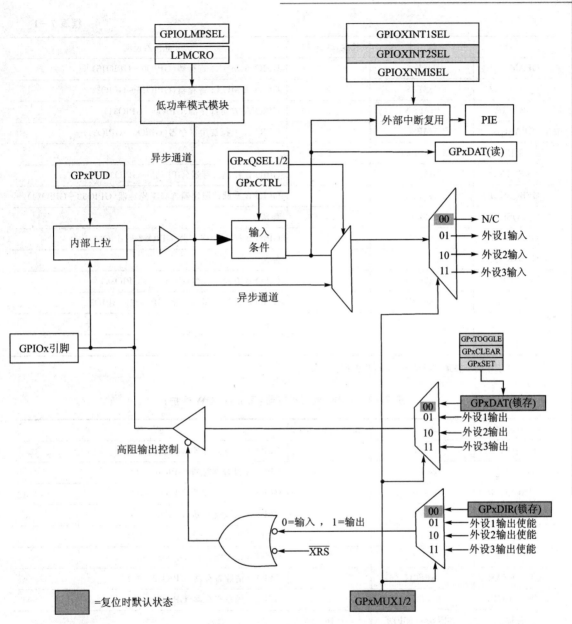

说明：(1) x 代表端口，即 A 或 B。例如，GPxDIR 指 GPADIR 或 GPBDIR 寄存器，具体取决于所选的特定 GPIO 引脚。
(2) 在相同的存储器位置存取 GPxDAT 锁定/读取。

图7-1 GPIO 复用功能图

表7-1 GPIO 控制寄存器映射表

名 称*	地 址	长度(×16位)	寄存器说明
GPACTRL	0x6F80	2	GPIO A 控制寄存器(GPIO0～GPIO31)
GPAQSEL1	0x6F82	2	GPIO A 窄脉冲限定器选择1寄存器(GPIO0～GPIO15)
GPAQSEL2	0x6F84	2	GPIO A 窄脉冲限定器选择2寄存器(GPIO16～GPIO31)

续表 7-1

名　称*	地　址	长度（×16 位）	寄存器说明
GPAMUX1	0x6F86	2	GPIO A MUX1 寄存器（GPIO0～GPIO15）
GPAMUX2	0x6F88	2	GPIO A MUX2 寄存器（GPIO16～GPIO31）
GPADIR	0x6F8A	2	GPIO A 方向寄存器（GPIO0～GPIO31）
GPAPUD	0x6F8C	2	GPIO A 上拉禁用寄存器（GPIO0～GPIO31）
保留	0x6F8E～0x6F8F	2	
GPBCTRL	0x6F90	2	GPIO B 控制寄存器（GPIO32～GPIO34）
GPBQSEL1	0x6F92	2	GPIO B 窄脉冲限定器选择 1 寄存器（GPIO32～GPIO34）
GPBQSEL2	0x6F94	2	保留
GPBMUX1	0x6F96	2	GPIO B MUX1 寄存器（GPIO32～GPIO34）
GPBMUX2	0x6F98	2	保留
GPBDIR	0x6F9A	2	GPIO B 方向寄存器（GPIO32～GPIO34）
GPBPUD	0x6F9C	2	GPIO B 上拉禁用寄存器（GPIO32～GPIO34）
保留	0x6F9E～0x6F9F	2	保留
保留	0x6FA0～0x6FBF	32	

* 此表中的所有寄存器受 EALLOW 保护。

表 7-2　GPIO 数据寄存器（无 EALLOW 保护）

寄存器名	地　址	长度（×16 位）	说　明
GPADAT	0x6FC0	2	GPIO A 数据寄存器（GPIO0～31）
GPASET	0x6FC2	2	GPIO A 设置寄存器（GPIO0～31）
GPACLEAR	0x6FC4	2	GPIO A 清除寄存器（GPIO0～31）
GPATOGGLE	0x6FC6	2	GPIO A 触发寄存器（GPIO0～31）
GPBDAT	0x6FC8	2	GPIO B 数据寄存器（GPIO32～35）
GPBSET	0x6FCA	2	GPIO B 设置寄存器（GPIO32～35）
GPBCLEAR	0x6FCC	1	GPIO B 清除寄存器（GPIO32～35）
GPBTOGGLE	0x6FCE	1	GPIO B 触发寄存器（GPIO32～35）
保留	0x6FD0～0x6FDF	16	

表 7-3　GPIO 中断和低功率状态选择寄存器

名　称*	地　址	长度（×16 位）	寄存器说明
GPIOXINT1SEL	0x6FE0	1	XINT1 源选择寄存器（GPIO0～GPIO31）
GPIOXINT2SEL	0x6FE1	1	XINT2 源选择寄存器（GPIO0～GPIO31）
GPIOXNMISEL	0x6FE2	1	XNMI 源选择寄存器（GPIO0～GPIO31）
保留	0x6FE3～0x6FE7	5	
GPIOLPMSEL	0x6FE8	1	LPM 唤醒源选择寄存器（GPIO0～GPIO31）

* 此表中的所有寄存器受 EALLOW 保护。

表 7-4 F2808 GPIO 复用寄存器表

GPAMUX1/2 寄存器位	复位默认值 I/O 功能 (GPAMUX1/2 位=0,0)	外设选择 1 (GPAMUX1/2 位=0,1)	外设选择 2 (GPAMUX1/2 位=1,0)	外设选择 3 (GPAMUX1/2 位=1,1)
GPAMUX1				
1~0	GPIO0	EPWM1A(O)	保留	保留
3~2	GPIO1	EPWM1B(O)	SPISIMOD(I/O)	保留
5~4	GPIO2	EPWM2A(O)	保留	保留
7~6	GPIO3	EPWM2B(O)	SPISOMID(I/O)	保留
9~8	GPIO4	EPWM3A(O)	保留	保留
11~10	GPIO5	EPWM3B(O)	SPICLKD(I/O)	ECAP1(I/O)
13~12	GPIO6	EPWM4A(O)	EPWMSYNCI(I)	EPWMSYNCO(I)
15~14	GPIO7	EPWM4B(O)	SPISTED(I/O)	ECAP2(I/O)
17~16	GPIO8	EPWM5A(O)	CANTXB(O)	$\overline{ADCSOCAO}$
19~18	GPIO9	EPWM5B(O)	SCITXB(O)	ECAP3(I/O)
21~20	GPIO10	EPWM6A(O)	CANRXB(I)	$\overline{ADCSOCBO}$
23~22	GPIO11	EPWM6B(O)	SCIRXB(I)	ECAP4(I/O)
25~24	GPIO12	$\overline{TZ1}$	CANTXB(O)	SPISIMOB(I/O)
27~26	GPIO13	$\overline{TZ2}$	CANRXB(I)	SPISOMIB(I/O)
29~28	GPIO14	$\overline{TZ3}$	SCITXB(O)	SPICLKB(I/O)
31~30	GPIO15	$\overline{TZ4}$	SCIRXB(O)	SPISTEB(I/O)
GPAMUX2				
1~0	GPIO16	SPISIMOA(I/O)	CANTXB(O)	$\overline{TZ5}$
3~2	GPIO17	SPISOMIA(I/O)	CANRXB(I)	$\overline{TZ6}$
5~4	GPIO18	SPICLKA(I/O)	SCITXDB(O)	保留
7~6	GPIO19	SPISTEA(I/O)	SCIRXDB(I)	保留
9~8	GPIO20	EQEP1A(I)	SPISIMOC(I/O)	CANTXB(O)
11~10	GPIO21	EQEP1B(I)	SPISOMIC(I/O)	CANRXB(I)
13~12	GPIO22	EQEP1S(I/O)	SPICLKC(I/O)	SCITXDB(O)
15~14	GPIO23	EQEP1I(O)	SPISTEC(I/O)	SCIRXDB(I)
17~16	GPIO24	ECAP1(I/O)	EQEP2A(I)	SPISIMOB(I/O)
19~18	GPIO25	ECAP2(I/O)	EQEP2B(I)	SPISOMIB(I/O)
21~20	GPIO26	ECAP3(I/O)	EQEP2I(I/O)	SPICLKB(I/O)
23~22	GPIO27	ECAP4(I/O)	EQEP2S(I/O)	SPISTEB(I/O)
25~24	GPIO28	SCIRXDA(I)	保留	$\overline{TZ5}$(I)
27~26	GPIO29	SCITXDA(O)	保留	$\overline{TZ6}$(I)
29~28	GPIO30	CANRXDA(I)	保留	保留
31~30	GPIO31	CANTXDA(O)	保留	保留

第 7 章　数字量输入/输出模块

续表 7-4

GPAMUX1/2 寄存器位	复位默认值 I/O 功能 (GPAMUX1/2 位=0,0)	外设选择 1 (GPAMUX1/2 位=0,1)	外设选择 2 (GPAMUX1/2 位=1,0)	外设选择 3 (GPAMUX1/2 位=1,1)
GPBMUX1				
1~0	GPIO32	SDAA(I/OC)	EPWMSYNCI(I)	$\overline{ADCSOCAO}$(O)
3~2	GPIO33	SCLA(I/OC)	EPWMSYNCO(O)	$\overline{ADCSOCBO}$(O)
5~4	GPIO34	保留	保留	保留

注：(1) GPxMUX1/2 指引脚适用的复用寄存器：GPAMUX1、GPAMUX2 或 GPBMUX1。
(2) 保留是指没有给 GPxMUX1/2 寄存器设置指定外设。如果有并选择了它，则该引脚状态将不确定，而且引脚可能会被驱动。这是用于未来扩展的保留配置。

用户可以通过配置 GPxQSEL1/2 寄存器来选择每个 GPIO 引脚的输入条件类型，有以下 4 种选择：

➢ 只与 SYSCLKOUT 同步(GPxQSEL1/2=0,0)。在复位时，这是所有 GPIO 引脚的默认方式。在此模式中，输入信号只与系统时钟(SYSCLKOUT)同步。

➢ 确定使用采样窗口(GPxQSEL1/2=0,1 和 1,0)。在此模式中，输入信号首先与系统时钟(SYSCLKOUT)同步，再按指定周期数目确定是否让窄脉冲通过，允许通过后才改变输入。图 7-2 为采样时间窗说明框图。

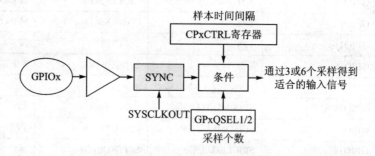

图 7-2　采样时间窗说明框图

➢ 采样周期数由 GPxCTRL 寄存器中的 QUALPRD 位指定，且按 8 个信号一组进行配置。它为采样信号的 SYSCLKOUT 周期指定一个寄存器。采样窗口为 3 倍或 6 倍周期宽度，且只有当采样全都相同(全为 0 或者全为 1)时输入才会变化。

➢ 不同步(GPxQSEL1/2=1,1)模式。此模式用于外设不需要同步(在外设中执行同步)情况。由于 F2808 芯片需要多路传输，这也可能因为外设输入信号可以映射到超过 1 个的 GPIO 引脚。而且当输入信号不是所选项时，输入信号会发生错误，状态可能是 0 也可能是 1，这取决于外设。

2. GPIO 输出时序

GPIO 的通用输出开关特性如表 7-5 所列，其通用输出时序图如图 7-3 所示。

表 7-5 通用输出开关特性

参　数		最小值	最大值
$t_{r(GPO)}$/ns	上升时间,GPIO 开关从低到高	所有的 GPIO	8
$t_{f(GPO)}$/ns	下降时间,GPIO 开关从高到低	所有的 GPIO	8
$f_{f(GPO)}$/MHz	切换频率,GPIO 引脚		25

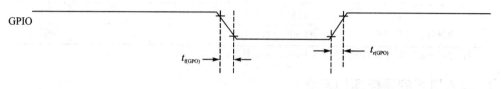

图 7-3 通用输出时序图

3. GPIO 输入时序

GPIO 采样模式下的输入时序图如图 7-4 所示,通用输入时序要求如表 7-6 所列。

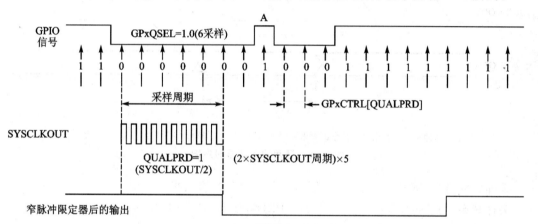

注:(1) 通过输入窄脉冲限定器会将输入信号中的毛刺滤除掉。QUALPRD 位指定限定器的采样周期,可以设定 0x00~0xFF 的采样周期数。如果 QUALPRD=0,则限定器的采样周期是 1 个 SYSCLKOUT 周期。对于任何其他值 n,限定器的采样周期是 $2n$ 个 SYSCLKOUT 周期(即每 $2n$ 个 SYSCLKOUT 周期 GPIO 引脚采样一次)。

(2) GPxCTRL 寄存器选择限定器的采样周期数,并应用于 8 个一组的 GPIO 引脚。

(3) 限定器可以采用 3 个或 6 个采样,采用何种采样模式由 GPxQSELn 寄存器选择。

(4) 如图所示,为了保证限定器检测到输入信号的变化,输入信号应保证稳定 10 个或以上的 SYSCLKOUT 周期数,即输入信号应稳定 SYSCLKOUT 周期(5×QUALPRD×2)个数的宽度。在检测时要保证 5 个采样周期。当外部信号异步驱动时,能可靠识别一个宽于 13 个 SYSCLKOUT 周期的脉冲信号,窄于这个宽度的脉冲信号则会被滤掉不响应。

图 7-4 采样模式下的输入时序图

第7章 数字量输入/输出模块

表7-6 通用输入时序要求

参 数		最小值	最大值	单 位
$t_{w(SP)}$ 采样周期	QUALPRD=0	$1t_{c(SCO)}$		周期
	QUALPRD≠0	$2t_{c(SCO)} \times$ QUALPRD		周期
$t_{w(IQSW)}$ 输入条件采样窗口		$t_{c(SCO)} \times (n-1)$		周期
$t_{w(GPI)}$ 脉冲持续,GPIO 低/高	同步模式	$2t_{c(SCO)}$		周期
	输入限定器	$t_{w(IOSW)}+t_{w(SP)}+1t_{c(SCO)}$		周期

注:"n"代表限定器样本的数目,由 GPxQSELn 寄存器定义。

4. 输入信号的采样窗口宽度

以下选择概括了不同输入限定器配置下的输入信号采样窗口的宽度。通用输入信号时序图如图 7-5 所示。

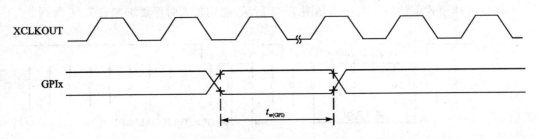

注:脉冲宽度对通用输入信号的要求同样适用于 XINT2_ADCSOC 信号。

图 7-5 通用输入信号时序图

采样频率指与 SKSCLKOUT 相关情况下,一个信号多久采样一次。

采样频率=SYSCLKOUT/(2×QUALPRD),如果 QUALPRD≠0。

采样频率=SYSCLKOUT,如果 QUALPRD=0。

采样周期=SYSCLKOUT 周期×2×QUALPRD,如果 QUALPRD≠0。

采样周期=SYSCLKOUT 周期,如果 QUALPRD=0。

由 GPxQSELn 寄存器中写入的值确定采样窗口,3 个或 6 个采样检测输入信号。

事件 1:限定器使用 3 个采样。

采样窗口宽度=(SYSCLKOUT 周期×2×QUALPRD)×2,如果 QUALPRD≠0。

采样窗口宽度=SYSCLKOUT 周期×2,如果 QUALPRD=0。

事件 2:限定器使用 6 个采样。

采样窗口宽度=(SYSCLKOUT 周期×2×QUALPRD)×2,如果 QUALPRD≠0。

采样窗口宽度=SYSCLKOUT 周期×5,如果 QUALPRD=0。

5. 低功耗状态下的唤醒时序

表 7-7 是 IDLE 低功耗状态下的时序要求,表 7-8 是 IDLE 状态的开关特性,图 7-6 是 IDEL 状态的时序图。表 7-9 是 STANDBY 状态下的时序要求,表 7-10 是 STANDBY 状态的开关特性,图 7-7 是 STANDBY 状态的时序图。表 7-11 是 HALT 状态下的时序要求,

表 7-12 是 HALT 状态的开关特性,图 7-8 是 HALT 状态的时序图。

表 7-7　IDLE 状态的时序要求 *

参　数	检测条件	最小值	典型值	最大值	单　位
$t_{w(WAKE-INT)}$ 持续脉冲,外部唤醒信号	无输入限定器	$2t_{c(SCO)}$			周期
	输入限定器	$2t_{c(SCO)}+t_{w(IQSW)}$			

* 紧跟 IDLE 指令之后开始执行指令,指令是 ISR 程序(由唤醒信号触发),包括附加延时。

表 7-8　IDLE 状态的开关特型 *

参　数	检测条件	最小值	典型值	最大值	单　位
$t_{d(WAKE-IDLE)}$ 延时时间,外部唤醒信号重新编程操作					
Flash 激活 ——Flash 模块在激活状态	无输入限定器			$20t_{c(SCO)}$	周期
	输入限定器			$20t_{c(SCO)}+t_{w(IQSW)}$	
Flash 激活 ——Flash 模块在睡眠状态	无输入限定器			$1\,050t_{c(SCO)}$	周期
	输入限定器			$1\,050t_{c(SCO)}+t_{w(IQSW)}$	
SARAM 激活	无输入限定器			$20t_{c(SCO)}$	周期
	输入限定器			$20t_{c(SCO)}+t_{w(IQSW)}$	

* 紧随 IDLE 指令之后开始执行指令,指令是 ISR 程序(由唤醒信号触发),包括附加延时。

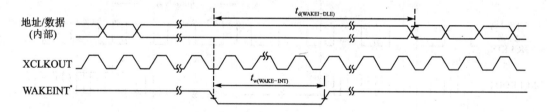

* WAKE INT 可以使能中断 $\overline{WDINT}$、$\overline{XNMI}$ 或 $\overline{XRS}$。

图 7-6　IDLE 状态的输入/输出的时序图

表 7-9　STANDBY 状态时序要求

参　数	检测条件	最小值	典型值	最大值	单　位
$t_{w(WAKE-INT)}$ 脉冲持续,外部唤醒信号	无输入限定器	$3t_{c(OSCCLK)}$			周期
	输入限定器 *	$(2+QUASTDBY)\times t_{c(OSCCLK)}$			

* QUALSTDBY 是 LPMCRO 寄存器中的 6 位字段。

表 7-10　STANDBY 状态开关特性 *

参　数	检测条件	最小值	典型值	最大值	单　位
$t_{d(IDLE-XCOL)}$ 延时时间,IDLE 指令执行使 XCLKOUT 变低		$32t_{c(SCO)}$		$45t_{c(SCO)}$	周期

续表 7-10

参　数		检测条件	最小值	典型值	最大值	单　位
$t_{d(WAKE-STBY)}$	延时时间,外部唤醒信号重新编程操作					周期
	Flash 激活——Flash 模块在激活状态	无输入限定器			$100t_{c(SCO)}$	周期
		输入限定器			$100t_{c(SCO)}+t_{w(WAKE-INT)}$	
	Flash 激活——Flash 模块在睡眠状态	无输入限定器			$1\,125t_{c(SCO)}$	周期
		输入限定器			$1\,125t_{c(SCO)}+t_{w(WAKE-INT)}$	
	SARAM 激活	无输入限定器			$100t_{c(SCO)}$	周期
		输入限定器			$100t_{c(SCO)}+t_{w(WAKE-INT)}$	

* 紧随 IDLE 指令之后开始执行指令,指令是 ISR 程序(由唤醒信号触发),包括附加延时。

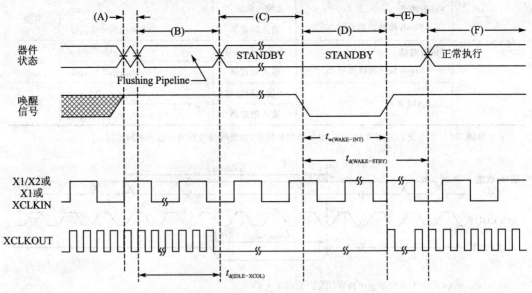

(A) IDLE 指令执行将使器件进入 STANDBY 状态。
(B) 当 PLL 模块响应 STANDBY 信号后,SYSCLKOUT 将持续接近 32 个周期(如果 CLKINDIV=0)或者 64 个周期(如果 CLKINDIV=1)。32 周期的延时使 CPU 流水线和其他未完成的操作适当刷新。
(C) 外设模块的时钟关闭时,而 PLL 和程序监视器的时钟并不关闭。器件处于 STANDBY 状态。
(D) 激活外部唤醒信号。
(E) 启动时间过后,退出 STANDBY 状态。
(F) 恢复正常执行。器件会响应中断。

图 7-7　STANDBY 输入输出时序图

表 7-11　HALT 状态时序要求

参数		最小值	典型值	最大值	单　位
$t_{w(WAKE-GPIO)}$	脉冲持续,GPIO 唤醒信号	$t_{oscst}+2t_{c(OSCCLK)}$			周期
$t_{w(WAKE-XRS)}$	脉冲持续,$\overline{XRS}$唤醒信号	$t_{oscst}+8t_{c(OSCCLK)}$			周期

表 7-12 HALT 状态开关特性

参数		最小值	典型值	最大值	单位
$t_{d(IDLE-XCOL)}$	延时时间，IDLE 指令操作使 XCLK-OUT 变低	$32t_{c(SCO)}$		$45t_{c(SCO)}$	周期
t_P	PLL 锁相时间			$131\,072t_{c(OSCCLK)}$	周期
$t_{d(WAKE-HALT)}$	延时时间，PLL 模块重新编程操作 唤醒 Flash ——Flash 模块休眠状态			$1\,125t_{c(SCO)}$	周期
	SARAM 唤醒			$35t_{c(SCO)}$	周期

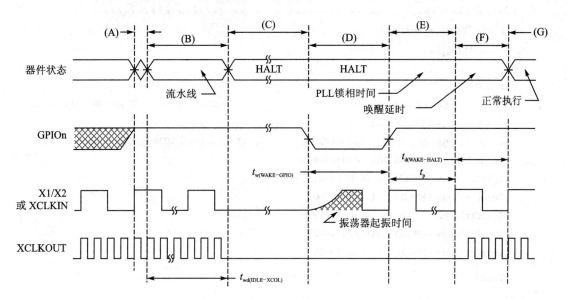

(A) IDLE 指令执行将使器件进入 HALT 状态。
(B) PLL 模块响应 HALT 信号。振荡器关闭、CLKIN 停止前，SYSCLKOUT 将持续 32 个周期(如果 CLKIN-DIV=0)或者 64 个周期(如果 CLKINDIV=1)。这 32 周期的延时使 CPU 流水线和其他未完成的操作适当刷新。
(C) 如果石英晶振或者陶瓷振荡器作为时钟源，关闭外设模块的时钟信号和关闭 PLL 模块，内部振荡器也同时关闭。器件处于 HALT 状态且功耗最小。
(D) 通常当器件退出 HALT 状态时，GPIOn 引脚为低电平，振荡器转换到振荡唤醒序列。仅当振荡器稳定后，GPIO 引脚才会为高电平。在 PLL 锁相序列期间需要提供一个清醒时钟信号。自 GPIO 引脚下降沿以后才开始异步唤醒过程，在进入和处于 HALT 状态期间，应注意保持低噪声环境。
(E) 一旦振荡器稳定，PLL 锁相序列就开始，将花费 131 072 个 OSCCLK(X1/X2 或 X1 或 XCLKIN)周期。注意这 131 072 个 OSCCLK 周期使得 PLL 工作变得平稳，在这个期间程序执行将会被延迟。
(F) 当时钟信号到达芯片并且外设模块使能时，响应延时期过后，退出 HALT 状态，芯片将响应中断(如果使能)。
(G) 重新开始正常操作。

图 7-8 使用 GPIOn 唤醒 HALT 状态的时序图

7.3 I/O 接口应用

【例7-1】 这是一个点亮 LED 的实验。8 个 LED 由 GPIO 接口直接驱动，不需要其他接口芯片，电路十分简单，不再画出。对 GPIO12～GPIO19 写入数据即可控制这 8 个 LED。要注意在 CCS3.1 的项目中应包含以下文件：库文件 rts2800.lib、命令文件 EzDSP_RAM_lnk.cmd、所有的 *.h 头文件，以及 C 文件 DSP28_GlobalVariableDefs.c 和 DSP28_SysCtrl.c，源程序如下所示。该程序已在实验开发板上调试通过。

```
/*****************************************************************
/** 功能描述：令 6 个 LED 中的 1、3、5、7 点亮，2、4、6、8 熄灭 **/
*****************************************************************/
#include "DSP280x_Device.h"
void IOinit()
{
    EALLOW;
    GpioCtrlRegs.GPAMUX1.all = 0;              //将 GPIO12～GPIO19 配置为一般 I/O 口，输出
    GpioCtrlRegs.GPAMUX2.all = 0;
    GpioCtrlRegs.GPADIR.all = 0x000FF000;      //将 GPIO32～GPIO34 配置为一般 I/O 口，输出
    GpioCtrlRegs.GPBMUX1.bit.GPIO32 = 0;
    GpioCtrlRegs.GPBDIR.bit.GPIO32 = 1;
    GpioCtrlRegs.GPBMUX1.bit.GPIO33 = 0;
    GpioCtrlRegs.GPBDIR.bit.GPIO33 = 1;
    GpioCtrlRegs.GPBMUX1.bit.GPIO34 = 0;
    GpioCtrlRegs.GPBDIR.bit.GPIO34 = 1;
    EDIS;
}

void main(void)
{
    int i;
    InitSysCtrl();                             //系统初始化子程序，在 DSP28_sysctrl.c 中
    DINT;                                      //关闭总中断
    IER = 0x0000;                              //关闭外设中断
    IFR = 0x0000;                              //清中断标志
    IOinit();                                  //I/O 初始化子程序
    while(1)
    {
        GpioDataRegs.GPBDAT.all = 0x00000006;  //选通 LEDC
        GpioDataRegs.GPADAT.all = 0x00055000;  //点亮 1、3、5、7
        for(i=0;i<1000;i++){}
        GpioDataRegs.GPBDAT.all = 0x00000000;  //CLK 由低电平到高电平跳变，数据锁存
    }
}
```

【例 7-2】 这是一个较复杂的 I/O 接口实验，需要同时操作 8 个 LED 和键盘。LED 由 74HC273 驱动，键盘由 74HC245 驱动，而这些芯片又要受一片 74LVC138 译码器控制。具体的局部电路如图 7-9 所示。

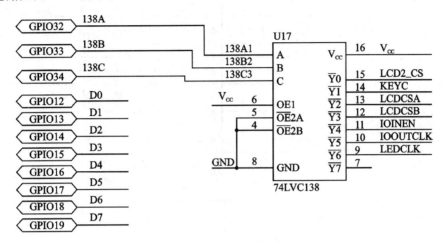

图 7-9 用 I/O 扩展的总线电路

由于受 GPIO 引脚数量的影响，不得不把 GPIO12～GPIO19 这 8 根引脚线分时复用给多个功能电路（键盘、LED、LCD 以及数字信号输入/输出接口），相当于自己定义了 D0～D7 数据总线，以下相同。这个所谓数据总线不是 DSP 的数据总线，只是用 I/O 接口线模拟，这样设计采用 11 个 I/O 引脚可以扩展到 64 个 I/O。为了保护 DSP 的 I/O 引脚，加了限流电阻。GPIO32～GPIO34 为 74LVC138 的译码输入。采用 138 译码器是为了保证在任何时候都只有一个扩展电路在使用该数据总线，防止多个器件同时写数据到 D0～D7 数据总线而造成（GPIO12～GPIO19 I/O 引脚）竞争发生短路的现象。

LED 显示电路如图 7-10 所示，74HC273 接在 D0～D7 数据总线上，驱动 8 个发光二极管，两片 74HC273 始终处于直通工作的状态。GPIO32～GPIO34 为 110 时，LEDCLK 为低电平。只有 74HC273 在 CLK 上升沿时将 D0～D7 锁存到输入寄存器，由于输入寄存器与输出寄存器直通，Q_n（输出）＝D_n（输入），所以输出寄存器随着输入寄存器而改变，将数据送到 LED，其他情况下，Q_n（输出）数据不变。

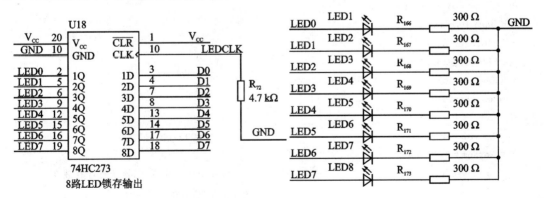

图 7-10 LED 显示电路

第7章 数字量输入/输出模块

键盘电路如图7-11所示，74HC245接在D0～D7数据总线上，数据方向始终是从B到A，GPIO32～GPIO34为001时选通U6(KEYC)，可以读入S1～S8，得到键盘的状态。

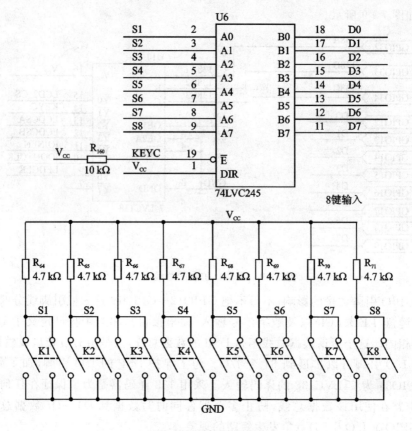

图7-11 键盘输入电路

下面的程序已在实验开发板上调试通过。

```
/***************************************************************
** 功能描述：按键记数程序，对S1的按键次数记数，以二进制显示在8个LED上 **
***************************************************************/
#include "DSP280x_device.h"
unsigned long int i = 0;
void IOinit(void);
void LedOut(Uint32 led);
int KeyIn(void);
void main(void)
{
    Uint32 keyNum;                      // = 0x0000，按键次数
    keyNum = 0x00000000;
    InitSysCtrl();                      //系统初始化程序，该子程序存放在
                                        //DSP28_sysctrl.c 中
    DINT;                               //关闭总中断
    IER = 0x0000;                       //关闭外设中断
```

```c
        IFR = 0x0000;                                    //清中断标志
        IOinit();                                        //I/O初始化子程序
        LedOut(keyNum);
        while(1)
        {
            if(KeyIn() == 1)                             //调用查键子程序
            {
                keyNum = keyNum + 1;
                LedOut(keyNum);
            }
        }
}
void IOinit(void)
{
    EALLOW;
    //将GPIO32～GPIO34配置为一般I/O接口输出,作138译码地址选择信号
    GpioCtrlRegs.GPBMUX1.bit.GPIO32 = 0;
    GpioCtrlRegs.GPBDIR.bit.GPIO32 = 1;
    GpioCtrlRegs.GPBMUX1.bit.GPIO33 = 0;
    GpioCtrlRegs.GPBDIR.bit.GPIO33 = 1;
    GpioCtrlRegs.GPBMUX1.bit.GPIO34 = 0;
    GpioCtrlRegs.GPBDIR.bit.GPIO34 = 1;
    //将GPIO12～GPIO19配置为一般I/O接口,D0～D7
    GpioCtrlRegs.GPAMUX1.all = 0;
    GpioCtrlRegs.GPAMUX2.all = 0;
    GpioCtrlRegs.GPADIR.all = 0xffffffff;
    GpioDataRegs.GPADAT.all = 0x00000000;
    EDIS;
}
int KeyIn(void)                                          //查键子程序
{
    Uint32 key;
    EALLOW;
    GpioCtrlRegs.GPADIR.all = 0xfff00fff;                //将GPIO12～GPIO19配置为输入,D0～D7
    EDIS;
    GpioDataRegs.GPBDAT.all = 0x00000001;                //选通键盘KEYC
    for(i = 0; i<100; i ++ ){}                           //延时判断S1是否按下
    key = GpioDataRegs.GPADAT.all|0xfff00fff;
    if(key == 0xfffffefff)
    {GpioDataRegs.GPADAT.all == GpioDataRegs.GPADAT.all|0xfffffefff;
    for(i = 0; i<100;i ++ ){}                            //延时消抖动
        key = GpioDataRegs.GPADAT.all|0xfff00fff;
        if(key == 0xfffffefff)
        {
            while((GpioDataRegs.GPADAT.all|0xfff00fff) == 0xfffffefff)    //判断S1是否松开
```

```c
            {
                GpioDataRegs.GPADAT.bit.GPIO12 = ! GpioDataRegs.GPADAT.bit.GPIO12;
                for(i = 0;i<1000;i ++ ){}
            }
            return(1);
        }
    }
    return(0);
}

void LedOut(Uint32 led)
{
    EALLOW;
    GpioCtrlRegs.GPADIR.all = 0xffffffff;          //GPIO12~GPIO19 配置为输出,D0~D7
    EDIS;
    GpioDataRegs.GPBDAT.all = 0x00000006;          //选中 LEDC
    GpioDataRegs.GPBDAT.all = 0x00000006;
    led = led<<12;                                 //GPIO 移 12 位为 GPIO12
    GpioDataRegs.GPADAT.all = - led;
    for(i = 0;i<100;i ++ ){}                       //延时
    GpioDataRegs.GPBDAT.all = 0x00000001;          //锁存高 8 位
}
```

第 8 章 串行通信

串行通信接口(SCI)是一个两线异步串行接口,也就是通常所说的 UART。SCI 模块支持 CPU 和其他使用标准不归零(NRZ)格式的外部设备之间的异步数字通信。为了减少 CPU 的开销,串行通信接口 SCI 接收器和发送器都有一个 16 级深的 FIFO(先入先出)缓冲寄存器,且有各自的使能位和中断位。它们能够在半双工模式下分时工作或者在全双工模式下同时工作。

为了保证数据的完整性,SCI 模块会对接收数据进行中断检测、奇偶校验、溢出和帧信息错误检测等,并使用一个 16 位的波特率选择寄存器对波特率进行编程。

注:F2808 芯片的 SCI 与 F240x 系列 SCI 相比,性能有所增强。

8.1 概 述

串行通信接口电路如图 8-1 所示。

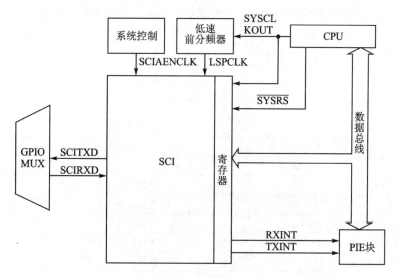

图 8-1 串行通信接口电路框图

串行通信接口 SCI 模块的特性包括如下几项:
➢ 两个外部引脚:
  SCITXD SCI 发送输出引脚;
  SCIRXD SCI 接收输入引脚。
  在不使用 SCI 的情况下,这两个引脚可以用做通用输入/输出引脚。

第8章 串行通信

- 波特率可编程,可选择最高达 64 Kbps 的不同波特率。
- 数据字节格式:
  一个起始位;
  数据字节长度(1~8位)可编程;
  可选的奇校验、偶校验和无奇偶校验工作模式;
  可选择一个或者两个停止位。
- 4 个错误检测标志:奇偶校验、溢出、帧同步和中断检测。
- 两个唤醒多处理器模式:空闲线(idle_line)模式和地址位(address_bit)模式。
- 半双工和全双工工作模式。
- 双缓冲寄存器接收和发送功能。
- 通过中断或者查询标志位可以完成发送或接收操作。
- 独立的发送器和接收器中断使能位(BRKDT 除外)。
- 不归零(NRZ)格式。
- 13 个控制寄存器位于开始地址为 7050h 的控制寄存器结构中。

这个模块中的寄存器都是 8 位寄存器,与外设模块结构 2 相连。对这些寄存器进行访问时,数据存在低字节(位 7~0)中,高字节(位 15~8)读出值为 0,写高字节(位 15~8)无效。

F2808 芯片在 SCI 通信中增强的功能如下。

- 自动波特率检测硬件逻辑,可以自动识别 SCI 通信线上其他芯片使用的波特率,保证通信的波特率匹配智能化和自适应。
- 发送、接收各有 16 级的 FIFO 寄存器,保证 SCI 成组(16 个字节)数据通信不会占用 CPU 时间,可以一次写入发送的 16 个字节和接受 16 个字节后响应 SCI 通信。

图 8-2 为 SCI 模块的框图。

SCI 接口的配置和控制寄存器如表 8-1 和表 8-2 所列。

表 8-1　SCI-A 寄存器

寄存器名	地址范围	长度(×16位)	说明
SCICCR	0x7050	1	SCI-A 通信控制寄存器
SCICTL1	0x7051	1	SCI-A 控制寄存器 1
SCIHBAUD	0x7052	1	SCI-A 波特率寄存器,高位
SCILBAUD	0x7053	1	SCI-A 波特率寄存器,低位
SCICTL2	0x7054	1	SCI-A 控制寄存器 2
SCIRXST	0x7055	1	SCI-A 接收状态寄存器
SCIRXEMU	0x7056	1	SCI-A 接收仿真数据缓冲寄存器
SCIRXBUF	0x7057	1	SCI-A 接收数据缓冲寄存器
SCITXBUF	0x7059	1	SCI-A 发送数据缓冲寄存器
SCIFFTX	0x705A	1	SCI-A FIFO 发送寄存器
SCIFFRX	0x705B	1	SCI-A FIFO 接收寄存器
SCIFFCT	0x705C	1	SCI-A FIFO 控制寄存器
SCIPRI	0x705F	1	SCI-A 优先级控制寄存器

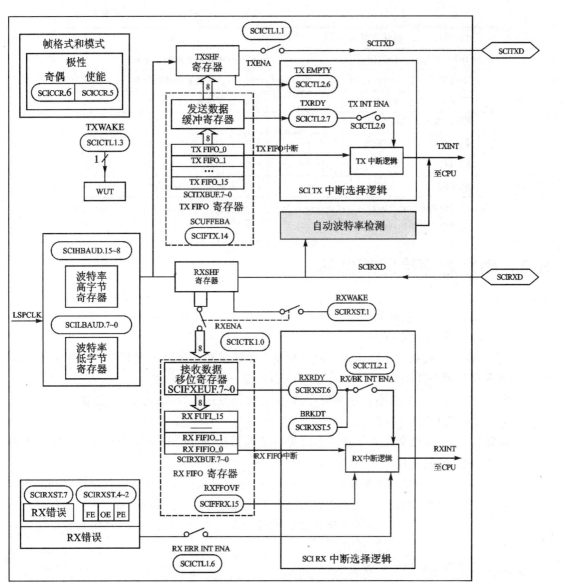

图 8-2 串行通信接口框图

表 8-2 SCI-B 寄存器

寄存器名	地址范围	长度(×16位)	说明
SCICCR	0x7750	1	SCI-B 通信控制寄存器
SCICTL1	0x7751	1	SCI-B 控制寄存器 1
SCIHBAUD	0x7752	1	SCI-B 波特率寄存器,高位
SCILBAUD	0x7753	1	SCI-B 波特率寄存器,低位
SCICTL2	0x7754	1	SCI-B 控制寄存器 2
SCIRXST	0x7755	1	SCI-B 接收状态寄存器

续表 8-2

寄存器名	地址范围	长度（×16位）	说 明
SCIRXEMU	0x7756	1	SCI-B 接收仿真数据缓冲寄存器
SCIRXBUF	0x7757	1	SCI-B 接收数据缓冲寄存器
SCITXBUF	0x7759	1	SCI-B 发送数据缓冲寄存器
SCIFFTX	0x775A	1	SCI-B FIFO 发送寄存器
SCIFFRX	0x775B	1	SCI-B FIFO 接收寄存器
SCIFFCT	0x775C	1	SCI-B FIFO 控制寄存器
SCIPRI	0x775F	1	SCI-B 优先级控制寄存器

注：所有的寄存器都映射到外设模块结构2(只允许16位寻址)。使用32位寻址模式访问时将会产生不可预知的结果。

8.2 串行通信接口的结构

串行通信接口 SCI 在全双工工作模式下的结构如图 8-2 所示，包括如下部分。

➢ 发送器（TX）及其寄存器。

TXSHF——数据发送移位寄存器。从发送数据缓冲寄存器（SCITXBUF）接收数据，并将数据移到 SCITXD 引脚上，每次移一位数据，硬件自动完成。

SCITXBUF——发送数据缓冲寄存器，保存需要发送的数据（由 CPU 装载）。

➢ 接收器（RX）及其寄存器。

RXSHF——接收移位寄存器。每次将一位数据从 SCIRXD 引脚上移至 RXSHF 寄存器中，硬件自动完成。

SCIRXBUF——接收数据缓冲寄存器。它保存 RXSHF 接收移位寄存器接收到的内容以供 CPU 读取接收数据。这些数据来源于其他处理器发出信息，通过串行通信接口移入 RXSHF 寄存器，然后加载至接收数据缓冲寄存器（SCIRXBUF）和仿真数据缓冲存器（SCIRXEMU）寄存器中。

➢ 一个可编程波特率发生器。

➢ 数据存储器映射控制和状态寄存器。

SCI 的接收器和发送器既可以独立工作，也可以同时工作。

8.2.1 串行通信接口的信号

串行通信接口 SCI 模块的信号有外部信号、控制信号和中断信号3种，如表 8-3 所列。

8.2.2 多处理器和异步通信模式

串行通信接口 SCI 有两个多处理器协议，它们分别是空闲线多处理器模式和地址位多处理器

表 8-3 SCI 模块信号

信号名称	说 明
外部信号	
RXD	SCI 异步串行接口接收数据
TXD	SCI 异步串行接口发送数据
控制信号	
Baud Clock	LSPCLK 前分频时钟
中断信号	
TXINT	发送中断
RXINT	接收中断

模式。这些协议允许在多处理器之间进行有效的数据传输。

串行通信接口 SCI 提供一种通用异步接收/发送通信模式(UART)，以便与许多通用外部设备接口。

8.2.3　串行通信接口可编程数据格式

串行通信接口 SCI 接收和发送数据都是不归零(NRZ)格式。如图 8-3 所示，包括：
- 一个起始位；
- 1~8 位数据；
- 一个奇偶校验位或者无奇偶校验位；
- 一个或者两个停止位；
- 区分数据和地址的附加位(第 9 位，只用于地址位模式)。

数据的基本单位为字符，它的长度是 1~8 位。数据的每个字符包括一个起始位、一个或者两个停止位、一个可选的奇偶校验位和一个地址位。数据的一个字符和它的格式信息组成一个帧，如图 8-3 所示。

图 8-3　典型的 SCI 数据帧格式

通过 SCI 通信控制寄存器(SCICCR)可以对数据格式进行编程。用于编程数据格式的位如表 8-4 所列。

表 8-4　使用 SCI 通信控制寄存器(SCICCR)编程数据格式

位	位名称	功　能
2~0	SCI CHAR2~0	选择字符(数据)长度(1~8 位)
5	PARITY ENABLE	置为 1，奇偶校验使能，否则禁止
6	EVEN/ODD PARITY	如果使能奇偶校验：1 选择偶校验；0 选择奇校验
7	STOP BITS	确定发送停止位：0 一位停止位；1 两位停止位

8.2.4　SCI 多处理器通信

多处理器通信格式允许一个处理器在同一串行通信线上与其他的处理器进行有效的数据块传输。在一个串行通信线上，在同一时刻只允许存在一个发送器。将发送数据的处理器称为发送节点，将要接收数据的处理器称为接收节点。

1. 地址字节

发送节点发送的信息块的第一个字节是一个地址字节。所有接收节点都读取该地址字节，只有接收的地址字节与接收节点的地址字节相符合时，才能产生中断。地址不正确的接收节点则保持不中断状态直到接收下一个地址字节。

2. SLEEP 位

串行通信线上的所有处理器都将 SCI SLEEP 位(SCI 控制寄存器 1(SCICTL1)的位 2)置为 1,这样它们就可仅仅在检测到地址字节时才会产生中断。当处理器读到的块地址与应用程序设置的控制器地址相同时,用户程序必须清除 SLEEP 位,使 SCI 模块在接收每个数据字节时都能产生中断。

虽然 SLEEP 位置为 1 时接收器会继续工作,但是,除了检测到地址字节和接收帧中的地址位置为 1(用于地址位模式)的情况外,SCI 模块不会将 RXRDY、RXINT 或者接收错误状态位置为 1。SCI 模块不会改变 SLEEP 位,所以它只能由用户程序更改。

处理器对地址字节的确认会根据多处理器模式选择的不同而改变。例如:

- 空闲线模式在地址位前留下一个适当的空间。这种模式没有额外的地址/数据位,因此当需处理的容量大于 10 字节时,它的效率要比地址位模式高。空闲线模式应该用于典型的非多处理器 SCI 通信。
- 地址位模式在每个字节中增加了一个额外位(地址位)用来辨别数据和地址。地址线模式在数据块之间没有等待状态,因此,它在处理多个小数据块时的效率比空闲线模式高。然而,在高传输速度下,由于程序的速度限制,不可避免地会在数据流中产生 10 位空闲状态。

可以通过 ADDR/IDLE MODE 位(SCI 通信控制寄存器(SCICCR)的位 3)来选择多处理器模式。两种模式都使用 TXWAKE 位(SCI 控制寄存器 1(SCICTL1)的位 3)、RXWAKE 标志位(SCI 接收状态寄存器(SCIRXST)的位 1)和 SLEEP 标志位(SCI 控制寄存器 1(SCICTL1)的位 2)来控制 SCI 发送器和接收器。

3. 两种多处理器模式的接收顺序

- 接收一个地址块时,SCI 接口唤醒并且申请中断(此时必须将 SCI 控制寄存器 2(SCICTL2)的 RX/BK INT ENA 位置为 1,使能中断)。然后,它将读取该块的第一帧,这个帧包含有目标地址。
- 执行中断服务程序,测试输入地址,将这个地址字节与存在存储器中处理器地址字节相比较。
- 如果测试结果表示该块地址与存储的处理器地址相同,则清除 SLEEP 位,并且读取该块以后余下的数据。反之,则保持 SLEEP 位为 1,退出程序,并且不接受中断直到下一个地址块。

8.2.5 空闲线多处理器模式

在空闲线多处理器协议中(ADDR/IDLE MODE=0),数据块与数据块之间通过比数据块内部帧与帧之间的空闲时间长得多的空闲时间来区分开。空闲线协议通过在某一帧之后使用 10 位或更多的空闲时间来指示一个新数据块的起始。空闲线多处理器通信格式如图 8-4 所示。

1. 空闲线模式的执行步骤

① 收到块起始位后唤醒 SCI。

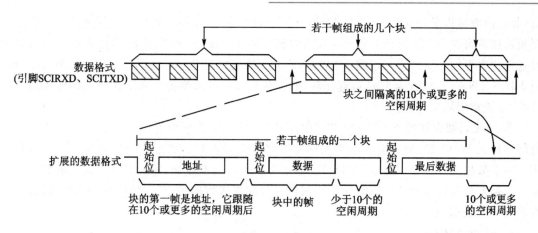

图 8-4 空闲线多处理器通信格式

② 处理器识别下一个 SCI 中断。
③ 中断服务程序将接收到的地址与自己存储的地址进行比较。
④ 如果地址相同,即本处理器已寻址到,则中断服务程序清除 SLEEP 位,并且接收该地址块余下的数据部分。
⑤ 如果地址不相同,则保持 SLEEP 位为 1。这将允许在 SCI 接口检测到下一个地址块起始信号前,CPU 不会产生中断。

2. 块起始信号

传送块起始信号可以有两种模式:
- 通过延长上一块的最后一个数据帧与下一块的地址帧之间的时间,人为地产生一段 10 位或更长的空闲时间。
- SCI 在向发送数据缓冲寄存器(SCITXBUF)写数据之前先将 TXWAKE 位(SCI 控制寄存器 1 SCICTL1 的位 3)置为 1,这样会发送一个准确的 11 位空闲时间。在这种模式中,串行通信线就不会产生不必要的空闲时间(在设置 TXWAKE 位之后,发送地址之前,需要将一个任意的字节写到发送数据缓冲寄存器(SCITXBUF)中以便 SCI 接口送出空闲时间)。

3. 唤醒标志位(WUT)

WUT 位与 TXWAKE 位相关。WUT 位是一个内部标志位,并且与 TXWAKE 位一起构成双缓冲结构。当数据发送移位寄存器(TXSHF)从 SCI 发送数据缓冲寄存器(SCITXBUF)中加载数据时,TXWAKE 位的内容就会加载至 WUT 位中,同时 TXWAKE 位清零。这种配置如图 8-5 所示。

发送块起始信号:为了在数据块发送顺序中送出一个长度为一帧的起始信号,需要按以下步骤操作。

① 向 TXWAKE 位写入 1。
② 为了发送块起始信号,必须向发送数据缓冲寄存器(SCITXBUF)写入一个数据字

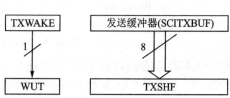

图 8-5 WUT、TXSHF 双缓冲结构

节(数据内容可以是任何值)。当块起始信号发出时,所写的第一个数据字节无效。当释放数据发送移位寄存器(TXSHF)后,SCI 发送数据缓冲寄存器(SCITXBUF)的内容就会移入数据发送移位寄存器(TXSHF),也将 TXWAKE 位的值复制至 WUT 位,最后清除 TXWAKE 位。由于将 TXWAKE 位置为 1,所以起始位、数据位和奇偶校验位将会紧跟在上一帧停止位后发送的 11 位空闲周期所替代。

③ 向发送数据缓冲寄存器(SCITXBUF)写入一个新的地址值。为了使 TXWAKE 位的值能够移入 WUT 位,则需要将一个无用数据字节先写入发送数据缓冲寄存器(SCITXBUF)中。由于数据发送移位寄存器(TXSHF)和 WUT 位都是双缓冲,所以当这个无效的数据字节移入数据发送移位寄存器(TXSHF)后,用户可以向发送数据缓冲寄存器(SCITXBUF)再写入需要发送的数据。

4. 接收器操作

串行通信接口 SCI 接收器的工作不依赖于 SLEEP 位的状态。然而,除非检测到地址帧,否则接收器既不会设置 RXRDY 位和其他错误状态位,也不会发出接收中断请求。

8.2.6 地址位多处理器模式

在地址位通信协议中(ADDR/IDLE MODE=1),帧信息的最后一个数据位后紧跟着一个称之为地址位的附加位。在数据块中,第一个帧的地址位置为 1,其他帧的地址位都要清零。空闲周期的时序与此无关,如图 8-6 所示,ADDR/IDLE MODE 位是 SCI 通信控制寄存器(SCICCR)的位 3。

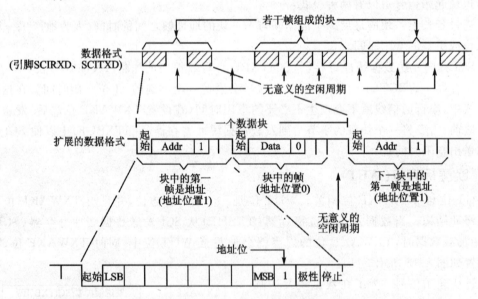

图 8-6 地址位多处理器通信格式

TXWAKE 位的值将会放置到地址位中。在数据发送过程中,当发送数据缓冲寄存器(SCITXBUF)和 TXWAKE 位中的值分别加载至数据发送移位寄存器(TXSHF)和 WUT 位后,TXWAKE 位会复位为 0,而 WUT 位中的值就是当前帧的地址位。为了发送一个地址,可以按以下步骤操作:

① TXWAKE 位置为 1,写适当的地址值到 SCI 发送数据缓冲寄存器(SCITXBUF)。当地址值写到数据发送移位寄存器(TXSHF)时,地址位的值为 1 并发送出去。这种串行通信线上其他处理器就可以根据地址位为 1 而知道发送的 8 位数据是地址。

② 数据发送移位寄存器(TXSHF)和 WUT 位加载后,向 SCI 发送数据缓冲寄存器(SCITXBUF)和 TXWAKE 位写入值,由于数据发送移位寄存器(TXSHF)和 WUT 位是双缓冲结构,因此可以立即写入 SCI 发送数据缓冲寄存器(SCITXSUF)和 TXWAKE 位。

③ TXWAKE 位保持为 0,发送数据帧。

注:在一般情况下,地址位格式用于传送 11 字节或者更少的数据帧。这种格式需要在发送的所有数据字节中加入一个额外位(1 对应于地址帧,0 对应于数据帧)。空闲线格式通常用于发送 12 字节或者更多的数据帧。

8.2.7 SCI 通信格式

SCI 异步通信采用半双工或全双工通信方式。在这种模式下,每一帧都由 1 个起始位、1~8 个数据位、1 个可选的奇偶校验位和 1~2 个停止位组成,如图 8-7 所示。每个数据位有 8 个 SCICLK 周期。

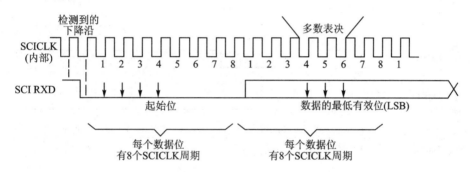

图 8-7 SCI 异步通信格式

收到一个有效的起始信号后,接收器开始工作。一个有效的起始位是通过 4 个连续的内部 SCICLK 周期识别到零来确认,如图 8-7 所示。如果任何一位不是 0,则处理器停止启动过程,并且开始寻找下一个起始位。

对于紧跟在起始位后的位,处理器通过对每个位的中间 3 次采样值来确定该位的值。这些采样分别出现在第 4 个、第 5 个和第 6 个时钟周期,而且根据多数表决法(3 取 2)原则确定该位的值。图 8-7 为异步通信格式示意图,图中详细解释了如何查找起始位以及多数表决原则执行所处的位置。

由于接收器自动与帧同步,所以外部发送和接收器件都不需要使用同步串行时钟。同步串行时钟可以由处理器各自产生。

图 8-8 为接收器信号时序的一个例子,在例中做了以下假设:
➢ 地址位唤醒模式(地址位不会出现在空闲线模式中)。
➢ 每个字符由 6 位组成。

图 8-9 是发送器信号时序图的一个例子。本例需要做以下假设:
➢ 地址位唤醒模式(地址位不会出现在空闲线模式中)。
➢ 每个字符包含 3 个位。

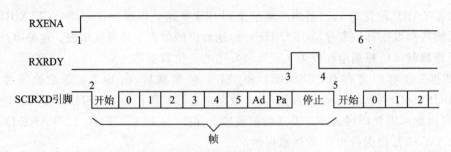

注：(1) RXENA 标志位(SCI 控制寄存器 1(SCICTL1)的位 0)置为 1，使能接收器。
(2) 数据到达 SCIRXD 引脚，检测到起始位。
(3) 数据从 RXSHF 移至接收缓冲寄存器(SCIRXBUF)，申请中断。RXRDY 标志位(SCI 接收状态寄存器(SCIRXST)的位 6)置为 1，表示接收到一个新的字节。
(4) 程序读接收数据缓冲寄存器(SCIRXBUF)，RXRDY 标志位自动清零。
(5) SCIRXD 引脚接收到新的数据字节，检测到起始位，然后清除。
(6) RXENA 清零，禁止接收器。RXSHF 寄存器继续接收并组合成数据，但是不会将数据传送到接收缓冲寄存器。

图 8-8　通信模式中 SCIRX 信号时序图

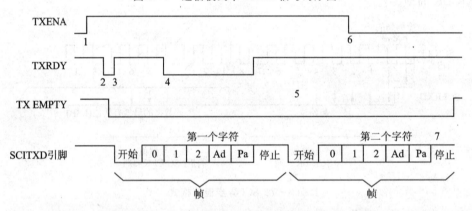

注：(1) TXENA(SCI 控制寄存器 1(SCICTL1)的位 1)位置为 1，使能发送器，发送数据。
(2) 写数据到发送数据缓冲寄存器(SCITXBUF)中，发送器非空，TXRDY 标志清零。
(3) SCI 发送器将数据传送到数据发送移位寄存器(TXSHF)，发送器准备接收第 2 个字符(TXRDY 置为 1)，并且申请中断(当 TX INT ENA 位置为 1，使能中断)。
(4) 在 TXRDY 置为 1 后，程序将第 2 个字符写入发送数据缓冲寄存器(SCITXBUF)(当第 2 个字符写入到发送数据缓冲寄存器(SCITXBUF)后，会再次清除 TXRDY)。
(5) 第 1 个字符发送完毕，开始传第 2 个字符传送至数据发送移位寄存器(TXSHF)。
(6) TXENA 位清零，禁止发送器；SCI 完成当前字符的发送。
(7) 第 2 个字符发送完毕，发送空，并已经为发送新的字符做好准备。

图 8-9　通信模式中 SCITX 信号时序图

8.2.8　串行通信接口中断

　　串行通信接口 SCI 的接收器和发送器都能产生中断。SCI 控制寄存器 2(SCICTL2)中包含一个标志位 TXRDY，它用于指示当前中断的状态。同时 SCI 接收状态寄存器(SCIRXST)也包含两个中断标志位(RXRDY 和 BRKDT)和一个 RX ERROR 中断标志(由 FE、OE 和 PE 等条件进行逻辑或产生)。发送器和接收器分别拥有各自的中断使能位。当禁止中断时，虽然

SCI 模块不会向 CPU 申请中断，但中断标志仍然有效，中断标志可以反映发送或接收的状态。

串行通信接口 SCI 接收器和发送器都有各自的中断向量。中断申请既可设置为高优先级也可以设置为低优先级，这由 SCI 模块向 PIE 控制器送出的优先级标志位确定。当 RX 和 TX 中断都分配在同一个优先级时，为了减小发生接收溢出的概率，接收器中断总是比发送器中断的优先级高。

① 如果 RX/BK INT ENA 位(SCI 控制寄存器 2(SCICTL2)的位 1)置为 1，则当以下事件之一发生时，接收器会发出中断请求：

> SCI 收到一个完整的帧，并且将 RXSHF 寄存器中的数据送到接收数据缓冲寄存器 (SCIRXBUF)，将 RXRDY 标志位(SCI 接收状态寄存器(SCIRXST)的位 6)置为 1，发出一个中断请求。

> 通信中断检测条件产生(在丢失停止位后，SCIRXD 变低超过 10 个位周期)，将 BRKDT 标志位(SCI 接收状态寄存器(SCIRXST)的位 5)置为 1，发出一个中断请求。

② 如果 TX INT ENA 位(SCI 控制寄存器 2(SCICTL2)的位 0)置为 1，无论什么时候将发送数据缓冲寄存器(SCITXBUF)中的数据传送到数据发送移位寄存器(TXSHF)中，发送器都会发出中断请求，此时表示现在 CPU 可以将新数据写入到 SCI 发送数据缓冲寄存器 (SCITXBUF)中。这个操作将 TXRDY 标志位(SCI 控制寄存器 2(SCICTL2)的位 7)置为 1，发出一个中断请求。

注：可以由 RX/BK INT ENA 位(SCICTL3 寄存器的位 1)控制 RXRDY 和 BRKDT 引起的中断。可以由 RX ERR INT ENA 位(SCI 控制寄存器 1(SCICTL1)的位 6)控制 RX ERROR 位引起的中断。

8.2.9 SCI 波特率计算

SCI 串行时钟由低速外设模块时钟(LSPCLK)和波特率选择寄存器确定。在给定的 LSPCLK 下，SCI 通过波特率选择寄存器组成的 16 位值从 64K 个不同的串行时钟波特率中选择一个。

SCI 波特率计算可以参见 8.3 节中波特率选择寄存器的介绍，那里会对寄存器的每个位进行详细说明，并解释计算所需公式。

8.2.10 串行通信接口的增强特性

F2808 的 SCI 具有自动波特率检测和 FIFO 发送/接收特性。

以下步骤可以清楚地解释 FIFO 发送/接收特性的特点，有助于对具有 FIFO 的串行通信接口编程的理解和应用。

① 复位状态：系统复位时，SCI 会自动进入标准 SCI 模式，而禁止 FIFO 功能。FIFO 寄存器组 SCIFIFO 发送寄存器(SCIFFTX)、SCIFIFO 接收寄存器(SCIFFRX)和 SCIFIFO 控制寄存器(SCIFFCT)保持为无效状态。

② 标准 SCI：标准 SCI 模式是标准 F24x SCI 模式。模块的中断源是 TXINT/RXINT 中断。

③ FIFO 使能：通过设置 SCIFIFO 发送寄存器(SCIFFTX)中的 SCIFFEN 位来使能 FIFO 模式。在程序运行的任何时候都可以通过 SCIRST 来复位 FIFO 模式。

④ 寄存器有效性：所有的 SCI 寄存器和 SCI FIFO 寄存器组(SCIFIFO 发送寄存器(SCIFF-

TX)、SCIFIFO 接收寄存器(SCIFFRX)和 SCIFIFO 控制寄存器(SCIFFCT)都是有效的。

⑤ 中断：FIFO 模式有两个中断，一个是用于 FIFO 发送的 TXINT 中断，另外一个是用于 FIFO 接收的 RXINT 中断。RXINT 是 SCI 的 FIFO 接收、接收错误和 FIFO 接收溢出共用的中断。禁止标准 SCI 的 TXINT 发送中断，将该中断用于 FIFO 发送的中断。

⑥ 缓冲：发送和接收缓冲寄存器有两个 16 级的 FIFO 寄存器。FIFO 发送寄存器为 8 位宽，而 FIFO 接收寄存器为 10 位宽。标准 SCI 的单字发送缓冲寄存器在 FIFO 发送寄存器和数据发送移位寄存器(TXSHF)之间，相当于一个临时缓冲寄存器。当数据发送移位寄存器(TXSHF)的最后一位移出时，单字发送缓冲寄存器才会从 FIFO 发送寄存器装载数据。当 FIFO 使能时，数据发送移位寄存器(TXSHF)在可编程的延时值(在 SCIFIFO 控制寄存器(SCIFFCT)中)后直接从 FIFO 发送寄存器加载，而不使用 TXBUF。

⑦ 延时传送：转移 FIFO 中每个字节到发送移位寄存器的速率是可编程的。SCIFIFO 控制寄存器(SCIFFCT)的位 7～0(FFTXDLY7～FFTXDLY0)定义了字节间转移的延时。这个延时是以 SCI 波特率时钟周期来计数的。8 位的寄存器可以定义最小延时为 0 个波特率时钟周期和最大延时为 256 个波特率时钟周期。当设置为零延时时，SCI 模块能够在连续模式下，随着 FIFO 中的字节一个接一个移出的同时将数据发送出去。当设置为 256 个时钟周期延时时，SCI 模块能够在连续模式下，随着 FIFO 中的字节以每字节间 256 波特率时钟周期延时移出。这种可编程的延时模式有利于在与慢速 UART 设备通信时减少 CPU 的干预时间。

⑧ FIFO 的状态位：FIFO 发送、接收均有状态位 TXFFST 和 TXFFST(位 12～0)，这些位限定了 FIFO 在任何时候可用字节的数目。当 FIFO 发送复位位 TXFIFO 和接收复位位 TXFIFO 清零时，FIFO 的指针归零。一旦这些位置为 1 时，FIFO 就会继续工作。

⑨ 可编程的中断触发位：FIFO 接收和发送都可以产生 CPU 中断，并且可编程设置几种触发中断位。只要 FIFO 发送状态位 TXFFST(位 12～8)小于或等于中断触发位 TXFFIL(位 4～0)的设置值，就会产生中断。这就为 SCI 的发送和接收部分提供了中断触发可编程的条件。这些触发位的默认值分别是 0x11111(FIFO 接收)和 0x00000(FIFO 发送)，这样的默认设置可以保证不会产生中断。

图 8-10 和表 8-5 解释了在非 FIFO/FIFO 模式下 SCI 中断的操作及配置。

表 8-5 SCI 中断标志

FIFO 选择	SCI 中断源	中断标志	中断使能	FIFO 使能 SCIFFENA	中断输入
SCI 没有 FIFO	接收错误	RXERR	RXERRINTENA	0	RXINT
	接收间断	BRKDT	RX/BKINTENA	0	RXINT
	数据接收	RXRDY	RX/BKINTENA	0	RXINT
	空发送	TXRDY	TXINTENA	0	TXINT
SCI 有 FIFO	接收错误和接收间断	RXERR	RXERRINTENA	1	RXINT
	FIFO 接收	RXFFIL	RXFFIENA	1	RXINT
	空发送	TXFFIL	TXFFIENA	1	TXINT
自动波特率	自动波特率检测	ABD	无关	x	TXINT

注：(1) BRKDT、FE、OE、PE 等标志可以被 RXERR 置为 1。在 FIFO 模式下，BRKDT 只能通过 RXERR 标志产生中断。

(2) 在 FIFO 模式下，可以在设置的延时后直接加载数据发送移位寄存器(TXSHF)。不使用 TXBUF。

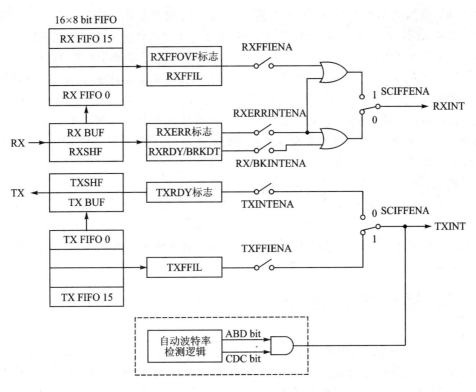

图 8 − 10 SCI FIFO 中断标志和使能逻辑

大部分 SCI 模块内的硬件都设有自动波特率检测逻辑电路。多个处理器要由 SCI 连接在一起,这些 SCI 模块的波特率与处理器的时钟频率相关,处理器的时钟频率由锁相环 PLL 的复位值确定,因此处理器的时钟常常不一致。在 F2808 芯片的 SCI 模块的增强功能中,支持硬件的自动波特率检测功能,以满足上述应用需求。

以下介绍自动波特率检测的增强功能。

SCIFIFO 控制寄存器(SCIFFCT)中的 ABD 和 CDC 位控制着自动波特率检测功能。当使能 SCIRST 位时,将使能自动波特率检测电路工作。

当 CDC 为 1 时,如果 ABD 已置为 1,则表示自动波特率已校准,就会发出 FIFO 发送中断(TXINT)。中断服务程序必须软件清零 CDC 位。如果在中断服务结束后 CDC 仍为 1,将不再产生下一次中断。

自动波特率检测步骤如下:

第 1 步:SCIFIFO 控制寄存器(SCIFFCT)位 13 的 CDC 位置为 1,通过对 SCIFIFO 控制寄存器(SCIFFCT)位 14 的 ABD CLR 位写入 1 来使 ABD(位 15)清零,以使能自动波特率检测模式。

第 2 步:初始化波特率寄存器,使其为 1 或把波特率限制在 500 Kbps 内。

第 3 步:允许 SCI 以期望的波特率从主机中接收字符 A 或 a。如果第一个字符是 A 或 a,自动波特率检测硬件将检测这个输入的波特率,然后将 ABD 位置为 1。

第 4 步:自动波特率检测硬件以相应的十六进制数更新波特率寄存器,并产生一个 CPU 中断。

第 5 步：作为对中断的响应，写入 1 到 SCIFIFO 控制寄存器（SCIFFCT）位 14 的 ABD CLR 位，清零 ADB 位；写入 0 到 CDC 将其清零，使下一个自动波特率锁定功能失效。

第 6 步：读出接收缓冲寄存器中字符 A 或 a，清空缓冲寄存器和清除缓冲寄存器状态。

第 7 步：当 CDC 为 1 时，对 ABD 置为 1，表示自动波特率校准有效，将发出 FIFO 发送中断。中断服务结束后，必须用软件将 CDC 位清零。

注：在较高的波特率情况下，发送器的性能将影响输入数据的转换速率。当一般的串行通信接口工作正常时，该转换速率会受限于较高的波特率（典型值超过 100 Kbps）进行自动波特率检测的可靠性，并引起自动波特率检测特性失效。

为了避免上述情况，推荐如下方法：

- 在主机和 F2808 的 SCI 引导程序（bootloader）之间使用一个较低波特率来实现波特率锁定。
- 然后主机与 F2808 可以用握手信号来设置 SCI 的波特率寄存器以获得期望的较高的波特率。

8.3 串行通信寄存器概述

串行通信接口 SCI 的功能可以通过软件进行配置。对 SCI 的寄存器控制位进行编程后，可以初始化 SCI 到期望的通信格式，包括工作模式和协议、波特率、字符长度、奇偶校验、极性、停止位数以及中断优先级和中断使能。

通过寄存器来控制和访问串行通信接口 SCI，这些寄存器列在表 8-6 和表 8-7 中。

表 8-6 SCI-A 寄存器

寄存器	地　址	位数（×8 位）	说　明
SCICCR	0x7050	1	SCI-A 通信控制寄存器
SCICTL1	0x7051	1	SCI-A 控制寄存器 1
SCIHBAUD	0x7052	1	SCI-A 波特率寄存器，高位
SCILBAUD	0x7053	1	SCI-A 波特率寄存器，低位
SCICTL2	0x7054	1	SCI-A 控制寄存器 2
SCIRXST	0x7055	1	SCI-A 接收状态寄存器
SCIRXEMU	0x7056	1	SCI-A 接收仿真数据缓冲寄存器
SCIRXBUF	0x7057	1	SCI-A 接收数据缓冲寄存器
SCITXBUF	0x7059	1	SCI-A 发送数据缓冲寄存器
SCIFFTX	0x705A	1	SCI-A FIFO 发送寄存器
SCIFFRX	0x705B	1	SCI-A FIFO 接收寄存器
SCIFFCT	0x705C	1	SCI-A FIFO 控制寄存器
SCIPRI	0x705F	1	SCI-A 优先级控制寄存器

* 表中阴影部分的寄存器工作在增强模式下。

表 8-7 SCI-B 寄存器

寄存器	地址	位数（×8 位）	说明
SCICCR	0x7750	1	SCI-B 通信控制寄存器
SCICTL1	0x7751	1	SCI-B 控制寄存器 1
SCIHBAUD	0x7752	1	SCI-B 波特率寄存器,高位
SCILBAUD	0x7753	1	SCI-B 波特率寄存器,低位
SCICTL2	0x7754	1	SCI-B 控制寄存器 2
SCIRXST	0x7755	1	SCI-B 接收状态寄存器
SCIRXEMU	0x7756	1	SCI-B 接收仿真数据缓冲寄存器
SCIRXBUF	0x7757	1	SCI-B 接收数据缓冲寄存器
SCITXBUF	0x7759	1	SCI-B 发送数据缓冲寄存器
SCIFFTX	0x775A	1	SCI-B FIFO 发送寄存器
SCIFFRX	0x775B	1	SCI-B FIFO 接收寄存器
SCIFFCT	0x775C	1	SCI-B FIFO 控制寄存器
SCIPRI	0x0000~0x775F	1	SCI-B 优先级控制寄存器

注：表中阴影部分的寄存器工作在增强模式下。

1. SCI 通信控制寄存器(SCICCR)——地址 7050h

SCI 通信控制寄存器(SCICCR)定义用于 SCI 的字格式、协议和通信模式。

7	6	5	4	3	2	1	0
STOPBITS	EVEN/ODD PARITY	PARITY ENABLE	LOOPBACK ENA	ADDR/IDLE MODE	SCICHAR2	SCICHAR1	SCICHAR0

R/W-0

位 7　　STOP BITS：SCI 停止位的个数,它指定发送的停止位个数,接收器只检测一个停止位。

　　　　0　一个停止位；1　两个停止位。

位 6　　PARITY：SCI 奇偶校验选择位。

　　　　当位 5 置为 1 时,本位选择是偶校验还是奇校验。

　　　　0　奇校验；1　偶校验。

位 5　　PARITY ENABLE：SCI 奇偶校验使能位。如果 SCI 处于地址位多处理器模式(通过位 3 设置),则地址位也包含在极性计算范围内。对于少于 8 位的字符,余下未用的位不包含在极性计算范围内。

　　　　0　禁止奇/偶校验(在发送或接收过程中不产生奇偶校验位)；

　　　　1　使能奇/偶校验功能。

位 4　　LOOP BACK ENA：自测试模式使能位。使能后 Tx 引脚在内部连接到 Rx 引脚。

　　　　0　禁止自测试模式；1　使能自测试模式。

位 3　　ADD/IDLE MODE：SCI 多处理器模式选择位。该位选择多处理器通信协议。多处理器通信和其他通信模式是不同的,因为它使用了 SLEEP 位和

TXWAKE 位的功能(分别是 SCI 控制寄存器 1(SCICTL1)的位 2 和位 3)。地址位模式在每帧中增加了一个额外的位。通用的通信就用空闲线模式。

0　选择空闲线模式；1　选择地址位模式。

位 2~0　SCI CHAR2~0：字符长度选择位。这些位选择 SCI 的字符长度，可选 1~8 位。长度少于 8 位的字符在接收数据缓冲寄存器(SCIRXBUF)和仿真数据缓冲寄存器(SCIRXEMU)中以右对齐方式保存，在接收数据缓冲寄存器(SCIRXBUF)中空位用 0 来填补。发送数据缓冲寄存器(SCITXBUF)不需要用 0 填补。字符的长度选择情况如下：

SCI CHAR2	SCI CHAR1	SCI CHAR0	字符长度(位数)
0	0	0	1
0	0	1	2
0	1	0	3
0	1	1	4
1	0	0	5
1	0	1	6
1	1	0	7
1	1	1	8

2. SCI 控制寄存器 1(SCITL1)——地址 7051h

SCI 控制寄存器 1(SCITL1)控制接收/发送的使能、TXWAKE 位和 SLEEP 位的功能，以及 SCI 软件重启动。

7	6	5	4	3	2	1	0
保留	RX ERR INT ENA	SW RESET	保留	TXWAKE	SLEEP	TXENA	RXENA
R-0	R/W-0	R/W-0	R-0	R/S-0	R/W-0	R/W-0	R/W-0

注：S=只能置位操作。

位 7　保留位。

位 6　RX ERR INT ENA：SCI 接收错误中断使能位。如果该位置为 1，当接收发生错误时 RX ERROR 位(SCI 接收状态寄存器(SCIRXST)的位 7)置为 1，并使能接收错误中断。

0　禁止接收错误中断；1　使能接收错误中断。

位 5　SW RESET：SCI 软件复位位(低电平有效)。该位写入 0 来初始化 SCI 状态机和复位标志(寄存器 SCICTL2 和 SCI 接收状态寄存器(SCIRXST))到复位状态。SW RESET 位不影响配置位。受影响的所有逻辑都保持固定的复位状态直至写入 1 到 SW RESET 位。系统复位后，应将该位置为 1 来重新使能 SCI。当接收间断检测标志位 BRKDT(SCI 接收状态寄存器(SCIRXST)的位 5)置为 1 后，将清除 SW RESET 位。SW RESET 影响 SCI 的标志，但它既不影响配置位，也不恢复复位。一旦 SW RESET 清零，标志位就被固定直到 SW RESET 位置为 1。影响的标志位如下：

SCI 标志	寄存器位	SW RESET 后的值
TXRDY	SCICTL2，位 7	1
TX EMPTY	SCICTL2，位 6	1
RXWAKE	SCIRXST，位 1	0
PE	SCIRXST，位 2	0
OE	SCIRXST，位 3	0
FE	SCIRXST，位 4	0
BRKDT	SCIRXST，位 5	0
RXRDY	SCIRXST，位 6	0
RX ERROR	SCIRXST，位 7	0

位 4　保留位。读出值为 0，写入操作无效。

位 3　TXWAKE：SCI 发送器唤醒方法选择位。TXWAKE 位控制数据发送特性的选择，而这取决于由 ADDR/IDL MODE 位（SCI 通信控制寄存器（SCICCR）的位 3）指定的发送模式（空闲线模式或地址位模式）。

　　0　没有指定发送特性；

　　1　指定的发送特性取决于空闲线模式或地址位模式。

　　在空闲线模式下：写入 1 到 TXWAKE 位，然后将数据写入发送数据缓冲寄存器（SCITXBUF），产生一个 11 个数据位的空闲周期。

　　在地址位模式下：写入 1 到 TXWAKE 位，然后将数据写入发送数据缓冲寄存器（SCITXBUF），产生一个地址位为 1 的帧。

　　不能用 SW RESET 位来清除 TXWAKE 位；可以通过系统复位或发送 TXWAKE 位到 WUT 位来清除。

位 2　SLEEP：SCI 休眠模式位。在多处理器配置中，该位控制接收器的休眠功能。清除该位将使 SCI 脱离休眠模式。SLEEP 位置为 1 时，接收器继续工作。但是，不会更新接收器缓冲就绪位 RXRDY（SCI 接收状态寄存器（SCIRXST）的位 6），或错误状态位（SCI 接收状态寄存器（SCIRXST）的位 5～2，即 BRKDT、FE、OE 和 PE），除非检测到地址字节。当检测到地址字节时，不会清除 SLEEP 位。

　　0　禁止休眠模式；1　使能休眠模式。

位 1　TXENA：SCI 发送使能位。仅当 TXENA 置为 1 时，数据才能从 SCITXD 引脚上发送出去。如果复位，则把已写入到发送数据缓冲寄存器（SCITXBUF）中的数据发送完后才停止发送。

　　0　禁止发送；1　使能发送。

位 0　RXENA：SCI 接收使能位。从 SCIRXD 引脚上接收到的数据送到接收移位寄存器，然后再送到接收缓冲寄存器。该位使能或禁止接收移位寄存器送到接收缓冲寄存器。清除 RXENA 就停止了接收移位寄存器将接收到的数据送到接收缓冲寄存器的操作，还停止了接收中断的产生。但是，接收移位寄存器（RXSHF）仍可以继续组合 SCIRXD 引脚上的数据。因此,如果在接收一个字符期间将 RXENA 置为 1,则完整的字符将送到接收数据缓冲寄存器(SCIRXBUF)和仿真数据缓冲寄存器(SCIRXEMU)中。

- 0 禁止将接收到的字符送到接收数据缓冲寄存器(SCIRXBUF)和仿真数据缓冲寄存器(SCIRXEMU);
- 1 使能将接收到的字符送到接收数据缓冲寄存器(SCIRXBUF)和仿真数据缓冲寄存器(SCIRXEMU)。

3. 波特率选择高字节寄存器(SCIHBAUD)和低字节寄存器(SCILBAUD)

波特率选择高字节寄存器(SCIHBAUD)和低字节寄存器(SCILBAUD)内的值确定了 SCI 的波特率。

15	14	13	12	11	10	9	8
BAUD15(MSB)	BAUD14	BAUD13	BAUD12	BAUD11	BAUD10	BAUD9	BAUD8

R/W-0

7	6	5	4	3	2	1	0
BAUD7	BAUD6	BAUD5	BAUD4	BAUD3	BAUD2	BAUD1	BAUD0(LSB)

R/W-0

位 15~0 BAUD15~BAUD0:SCI 的 16 位波特率选择位。SCIHBAUD(高字节)和 SCILBAUD(低字节)连接在一起形成 16 位波特率值,即 BRR。

内部产生的串行时钟由外设低速时钟(LSPCLK)和这两个波特率选择寄存器确定。对于不同的通信模式,SCI 用这些寄存器中的 16 位值来从 64K 个串行时钟频率中进行选择。SCI 波特率的计算公式如下:

$$SCI \text{ 异步波特率} = LSPCLK/[(BRR+1) \times 8]$$

所以: $BRR = LSPCLK/(SCI \text{ 异步波特率} \times 8) - 1$

注:上式只适用于 $1 \leqslant BRR \leqslant 65\,535$ 的情况。

当 BRR=0 时,则 SCI 异步波特率=LSPCLK/16。

这里 BRR 等于波特率选择寄存器的 16 位值(用十进制表示)。

4. SCI 控制寄存器 2(SCICTL2)——地址 7054h

7	6	5	4	3	2	1	0
TXRDY	TXEMPTY	保留				RX/BK INT ENA	TX INT ENA
R-1	R-1	R-0				R/W-0	R/W-0

位 7 TXRDY:发送缓冲寄存器准备就绪标志位。当该位置 1 时,表示发送数据缓冲寄存器(SCITXBUF)已准备好接收另一个字符。写数据到发送数据缓冲寄存器(SCITXBUF)的操作将自动清除该位。如果中断使能位 TX INT ENA(SCI 控制寄存器 2(SCICTL2)的位 0)置 1,则当 TXRDY 置 1 时,将发出一个发送器中断请求。通过使能 SW RESET 位或系统复位来置 TXRDY 位为 1。

- 0 SCI 发送数据缓冲寄存器(SCITXBUF)满;
- 1 SCI 发送数据缓冲寄存器(SCITXBUF)空,准备接收下一个数据。

位 6   TX EMPTY：发送器空标志位。该标志位表示 SCI 发送数据缓冲寄存器
            (SCITXBUF)和数据发送移位寄存器(TXSHF)的内容情况。一个有效的
            SW RESET 或系统复位会将该位置 1。该位不会产生中断请求。
                0   发送数据缓冲寄存器(SCITXBUF)、数据发送移位寄存器(TXSHF)或两
                     者都装入了数据；
                1   发送数据缓冲寄存器(SCITXBUF)和数据发送移位寄存器(TXSHF)
                     都空。
位 5~2   保留位。
位 1   RX/BK INT ENA：接收缓冲寄存器/间断中断使能位。该位控制由 RXRDY
            或 RBKDT 标志位置 1 引起的中断请求。然而，RX/BK INT ENA 并不阻止
            这些标志位置 1。
                0   禁止 RXRDY/BRKDT 中断；1   使能 RXRDY/BRKDT 中断。
位 0   TX INT ENA：发送缓冲寄存器(SCITXBUF)中断使能位。该位控制
            TXRDY 标志位引起的中断，但是，并不阻止 TXRDY 标志位的置 1。
                0   禁止 TXRDY 中断；1   使能 TXRDY 中断。

5. SCI 接收状态寄存器(SCIRXST)——地址 7055h

SCI 接收状态寄存器(SCIRXST)包含 7 位接收器的状态标志(其中两个可以产生中断请求)。每当一个完整的字符传送到仿真数据缓冲寄存器(SCIRXEMU)和接收数据缓冲寄存器(SCIRXBUF)时，这些标志位都将及时更新。

7	6	5	4	3	2	1	0
RX ERROR	RXRDY	BRKDT	FE	OE	PE	RXWAKE	保留
			R-0				

位 7   RX ERROR：SCI 接收器错误标志位。RX ERROR 标志位置 1 表示接收状态寄
            存器中的一个错误。RX ERROR 是间断检测、帧错误、溢出和奇偶校验错误使能
            等标志位的逻辑"或"。如果 RX ERR INT ENA(SCI 控制寄存器 1(SCICTL1)的
            位 6)为 1，则该位置 1 时，将产生中断。这一位可用来在中断服务程序中快速检测
            错误条件。不能直接清除该错误标志位，由 SW RESET 位或系统复位来清除。
                0   无错误置位标志；1   有错误置位标志。
位 6   RXRDY：SCI 接收器准备就绪标志位。当接收数据缓冲寄存器(SCIRXBUF)中
            的一个新字符已准备好并读出时，接收器对该位置 1，这时如果 RX/BK INT ENA
            位(SCI 控制寄存器 2(SCICTL2)的位 1)是 1，则产生接收中断。可通过读接收数
            据缓冲寄存器(SCIRXBUF)、SW RESET 位或系统复位来清除 RXRDY 位。
位 5   BRKDT：SCI 间断检测标志位。产生间断条件时，该位置 1。当 SCI 的接收数据
            引脚 SCIRXD 在失去第 1 个停止位后连续保持低电平至少 10 位时间时，就满足间
            断条件。如果 RX/BK INT ENA 位是 1，则产生接收中断。但是这并不会装载接
            收缓冲寄存器。即使接收器的 SLEEP 位置 1，也将产生 BRKDT 中断。可通过
            SW RESET 位或系统复位来清除该位。而不能通过检测到间断后接收一个字符
            来清除该位。只有通过触发 SW RESET 位或系统复位来重新开始串行通信 SCI，

才能接收后面的字符。

0 不满足间断条件；1 满足间断条件。

位 4 FE：SCI 帧错误标志位。当没有找到预期的停止位时，该位置 1。丢失的停止位表示起始位的同步性已丢失，数据帧格式错误，可通过 SW RESET 位或系统复位来清除该位。

0 未检测到帧错误；1 检测到帧错误。

位 3 OE：SCI 溢出错误标志位。CPU 或 DMAC 读完当前一个数据之前，下一个数据又传送到仿真数据缓冲寄存器(SCIRXEMU)和接收数据缓冲寄存器(SCIRXBUF)中，该位置 1，表示以前的数据被重写并丢失。可通过 SW RESET 位或系统复位来清除该位。

0 未检测到溢出错误；1 检测到溢出错误。

位 2 PE：SCI 奇/偶校验错误标志位。当收到的数据中 1 的数目与它的奇/偶校验不匹配时，该位置 1。地址位也包括在计算之内，如果奇/偶校验位的产生和检测未使能，则 PE 标志位禁止并且读出总为 0。可通过 SW RESET 位或系统复位来清除该位。

0 未检测到奇/偶校验错误；1 检测到奇/偶校验错误。

位 1 RXWAKE：SCI 接收器唤醒检测标志位。该位为 1 时表示检测到接收器唤醒条件。在地址位多处理器模式中，RXWAKE 反映了保存接收数据缓冲寄存器(SCIRXBUF)中的地址位的值。在空闲线多处理器模式中，如果检测到 SCIRXD 数据线空闲就置 RXWAKE 位为 1。该位为只读位，可通过下列模式之一来清除该位：

➢ 在地址字节送至接收数据缓冲寄存器(SCIRXBUF)后传送第 1 个字节。
➢ 读取接收数据缓冲寄存器(SCIRXBUF)的值。
➢ 有效的 SW RESET 位操作。
➢ 系统复位。

位 0 保留位。读出值为 0，写入操作无效。

图 8-11 表示了 SCI 接收状态寄存器(SCIRXST)中各位的关系。

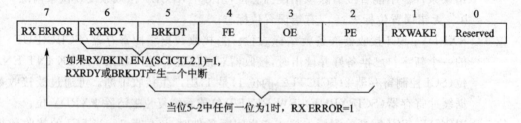

图 8-11 SCI 接收状态寄存器(SCIRXST)中各位的关系

6. 仿真数据缓冲寄存器和接收数据缓冲寄存器

仿真数据缓冲寄存器(SCIRXEMU)和接收数据缓冲寄存器(SCIRXBUF)用于接收数据，将数据从 RXSHF 转移到仿真数据缓冲寄存器(SCIRXEMU)和接收数据缓冲寄存器(SCIRXBUF)中。当转移过程完成后，RXRDY 标志位(SCI 接收状态寄存器(SCIRXST)的位 6)置

1,表示接收到的数据已经准备好。两个寄存器中存放相同的数据,它们有各自的地址但在物理上是同一个缓冲寄存器。它们的区别是:仿真数据缓冲寄存器(SCIRXEMU)主要由仿真器(EMU)使用,读仿真数据缓冲寄存器(SCIRXEMU)操作并不清除 RXRDY 标志位,而读接收数据缓冲寄存器(SCIRXBUF)操作会清除该标志位。

在正常状态下,SCI 数据接收操作就是读取接收数据缓冲寄存器(SCIRXBUF)里接收的数据。而仿真数据缓冲寄存器(SCIRXEMU)主要用于仿真器,因为它可以连续读取不断更新的数据而不必清除 RXRDY 标志位。系统复位时仿真数据缓冲寄存器(SCIRXEMU)会清零。

仿真数据缓冲寄存器(SCIRXEMU)应用于仿真观测窗口,以便了解接收数据缓冲寄存器(SCIRXBUF)的内容。仿真数据缓冲寄存器(SCIRXEMU)不是物理独立存在的;它只是同一个物理地址的不同寻址地址,同样可以访问接收数据缓冲寄存器(SCIRXBUF),而不会清除 RXRDY 标志位。

(1) 仿真数据缓冲寄存器(SCIRXEMU)——地址 7056h

7	6	5	4	3	2	1	0
ERXDT7	ERXDT6	ERXDT5	ERXDT4	ERXDT3	ERXDT2	ERXDT1	ERXDT0

R−0

(2) 接收数据缓冲寄存器(SCIRXBUF)——地址 7057h

当前接收的数据从 RXSHF 转移到接收缓冲寄存器(SCIRXBUF)时,RXRDY 标志位置 1 且数据处于待读状态。如果 RX/BK INT ENA 位(SCI 控制寄存器 2(SCICTL2)的位 1)置 1,这一转移过程完成时也会产生一个中断。当读取接收数据缓冲寄存器(SCIRXBUF)后,RXRDY 标志位复位。接收数据缓冲寄存器(SCIRXBUF)由系统复位清零。

15	14	13	12	11	10	9	8
SCIFFFE	SCIFFPE	保留					

R−0

7	6	5	4	3	2	1	0
RXDT7	RXDT6	RXDT5	RXDT4	RXDT3	RXDT2	RXDT1	RXDT0

R−0

注:阴影部分仅应用于 FIFO 功能使能时。

位 15　　　　SCIFFFE:SCI FIFO 帧错误标志位。该位与 FIFO 的顶端数据有关。
　　　　　　0　当位 7~0 接收数据时,未出现帧错误;
　　　　　　1　当位 7~0 接收数据时,出现一个帧错误。

位 14　　　　SCIFFPE:SCI FIFO 奇偶校验错误标志位。该位与 FIFO 的顶端数据有关。
　　　　　　0　当位 7~0 接收数据时,未出现奇偶校验错误;
　　　　　　1　当位 7~0 接收数据时,出现一个奇偶校验错误。

位 13~8　　　保留位。
位 7~0　　　 RXDT7~0:接收数据位。

7. SCI 发送数据缓冲寄存器(SCITXBUF)——地址 7059h

7	6	5	4	3	2	1	0
TXDT7	TXDT6	TXDT5	TXDT4	TXDT3	TXDT2	TXDT1	TXDT0

RW−0

将要发送的数据写入发送数据缓冲寄存器(SCITXBUF),这个数据必须右对齐,因为如果少于 8 位将忽略最左边的那一位数据。把这个寄存器的数据转移到数据发送移位寄存器(TXSHF)时将设置 TXRDY 标志位(SCI 控制寄存器 2(SCICTL2)的位 7),表示 SCI 发送数据缓冲寄存器(SCITXBUF)准备好接收后一组要发送的数据。如果 TX INT ENA 位(SCI 控制寄存器 2(SCICTL2)的位 0)置 1,此转移过程完成时会产生一个中断。

8. SCI FIFO 寄存器组

(1) SCI FIFO 发送寄存器(SCIFFTX)——地址 705Ah

15	14	13	12	11	10	9	8
SCIRST	SCIFFENA	TXFIFO Reset	TXFFST4	TXFFST3	TXFFST2	TXFFST1	TXFFST0
R/W-1	R/W-0	R/W-1	R-0				

7	6	5	4	3	2	1	0
TXFFINT Flag	TXFFINT CLR	TXFFIENA	TXFFIL4	TXFFIL3	TXFFIL2	TXFFIL1	TXFFIL0
R-0	W-0	R/W-0	R/W-0				

位 15   SCIRST:SCI 复位位。
    0 写入 0 复位 SCI 发送和接收通道。SCI FIFO 寄存器配置保持不变;
    1 SCI FIFO 可重新开始发送或接收。即使为了使自动波特率逻辑工作,SCIRST 也应为 1。

位 14   SCIFFENA:SCI FIFO 增强功能使能位。
    0 禁止 SCI FIFO 增强功能,复位默认状态;
    1 使能 SCI FIFO 增强功能。

位 13   TXFIFO Reset:FIFO 发送复位位。
    0 复位 FIFO 指针到 0,并保持复位状态;
    1 重新使能 FIFO 发送。

位 12~8   TXFFST4~0:FIFO 发送字数位。
    00000 FIFO 发送为空;   00011:FIFO 发送有 3 个字;
    00001 FIFO 发送有 1 个字; 0xxxx:FIFO 发送有 x 个字;
    00010 FIFO 发送有 2 个字; 10000:FIFO 发送有 16 个字。

位 7   TXFFINT:FIFO 发送中断。该位为只读位。
    0 TXFIFO 没有发生中断;
    1 TXFIFO 发生中断。

位 6   TXFFINT CLR:FIFO 发送中断标志清零位。
    0 写入 0 对 TXFFINT 标志位没有任何影响,读出值为 0;
    1 写入 1 清零 TXFFINT 标志位。

位 5   TXFFIENA:TXFFIL 匹配的 FIFO 发送中断使能位。
    0 禁止基于 TXFFIL 匹配(小于或等于)的 TX FIFO 中断;
    1 使能基于 TXFFIL 匹配(小于或等于)的 TX FIFO 中断。

位 4~0   TXFFIL4~0:FIFO 发送中断触发位。当 FIFO 状态位(TXFFST4~0)和 FIFO 发送中断触发位(TXFFIL4~0)相匹配时(小于或等于),FIFO 发送将

产生中断。默认值为 0x00000。

(2) SCI FIFO 接收寄存器(SCIFFRX)——地址 0x705Bh

15	14	13	12	11	10	9	8
RXFFOVF	RXFFOVR CLR	RXFIFO Reset	RXFIFST4	RXFIFST3	RXFIFST2	RXFIFST1	RXFIFST0
R-0	W-0	R/W-1	R-0				

7	6	5	4	3	2	1	0
RXFFINT Flag	RXFFINT CLR	RXFFIENA	RXFFIL4	RXFFIL3	RXFFIL2	RXFFIL1	RXFFIL0
R-0	W-0	R/W-0	R/W-1				

位 15　　RXFFOVF：FIFO 接收溢出位。该位功能相当于标志位，但是不能由其产生中断。当激活接收中断时，才会产生中断。该标志位为接收中断的一个条件。该位为只读位。

　　　　0　FIFO 接收没有溢出；

　　　　1　FIFO 接收溢出。FIFO 接收了多于 16 个的字，且第一个字已经丢失。

位 14　　RXFFOVF CLR：FIFO 接收溢出标志清零位。

　　　　0　写入 0 不影响 RXFFOVF 标志位，读取值为 0；

　　　　1　写入 1 清零 RXFFOVF 标志位。

位 13　　RXFIFO Reset：FIFO 接收复位位。

　　　　0　写入 0 复位 FIFO 指针到 0，保持复位状态；

　　　　1　重新使能 FIFO 接收。

位 12~8　RXFFST4~0：FIFO 接收状态位。

　　　　00000　FIFO 接收为空；　　　　00011　FIFO 接收有 3 个字。

　　　　00001　FIFO 接收有 1 个字；　　0xxxx　FIFO 接收有 x 个字。

　　　　00010　FIFO 接收有 2 个字；　　10000　FIFO 接收有 16 个字。

位 7　　RXFFINT Flag：FIFO 接收中断位。该位为只读位。

　　　　0　RXFIFO 没有发生中断；

　　　　1　RXFIFO 已发生中断。

位 6　　RXFFINT CLR：FIFO 接收中断清除位。

　　　　0　写入 0 对 RXFIFINT 标志位无效，读取值为 0；

　　　　1　写入 1 清零 RXFFINT 标志位。

位 5　　RXFFIENA：FIFO 接收中断使能位。

　　　　0　禁止与 RXFFIL 相匹配(小于或者等于)的 RX FIFO 中断；

　　　　1　使能与 RXFFIL 相匹配(小于或者等于)的 RX FIFO 中断。

位 4~0　RXFFIL4~0：FIFO 接收中断触发位。当 FIFO 状态位(RXFFST4~0)和 FIFO 接收中断触发位相匹配(大于或等于)的时候，FIFO 接收会产生中断。复位后的默认值是 11111。这样可以避免复位后中断频繁地发生，因为 FIFO 接收常常是空的。

(3) SCI FIFO 控制寄存器(SCIFFCT)——地址 0x705Ch

15	14	13	12					8
ABD	ABD CLR	CDC	保留					
R-0	W-0	R/W-0	R-0					
7	6	5	4	3	2	1	0
FFTXDLY7	FFTXDLY6	FFTXDLY5	FFTXDLY4	FFTXDLY3	FFTXDLY2	FFTXDLY1	FFTXDLY0
			R/W-0				

位 15　　ABD：自动波特率检测位。

　　　　0　自动波特率检测未完成，没有接收到 A、a 字符；

　　　　1　自动波特率硬件已在 SCI 接收寄存器上检测到 A 或 a，自动检测已完成。该功能只在 CDC 位设置为自动波特率检测状态下才能工作。

位 14　　ABD CLR：ABD 清零位。

　　　　0　写入 0 对 ABD 标志位无效，读取值为 0；

　　　　1　写入 1 清零 ABD 标志位。

位 13　　CDC：波特率校准检测使能位。

　　　　0　禁止自动波特率校准；

　　　　1　使能自动波特率校准。

位 12~8　保留位。

位 7~0　 FFTXDLY7~0：该位域定义每次从 FIFO 发送缓冲寄存器传送到发送移位寄存器之间转移延时时间。延时时间用 SCI 串行波特率时钟周期表示。8 位寄存器可以定义最小为 0 个波特率时钟周期的延时和最大为 256 个波特率时钟周期的延时。

在 FIFO 模式下，仅当发送移位寄存器的最后一位移出后，才用发送移位寄存器和 FIFO 发送缓冲寄存器间的发送缓冲寄存器 TXBUF 的值填充。这会在传输的数据流之间增加延时。在 FIFO 模式下，TXBUF 不应该看做缓冲寄存器的一个附加级。与标准的 UARTS 通信相似，传输特性的延时将有助于在没有 RTS/CTS 控制时创建一个自动流程。

9. SCI 优先级控制寄存器(SCIPRI)——地址 705Fh

7		5	4	3	2		0
保留			SCI SOFT	SCI FREE	保留		
R-0			R/W-0	R/W-0	R-0		

位 7~5　保留位。读出值为 0，写入操作无效。

位 4~3　SCI SOFT 和 SCI FREE：当一个仿真悬挂事件产生时(例如，当仿真器遇到一个断点)，这两位确定其后如何操作。

　　　　00　一旦仿真挂起，立即停止；

　　　　10　一旦仿真挂起，在完成当前的接收/发送操作后停止；

　　　　x1　SCI 操作不受仿真挂起影响。

位 2~0　保留位。读出值为 0，写入操作无效。

8.4 串行通信接口程序设计举例

在实验开发板上提供了一个 RS-232 接口,采用标准的 9 针 D 型插座。通信接口的电平转换电路见图 8-12。

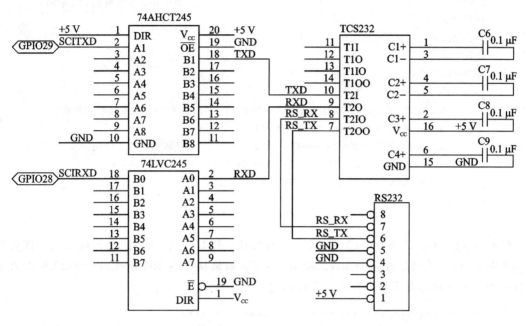

图 8-12 串行通信接口电路

【例 8-1】 本实验对 SCI 进行简单的数据收发,通过 RS-232 串口与 PC 机通信,SCI-A 将接收到的数据每字节加 1 后立即回送,采用查询模式。在 PC 机上可以使用串口调试工具查看通信的数据。该程序已在实验开发板上调试通过。

```
/******************************************************************
 * * 功能描述:串行通信,SCI-A将接收到的数据每字节+1后立即回送 * *
 ******************************************************************/
#include "DSP280x_Device.h"
Uint16 RecieveChar;
void Scia_init()
{
    EALLOW;
    GpioCtrlRegs.GPAMUX2.bit.GPIO28 = 0x01;      //设置 GPIO28 为通信接口
    GpioCtrlRegs.GPAMUX2.bit.GPIO29 = 0x01;      //设置 GPIO29 为通信接口
    EDIS;
    SciaRegs.SCICTL2.all = 0x0f;                 //禁止接收和发送中断
    SciaRegs.SCILBAUD = 0x45;                    //波特率 = 9 600 bps
    SciaRegs.SCIHBAUD = 0x01;
    SciaRegs.SCICCR.all = 0x07;                  //1 个停止位,禁止校验,禁止自测试模
                                                 //式,异步空闲线协议,8 位字符
```

第8章 串行通信

```
        SciaRegs.SCICTL1.all = 0x23;              //脱离复位状态,使能接收发送
}

void main(void)
{
    InitSysCtrl();                                //系统初始化
    DINT;                                         //禁止和清除所有的CPU中断
    IER = 0x0000;
    IFR = 0x0000;
    Scia_init();                                  //SCI-B初始化
    while(1)
    {
        while(SciaRegs.SCIRXST.bit.RXRDY != 1){}  //XRDY = 1 表示接收到数据
        RecieveChar = SciaRegs.SCIRXBUF.all;
        SciaRegs.SCITXBUF = RecieveChar + 1;      //接收到的字符(RecieveChar)+1
        while(SciaRegs.SCICTL2.bit.TXRDY == 0){}
        while(SciaRegs.SCICTL2.bit.TXEMPTY == 0){}
    }
}
```

【例8-2】 本实验是 SCI 的一个简单的自发送自接收应用,采用的是查询模式。即先发送一个字符,然后检测接收字符 RecieveChar 的值,如果接收端 RecieveChar=0xAA 则表示接收正确。该程序已在实验开发板上调试通过。

```
/************************************************************************
* * 功能描述:串行通信自测试程序 * *
*************************************************************************/
#include "DSP280x_Device.h"
Uint16 SendChar;
Uint16 RecieveChar;
void Scia_init()
{
    EALLOW;
    GpioCtrlRegs.GPAMUX2.bit.GPIO28 = 0x01;       //设置 GPIO28 为通信接口
    GpioCtrlRegs.GPAMUX2.bit.GPIO29 = 0x01;       //设置 GPIO29 为通信接口
    EDIS;
    SciaRegs.SCICTL2.all = 0x0f;                  //禁止接收和发送中断
    SciaRegs.SCILBAUD = 0x45;                     //波特率 = 9 600 bps
    SciaRegs.SCIHBAUD = 0x01;
    SciaRegs.SCICCR.all = 0x07;                   //1 个停止位,禁止校验,禁止自测试模式
                                                  //异步空闲线协议,8 位字符
    SciaRegs.SCICTL1.all = 0x23;                  //脱离复位状态,使能接收发送
    SciaRegs.SCIPRI.all = 0x0000;
    SciaRegs.SCICCR.bit.LOOPBKENA = 1;            //使能自测试
}
void main(void)
{
```

```
InitSysCtrl();                                  //系统初始化
DINT;                                           //禁止和清除所有的 CPU 中断
IER = 0x0000;
IFR = 0x0000;
Scia_init();                                    //SCI-B 初始化
SendChar = 0xaa;
for(;;)
{
    SciaRegs.SCITXBUF = SendChar;
    while(SciaRegs.SCIRXST.bit.RXRDY != 1){}    //XRDY=1 表示接收到数据
    RecieveChar = SciaRegs.SCIRXBUF.all;
}
```

第 9 章

A/D 转换器

TMS320F2808 的 A/D 转换模块具有 16 个通道 12 位分辨率和流水线结构,包括:前端模拟多路复用器(MUX)、两路采样/保持(S/H)电路、一个转换器、内部电压基准源和其他辅助模拟电路,以及属于数字电路的可编程转换排序器、A/D 结果寄存器、总线外设接口等。

9.1 A/D 转换模块特性

F2808 的 A/D 转换模块有 16 个通道,可以独立成两个 8 通道模块,也可以级连成一个 16 通道模块,两个排序器,一个 A/D 转换器,并可以与 ePWM 模块相关联。图 9-1 为 F2808 A/D 转换模块框图。

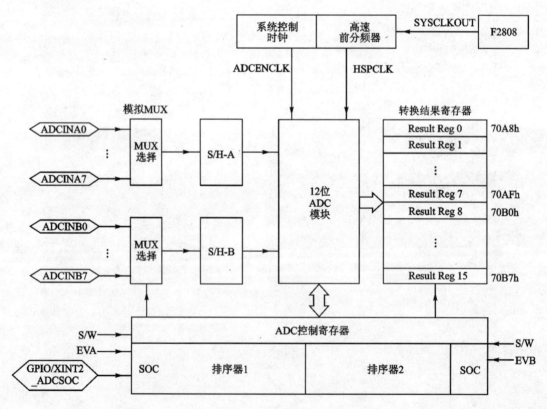

图 9-1 F2808 芯片的 A/D 转换模块框图

两个 8 通道模块可以自动排序进行一系列通道的转换,通过模拟多路复用器,每个模块可以选择各自 8 个通道中的任何一个通道。在级连模式下,自动排序器将作为一个 16 通道的排序器使用。在每个排序器中,一旦 A/D 转换完成,所选通道的转换结果将保存在相应的结果寄存器(ADCRESULT)中。自动排序器允许系统对同一通道进行多次采样,即用户可以执行过采样算法。这样得到的采样结果比传统的单次采样结果的分辨率要高。这些都是自动完成而不需要 CPU 干预,节约了 CPU 时间开销。

A/D 转换模块功能包括:
- 内置双采样/保持(S/H)的 12 位 A/D 转换模块。
- 顺序或同时采样模式。
- 模拟输入为 0~3 V。
- 快速转换时间,单通道转换时间为 200 ns,流水线转换时间为 60 ns。
- 输入达 16 个通道。
- 自动排序能力。一次可顺序执行多达 16 个通道的"自动转换"。而每次要转换的通道都可通过预先编程来选择组合排好,可以选择 16 通道中的任何一个通道进行多次采样。
- 两个可选择 8 个模拟转换通道的排序器(SEQ1 和 SEQ2)可以独立工作于双排序器模式,或者级连之后工作于选择 16 个模拟转换通道的级连排序器模式。
- 可以分别访问 16 个结果寄存器保存的转换结果。输入模拟电压转换为数字值可由下式得到:

$$数字值 = 4095 \times \frac{输入模拟电压 - ADCLO}{3}$$

当 0 V<输入模拟量<3 V 时,ADCLO 是转换低电压参考值。
- 使用多个触发信号(SOC)启动 A/D 转换,比如:
  S/W 软件立即启动;
  EPWM 1~EPWM 6 启动;
  EXT 外部引脚(XINT2)启动。
- 灵活的中断控制允许在每一个 A/D 转换结束时,或一个序列的 A/D 转换结束时,产生中断请求。
- 排序器可以工作在"启动/停止"模式,允许多个按时间排序的触发信号同步转换。
- EPWM 可以独立触发,工作在双触发模式。
- 独立控制的前分频值可以由用户编程改变采样保持窗口时间的长短,以适应不同的输入信号的频率。

为了获得较高的 A/D 转换精度值,电路板上的布局和走线合理与否非常重要。最基本的要求是连接到 ADCINxx 引脚的引线尽可能地不要靠近数字信号线,还有许多其他的去耦电路等处理方法提高 A/D 转换精度,目的就是抑制芯片内外数字信号线上的开关噪声耦合到模拟信号的输入端。必须采取适当的隔离技术把 A/D 转换模块的电源引脚和数字电源引脚隔离开。

9.2 自动排序器的工作原理

图 9-2 为 A/D 转换模块工作在可选择 16 个自动转换模拟通道的级连排序器(SEQ)模

第9章 A/D转换器

式下的结构框图,图 9-3 为 A/D 转换模块工作在两个可选择 8 个自动转换模拟通道的双排序排序器(SEQ1 和 SEQ2)模式下的结构框图。

为了方便,本书以后描述排序器时作以下规定:

排序器 1(SEQ1)指 CONV00~CONV07；

排序器 2(SEQ2)指 CONV08~CONV15；

级连排序器(SEQ)指 CONV00~CONV15。

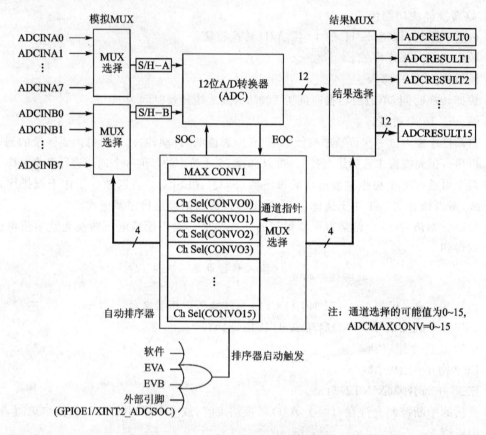

图 9-2　级连模式自动排序转换框图

在这两种工作模式下,A/D 转换模块能够将一系列输入通道的转换自动排序。这意味着,在每一次 A/D 转换接收到启动请求时,可以自动完成多路的转换。每一次转换,可以通过多路选择器选择可使用的 16 个输入模拟通道中的任何一个通道。转换之后的结果保存在相应的结果寄存器(RESULTn)中。A/D 转换结果保存方式是,第 1 个 A/D 转换结果,保存在结果寄存器 0(RESULT0)中；第 2 个 A/D 转换结果,保存在结果寄存器 1(RESULT1)中,以此类推。可以将同一个模拟通道多次排在排序器中进行多次采样,实行"重复采样"或"过采样",采样结果比传统单次采样结果分辨率要高。

A/D 转换模块可以在顺序采样模式和同时采样模式下工作。每一次转换(或者在同时采样模式下的每一对转换),由 CONVxx 位定义对某个或某对引脚进行采样。在顺序采样模式下,用所有的 CONVxx 中 4 位定义输入引脚。最高位定义哪个采样保持器与输入引脚相关联,低 3 位定义偏移量。

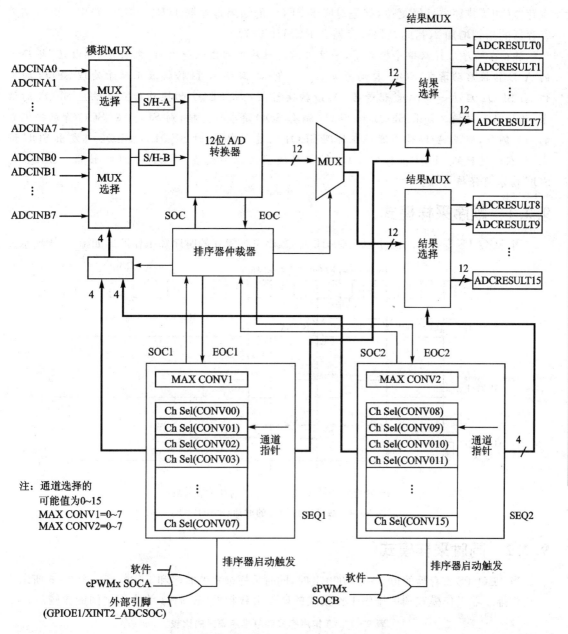

图 9-3 双排序模式自动排序转换框图

例如，如果 CONVxx 的值为 0101b（b 为二进制数标识符），则选中 ADCINA5 输入引脚；如果 CONVxx 的值为 1011b，则选中 ADCINB3 输入引脚。在同时采样模式下，CONVxx 寄存器的最高位被忽略。每一个采样保持器对 CONVxx 寄存器低 3 位定义的引脚采样。

例如，如果 CONVxx 的值为 0110b，采样保持器 A 对 ADCINA6 采样；而采样保持器 B 对 ADCINB6 采样。如果 CONVxx 的值为 1001b，采样保持器 A 对 ADCINA1 采样；而采样保持器 B 对 ADCINB1 采样。首先转换采样保持器 A 的电压值，接着转换采样保持器 B 的电压值。采样保持器 A 转换的结果放在当前的 RERULTn 寄存器（如果排序器已经复位，即对应于 SEQ1 的结果寄存器 0（RESULT0））中。采样保持器 B 转换的结果放在下一个 RERULTn

寄存器(如果排序器已经复位,就是对应于 SEQ1 的结果寄存器 1(RESULT1))中。而后结果寄存器的指针增加 2(指向结果寄存器 2(RESULT2))。

注：在顺序采样双排序模式下，一旦激活的排序器完成采样之后，来自于"非激活"排序器的 A/D 转换启动请求(SOC)自动开始执行。例如，假设 A/D 转换器正忙于处理 SEQ2 的操作，当 SEQ1 启动一个 SOC 信号后，A/D 转换器在完成 SEQ2 的操作后立即响应 SEQ1 的请求，开始启动转换。如果 SEQ1 和 SEQ2 都有 SOC 请求被悬挂，则 SEQ1 的 SOC 请求将优先响应。例如，假设 A/D 转换器正在处理 SEQ1 的过程中，这时 SEQ1 和 SEQ2 都发出 SOC 请求，则在已进行的 SEQ1 操作完成后，A/D 转换器又立即处理 SEQ1 的 SOC 请求。SEQ2 的 SOC 请求将保持悬挂。

9.2.1 顺序采样模式

当 ACQ_PS 寄存器的位 3～0＝0001b 时，顺序采样模式的时序和工作波形如图 9-4 所示。

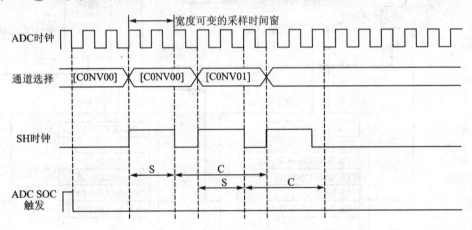

注：S 表示采样时间窗，C 表示完成转换所需时间。

图 9-4 顺序采样模式的时序(SMOD＝0)

9.2.2 同时采样模式

当 ACQ_PS 寄存器的位 3～0＝0001b 时，同时采样模式的时序和工作波形如图 9-5 所示。双排序器工作模式和单排序工作模式的操作大致相同，表 9-1 为它们之间的比较。

表 9-1 双排序模式和单排序模式的比较

特 性	单 8 通道排序器 1(SEQ1)	单 8 通道排序器 2(SEQ2)	16 通道级连排序器(SEQ)
启动转换触发模式	ePWMx SOCA、软件和外部引脚	ePWMx SOCB、软件	ePWMx SOCA、ePWMx SOCB、软件和外部引脚
最大自动转换通道数（即排序器长度）	8	8	16
转换完成后自动停止	是	是	是
触发优先级	高	低	不适用
模/数结果寄存器	0～7	8～15	0～15
CHSELSEQn 位分配	CONV00～CONV07	CONV08～CONV15	CONV00～CONV15

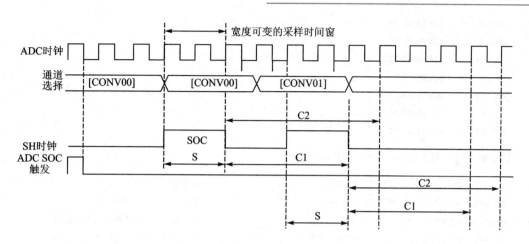

注：S表示采样时间窗，C1表示Ax通道完成转换所需时间，C2表示Bx通道完成转换所需时间。注意，DSP中只有一个A/D转换器。在双排序模式下，转换器由两个排序器共享。

图9-5 同时采样模式的时序(SMOD=1)

CONVnn的一个4位值用于选择16路通道中需要转换的输入通道。因为在级连排序模式下，最多可以选择16路输入通道，16个这样的4位值(CONV00~15)位于4个16位的寄存器(CHSELSEQ1~CHSELSEQ4)中。CONVnn位可以取0~15的任何值，对应相应的输入通道。可以以任何顺序选择模拟输入通道进行转换，同时，可以选择同一个通道进行多次转换。

【例9-1】 双排序器采样模式实例。

```
//初始化程序
AdcRegs.ADCTRL3.bit.SMODE_SEL = 0x1;        //设置同步采样模式
AdcRegs.ADCMAXCONV.all = 0x0033;            //每个序列器4个转换(共8通道)
AdcRegs.ADCCHSELSEQ1.bit.CONV00 = 0x0;      //设置 ADCINA0 & ADCINB0 的转换
AdcRegs.ADCCHSELSEQ1.bit.CONV01 = 0x1;      //设置 ADCINA1 & ADCINB1 的转换
AdcRegs.ADCCHSELSEQ1.bit.CONV02 = 0x2;      //设置 ADCINA2 & ADCINB2 的转换
AdcRegs.ADCCHSELSEQ1.bit.CONV03 = 0x3;      //设置 ADCINA3 & ADCINB3 的转换
AdcRegs.ADCCHSELSEQ3.bit.CONV08 = 0x4;      //设置 ADCINA4 & ADCINB4 的转换
AdcRegs.ADCCHSELSEQ3.bit.CONV09 = 0x5;      //设置 ADCINA5 & ADCINB5 的转换
AdcRegs.ADCCHSELSEQ3.bit.CONV10 = 0x6;      //设置 ADCINA6 & ADCINB6 的转换
AdcRegs.ADCCHSELSEQ3.bit.CONV11 = 0x7;      //设置 ADCINA7 & ADCINB7 的转换
//SEQ1 和 SEQ2 同时进行，将相应通道的转换结果存储到结果寄存器中
ADCINA0 -> ADCRESULT0
ADCINB0 -> ADCRESULT1
ADCINA1 -> ADCRESULT2
ADCINB1 -> ADCRESULT3
ADCINA2 -> ADCRESULT4
ADCINB2 -> ADCRESULT5
ADCINA3 -> ADCRESULT6
ADCINB3 -> ADCRESULT7
ADCINA4 -> ADCRESULT8
```

ADCINB4 –> ADCRESULT9
ADCINA5 –> ADCRESULT10
ADCINB5 –> ADCRESULT11
ADCINA6 –> ADCRESULT12
ADCINB6 –> ADCRESULT13
ADCINA7 –> ADCRESULT14
ADCINB7 –> ADCRESULT15

【例 9-2】 排序器级联采样模式实例。

```
AdcRegs.ADCTRL3.bit.SMODE_SEL = 0x1;         //设置同步采样模式
AdcRegs.ADCTRL1.bit.SEQ_CASC = 0x1;          //建立级联序列器模式
AdcRegs.ADCMAXCONV.all = 0x0007;             //8 对输入通道转换（共 16 通道）
AdcRegs.ADCCHSELSEQ1.bit.CONV00 = 0x0;       //设置 ADCINA0 & ADCINB0 的转换
AdcRegs.ADCCHSELSEQ1.bit.CONV01 = 0x1;       //设置 ADCINA1 & ADCINB1 的转换
AdcRegs.ADCCHSELSEQ1.bit.CONV02 = 0x2;       //设置 ADCINA2 & ADCINB2 的转换
AdcRegs.ADCCHSELSEQ1.bit.CONV03 = 0x3;       //设置 ADCINA3 & ADCINB3 的转换
AdcRegs.ADCCHSELSEQ2.bit.CONV04 = 0x4;       //设置 ADCINA4 & ADCINB4 的转换
AdcRegs.ADCCHSELSEQ2.bit.CONV05 = 0x5;       //设置 ADCINA5 & ADCINB5 的转换
AdcRegs.ADCCHSELSEQ2.bit.CONV06 = 0x6;       //设置 ADCINA6 & ADCINB6 的转换
AdcRegs.ADCCHSELSEQ2.bit.CONV07 = 0x7;       //设置 ADCINA7 & ADCINB7 的转换
//级联的排序器运行,将相应通道的结果存储到结果寄存器中
ADCINA0 –> ADCRESULT0
ADCINB0 –> ADCRESULT1
ADCINA1 –> ADCRESULT2
ADCINB1 –> ADCRESULT3
ADCINA2 –> ADCRESULT4
ADCINB2 –> ADCRESULT5
ADCINA3 –> ADCRESULT6
ADCINB3 –> ADCRESULT7
ADCINA4 –> ADCRESULT8
ADCINB4 –> ADCRESULT9
ADCINA5 –> ADCRESULT10
ADCINB5 –> ADCRESULT11
ADCINA6 –> ADCRESULT12
ADCINB6 –> ADCRESULT13
ADCINA7 –> ADCRESULT14
ADCINB7 –> ADCRESULT15
```

9.3　自动排序连续模式

本节介绍 8 个通道的自动排序器（SEQ1 或 SEQ2）的连续工作原理。在自动排序连续模式下，SEQ1/SEQ2 在一次排序过程中对 8 个任何的通道进行排序转换。图 9-6 所示为流程图。每次转换的结果被保存到对应的 8 个结果寄存器中，SEQ1 的结果寄存器为 RESULT0～RESULT7，SEQ2 的结果寄存器为 RESULT8～RESULT15。存储从这些寄存器的最低地址

开始。

在排序中的转换通道个数受 MAX CONVn（MAX CONV 寄存器中的位 3 或位 4）控制。该值在自动排序转换开始时装载到自动排序状态寄存器（AUTO_SEQ_SR）的排序计数器状态位（SEQCNTR3～0）。MAX CONVn 位的值在 0 到 7 之间变化（当为级连模式时，在 0 到 15 之间变化）。当排序器从通道 CONV00 开始连续地依顺序转换时，SEQ CNTRn 位的值从装载值开始减至 SEQ CNTRn 为 0。一次自动排序完成的转换个数为 MAX CONVn+1。

【例 9-3】 在双排序模式下用 SEQ1 进行 A/D 转换。

假设用 SEQ1 完成 7 个通道的自动连续转换（ADCINA2 和 ADCINA 3 转换两次，ADCINA 6、ADCINA 7 和 ADCINA12 转换一次），则 MAX CONV1 的值应设为 6，且 CHESELQn 寄存器中应填入表 9-2 里的值。

一旦排序器接收到转换启动触发信号（SOC），转换就开始了。SOC 触发器同时装入 SEQ CNTRn 位。CHSELSEQ 寄存器指定通道按预先的排序完成转换。每转换完成一次，SEQ CNTRn 位的值自动减 1。一旦 SEQ CNTRn 为 0，根据 A/D 转换控制寄存器 1（ADCTRL1）中连续运行位（CONT RUN）的状态，可能出现以下两种结果：

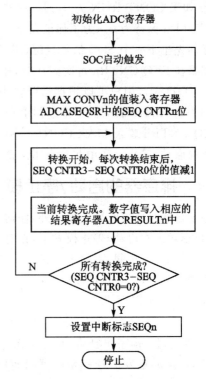

图 9-6 连续的自动排序模式 A/D 转换流程图

表 9-2 CHESELQn 寄存器填入值

	位 15～12	位 11～8	位 7～4	位 3～0	
70A3h	3	2	3	2	ADCCHSELSEQ1
70A4h	x	12	7	6	ADCCHSELSEQ2
70A5h	x	x	x	x	ADCCHSELSEQ3
70A6h	x	x	x	x	ADCCHSELSEQ4

注：表中数值为十进制，x 可以为任何值。

① 如果 CONT RUN 为 1，则转换序列自动重新开始（即 SEQ CNTRn 装入最初 MAX CONV1 的值，并且 SEQ1 的通道指针指向 CONV00）。在这种情况下，用户必须保证在下一个序列转换开始之前读取结果寄存器的值，以避免数据被后面新的转换数据覆盖。如果用户向结果寄存器读出数据和 A/D 转换模块向结果寄存器写入数据同时发生，就会发生冲突。为了避免这种冲突造成结果寄存器发生错误，在 A/D 转换模块中增加了仲裁逻辑设计，以避免这种冲突将结果寄存器中的内容破坏。

② 如果 CONT RUN 为 0,则排序器指针保持最后的状态,即在本例中指向 CONV06,且 SEQ CNTRn 保持为 0。为了保证在下一个 SOC 触发信号来时,ADC 模块能够重复操作,排序器必须先于下一个 SOC 信号复位(用 RST SEQn 位)。

如果在 SEQ CNTRn 每次到 0 时,中断标志位都设置为 1(INT ENA SEQn=1 和 INT MOD SEQ1=0),用户可以根据需要在中断服务子程序中,用 A/D 转换控制寄存器 2(ADCTRL2)中的 RST SEQn 位将排序器手动复位。复位后,在下一个 A/D 启动信号(SOC)来到时,SEQ CNTRn 装入 MAX CONV1 中的初始值,且 SEQ1 指针指向 CONV00。这一点在对排序器的启动/停止操作中非常有用。例 9-3 也适用于 SEQ2 和 SEQ。

9.3.1 排序器的启动/停止模式

除了自动排序连续转换模式外,任何一个排序器(SEQ1、SEQ2 或 SEQ)都可以工作在启动/停止模式。在启动/停止模式下,在时间上可实现与独立的多个启动信号(SOC)同步。这种模式与例 9-3 相同,不同之处只是在排序器完成的第一个转换序列之后,排序器初始指针不需要指向 CONV00 就可以重新启动(即在中断服务程序中不需要复位)。因此,一个转换序列完成之后,排序器指针指到当前的通道。在这种模式下,A/D 转换控制寄存器 1 (ADCTRL1)中的 CONT RUN 位必须设置为 0(即禁止连续转换模式)。

【例 9-4】 排序器启动/停止模式例子。要求:触发信号 1(定时器下溢)启动 3 个自动转换(I_1、I_2、I_3),触发信号 2(定时器周期)启动 3 个自动转换(V_1、V_2、V_3)。触发信号 1 和触发信号 2 在时间上是分开的,即间隔 25 μs,且由事件管理 ePWM 提供,如图 9-7 所示。本例中只用到 SEQ1。

注:触发信号 1 和 2 触发信号可以来自事件管理 ePWM,外部引脚或软件的 SOC 信号。本例中的两个触发信号用同一个触发信号发出两次实现。

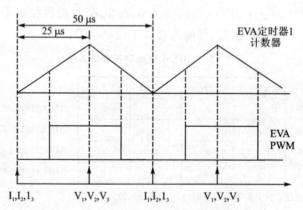

图 9-7 事件管理 ePWM 启动排序器

在这种情况下,MAX CONV1 的值设为 2,且 A/D 转换模块的输入选择排序控制寄存器 (CHSELSEQn)应填入值如表 9-3 所列。

表 9-3 CHESELQn 寄存器填入值

	位 15~12	位 11~8	位 7~4	位 3~0	
70A3h	V_1	I_3	I_2	I_1	ADCCHSELSEQ1
70A4h	x	x	V_3	V_2	ADCCHSELSEQ2
70A5h	x	x	x	x	ADCCHSELSEQ3
70A6h	x	x	x	x	ADCCHSELSEQ4

一旦复位和初始化后，SEQ1 就开始等待触发信号的到来。第 1 个触发信号到来之后，执行 3 个转换通道选择值为 CONV00(I_1)、CONV01(I_2)和 CONV02(I_3)的转换。转换完成后，SEQ1 保持最后状态，等待第 2 个触发信号的到来。经过 25 μs 之后，第 2 个触发信号到来。A/D 转换模块开始另外 3 个通道 CONV03(V_1)、CONV04(V_2)和 CONV05(V_3)的转换。

在两种触发信号的情况下，MAX CONV1 的值都自动装入 SEQ CNTRn 中。如果第 2 个触发信号要求转换的个数和第 1 个不一样，用户必须在第 2 个触发信号来到之前，通过软件改变 MAX CONV1 中的值，否则 A/D 转换模块再次使用原来的 MAX CONV1 中的值。用户可以在第 1 个触发信号的中断服务程序中的适当时间改变 MAX CONV1 的值，为重新选择第 2 个触发信号所需要的转换个数做准备。

在第 2 个转换序列完成之后，A/D 转换模块的结果寄存器得到的结果如表 9-4 所列。

表 9-4 A/D 转换结果

缓冲寄存器	A/D 转换结果缓冲区	缓冲寄存器	A/D 转换结果缓冲区
结果寄存器 0(RESULT0)	I_1	结果寄存器 8(RESULT8)	x
结果寄存器 1(RESULT1)	I_2	结果寄存器 9(RESULT9)	x
结果寄存器 2(RESULT2)	I_3	结果寄存器 10(RESULT10)	x
结果寄存器 3(RESULT3)	V_1	结果寄存器 11(RESULT11)	x
结果寄存器 4(RESULT4)	V_2	结果寄存器 12(RESULT12)	x
结果寄存器 5(RESULT5)	V_3	结果寄存器 13(RESULT13)	x
结果寄存器 6(RESULT6)	x	结果寄存器 14(RESULT14)	x
结果寄存器 7(RESULT7)	x	结果寄存器 15(RESULT15)	x

在第 2 个触发信号的转换序列完成后，SEQ1 在当前状态下，保持"等待"状态，直到另一个触发信号到来为止。用户可以通过软件复位 SEQ1 将排序器指针指到 CONV00，并重复同样的触发信号 1、2 转换操作。

9.3.2 同时采样模式

A/D 转换模块可以同时采样两路 ADCINxx 输入。这两路输入分别取自 ADCINA0~ADCINA7 和 ADCINB0~ADCINB7。而且，两路输入的编号必须相同，例如 ADCINA4 和 ADCINB4，而不能是 ADCINA7 和 ADCINB6。

9.3.3 输入触发器

每一个排序器都有一套使能或禁止的触发信号。SEQ1、SEQ2 和 SEQ 的有效输入触发信号如表 9-5 所列。

对表 9-5 说明如下：

① 无论何时，只要一个排序器处在空闲状态，一个启动信号就可以触发启动一个自动转换序列。排序器处于空闲状态是指：在接收到一个触发信号之前，排序器指针指到 CONV00 或者排序器已经完成一个转换序列（即 SEQ CNTRn 为 0）。

② 如果一个新的启动触发信号来到时，当前转换序列正在进行，则将 A/D 转换控制寄存器 2（ADCTRL2）中的 SOC SEQn 位置 1（该位在前一个转换开始时被清零）。然而如果此时 SOC SEQn 位已经为 1，则该启动触发信号将丢失。

③ 一旦触发后，不能在转换中途停止或中断排序器，只有在程序等到一个序列的停止信号（EOS）或者对排序器进行复位时，排序器才能停止或中断工作。复位将排序器立即返回到空闲的起始状态（SEQ1 和级连的排序器指针指到 CONV00，SEQ2 的排序器指针指到 CONV08）。

④ 当 SEQ1/2 工作在级连模式下时，忽略 SEQ2 的触发信号，而 SEQ1 的触发信号仍然有效。因此级连模式可以看做是 SEQ1 有最多 16 个转换通道而非 8 个转换通道。

表 9-5　排序器与事件启动触发信号

排序器 1(SEQ1)	排序器 2(SEQ2)	级连排序器(SEQ)
软件触发	软件触发	软件触发
ePWMx SOCA		ePWMx SOCA
	ePWMx SOCB	ePWMx SOCB
外部引脚(ADC SOC)触发		外部引脚(ADC SOC)触发

9.3.4　在排序转换时的中断操作

排序器可以在两种工作模式下产生中断，这两种模式由 A/D 转换控制寄存器 2（ADCTRL2）中的中断模式控制位设定。

对例 9-4 稍做变动就可以说明，在不同的工作条件下，中断模式 1 和中断模式 2 是如何使用的，参见图 9-8。

情况 1：第 1 个序列和第 2 个序列中采样的个数不相等。

在这种情况下使用中断模式 1（即在每次 EOS 到来时产生中断请求）。

① 排序器设置 MAX CONVn=1，以转换 I_1 和 I_2。

② 在中断服务子程序（ISR）a 中，软件将 MAX CONVn 的值改为 2，以转换 V_1、V_2 和 V_3。

③ 在中断服务子程序（ISR）b 中完成以下操作：

➢ MAX CONVn 改为 1，用来转换 I_1 和 I_2。

➢ 从模数结果寄存器中读出 I_1、I_2、V_1、V_2 和 V_3 的值。

➢ 复位排序器。

④ 重复第②步和第③步。

注：中断标志位在每次 SEQ CNTRn 到 0 时，都置 1，且两次中断都能被识别。

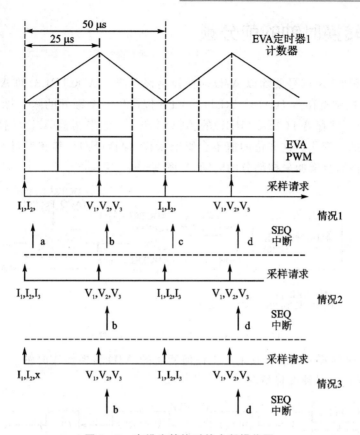

图 9-8　在排序转换时的中断操作图

情况 2：两个序列的采样个数相等。

在这种情况下使用中断模式 2(即每隔一个 EOS 信号产生中断请求)。

① 排序器设置 MAX CONVn=2,以转换 I_1、I_2 和 I_3(或者 V_1、V_2 和 V_3)。

② 在中断服务子程序(ISR)b 或 d 完成以下操作：

➢ 从模数结果寄存器中读出 I_1、I_2、I_3、V_1、V_2 和 V_3 的值。

➢ 复位排序器。

③ 重复第②步。

情况 3：两个序列的采样个数相等(带虚读)。

在这种情况下采用中断模式 2(即每隔一个 EOS 信号产生中断请求)。

① 排序器设置 MAX CONVn=2 以转换 I_1、I_2 和 x。

② 在中断服务子程序(ISR)b 或 d 完成以下操作：

➢ 从模数结果寄存器中读出 I_1、I_2、x、V_1、V_2 和 V_3 的值。

➢ 复位排序器。

③ 重复第②步。

注：第 3 个 x 采样为一个假的采样,并没有要求采样。然而,为了使中断服务子程序(ISR)的开销和 CPU 的干扰最小,可以利用模式 2 的中断请求特性。

9.4 A/D 转换时钟的前分频

外部时钟 HSPCLK 信号要除以 A/D 转换控制寄存器 3(ADCTRL3)的 ADCCLKPS3~0 的值。A/D 转换控制寄存器 1(ADCTRL1)的 CPS 位产生一个额外的除 2 操作。另外,通过改变 A/D 转换控制寄存器 1(ADCTRL1)的 ACQ PS3~0 位来调整 A/D 转换模块采样时间以适应信号源阻抗的变化。这些位的值不会影响采样/保持(S/H)和转换过程,但是,由于扩展了 SOC 脉冲信号,会增加采样部分的时间,见图 9-9。

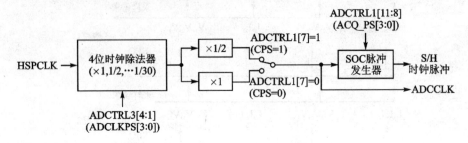

图 9-9 A/D 转换用时钟和 SOC 时钟

A/D 转换模块用若干级前分频来产生任何所需的 A/D 转换操作时钟。图 9-10 给出了送到 A/D 转换模块的时钟选择情况。

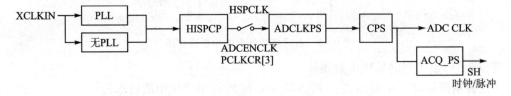

图 9-10 送到 A/D 转换的时钟选择

A/D 转换时钟设置及得到的采样时钟宽度,如表 9-6 所列。

表 9-6 A/D 转换时钟设置及得到的采样时钟宽度

XCLKIN	PLLCR[3:0]	HISPCLK	ADCTRL3[4:1]	ADCTRL1[7]	ADC_CLK	ADCTRL1[11:8]	SH 宽度
30 MHz	0000b	HSPCP=0	ADCLKPS=0	CPS=1	7.5 MHz	ACQ_PS=0	1
	15 MHz	15 MHz	15 MHz	7.5 MHz		SH pulse clock	
30 MHz	1010b	HSPCP=3	ADCLKPS=2	CPS=1	3.125 MHz	ACQ_PS=15	16
	150 MHz	150/(2×3)=25 MHz	25/(2×2)=6.25 MHz	6.25/(2×1)=3.125 MHz		SH pulse/clock=16	

9.5 A/D 转换模块的低功耗工作模式

通过 A/D 转换控制寄存器 3(ADCTRL3)的 3 个位来控制 A/D 转换模块的低功耗模式。A/D 转换模块支持 3 种低功耗模式,分别为 A/D 转换模块上电、A/D 转换模块断电和 A/D

转换模块关闭,如表 9-7 所列。

表 9-7　A/D 转换模块低功耗模式设置

电源级别	ADCBGRFDN1	ADCBGRFDN0	ADCPWDN
ADC 上电	1	1	1
ADC 断电	1	1	0
ADC 关闭	0	0	0
保留	1	0	x
保留	0	1	x

9.6　A/D 转换模块上电顺序

A/D 转换模块复位后为关断状态。当 A/D 转换模块上电时,需要采用的上电顺序如下:

① 如果使用外部基准电压源,则 ADCCTRL3 寄存器中的第 8 位 EXTREF 必须为 1,而且,必须在内部基准电压源电路上电前先使能。这样可以避免内部基准电压源信号(ADCREFP 和 ADCREFM)驱动外部基准电压源。

② 在给 A/D 转换模块的其他模拟电路供电之前,需要先给内部基准电压源电路供电至少 5 ms 以上。

③ A/D 转换模块完全供电后,必须再等待 20 μs 之后,才能执行第一次 A/D 转换。

当 A/D 转换模块断电时,3 个控制位可以同时清零。A/D 转换模块的功耗模式必须由软件来设置,且完全独立于控制器的电源模式。

为了保证可靠性和精确性,必须严格按前面的上电顺序执行。F2808 的 ADC 模块在其他所有的电路上电后需再延时 5 ms 才可以正常工作,这与 F281x 的 ADC 模块有区别。

9.7　排序器的新增特性

在正常操作中,排序器 SEQ1、SEQ2 和级连的 SEQ 转换所选择的 A/D 转换通道在对应的结果寄存器 ADCRESULTn 中顺序存放。在完成最后一个通道的转换后将自动地回到第一个通道以便下一次转换。有了排序器的新增特性,就可以用软件来控制,使排序器不自动回到第 1 通道。新增特性由 A/D 转换控制寄存器 1(ADCCTRL1)中的 SEQ OVRD 位(即位 5)来控制。

如果 SEQ OVRD 位(即位 5)设为 0,且 A/D 转换设置为级连、连续转换模式,而最大转换通道寄存器的 MAX CONV1 设为 7。通常,排序器会顺序地增加,在 A/D 转换完成并更新了结果寄存器 ADCRESULT7 以后重新回到 0。在结果寄存器 ADCRESULT7 更新后,置位相关的中断标志。

如果 SEQ OVRD 位置 1,则排序器更新 ADCRESULT7 寄存器后,不返回到 0,相反,它会向上顺序地更新 ADCRESULT8 寄存器,直至更新 ADCRESULT15 以后,才返回到 0。这个特性是把结果寄存器(0~15)看作一个先入先出的缓冲器使用,用来连续存储 A/D 转换结果。当 A/D 转换模块在最大速率转换情况下，该特性对高速获取 A/D 转换结果非常有用。

以下是排序器新增特性的一些注意事项：

- 复位后，SEQ OVRD 位清零，禁止新增特性。
- 当 SEQ OVRD 位为了所有非 0 的 MAX CONVn 而置 1 时，相关的中断标志位会在每 MAX CONVn 个结果寄存器更新后置位。例如，最大转换通道数寄存器（ADCMAX-CONV）设置为 3，则所选排序器的中断标志位会在每 3 个结果寄存器更新后置位。到达排序器的末尾再返回至 0（即在级连模式下，当 ADCRESULT15 寄存器更新后返回）。
- SEQ1、SEQ2 和级连 SEQ 均可使用该功能。
- 推荐的做法是：不要在程序中动态地控制该特性的使能或禁止，应该在 A/D 转换模块初始化阶段使能本特性后一直保持。
- 在连续转换模式下，如果排序器发生变化，则 A/D 转换通道地址使用 CONVxx 寄存器中预先设置的值。如果需要对同一个通道进行连续转换，则所有 CONVxx 寄存器都应该设为该通道地址。例如，要用排序器新增特性得到 ADCINA0 通道 16 次连续采样结果，所有 16 个 CONVxx 寄存器都应该设为 0x0000。

9.8 内部/外部基准电压源的选择

默认情况下，内部产生的带隙基准参考电压源作为 ADC 基准电压源。为了满足用户的应用要求，ADC 可以使用外部基准电压源。F280x 的 ADC 模块的 ADCREFIN 引脚可接 2.048 V、1.5 V 或者 1.024 V，A/D 转换参考选择寄存器（ADCREFSEL）的值确定参考基准电压源的选择。如图 9-11 所示为带隙基准参考（Bandgap Reference）电压源，为 F2808 的内部参考电压。

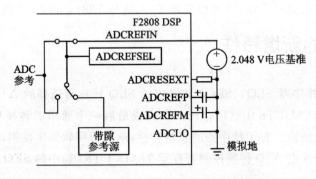

图 9-11 外部 2.048 V 基准电压源电路

如果选择外部参考基准电压源，ADCREFIN 引脚可以连接到选中的外部基准电压源、悬空或接地，ADCRESEXT、ADCREFP 以及 ADCREFM 的外围电路也可以选择以上的任何一种接法。当选择工业标准基准电压源输出的 2.048 V 作为参考基准电压源时，这些芯片可在不同的温度范围工作。推荐使用 TI 公司的 REF3020AIDBZ 作为基准电压源。参考基准电压源引脚功能与参考基准电压源说明如表 9-8 和表 9-9 所列。ADCREFSEL 寄存器的功能定义如表 9-10 所列。

表 9-8 参考基准电压源引脚功能说明

引脚名称	引脚号	引脚功能说明
ADCLO	24	低电压参考值(连接到模拟地)(输入)
ADCRESEXT	38	ADC 外部电流偏差电阻。连接一个 22 kΩ 电阻接模拟地
ADCREFIN	35	外部参考基准电压源输入(输入)
ADCREFP	37	内部参考基准电压源正极输出。要求接一个低 ESR 值(< 50 mΩ)的陶瓷 2.2 μF 旁路电容连接模拟地(输出)
ADCREFM	36	内部参考基准电压源中间值输出。要求接一个低 ESR 值(< 50 mΩ)的陶瓷 2.2 μF 旁路电容连接模拟地(输出)

表 9-9 参考基准电压源说明

参 数	数 值	说 明
内部参考基准电压		
$V_{ADCREFP}/V$	1.275	基于内部参考基准电压源时,引脚 ADCREFP 上的输出电压
$V_{ADCREFM}/V$	0.525	基于内部参考基准电压源时,引脚 ADCREFM 上的输出电压
$(V_{ADCREFP}-V_{ADCREFM})/V$	0.75	基准电压差值
温度系数/(PPM·℃$^{-1}$)	50	温度系数值
外部参考基准电压源		
$V_{ADCREFIN}/V$	1.024 1.500 2.048	在 ADCREFIN 引脚输入外部参考基准电压源,推荐采用精度为 0.2% 或更好的参考基准电压源

表 9-10 ADCREFSEL 寄存器的功能定义

位	名 称	值	功能描述 (ADC 参考电压的选择)
15~14	REF_SEL	00	内部参考电压(默认)
		01	ADCREFIN 引脚输入的外部参考电压 2.048 V
		10	ADCREFIN 引脚输入的外部参考电压 1.500 V
		11	ADCREFIN 引脚输入的外部参考电压 1.024 V
13~0	保留		保留位

使用内部参考电压源的编程实例如下:

```
void F280X_ileg2_dcbus_drv_init(ILEG2DCBUSMEAS * p)
{
    DELAY_US(ADC_usDELAY);
    AdcRegs.ADCTRL1.all = ADC_RESET_FLAG;    //复位 ADC 模块
```

```
    asm(" NOP ");
    asm(" NOP ");
    AdcRegs.ADCTRL3.bit.ADCBGRFDN = 0x3;        //带隙基准参考电压源电路上电
    DELAY_US(ADC_usDELAY);                      //ADC 上电复位前需延时
    AdcRegs.ADCTRL3.bit.ADCPWDN = 1;            //ADC 上电复位
    DELAY_US(ADC_usDELAY);
    AdcRegs.ADCTRL3.bit.SMODE_SEL = 0;
    AdcRegs.ADCTRL3.bit.ADCCLKPS = 1;           //设置 ADCTRL3 寄存器,HSPCLK/[30×(ADCTRL1[7]+1)]
    AdcRegs.ADCMAXCONV.bit.MAX_CONV1 = 15;      //最大转换通道数为,16 个
    AdcRegs.ADCCHSELSEQ1.all = p->ChSelect;
    AdcRegs.ADCCHSELSEQ2.all = p->ChSelect2;
    AdcRegs.ADCCHSELSEQ3.all = p->ChSelect3;
    AdcRegs.ADCCHSELSEQ4.all = p->ChSelect4;
    AdcRegs.ADCREFSEL.REF_SEL = 00;             //设置成内部参考
    AdcRegs.ADCOFFTRIM.all = 65534;             //设置 ADC 偏移修正寄存器
    ⋮
}
```

9.9 A/D 转换寄存器

按功能分类说明 A/D 转换寄存器以及寄存器位的定义,如表 9-11 所列。

表 9-11 A/D 转换寄存器列表

地 址	寄存器	名 称
0x7100	ADCTRL1	A/D 转换控制寄存器 1
0x7101	ADCTRL2	A/D 转换控制寄存器 2
0x7102	MAXCONV	最大转换通道数寄存器
0x7103	CHSELSEQ1	通道选择排序控制寄存器 1
0x7104	CHSELSEQ2	通道选择排序控制寄存器 2
0x7105	CHSELSEQ3	通道选择排序控制寄存器 3
0x7106	CHSELSEQ4	通道选择排序控制寄存器 4
0x7107	ADCASEQSR	自动排序状态寄存器
0x7108	RESULT0	转换结果缓冲寄存器 0
0x7109	RESULT1	转换结果缓冲寄存器 1
0x710A	RESULT2	转换结果缓冲寄存器 2
0x710B	RESULT3	转换结果缓冲寄存器 3
0x710C	RESULT4	转换结果缓冲寄存器 4
0x710D	RESULT5	转换结果缓冲寄存器 5
0x710E	RESULT6	转换结果缓冲寄存器 6
0x710F	RESULT7	转换结果缓冲寄存器 7
0x7110	RESULT8	转换结果缓冲寄存器 8

续表 9-11

地　址	寄存器	名　称
0x7111	RESULT9	转换结果缓冲寄存器 9
0x7112	RESULT10	转换结果缓冲寄存器 10
0x7113	RESULT11	转换结果缓冲寄存器 11
0x7114	RESULT12	转换结果缓冲寄存器 12
0x7115	RESULT13	转换结果缓冲寄存器 13
0x7116	RESULT14	转换结果缓冲寄存器 14
0x7117	RESULT15	转换结果缓冲寄存器 15
0x7118	ADCTRL3	A/D 转换控制寄存器 3
0x7119	ADCST	A/D 转换状态寄存器
0x711A 0x711B	保留	
0x711C	ADCREFSEL	ADC 参考电压选择寄存器
0x711D	ADCOFFTRIM	ADC 偏移修正寄存器
0x711E 0x711F	保留	

1. A/D 转换控制寄存器 1(ADCTRL1)

15	14	13	12	11	10	9	8
保留	RESET	SUSMOD1	SUSMOD0	ACQ PS3	ACQ PS2	ACQ PS1	ACQ PS0
R-0	R/W-0	R/W-0	R/W-0	R/W-0	R/W-0	R/W-0	R/W-0

7	6	5	4	3	2	1	0
CPS	CONT RUN	SEQ1 OVRD	SEQ CASC	保留			
R/W-0	R/W-0	R/W-0	R/W-0	R-0			

位 15　　　保留位。

位 14　　　RESET：A/D 转换模块软件复位位。该位引起对整个 A/D 转换模块的主动复位，所有的寄存器位和排序器指针都复位到上电复位或者复位引脚被拉低时的初始状态。该位设置为 1 后马上自动清零。读该位返回 0。该复位有 3 个时钟周期的反应时间(即在复位指令执行后的 3 个时钟周期内不能对其他 A/D 转换控制寄存器进行改动)。

　　　　　0　　无效。
　　　　　1　　复位整个 A/D 转换模块。

位 13～12　SUSMOD1～SUSMOD0：仿真悬挂模式位。这两位设定仿真悬挂时，A/D 转换模块的工作情况(例如仿真器运行遇到了断点)。

　　　　　0 0　模式 0，忽略仿真悬挂，全速运行。
　　　　　0 1　模式 1，当前排序完成后，排序器和其他逻辑停止。锁存结果，更新状态机。
　　　　　1 0　模式 2，当前转换完成后，排序器和其他逻辑停止。锁存结果，更新状态机。

　　1 1　模式 3，一旦仿真悬挂，A/D 转换模块立即停止。

位 11~8　ACQ PS3~ACQ PS0：采样时间窗宽度位。该位域设置 SOC 脉冲的宽度，这个宽度确定了采样开关闭合多长时间。SOC 脉冲宽度是 ADCLK 周期的（ACQ PS3~ACQ PS0）+1 倍。

位 7　CPS：内核时钟前分频器。该位设定对外设模块高速时钟（HSPCLK）的分频。

　　0　Fclk=CLK/1。

　　1　Fclk=CLK/2　其中 CLK 为已定标的 HSPCLK（ADCCLKPS3~0）。

位 6　CONT RUN：连续运行位。该位设定排序器工作在连续转换模式或者启动/停止模式。用户可以在当前转换序列正执行时，向该位写数，但是只有在当前转换序列完成之后才生效，即软件可在 EOS 信号到来之后，对该位清零或是置位。在连续模式下，用户不用对排序器复位，而在启动/停止模式下，必须复位排序器以使排序器指针指到 CONV00。

　　0　启动/停止模式。排序器在 EOS 信号到来时停止。如果不执行排序器复位，在下一个 SOC 启动时，排序器将从上次结束的地方开始。

　　1　连续转换模式。EOS 信号到来时，排序器又从 CONV00 开始（对 SEQ1 和级连而言）或 CONV08 开始（对 SEQ2 而言）。

位 5　SEQ OVRD：排序器超越模式位。在连续运行模式下，提供给排序器更多的灵活性，即 MAXCONVn 设置值转换完成以后不返回至 0。

位 4　SEQ CASC：级连排序器工作模式位。

　　0　双排序器工作模式，SEQ1 和 SEQ2 作为两个最多可选择 8 个转换通道的排序器。

　　1　级连模式，SEQ1 和 SEQ2 级连起来作为一个最多可选择 16 个转换通道的排序器 SEQ。

位 3~0　保留位。

2. A/D 转换控制寄存器 2(ADCTRL2)

15	14	13	12	11	10	9	8
ePWM_SOCB_SEQ	RST SEQ1	SOC SEQ1	保留	INT ENA SEQ1	INT MOD SEQ1	保留	ePWM_SOCA_SEQ1
R/W-0	R/W-0	R/W-0	R-0	R/W-0	R/W-0	R-0	R/W-0
7	6	5	4	3	2	1	0
EXT SOC SEQ	RST SEQ2	SOC SEQ2	保留	INT ENA SEQ2	INT MOD SEQ2	保留	ePWM_SOCB_SEQ2
R/W-0	R/W-0	R/W-0	R-0	R/W-0	R/W-0	R-0	R/W-0

位 15　ePWM_SOCB_SEQ：级连排序器模式下 ePWM_SOCB_SEQ 使能位（该位只能在级连模式下有效）。

　　0　禁止级连排序器模式。

　　1　使能事件管理 ePWM SOCB 的信号启动级连的排序器 SEQ，可以对 ePWM

模块编程不同的事件启动转换。

位 14　RST SEQ1：排序器 1 复位位。

　　0　禁止排序器 1 复位；

　　1　排序器 1 立即复位，使排序器指针指到 CONV00，并中止当前正在进行的转换。

位 13　SOC SEQ1：SOC 启动 SEQ1 转换位。以下触发信号可以使该位置 1。软件向该位写入 1，当一个触发信号到来时，有 3 种情况可能发生：

　　情况 1　SEQ1 处于空闲状态且清零 SOC 位时，SEQ1 立即启动（在仲裁控制下），该位置 1 后立即清零，允许悬挂后来的触发信号；

　　情况 2　SEQ1 处于忙状态且 SOC 位为 0 时，该位置 1，表示正悬挂一个触发信号请求，当 SEQ1 完成当前的转换又重新开始时，该位清零；

　　情况 3　SEQ1 处于忙状态且 SOC 位已经置 1 时，忽略此时到来的触发信号。

　　0　清除一个悬挂的 SOC 请求。

　　注：如果排序器已经启动，该位自动清零，对该位写入 0 无效。也就是说，不能通过清零该位来停止已经启动的排序器。

　　1　软件触发启动 SEQ1。从当前停止位置启动 SEQ1（即空闲模式）。

　　注：RST SEQ1 位（A/D 转换控制寄存器 2（ADCTRL2）的位 14）和 SOC SEQ1 位（A/D 转换控制寄存器 2（ADCTRL2）的位 13）不应在同一个指令中设置，否则将复位排序器而不会启动排序器。正确的操作顺序应该是先设置 RST SEQ1 位，再在下一条指令中设置 SOC SEQ1 位，这样可以保证对排序器复位并可以重新启动它。该操作对 RST SEQ2 位（A/D 转换控制寄存器 2（ADCTRL2）的位 6）和 SOC SEQ2 位（A/D 转换控制寄存器 2（ADCTRL2）的位 5）同样有效。

位 12　保留位。

位 11　INT ENA SEQ1：排序器 SEQ1 的中断使能位。

　　0　禁止 INT SEQ1 的中断请求。

　　1　使能 INT SEQ1 的中断请求。

位 10　INT MOD SEQ1：排序器 SEQ1 的中断模式控制位。该位选择中断的模式。在 SEQ1 转换排序结束时影响 INT SEQ1 的设置。

　　0　中断 INT SEQ1 在每个 SEQ1 序列结束时置 1。

　　1　中断 INT SEQ1 在每隔一个 SEQ1 序列结束时置 1。

位 9　保留位。

位 8　ePWM_SOCA_SEQ1：SEQ1 的 ePWM_SOCA 使能位。

　　0　禁止 ePWMVx SOCA 的触发信号启动 SEQ1。

　　1　使能 ePWMVx SOCA 的触发信号启动 SEQ1。可以对 ePWMVn 编程，采用各种事件启动 A/D 转换。

位 7　EXT SOC SEQ1：外部信号启动 SEQ1 转换位。

　　0　禁止来自 ADCSOC 引脚上的信号启动 A/D 转换自动转换序列。

　　1　使能来自 ADCSOC 引脚上的信号启动 A/D 转换自动转换序列。

位 6　RST SEQ2：排序器 2 复位位。

	0 禁止复位排序器2。
	1 中止当前正在进行的转换,立即复位排序器SEQ2,排序器指针指到CONV08。
位5	SOC SEQ2:启动SEQ2转换位(仅适用于双排序器模式,级连模式中忽略该位)。以下触发信号可以引起该位置1。软件向该位写入1,当一个触发信号到来时,有3种情况可能发生:
	情况1 SEQ2处于空闲状态,且SOC位清零时,SEQ2立即启动(在仲裁控制下),该位置1后立即清零,允许悬挂后来的触发信号;
	情况2 SEQ2处于忙状态,且SOC位为0时,该位置1,表示正悬挂一个触发信号请求,当SEQ2完成当前的转换又重新开始时,该位清零;
	情况3 SEQ2处于忙状态,且SOC位已经置1时,忽略此时到来的触发信号。
	0 清除一个悬挂的SOC请求。
	注:如果一个排序器已经启动,此位自动清零,写入0无效,即对此位清零不能停止一个已经启动的排序器。
	1 从当前停止位置启动SEQ2(即空闲模式)。
位4	保留位。
位3	INT ENA SEQ2:排序器SEQ2的中断使能位。
	0 禁止INT SEQ2的中断请求。
	1 使能INT SEQ2的中断请求。
位2	INT MOD SEQ2:排序器SEQ2的中断模式控制位。
	0 中断INT SEQ2在每个SEQ2序列结束时置1。
	1 中断INT SEQ2在每隔一个SEQ2序列结束时置1。
位1	保留位。
位0	ePWM_SOCB_SEQ2:SEQ2的ePWM_SOCB使能位。
	0 禁止ePWMVx SOCB触发信号启动SEQ2。
	1 使能ePWMVx SOCB触发信号启动SEQ2,可以对ePWMVn编程,采用各种事件启动转换。

3. A/D转换控制寄存器3(ADCTRL3)

15						9	8
保留							保留
R-0							R/W-0
7	6	5	4			1	0
ADCBGRFDN1	ADCBGRFDN0	ADCPWDN	ADCCLKPS.3:0				SMODE_SEL
R/W-0	R/W-0	R/W-0	R/W-0				R/W-0

位15~8 保留位。

位7~6 ADCBGRFDN:A/D转换内部基准电压源电路掉电控制位。

00 内部基准电压源电路掉电;

01 内部基准电压源电路上电。

位5 ADCPWDN:A/D转换模块掉电控制位。该位控制除了内部基准电压源电路外的所有内核模拟电路的上电和断电。

0　除内部基准电压源电路外内核模拟电路断电；
1　内核模拟电路上电。

位 4～1　ADCCLKPS[3：0]：内核时钟分频器。F2808 芯片的外部时钟（HSPCLK）除以 2×ADCLKPS[3：0]，而在 ADCLKPS[3：0]=0000 时，外部时钟直接通过。分频之后的时钟，经过 ACTRL1[7]+1 进一步分频，产生 A/D 转换模块的时钟 ADCCLK。ACTRL1[7]（即 CPS 位）可置 1 或 0，具体分频情况见表 9-12 所列。

表 9-12　时钟分频情况

ADCCLKPS[3：0]	核时钟分频器	ADCLK
0000	0	HSPCLK/(ADCTRL1[7]+1)
0001	1	HSPCLK/2[2×(ADCTRL1[7]+1)]
0010	2	HSPCLK/2[4×(ADCTRL1[7]+1)]
0011	3	HSPCLK/2[6×(ADCTRL1[7]+1)]
0100	4	HSPCLK/2[8×(ADCTRL1[7]+1)]
0101	5	HSPCLK/2[10×(ADCTRL1[7]+1)]
0110	6	HSPCLK/2[12×(ADCTRL1[7]+1)]
0111	7	HSPCLK/2[14×(ADCTRL1[7]+1)]
1000	8	HSPCLK/2[16×(ADCTRL1[7]+1)]
1001	9	HSPCLK/2[18×(ADCTRL1[7]+1)]
1010	10	HSPCLK/2[20×(ADCTRL1[7]+1)]
1011	11	HSPCLK/2[22×(ADCTRL1[7]+1)]
1100	12	HSPCLK/2[24×(ADCTRL1[7]+1)]
1101	13	HSPCLK/2[26×(ADCTRL1[7]+1)]
1110	14	HSPCLK/2[28×(ADCTRL1[7]+1)]
1111	15	HSPCLK/2[30×(ADCTRL1[7]+1)]

位 0　SMODE SEL：采样模式选择位。
　　0　顺序采样模式；
　　1　同时采样模式。

4. 最大转换通道数寄存器（ADCMAXCONV）

15							8
保留							
R-0							

7	6	5	4	3	2	1	0
保留	MAX CONV2_2	MAX CONV2_1	MAX CONV2_0	MAX CONV1_3	MAX CONV1_2	MAX CONV1_1	MAX CONV1_0
R-0	R/W-0	R/W-0	R/W-0	R/W-0	R/W-0	R/W-0	R/W-0

位 15～7　保留位。
位 6～0　MAX CONVn：该位域定义一次自动转换最多可以转换的通道个数。对该位域操作随排序器工作模式的变化而变化（双排序或级连）。

第9章 A/D转换器

对 SEQ1 操作,使用位 MAX CONV1_2~0。
对 SEQ2 操作,使用位 MAX CONV2_2~0。
对 SEQ 操作,使用位 MAX CONV1_3~0。

如果条件允许,一次自动转换总是由初始指针开始,连续执行直到结束。结果顺序装入结果寄存器中。一次转换的个数可以通过编程选择 1~(MAX CONVn+1)之间的数。

【例 9-5】 最大转换通道数寄存器(ADCMAXCONV)位的编程。如果需要进行 5 个转换,则 MAX CONVn 设置为 4。

情况 1:双排序器模式 SEQ1 或者级连模式 SEQ。排序器指针依次从 CONV00 指到 CONV04,并且这 5 个转换结果依次存放在结果寄存器 00~04 单元中。

情况 2:双排序器模式使用 SEQ2。排序器指针依次从 CONV08~CONV12,而且这 5 个转换结果依次存放在结果寄存器 08~12 中。

当 SEQ1 工作在双排序器模式下,而写入 MAX CONV1 中的值超过 7 时,SEQ CNTRn 超过 7 之后继续计数,使排序指针重新指到 CONV00 并继续计数。MAX CONV1 的位定义和转换个数之间的关系如表 9-13 所列。

表 9-13 MAX CONV1 的位定义和转换通道数之间的关系

ADCMAXCONV[3:0]	转换通道数	ADCMAXCONV[3:0]	转换通道数
0000	1	1000	9
0001	2	1001	10
0010	3	1010	11
0011	4	1011	12
0100	5	1100	13
0101	6	1101	14
0110	7	1110	15
0111	8	1111	16

5. 自动排序状态寄存器(ADCASEQSR)

15			12	11	10	9	8
保留				SEQ CNTR3	SEQ CNTR2	SEQ CNTR1	SEQ CNTR0
R-0				R-0	R-0	R-0	R-0
7	6	5	4	3	2	1	0
保留	SEQ2 STATE2	SEQ2 STATE1	SEQ2 STATE0	SEQ1 STATE3	SEQ1 STATE2	SEQ1 STATE1	SEQ1 STATE0
R-0	R-0	R-0	R-0	R-0	R-0	R-0	R-0

位 15~12　保留位。

位 11~8　SEQ CNTR3~0:排序计数器状态位。SEQ CNTRn 4 位状态可用于 SEQ1、SEQ2 和 SEQ 模式。在级连模式中 SEQ2 是不相关的。在转换排序开始时,SEQ CNTR3~0 初始化为 MAX CONV 中的值。在一个自动转换排序的每一个转换(或同时采样模式中的一对转换)之后,排序器的计数器减 1。在递减计数过程中的任何时候,可以读 SEQ CNTRn 的值。这个值结合

SEQ1、SEQ2 中的忙状态位,就可以在任何时间及时唯一地确定激活排序器的指针和进程,如表 9-14 所列。

表 9-14 SEQ CNTRn 位定义

SEQ CNTRn(只读)	剩余的转换数	SEQ CNTRn(只读)	剩余的转换数
0000	1 或 0、取决于忙状态位	1000	9
0001	2	1001	10
0010	3	1010	11
0011	4	1011	12
0100	5	1100	13
0101	6	1101	14
0110	7	1110	15
0111	8	1111	16

位 7　　　　保留位。

位 6～0　　SEQ2 STATE2～0～SEQ1 STATE3～0：该位域保留为 TI 公司测试用,用户不能使用。

6. A/D 转换状态和标志寄存器(ADCST)

15							8
保留							
R-0							
7	6	5	4	3	2	1	0
EOS BUF2	EOS BUF1	INT SEQ2 CLR	INT SEQ1 CLR	SEQ2 BSY	SEQ1 BSY	INT SEQ2	INT SEQ1
R-0	R-0	R/W-0	R/W-0	R-0	R-0	R-0	R-0

位 15～8　　保留位。

位 7　　　　EOS BUF2：SEQ2 的排序缓冲器结束位。在中断模式 0(即 A/D 转换控制寄存器 2(ADCTRL2)[2]=0)下,该位不能使用且保持 0 值。在中断模式 1(即 A/D 转换控制寄存器 2(ADCTRL2)[2]=1)下,每一个 SEQ2 序列结束时该位置 1。该位在控制器复位时清零,且不受排序器复位或相应中断标志清零的影响。

位 6　　　　EOS BUF1：SEQ1 的排序缓冲器结束位。在中断模式 0(即 A/D 转换控制寄存器 2(ADCTRL2)[2]=0)下,该位不能使用且保持 0 值。在中断模式 1(即 A/D 转换控制寄存器 2(ADCTRL2)[2]=1)下,每一个 SEQ1 序列结束时该位置 1。该位在控制器复位时清零,且不受排序器复位或相应中断标志清零的影响。

位 5　　　　INT SEQ2 CLR：SEQ2 中断清零位。读出值为 0;写入 1 清零。
　　　　　　0　　向该位写入 0 无效；
　　　　　　1　　向该位写入 1,对 SEQ2 中断标志位(INT_SEQ2)清零。

位 4　　　　INT SEQ1 CLR：SEQ1 中断清零位。读出值为 0;写入 1 清零。

	0	向该位写入0无效;
	1	向该位写入1,对 SEQ1 中断标志位(INT_SEQ1)清零。
位 3	SEQ2 BSY：SEQ2 忙状态位。写入操作无效。	
	0	SEQ2 空闲,等待触发;
	1	SEQ2 忙。
位 2	SEQ1 BSY：SEQ1 忙状态位。写入操作无效。	
	0	SEQ1 空闲,等待触发;
	1	SEQ1 忙。
位 1	INT SEQ2：SEQ2 中断标志位,写入操作无效。在中断模式 0(A/D 转换控制寄存器 2(ADCTRL2)[2]=0)下,该位在每一个 SEQ2 排序结束时置 1;在中断模式 1(A/D 转换控制寄存器 2(ADCTRL2)[2]=1),如果 EOS_BUF2=1,该位在 SEQ2 排序结束后置 1。	
	0	无 SEQ2 中断事件;
	1	发生了 SEQ2 中断事件。
位 0	INT SEQ1：SEQ1 中断标志位,写入操作无效。在中断模式 0(A/D 转换控制寄存器 2(ADCTRL2)[10]=0)下,该位在每一个 SEQ1 排序结束时置 1;在中断模式 1(A/D 转换控制寄存器 2(ADCTRL2)[10]=1),如果 EOS_BUF1=1,该位在 SEQ1 排序结束后置 1。	
	0	无 SEQ1 中断事件;
	1	发生了 SEQ1 中断事件。

7. A/D 转换输入通道选择排序控制寄存器(CHSELSEQ1～4)

CHSELSEQ1：

15	12	11	8	7	4	3	0
CONV03		CONV02		CONV01		CONV00	

R/W-0

CHSELSEQ2：

15	12	11	8	7	4	3	0
CONV07		CONV06		CONV05		CONV04	

R/W-0

CHSELSEQ3：

15	12	11	8	7	4	3	0
CONV11		CONV10		CONV09		CONV08	

R/W-0

CHSELSEQ4：

15	12	11	8	7	4	3	0
CONV15		CONV14		CONV13		CONV12	

R/W-0

每一个 4 位的域,都可为自动转换选择 16 个模拟输入通道中的任何一个,如表 9-15 所列。

表 9-15 A/D 转换输入通道选择位定义

CONVnn 值	ADC 输入通道选择	CONVnn 值	ADC 输入通道选择
0000	ADCINA0	1000	ADCINB0
0001	ADCINA1	1001	ADCINB1
0010	ADCINA2	1010	ADCINB2
0011	ADCINA3	1011	ADCINB3
0100	ADCINA4	1100	ADCINB4
0101	ADCINA5	1101	ADCINB5
0110	ADCINA6	1110	ADCINB6
0111	ADCINA7	1111	ADCINB7

8. A/D 转换结果缓冲寄存器(ADCRESULTn)

在排序器级连模式下,寄存器 RESULT8～15 保存第 9～16 位的转换结果。结果寄存器左对齐,低 4 位为保留位,为只读寄存器,复位时所有位都清零。

9. A/D 转换偏移修正寄存器(ADCOFFTRIM)

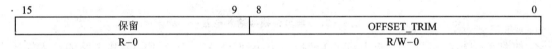

位 15～9　保留位。

位 8～0　OFFSET_TRIM[8:0]：该位域偏移修正值为 −256～255。

10. A/D 转换参考电压选择寄存器(ADCREFSEL)

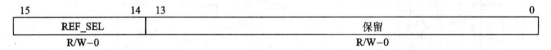

位 15～14　REF_SEL：ADC 参考电压的选择位。

　　　　　00　选择内部参考电压(默认)；

　　　　　01　ADCREFIN 引脚外部输入 2.048 V；

　　　　　10　ADCREFIN 引脚外部输入 1.500 V；

　　　　　11　ADCREFIN 引脚外部输入 1.024 V。

位 13～0　保留位。

9.10 A/D 转换电路

模拟输入电路中特别要注意其输入等效电路的形式,见图 9-12 所示的模拟输入阻抗等效电路,在设计软件和硬件电路时,必须考虑这个问题。软件编程采样时间时必须考虑输入信号的频率,以及模拟输入阻抗等效电路的时间常数。设计硬件电路时必须保证信号源的内阻较小,以满足输入阻抗等效电路的时间常数较小的要求,见图 9-13 所示的典型的模拟输入电路。

第9章 A/D转换器

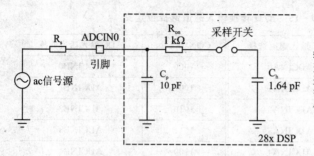

图 9-12 模拟输入阻抗等效电路

为了得到较小的信号源内阻,在 F2808 的模拟输入引脚前级需要用运放构成驱动电路,可以采用跟随器电路降低信号源的输出阻抗,跟随器电路起到阻抗匹配的作用,如图 9-13 所示。也可以采用二阶低通滤波器起到同样的作用,如图 9-14 所示。

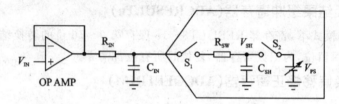

图 9-13 典型的模拟输入电路

如图 9-14,在实验开发板上,A/D 转换通道 ADCINA0～ADCINA7 共 8 路的输入端采用二阶低通滤波加电压提升,电压提升输入端为运放的 SREF,运放电源为单电源 3.3 V 供电。

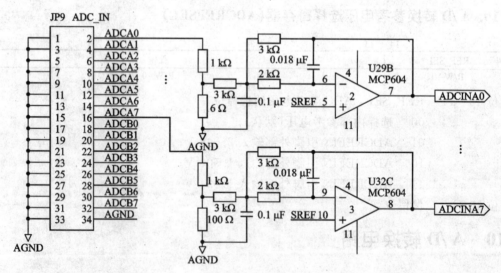

图 9-14 ADCINA0～ADCINA7 接口电路

这 8 个 A/D 转换通道可用于采样 3 相交流信号,将正负变化的交流信号提升为单极性 0～3.3 V 之间的信号。SREF 由如图 9-15 所示的实验基准电压源提供。

ADCINB0～ADCINB3 共 4 路的输入端采用如图 9-16 的二阶低通滤波器,运放电源为单电源 3.3 V 供电，图中 SREF1 由基准电压源提供。这 4 个 A/D 转换通道适用于对干扰较严重的直流信号进行采样。

ADCINB4～ADCINB7 共 4 路的输入端采用如图 9-17 的电压跟随器，运放电源为单 3.3 V。这 4 个 A/D 转换通道适用于对一般直流信号进行采样。其中的 ADCINB7 输入端电压跟随器在 PCB 板上可以通过跳针 J1 连接到一个精密电位器，如图 9-18 所示，便于在没有接外部信号时作为测试用。

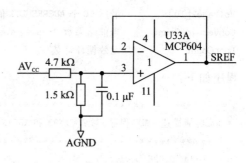

图 9-15　实验基准电压源

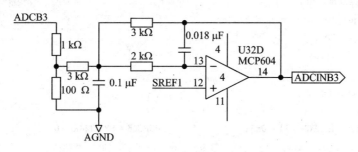

图 9-16　ADCINB0～ADCINB3 接口电路

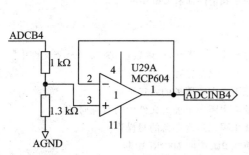

图 9-17　ADCINB4～ADCINB7 接口电路

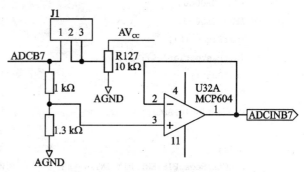

图 9-18　ADCINB7 接口电路

9.11　A/D 转换应用举例

【例 9-6】　本例中设置 PLL 为 ×10/2 模式，30 MHz 的晶体振荡器，SYSCLKOUT 为 150 MHz，HISPCP 经 6 分频后得到 25 MHz 的 HSPCP 时钟，没有用 A/D 转换中的时钟分频器，因此 A/D 转换为 25 MHz 时钟。A/D 转换中断使能，EVA 产生 SEQ1 的周期的 ADCSOC。转换 ADCINA3 和 ADCINA2 两个通道。注意，要把与中断有关的那几个 C 文件包含到项目中，另外也要把 DSP28_Adc.c 和 DSP28_usDelay.asm 包含进去，因为本例的程序需要调用这些文件中的函数。该程序已在实验开发板上调试通过。以下是便于观察的变量：

Voltage1[10]　　　　　最后 10 个 ADCRESULT0 值

第9章 A/D转换器

Voltage2[10]	最后 10 个 ADCRESULT1 值
ConversionCount	当前结果数 0~9
LoopCount	无效循环计数

程序如下：

```
/*****************************************************************
** 功能描述：ADC 程序,对 ADCINA3 和 ADCINA2 采样,采用中断方式 **
*****************************************************************/
#include "DSP28_Device.h"
interrupt void adc_isr(void);
Uint16 LoopCount;                              //定义全局变量
Uint16 ConversionCount;
Uint16 Voltage1[10];
Uint16 Voltage2[10];
main()
{
    InitSysCtrl();
    EALLOW;
    SysCtrlRegs.HISPCP.all = 0x3;              //HSPCLK = SYSCLKOUT/6
    EDIS;
    DINT;
    IER = 0x0000;
    IFR = 0x0000;                              //禁止和清除所有 CPU 中断
    InitPieCtrl();
    InitPieVectTable();
    InitAdc();                                 //初始化 ADC 模块,该函数在 DSP28_Adc.c 文件中
    EALLOW;                                    //使能写保护寄存器的写操作
    PieVectTable.ADCINT = &adc_isr;            //把用户中断服务的入口地址
                                               //赋给中断向量表头文件中的对应向量
    EDIS;                                      //禁止写保护寄存器的写操作
    PieCtrlRegs.PIEIER1.bit.INTx6 = 1;         //使能 PIE 中的 ADCINT 中断
    IER |= M_INT1;                             //使能 CPU 中断 1,使能全部 INT1
    EINT;                                      //使能全局中断 INTM
    ERTM;                                      //使能全局实时中断 DBGM
    LoopCount = 0;                             //循环计数器清零
    ConversionCount = 0;                       //当前转换结果数清零
    AdcRegs.ADCMAXCONV.all = 0x0001;           //配置 ADC,设置 SEQ1 的 2 个转换通道
    AdcRegs.ADCCHSELSEQ1.bit.CONV00 = 0x3;     //设置 SEQ1 的 ADCINA3 作为第 1 转换通道
    AdcRegs.ADCCHSELSEQ1.bit.CONV01 = 0x2;     //设置 SEQ1 的 ADCINA2 作为第 2 转换通道
    AdcRegs.ADCTRL2.bit.EVA_SOC_SEQ1 = 1;      //使能 EVASOC 去启动 SEQ1
    AdcRegs.ADCTRL2.bit.INT_ENA_SEQ1 = 1;      //使能 SEQ1 中断(每次 EOS)
                                               //配置 EVA,假设 EVA 已经在 InitSysCtrl()中使能
    EvaRegs.T1CMPR = 0x0080;                   //设置 T1 比较值
    EvaRegs.T1PR = 0xFFFF;                     //设置周期寄存器
    EvaRegs.GPTCONA.bit.T1TOADC = 1;           //使能 EVA 中的 EVASOC(下溢中断启动 ADC)
```

```
        EvaRegs.T1CON.all = 0x1042;              //使能定时器1比较操作(增计数模式)
        while(1)                                 //等 ADC 转换
        {
            LoopCount ++ ;
        }
}
interrupt void adc_isr(void)
{
    Voltage1[ConversionCount] = AdcRegs.ADCRESULT0;
    Voltage2[ConversionCount] = AdcRegs.ADCRESULT1;
    if(ConversionCount = = 9)                    //如果已记录10次转换,则重新开始转换
    {
        ConversionCount = 0;
    }
    else ConversionCount ++ ;
    AdcRegs.ADCTRL2.bit.RST_SEQ1 = 1;            //重新初始化下一次 ADC 转换,复位 SEQ1
    AdcRegs.ADCST.bit.INT_SEQ1_CLR = 1;          //清 INT SEQ1 位
    PieCtrlRegs.PIEACK.all = PIEACK_GROUP1;      //清中断应答信号,准备接收下一次中断
    return;
}
```

【例9-7】 系统时钟同上,A/D转换中断禁止,采用查询模式,对 ADCINB7 采样,结果从 SCIB 发送出去。可以用串口调试工具在 PC 上看到采样结果。该程序已在实验开发板上调试通过。

```
/***************************************************************
* * 功能描述:A/D 转换程序,对 ADCINB7 采样,结果从 SCIB 发送出去 * *
***************************************************************/
#include "DSP28_Device.h"
unsigned long int i = 0;
void Adc_Init()                                  //A/D 转换相关寄存器初始化
{
    //Configure ADC @SYSCLKOUT = 150Mhz
    AdcRegs.ADCTRL1.bit.SEQ_CASC = 0;            //双序列/级连选择:双序列工作模式
    AdcRegs.ADCTRL3.bit.SMODE_SEL = 0;           //连续/并发选择:连续采样模式
    AdcRegs.ADCTRL1.bit.CONT_RUN = 0;            //启动-停止/连续转换选择:启动-停止模式
    AdcRegs.ADCTRL1.bit.CPS = 1;                 //核时钟前分频器:ADC_CLK = ADCLKPS/2 = 3.125 MHz
    AdcRegs.ADCTRL1.bit.ACQ_PS = 0xf;            //采集窗口大小:SH pulse/clock = 16
    AdcRegs.ADCTRL3.bit.ADCCLKPS = 0x2;          //核时钟分频:ADCLKPS = HSPCLK/4 = 6.25 MHz
    AdcRegs.ADCMAXCONV.all = 0x0000;             //转换通道数:SEQ1 序列的通道数为1
    AdcRegs.ADCCHSELSEQ1.bit.CONV00 = 0xf;       //转换通道选择:ADCINB7
}
void Adc_PowerUP()                               //A/D 转换模块上电顺序延时
{
    AdcRegs.ADCTRL3.bit.ADCBGRFDN = 0x3;         //A/D 转换内部基准电压源电路上电
    for(i = 0; i<1000000; i ++ ){}               //至少 5 ms 延时
```

第9章 A/D 转换器

```c
    AdcRegs.ADCTRL3.bit.ADCPWDN = 1;        //A/D 转换和模拟电路加电
    for(i = 0; i<10000; i ++ ){}            //至少 20 μs 延时
}
void Scib_init()
{
    EALLOW;
    GpioMuxRegs.GPGMUX.all = 0x0030;        //设置 G4 和 G5 为通信接口
    EDIS;
    ScibRegs.SCICTL2.all = 0x0000;          //禁止接收和发送中断
    ScibRegs.SCILBAUD = 0x00E7;             //波特率 = 9 600 bps
    ScibRegs.SCIHBAUD = 0x0001;
    ScibRegs.SCICCR.all = 0x0007;           //1 个停止位,禁止校验,8 位字符禁止自测试,
                                            //异步空闲线协议
    ScibRegs.SCICTL1.all = 0x0023;          //脱离复位状态,使能接收发送
    SciaRegs.SCICTL1.bit.RXENA = 0;         //禁止接收
}
main()
{
    InitSysCtrl();
    EALLOW;
    SysCtrlRegs.HISPCP.all = 0x3;           //高速外设模块时钟 HSPCLK = SYSCLKOUT/6 = 25 MHz
    EDIS;
    DINT;                                   //关闭总中断
    IER = 0x0000;                           //关闭外设中断
    IFR = 0x0000;                           //清中断标志
    Scib_init();                            //Scib 初始化
    Adc_PowerUP();
    Adc_Init();
    while(1)
    {
        AdcRegs.ADCTRL2.bit.SOC_SEQ1 = 1;   //用软件写 1 模式启动 SEQ1 转换序列
        while(AdcRegs.ADCST.bit.SEQ1_BSY == 1){}    //判断序列忙否
        i = AdcRegs.ADCRESULT0 >> 4;
        ScibRegs.SCITXBUF = i >> 8;
        while(ScibRegs.SCICTL2.bit.TXRDY == 0){}
        ScibRegs.SCITXBUF = i;
        while(ScibRegs.SCICTL2.bit.TXRDY == 0){}
        while(ScibRegs.SCICTL2.bit.TXEMPTY == 0){}  //将转换结果从 Scib 发送
        for(i = 0; i<1000000; i ++ ){}
        AdcRegs.ADCTRL2.bit.RST_SEQ1 = 1;   //复位排序器到 CONV00
    }
}
```

第 10 章

ePWM 模块

高性能的 PWM 外设必须能够用尽可能少的 CPU 时间来产生复杂的 PWM 波形,而且使用要非常简单方便。本章所描述的 ePWM 模块满足这两个要求。

10.1　ePWM 模块概述

F2808ePWM 模块包含 2 组完整的 ePWM 通道:ePWMxA 和 ePWMxB,如图 10-1 所示。这些 ePWM 模块通过一个同步时钟信号联系在一起,当需要的时候可以将这些模块看做是分开独立的系统。另外这个同步时钟信号也用于 eCAP 模块。一个 ePWM 模块控制一个电机,一个 DSC 带 2 个 ePWM 模块,可以控制两个电机,可以按照电机个数的需要来确定使用 ePWM 模块的数量。

ePWM 模块包含以下子模块:时基子模块、计数器比较子模块、动作限定子模块、死区生成子模块、PWM 输出断路器子模块、TZ(Trip-Zone)子模块、事件触发子模块。

每个 ePWM 模块都有以下一些特点:
- 16 位的时间计数器,可编程控制的 PWM 周期和占空比。
- ePWMxA 和 ePWMxB 可以配置成下面的方式:

  —单边操作的两组独立的 PWM 输出;

  —双边对称操作的两组独立的 PWM 输出;

  —双边对称操作的一组独立的 PWM 输出。
- 可以通过软件控制 PWM 信号。
- 可编程控制相位的滞后和超前。
- 通过对信号的上升沿和下降沿延迟控制来生成死区,死区时间可以编程。
- 对周期性故障事件和一次性故障事件,有故障保护功能。
- 一个故障状态可以将 PWM 输出强制为高电平、低电平和高阻态输出。
- 所有的事件都可以触发 CPU 中断和启动 A/D 转换。
- 中断发生时,可编程的事件分频可以减少 CPU 的占用率。
- 通过高频载波信号的斩波,可以用于变频器的门极驱动。

ePWM 模块的总框图如图 10-1 所示。图 10-1 中有以下几点需要说明:
- PWM 输出信号(ePWMxA 和 ePWMxB)。PWM 信号是通过 GPIO 外设模块输出的。
- 故障信号。当外部条件出错时,这些信号对 PWM 模块预警。F2808 的每个 PWM 模块都可以配置为使用或忽视故障信号。TZ1~TZ6 信号可以通过 GPIO 模块配置为异步输入信号。
- 时基的同步输入(ePWMxSYNCI)和输出(ePWMxSYNCO)。同步信号将 PWM 模块

第10章 ePWM 模块

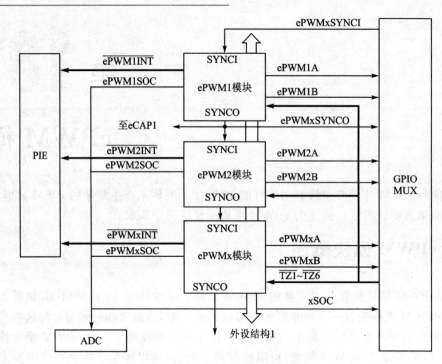

图 10-1 PWM 模块总框图

联系在一起,每个模块可以配置为使用和忽视同步信号输入。
- ADC 转换启动信号。每个 ePWM 模块有 2 个 ADC 转换启动信号,任何一个 ePWM 模块都可以触发 A/D 转换。

每个 ePWM 模块的详细电路框图如图 10-2 所示。
- 寄存器地址。所有 ePWM 模块的控制寄存器和状态寄存器都列于表 10-1 中。

表 10-1 ePWM 模块的控制寄存器和状态寄存器

寄存器名称	地址	说明
TBCTL	0x0000	时基控制寄存器
TBSTS	0x0001	时基状态寄存器
TBPHSHR	0x0002	HRPWM(高分辨率 PWM)相位寄存器
TBPHS	0x0003	时基相位寄存器
TBCTR	0x0004	时基计数器
TPBRD	0x0005	时基周期寄存器
CMPCTL	0x0007	计数比较控制寄存器
CMPHAR	0x0008	HRPWM 比较计数器 A
CMPA	0x0009	比较计数器 A
CMPB	0x000A	比较计数器 B
AQCTLA	0x000B	ePWMxA 输出动作限定控制寄存器
AQCTLB	0x000C	ePWMxB 输出动作限定控制寄存器
AQSFRC	0x000D	动作限定软件强制寄存器
AQCSFRC	0x000E	动作限定持续 S/W 强制预设寄存器
DBCTL	0x000F	死区控制寄存器

续表 10-1

寄存器名称	地 址	说 明
DBRED	0x0010	死区上升沿延时计数寄存器
DBFED	0x0011	死区下降沿延时计数寄存器
TZSEL	0x0012	TZ 选择寄存器
TZCTL	0x0014	TZ 控制寄存器
TZEINT	0x0015	TZ 中断使能寄存器
TZFLAG	0x0016	TZ 标志寄存器
TZCLR	0x0017	TZ 清除寄存器
TZFRC	0x0018	TZ 强制寄存器
ETSEL	0x0019	事件触发选择寄存器
ETPS	0x001A	事件触发前分频计数寄存器
ETFLAG	0x001B	事件触发标志寄存器
ETCLR	0x001C	事件触发清除寄存器
ETFRC	0x001D	事件触发强制寄存器
PCCTL	0x001E	斩波控制寄存器
HRCNFG	0x0020	HRPWM 配置寄存器

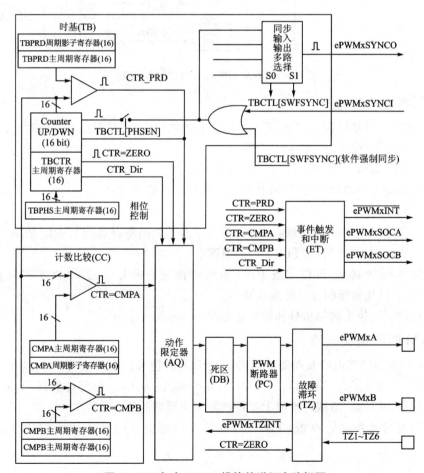

图 10-2 每个 ePWM 模块的详细电路框图

10.2 时基子模块

每个 ePWM 模块都有自己的独立时基子模块,这些时基子模块确定了每个 ePWM 模块的事件时间。这些 ePWM 模块在同步时钟下是独立的系统。每个 ePWM 模块的功能框图如图 10-3 所示。

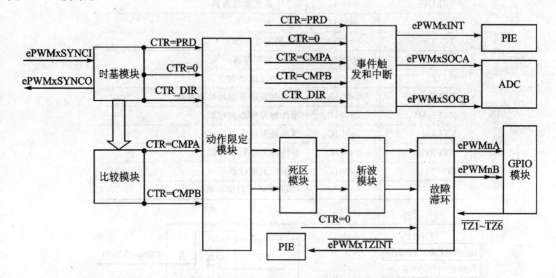

图 10-3　每个 ePWM 模块的功能框图

1. 定时器模块的功能

- 确定 ePWM 时基计数器(TBCTR)的频率和周期,从而控制发生事件的时刻。
- 处理与其他 ePWM 模块的同步问题。
- 提供一个与其他 ePWM 模块之间的相位关系。
- 将计数器设置为增计数模式、减计数模式或增减计数模式。
- 产生下列事件:
  CTR=PRD,时基计数器(TBCTR)的值等于时基周期寄存器(TPBRD)的值。
  CTR=Zero,时基计数器(TBCTR)的值等于 0。
- 配置时基时钟频率,可以配置 CPU 系统时钟进行前分频,这可以实现时基计数器(TBCTR)以比较慢的速率增加或减小。

时基子模块中比较关键的信号和寄存器如图 10-4 所示。

2. PWM 的周期和频率

PWM 的周期和频率由时基周期寄存器(TPBRD)的值和时基计数器(TBCTR)的模式共同确定,图 10-5 说明了当时基周期寄存器(TPBRD)的值为 4 时,时基计数器(TBCTR)的模式分别为增计数、减计数、增减计数时 PWM 的频率和周期的值。

可以通过对时基控制寄存器(TBCTL)进行设置来选择时基计数器(TBCTR)的计数方式。

第 10 章 ePWM 模块

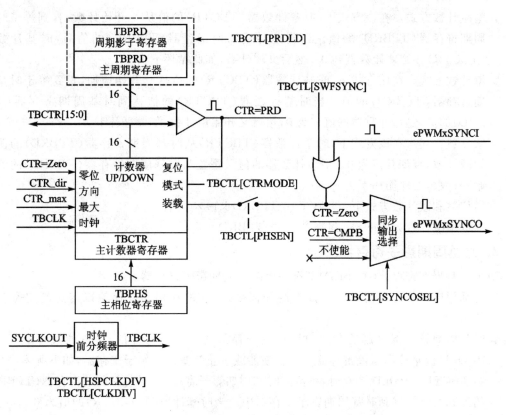

图 10-4 时基子模块

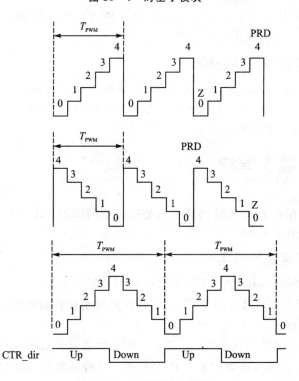

图 10-5 时基频率和周期

- 增减计数方式。在该方式下,时基计数器(TBCTR)的值从 0 开始计数,直到等于时基周期寄存器(TPBRD)的值。当到达时基周期寄存器(TPBRD)的值后,时基计数器(TBCTR)开始减计数直到 0。然后又增计数,如此循环下去。
- 增计数方式。在该方式下,时基计数器(TBCTR)的值从 0 开始增加,直到等于时基周期寄存器(TPBRD)的值。当时基计数器(TBCTR)的值达到时基周期寄存器(TPBRD)的值之后,计数器的值变为 0,然后又开始增计数,如此循环下去。
- 减计数方式。在该方式下,时基计数器(TBCTR)从时基周期寄存器(TPBRD)的值开始减计数,直到其值为 0。然后计数器的值又重置为时基周期寄存器(TPBRD)的值开始减计数,如此循环下去。

在增计数和减计数方式下: 周期 $T=(TPBRD+1) \times T_{TBCLK}$
在连续增减计数方式下: 周期 $T=2 \times TPBRD \times T_{TBCLK}$

3. 时基周期影子寄存器

每个时基周期寄存器(TPBRD)都有一个时基周期影子寄存器。
- 时基周期影子寄存器不能直接控制任何硬件,它的作用是存储值以传送给主寄存器使用。
- 时基周期影子寄存器的存储地址与主寄存器的地址是一样的,可以通过 TBCTL 的 PRDLD 位来读和写该寄存器。该位使能或禁止时基周期影子寄存器,如下所述:

当 TBCTL[PRDLD]=0 时,将使能时基周期影子寄存器,对时基周期寄存器(TPBRD)的读和写将转移到时基周期影子寄存器中。当时基计数器(TBCTR)的值为 0 时,时基周期影子寄存器的值将转移到主寄存器中。

当 TBCTL[PRDLD]=1 时,对时基周期寄存器(TPBRD)的时基周期影子寄存器的读和写将直接对主寄存器进行读和写。

4. ePWM 模块时基时钟锁相

TBCLKSYNC 位能够使能或禁止 ePWM 外设模块的高速时钟。当 TBCLKSYNC=0 时,停止 ePWM 模块的时基时钟;当 TBCLKSYNC=1 时,启动 ePWM 模块的时基时钟,通过将 TBCLKSYNC 设为 1 来使能 ePWM 模块的时钟。

10.3 比较计数子模块

比较计数子模块在每个 ePWM 模块的功能框图中的位置如图 10-3 所示。比较计数子模块框图如图 10-6 所示。

1. 比较计数子模块的作用

比较计数子模块将时基计数器(TBCTR)的值与比较计数器 A(CMPA)或比较计数器 B(CMPB)的值进行比较,当时基计数器(TBCTR)的值与比较计数器的值相等时,比较计数子模块将产生相应的事件。
- 通过比较比较计数器 A(CMPA)的值和比较计数器 B(CMPB)的值产生事件。
CTR=CMPA,时基计数器(TBCTR)的值等于比较计数器 A(CMPA)的值;
CTR=CMPB,时基计数器(TBCTR)的值等于比较计数器 B(CMPB)的值。

第 10 章　ePWM 模块

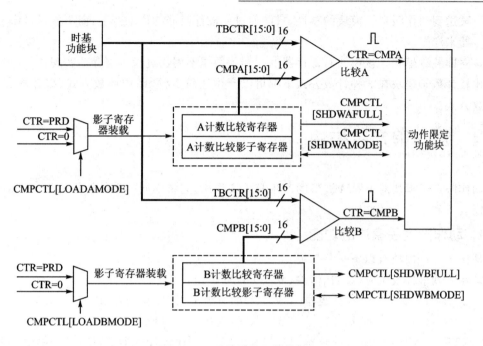

图 10-6　比较计数子模块框图

> 控制 PWM 的占空比。
> 通过时基周期影子寄存器更新计数比较值避免出错。

2. 比较计数子模块的操作介绍

比较计数子模块通过 2 个比较计数器来产生 2 个独立的比较事件：
> CTR=CMPA，时基计数器（TBCTR）的值等于比较计数器 A（CMPA）的值（TBCTR=CMPA）；
> CTR=CMPB，时基计数器（TBCTR）的值等于比较计数器 B（CMPB）的值（TBCTR=CMPB）。

对于增计数和减计数模式，每个周期只发生一次比较事件。对于增减计数模式，当比较计数器的值在 0x0000～TPBRD 之间时，每个周期发生两次比较事件。当比较计数器的值为 0x0000 或 TPBRD 时，每个周期只发生一次比较事件。这些事件将送到动作限定子模块去。

比较计数器 A（CMPA）和比较计数器 B（CMPB）各自都有一个影子寄存器，这样可以实现寄存器与硬件的同步。比较计数器和对应的时基周期影子寄存器地址是一样的。通过对 CMPCTL[SHDWAMODE]和 CMPCTL[SHDWBMODE]位操作来使能或禁止时基周期影子寄存器。

> 影子模式。清除 CMPCTL[SHDWAMODE]位可以使能比较计数器 A（CMPA）影子模式，清除 CMPCTL[SHDWBMODE]位可以使能比较计数器 B（CMPB）影子模式。当比较计数器 A（CMPA）和比较计数器 B（CMPB）影子寄存器都使能时将出错。当影子寄存器使能时，影子寄存器中的值在下列事件发生时将写到比较计数器中：
—— CTR=PRD 时基计数器（TBCTR）的值等于周期值。
—— CTR=Zero 时基计数器（TBCTR）的值等于 0。
—— 两者 CTR=PRD 和 CTR=Zero。

第 10 章 ePWM 模块

被送到动作限定子模块的事件,只能通过比较计数器的值来产生,而不能通过影子寄存器来产生。
➢ 立即装载模式。该模式对寄存器的写和读操作不用通过影子寄存器实现。

比较计数子模块在 3 种计数方式下都可以产生比较事件,即增计数方式、减计数方式、增减计数方式。

10.4 动作限定子模块

动作限定子模块对 PWM 波形的产生有重要作用,它将不同的事件转换为不同的动作,产生不同波形和 ePWM 输出。

1. 动作限定子模块的功能

动作限定子模块有以下一些功能:
➢ 在下列事件发生时,设置、清除、变换 PWM 输出:

CTR=PRD 时基计数器(TBCTR)的值等于周期值(TBCTR=TBPRD);
CTR=Zero 时基计数器(TBCTR)的值等于零(TBCTR=0x0000);
CTR=CMPA 时基计数器(TBCTR)的值等于比较计数器 A(CMPA)的值(TBCTR=CMPA);
CTR=CMPB 时基计数器(TBCTR)的值等于比较计数器 B(CMPB)的值(TBCTR=CMPB)。

➢ 当这些事件同时发生时,由优先权控制确定响应的事件。
➢ 当计数器处于增计数和减计数时,可以分别提供独立的事件控制。

当一个特殊事件发生时,动作限定子模块控制 ePWMxA 和 ePWMxB 的输出状态。比较计数子模块将根据计数方向将 ePWMxA 和 ePWMxB 的输出状态设置为:
➢ 置为高电平:将 ePWMxA 和 ePWMxB 的输出置为高电平。
➢ 置为低电平:将 ePWMxA 和 ePWMxB 的输出置为低电平。
➢ 变换输出:如果 ePWMxA 和 ePWMxB 的当前输出为高电平,则将输出置为低电平;如果当前状态为低电平,则将输出置为高电平。
➢ 什么都不做:保持当前状态不变。可以启动 A/D 转换。

ePWMxA 和 ePWMxB 的输出状态是相互独立的,任何事件都对 PWM 的输出起作用,例如 CTR=CMPA 和 CMPB 都可作用于 PWM 的输出。

2. 动作限定子模块事件的优先权

ePWM 的动作限定子模块可能在同一时间接收到多个事件。在这种情况下,通过硬件来分配优先权。通常情况下是越后发生的事件,优先权越高,或者可以通过软件设置来使事件拥有最高的优先权。表 10-2 列出了在增减计数方式下优先权的分配情况,表 10-3 列出了增计数方式下优先权的分配情况,表 10-4 列出减计数方式下优先权分配情况,其中 1 表示有最高的优先权,7 表示有最低的优先权。

第10章 ePWM模块

表 10-2 增减计数方式下优先权的分配

优先权等级	当计数器处于增计数时	当计数器处于减计数时
1	软件强制	软件强制
2	计数器值等于 CMPB(CBU)	计数器值等于 CMPB(CBD)
3	计数器值等于 CMPA(CAU)	计数器值等于 CMPA(CAD)
4	计数器值等于 0	计数器值等于周期值
5	计数器值等于 CMPB(CBD)	计数器值等于 CMPB(CBU)
6	计数器值等于 CMPA(CAD)	计数器值等于 CMPA(CBU)

表 10-3 增计数方式下优先权的分配

优先权	事件
1	软件强制
2	计数器的值等于时基周期寄存器(TPBRD)的值
3	计数器的值等于 CMPB(CBU)
4	计数器的值等于 CMPA(CAU)
5	计数器值等于 0

表 10-4 减计数方式下的优先权分配

优先权	事件
1	软件强制
2	计数器的值等于 0
3	计数器的值等于 CMPB(CBD)
4	计数器的值等于 CMPA(CAD)
5	计数器的值等于时基周期寄存器(TPBRD)的值

在增计数方式下,当比较计数器的值大于时基周期寄存器(TPBRD)的值时,将永远不会发生匹配事件。在增减计数方式下,当比较计数器 A(CMPA)或比较计数器 B(CMPB)大于时基周期寄存器(TPBRD)的值时,在 TBCTR=TPBRD 时发生事件。在减计数方式下,当比较计数器的值大于时基周期寄存器(TPBRD)的值时,在 TBCTR=TPBRD 时发生事件。

3. 动作限定子模块控制 PWM 波形产生

动作限定子模块控制 PWM 波形产生的几种可能的情况如表 10-5 所列。

表 10-5 动作限定子模块控制 PWM 波形产生的几种可能的情况

软件强制启动	时基计数器的值等于				动作
	零	比较计数器 A	比较计数器 B	周 期	
SW ×	Z ×	CA ×	CB ×	P ×	什么都不做
SW ↓	Z ↓	CA ↓	CB ↓	P ↓	置 0
SW ↑	Z ↑	CA ↑	CB ↑	P ↑	置 1
SW T	Z T	CA T	CB T	P T	取反

注:Z 表示 0,P 表示周期,CA 表示比较计数器 A,CB 表示比较计数器 B。

在增减计数方式下波形产生的情况如图 10-7 所示。

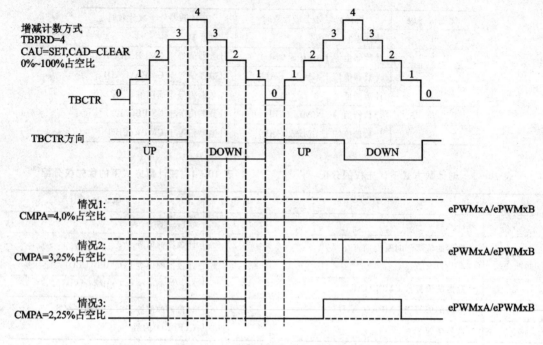

图 10-7 增减计数方式下产生的波形

10.5 死区生成子模块

1. 死区生成子模块的作用

动作限定子模块讨论的是使用比较计数器的值来控制 PWM 的输出,并不涉及 PWM 上升沿或下降沿延迟的情况,而死区生成子模块将讨论这些情况。死区生成子模块的主要功能是产生一对有死区的 PWM 信号。

- 上升沿延迟;
- 下降沿延迟;
- 下降沿延迟取反;
- 上升沿延迟取反。

2. 死区生成子模块的控制和操作

死区生成子模块的控制寄存器如表 10-6 所列。

表 10-6 死区生成子模块控制寄存器

寄存器名	地 址	描 述
DBCTL	0x000F	死区控制寄存器
DBRED	0x0010	死区上升沿延迟寄存器
DBFED	0x0011	死区下降沿延迟寄存器

死区生成子模块有两组独立的开关 S4、S5 和 S2、S3，如图 10-8 所示。

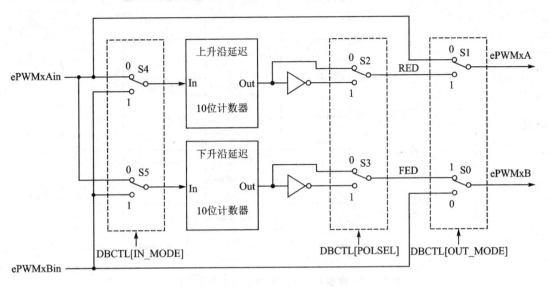

图 10-8　死区生成子模块配置操作

- 输入信号源选择。死区生成子模块的输入信号来自动作限定子模块输出的 ePWMxA 和 ePWMxB 信号，在此将指定哪个信号作为死区生成子模块的输入信号。通过 DBCTL(IN_MODE) 控制位，可以选择输入信号的延迟、上升沿（RED）、下降沿（FED）：
  —— ePWMxA 输入信号为上升沿或下降沿延迟输入，这是系统复位时的默认模式；
  —— ePWMxA 输入信号为下降沿延迟输入，ePWMxB 输入信号为上升沿延迟输入；
  —— ePWMxA 输入信号为上升沿延迟输入，ePWMxB 输入信号为下降沿延迟输入；
  —— ePWMxB 输入信号为上升沿或下降沿延迟输入均可。
- 输出模式控制。输出模式 DBCTL(OUT_MODE) 控制位确定上升沿延迟、下降沿延迟，还是不延迟。
- 极性控制。极性控制（DBCTL[POLSEL]）位确定上升沿延迟或下降沿延迟信号在送出死区生成子模块前是否取反。

死区波形如图 10-9 所示。

死区生成子模块支持独立的上升沿和下降沿延迟。其延迟时间由 DBRED 寄存器和 DBFED 寄存器的值确定，这两个寄存器为 10 位宽度，其值表示时基时钟的个数，上升沿和下降沿延迟时间的计算公式为：

$$FED = DBFED \times T_{TBCLK}$$
$$RED = DBRED \times T_{TBCLK}$$

其中，T_{TBCLK} 是周期值，由系统时钟分频得到。

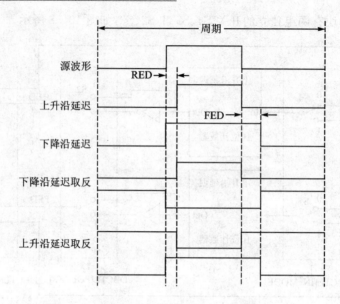

图 10-9 典型的死区波形(0%＜占空比＜100%)

10.6 斩波子模块

PWM 斩波子模块在每个 ePWM 模块的功能框图中的位置见图 10-3。PWM 斩波子模块框图如图 10-10 所示。斩波子模块用一个高频载波信号来修改从动作限定子模块和死区生成子模块出来的 PWM 波形。

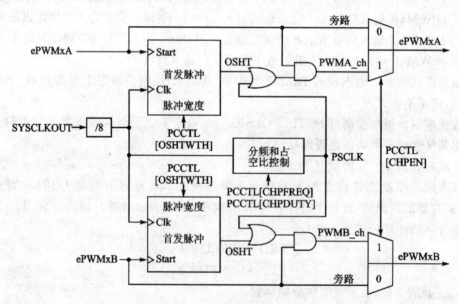

图 10-10 PWM 斩波子模块框图

1. 斩波子模块的作用

斩波子模块的主要作用是：

- 设置载波频率；
- 对首发脉冲宽度进行控制；
- 控制第 2 个和第 2 个以后脉冲宽度的占空比；
- 直接跳过斩波子模块。

2. 斩波子模块的控制

斩波子模块由斩波控制寄存器 PCCTL 来控制，如图 10-10 所示。由系统时钟驱动载波时钟。载波频率和占空比通过寄存器 PCCTL 的 CHPFREQ 位和 CHPDUTY 位来控制。首发脉冲模块用来为功率开关器件的开通提供足够的驱动能力，接下来的脉冲保证开关保持导通。由 OSHTWTH 位来控制首发脉冲的宽度，当不用斩波时可以通过设置来旁路斩波子模块。

3. PWM 斩波子模块波形图

PWM 斩波子模块波形图如图 10-11 所示。

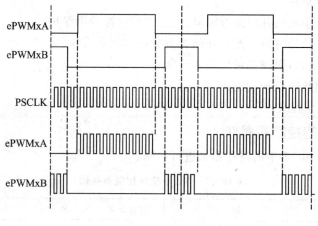

图 10-11 PWM 斩波波形图

4. 首发脉冲

首发脉冲波形如图 10-12 所示。首发脉冲的宽度可以设置为 16 种脉冲宽度之一，首发脉冲宽度的计算公式为：

$$T_{1stpulse} = T_{SYSCLKOUT} \times 8 \times OSHTWTH$$

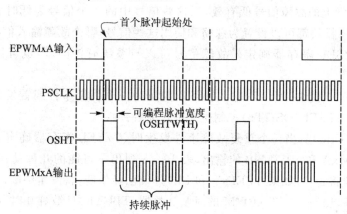

图 10-12 首发脉冲波形图

其中，$T_{\text{SYSCLKOUT}}$是系统时钟（SYSCLOCK）的周期。图10-12是SYSCLOCK＝100 MHz时的波形图。

10.7　TZ子模块

每个ePWM模块都有6个从GPIO模块来的故障信号$\overline{TZ1}\sim\overline{TZ6}$，这些信号反映外设的故障状况，可以通过设置来确定ePWM模块是否响应和如何响应这些信号。

1. TZ(Trip-Zone)子模块的作用

TZ子模块的主要作用是：
➢ 故障输入信号可以映射到任何一个ePWM模块。
➢ 在发生故障的情况下，ePWMxA输出和ePWMxB输出可以强制设置为高电平、低电平、高阻态、不动作。
➢ 当外部电路发生短路和过流故障时，支持首发脉冲故障保护。
➢ 每个故障输入信号可以分配给任何首发脉冲和周期操作。
➢ 任何故障输入信号引脚都可以触发中断。
➢ 支持软件强制故障保护功能。
➢ 可以旁路TZ子模块。

2. TZ子模块的控制和操作

TZ子模块由表10-7中的寄存器来进行控制。

表10-7　TZ子模块控制寄存器

寄存器名	地址	描述	寄存器名	地址	描述
TZSEL	0x0012	TZ选择寄存器	TZFLAG	0x0016	TZ标志寄存器
保留	0x0013		TZCLR	0x0017	TZ清除寄存器
TZCTL	0x0014	TZ控制寄存器	TZFRC	0x0018	TZ强制寄存器
TZEINT	0x0015	TZ中断使能寄存器			

说明：所有的TZ寄存器都是受保护的

$\overline{TZ1}\sim\overline{TZ6}$引脚上的故障信号低有效，当这些信号中的一个信号为低时表明发生了一个故障。每个ePWM模块都可以设置为忽略和使用这些信号，哪个故障输入信号引脚与ePWM模块相关联由TZSEL寄存器确定。故障信号可以与系统时钟同步，也可以不与系统时钟同步。

对于一个ePWM模块每个$\overline{TZn}$输入都可以配置为一个周期事件或首发脉冲事件。通过TZSEL(CBCn)和TZSEL(OSHTn)控制位来进行配置。

① 重复故障(CBC)。当一个重复故障事件发生时，TZSEL寄存器确定了应该采取什么动作来控制ePWMxA和ePWMxB的输出，表10-8列出了可能的几种动作。另外，重复故障事件标志寄存器将置位，如果TZEINT和PIE外设已经使能，将发生中断。

如果故障事件已经消失，当ePWM的时基计数器(TBCTR)计数到0时，将自动清除故障保护引脚上的状态。因此在这种模式下，故障保护事件将在每个PWM的周期清除。TZFLG

[CBC]标志位将保持置位,直到人为清除。当标志位清除时,如果重复故障仍然存在,标志位将立刻置位。

② 首发脉冲故障(OSHT)。当一个首发脉冲故障发生时,TZSEL 寄存器确定了应该采取什么动作来控制 ePWMxA 和 ePWMxB 的输出,如表 10-8 所列,首发脉冲故障事件标志位将置位,如果 TZEIN 和 PIE 使能将发生中断。首发脉冲故障状态必须通过 TZCLR[OST]位人为清除。

表 10-8 首发脉冲故障事件

TZCTL[TZA] 和 TZCTL[TZA]	ePWMxA 和 ePWMxB	解 释
0,0	高阻态	故障
0,1	强制输出为高电平	故障
1,0	强制输出为低电平	故障
1,1	不改变	什么也不做,输出不改变

10.8 事件触发子模块

1. 事件触发子模块的作用

事件触发子模块的基本作用:
- 接收由时基子模块和比较计数子模块产生的事件。
- 通过时基的方向来限定事件。
- 通过逻辑前分频来分配中断请求和启动 A/D 转换按以下方式进行:
  每 1 个事件;
  每 2 个事件;
  每 3 个事件。
- 通过事件发生计数器和相应的标志来详细记录事件。
- 允许软件强制中断和启动 A/D 转换。

事件触发子模块管理时基子模块和比较计数子模块产生的事件。当一个预先选定的事件发生时,产生一个中断或者启动 A/D 转换。

2. 事件触发子模块的控制和操作

每个 ePWM 模块都有一个与 PIE 有联系的中断请求和 2 路 A/D 转换启动信号。事件触发子模块可以监测各种不同的事件状态,而且在发生中断和 A/D 转换启动前能够进行配置。逻辑前分频可以发生中断和启动 A/D 转换按以下方式进行:
每 1 个事件;
每 2 个事件;
每 3 个事件。

事件触发子模块的主要控制寄存器如表 10-9 所列。

第10章 ePWM模块

表10-9 事件触发子模块的主要控制寄存器

寄存器名	地 址	描 述	功 能
ETSEL	0x0019	事件触发选择寄存器	选择哪个事件将触发中断或启动A/D转换
ETPS	0x001A	事件触发前分频寄存器	确定当选择的事件总共发生几次中断和启动A/D转换
ETFLAG	0x001B	事件触发标志寄存器	选择事件和前分频的事件标志
ETCLR	0x001C	事件触发清除寄存器	在这个寄存器中可清除中断标志
ETFRC	0x001D	事件触发强制寄存器	在这个寄存器中可设置软件强制事件

中断周期位(ETPS[INTPRD])确定产生一个中断所需要的事件数量：
- 不产生中断；
- 当选定的事件发生1次时产生中断；
- 选定的事件发生2次时产生中断；
- 选定的事件发生3次时产生中断。

哪一个事件会触发中断,由中断选择位(ETSEL[INTSEL])确定,事件可以是：
- 时基计数器(TBCTR)值等于0；
- 时基计数器(TBCTR)值等于周期值(TBCTR=TBPRD)；
- 当增计数时,时基计数器(TBCTR)值等于比较计数器A(CMPA)值；
- 当减计数时,时基计数器(TBCTR)值等于比较计数器A(CMPA)值；
- 当增计数时,时基计数器(TBCTR)值等于比较计数器B(CMPB)值；
- 当减计数时,时基计数器(TBCTR)值等于比较计数器B(CMPB)值。

选定事件已经发生的次数可以从中断事件计数寄存器ETPS[INTCNT]位读出,当选定的事件发生时,ETPS[INTCNT]位将增加,直到达到ETPS[INTPRD]。当中断被送到PIE后,中断事件计数器将清0,当ETPS[INTCNT]达到ETPS[INTPRD]时,将发生以下动作：
- 如果中断已经使能(ETSEL[INTEN]=1),且中断标志位已经清除(ETFLG[INT]=0),这时将产生一个中断,中断标志将置位(ETFLG[INT]=1),事件发生计数器将清0,事件发生计数器将重新开始计数。
- 如果中断未使能(ETSEL[INTEN]=0),或者中断标志未清0(ETFLG[INT]=1),当事件发生计数器值达到ETPS[INTPRD]后,事件发生计数器将停止计数。
- 如果中断已经使能,但是中断标志置位,计数器将使输出为高电平直到标志位为0,ETFLG[INT]=0。

对INTPRD的写操作将清除事件发生计数器(INTCNT=0),计数输出将复位。写1到ETFRC[INT]将增加INTCNT的值。当INTPRD=0时,禁用事件发生计数器,因此不会监测事件,忽略ETFRC[INT]。

当选定的事件发生1次、2次或3次时,可以产生一个中断。发生4次或以上时,将不产生中断。

10.9 ePWM 模块寄存器

1. 时基周期寄存器(TPBRD)

15	0
TPBRD	

位 15~0　TPBRD：时基周期影子寄存器。该字确定时基计数器(TBCTR)的周期,即 PWM 的输出频率。
如果 TBCTL[PRDLD]=0,影子寄存器使能,对时基周期寄存器(TPBRD)的读写将自动转到影子寄存器,主寄存器将从影子寄存器装载新的值。
如果 TBCTL[PRDLD]=1,禁止影子寄存器。

2. 时基相位寄存器(TBPHS)

15	0
TBPHS	
R/W-0	

位 15~0　TBPHS：时基相位寄存器。该字设置时基计数器(TBCTR)的相位。
如果 TBCTL[PHSEN]=0,禁止同步时钟事件,时基计数器(TBCTR)将不装载时基相位寄存器(TBPHS)的值;
如果 TBCTL[PHSEN]=1,TBCTR 将在同步信号事件发生时,装载时基相位寄存器(TBPHS)的值。

3. 时基计数器(TBCTR)

15	0
TBCTR	
R/W-0	

位 15~0　TBCTR：时基计数器。读该寄存器的值可以得到时基计数器(TBCTR)的值。

4. 时基控制寄存器(TBCTL)

15	14	13	12	10	9	7
FREE, SOFT		PHSDIR	CLKDIV		HSPCLKDIV	

6	5	4	3	2	1	0
SWFSYNC	SYNCOSEL		PRDLD	PHSEN	CTMODE	

位 15~14　FREE,SOFT：仿真模式位。
　　　　　00　在下一个增计数或减计数后停止;
　　　　　01　当计数一个周期后停止;
　　　　　1x　空。

位 13　　　PHSDIR：相位方向位。当时基计数器(TBCTR)设置为增减计数模式时,该位起作用。
　　　　　0　当同步事件发生时减计数;

1　当同步事件发生时增计数。

位 12～10　CLKDIV：时基时钟分频位。该位域确定时基时钟的分频值。
TBCLK＝SYSCLKOUT／(HSPCLKDIV × CLKDIV)

| 000 | /1 | 001 | /2 | 010 | /4 | 011 | /8 |
| 100 | /16 | 101 | /32 | 110 | /64 | 111 | /128 |

位 9～7　HSPCLKDIV：高速时基时钟分频位。

| 000 | /1 | 001 | /2 | 010 | /4 | 011 | /6 |
| 100 | /8 | 101 | /10 | 110 | /12 | 111 | /14 |

位 6　SWFSYNC：软件强制同步脉冲位。
　　0　写 0 无效；1　强制产生 1 次同步脉冲。

位 5～4　SYNCOSEL：同步输出选择位。
　　00　ePWMxSYNC；　　10　CTR＝CMPB；
　　01　CTR＝Zero；　　　11　禁止 ePWMxSYNC 信号。

位 3　PRDLD：时基周期寄存器(TPBRD)是否从影子寄存器装载值选择位。
　　0　当时基计数器(TBCTR)值为 0 时，时基周期寄存器(TPBRD)从影子寄存器装载值；
　　1　时基周期寄存器(TPBRD)不装载值。

位 2　PHSEN：计数器从相位寄存器装载值使能位。
　　0　不从相位寄存器装载值；
　　1　当 ePWMxSYNC 信号输入时，计数器从相位寄存器中装载值。

位 1～0　CTMODE：计数模式选择位。
　　00　增计数模式；　　10　增减计数模式；
　　01　减计数模式；　　11　禁止计数器动作(复位时默认)。

5. 时基状态寄存器(TBSTS)

15			8
保留			

7	3	2	1	0
保留		CTRMAX	SYNCI	CTRDIR

位 15～8　保留位。

位 7～3　保留位。

位 2　CTRMAX：时基计数器(TBCTR)最大值状态位。
　　0　表示时基计数器(TBCTR)从未达到最大值，写 0 无效；
　　1　表示时基计数器(TBCTR)达到过最大值 0xFFFF，写 1 将清除该位。

位 1　SYNCI：同步输入状态位。
　　0　写 0 无效，读 0 表示没有同步事件发生过；
　　1　写 1 清除该位，1 表示发生过同步事件。

位 0　CTRDIR：时基计数器(TBCTR)方向位。
　　0　表示时基计数器(TBCTR)处于增计数；

1 表示时基计数器(TBCTR)处于减计数。

6. 比较计数器 A(CMPA)

15	0
CMPA	

位 15~0　CMPA：比较计数器 A。该字的值连续地与时基计数器(TBCTR)的值相比较，当它们值相等时产生一个事件，这个事件将被送到动作限定控制寄存器来产生相应的动作，这些动作可以是：

什么都不做；

将 ePWMxA 和 ePWMxB 置低；

将 ePWMxA 和 ePWMxB 置高；

将 ePWMxA 和 ePWMxB 取反。

7. 比较计数器 B(CMPB)

15	0
CMPB	

位 15~0　CMPB：比较计数器 B。该字的值连续地与时基计数器(TBCTR)的值相比较，当它们值相等时产生一个事件，这个时间将被送到动作限定控制寄存器来产生相应的动作，这些动作可以是：

什么都不做；

将 ePWMxA 和 ePWMxB 置低；

将 ePWMxA 和 ePWMxB 置高；

将 ePWMxA 和 ePWMxB 取反。

8. 计数比较控制寄存器(CMPCTL)

15			10	9	8
保留				SHDWBFULL	SHDWAFULL

7	6	5	4	3	2	1	0
保留	SHDWBMODE	保留	SHDWAMODE	LOADBMODE		LOADAMODE	

位 15~10　保留位。

位 9　　　SHDWBFULL：比较计数器 B(CMPB)影子寄存器满状态标志位,当里面的数据被装载后,自动清 0。

　　　　　0　比较计数器 B(CMPB)影子 FIFO 未满；

　　　　　1　比较计数器 B(CMPB)影子 FIFO 满,写数据将覆盖原来的数据。

位 8　　　SHDWAFULL：比较计数器 A(CMPA)影子寄存器满状态标志位,当一个 32 位的数据写入时将置位该位,当里面的数据被装载后,自动清 0。

　　　　　0　比较计数器 A(CMPA)影子 FIFO 未满；

　　　　　1　比较计数器 A(CMPA)影子 FIFO 满,写数据将覆盖原来的数据。

位 7　　　保留位。

位 6　　　SHDWBMODE：比较计数器 B(CMPB)操作模式选择位。

　　　　　　0　影子模式；1　立即装载模式。

位5　　保留位。

位4　　SHDWAMODE：比较计数器A(CMPA)操作模式选择位。

　　　　　　0　影子模式；1　立即装载模式。

位3~2　LOADBMODE：比较计数器B(CMPB)从影子寄存器装载选择模式位。在立即装载模式下该位无效。

　　　　　　00　在CTR=0时装载；　　　10　在CTR=0或CTR=PRD时装载；
　　　　　　01　在CTR=PRD时装载；　　11　不装载。

位1~0　LOADAMODE：比较计数器A(CMPA)从影子寄存器装载模式选择位。在立即装载模式下该位无效。

　　　　　　00　在CTR=0时装载；　　　10　在CTR=0或CTR=PRD时装载；
　　　　　　01　在CTR=PRD时装载；　　11　不装载。

9. 输出动作限定控制寄存器A(AQCTLA)

15	12	11		10	9		8
保留		CBD			CBU		

7	6	5	4	3	2	1	0
CAD		CAU		PRD		ZRO	

位15~12　保留位。

位11~10　CBD：当时基计数器(TBCTR)的值等于比较计数器B(CMPB)的值，且计数器处于减计数时，控制输出动作。

　　　　　　00　什么也不做；
　　　　　　01　强制ePWMxA输出为低电平；
　　　　　　10　强制ePWMxA输出为高电平；
　　　　　　11　强制ePWMxA输出取反，即低电平变高电平，高电平变低电平。

位9~8　　CBU：当时基计数器(TBCTR)的值等于比较计数器B(CMPB)的值，且计数器处于增计数时，控制输出动作。

　　　　　　00　什么也不做；
　　　　　　01　强制ePWMxA输出为低电平；
　　　　　　10　强制ePWMxA输出为高电平；
　　　　　　11　强制ePWMxA输出取反，即低电平变高电平，高电平变低电平。

位7~6　　CAD：当时基计数器(TBCTR)的值等于比较计数器A(CMPA)的值，且计数器处于减计数时，控制输出动作。

　　　　　　00　什么也不做；
　　　　　　01　强制ePWMxA输出为低电平；
　　　　　　10　强制ePWMxA输出为高电平；
　　　　　　11　强制ePWMxA输出取反，即低电平变高电平，高电平变低电平。

位5~4　　CAU：当时基计数器(TBCTR)的值等于比较计数器A(CMPA)的值，且计数器处于增计数时，控制输出动作。

00 什么也不做；
01 强制 ePWMxA 输出为低电平；
10 强制 ePWMxA 输出为高电平；
11 强制 ePWMxA 输出取反，即低电平变高电平，高电平变低电平。

位 3~2　PRD：当时基计数器(TBCTR)的值等于周期值时，控制输出动作。
00 什么也不做；
01 强制 ePWMxA 输出为低电平；
10 强制 ePWMxA 输出为高电平；
11 强制 ePWMxA 输出取反，即低电平变高电平，高电平变低电平。

位 1~0　ZRO：当时基计数器(TBCTR)的值为 0 时，控制输出动作。
00 什么也不做；
01 强制 ePWMxA 输出为低电平；
10 强制 ePWMxA 输出为高电平；
11 强制 ePWMxA 输出取反，即低电平变高电平，高电平变低电平。

10. 输出动作限定控制寄存器 B(AQCTLB)

15			12	11		10	9		8
	保留				CBD			CBU	
7		6	5		4	3	2	1	0
	CAD			CAU			PRD		ZRO

位 15~12　保留位。

位 11~10　CBD：当时基计数器(TBCTR)的值等于比较计数器 B(CMPB)的值，且计数器处于减计数时，控制输出动作。
00 什么也不做；
01 强制 ePWMxB 输出为低电平；
10 强制 ePWMxB 输出为高电平；
11 强制 ePWMxB 输出取反，即低电平变高电平，高电平变低电平。

位 9~8　CBU：当时基计数器(TBCTR)的值等于比较计数器 B(CMPB)的值，且计数器处于增计数时，控制输出动作。
00 什么也不做；
01 强制 ePWMxB 输出为低电平；
10 强制 ePWMxB 输出为高电平；
11 强制 ePWMxB 输出取反，即低电平变高电平，高电平变低电平。

位 7~6　CAD：当时基计数器(TBCTR)的值等于比较计数器 A(CMPA)的值，且计数器处于减计数时，控制输出动作。
00 什么也不做；
01 强制 ePWMxB 输出为低电平；
10 强制 ePWMxB 输出为高电平；
11 强制 ePWMxB 输出取反，即低电平变高电平，高电平变低电平。

位 5～4　CAU：当时基计数器(TBCTR)的值等于比较计数器 A(CMPA)的值,且计数器处于增计数时,控制输出动作。

　　00　什么也不做；

　　01　强制 ePWMxB 输出为低电平；

　　10　强制 ePWMxB 输出为高电平；

　　11　强制 ePWMxB 输出取反,即低电平变高电平,高电平变低电平。

位 3～2　PRD：当时基计数器(TBCTR)的值等于周期值时,控制输出动作。

　　00　什么也不做；

　　01　强制 ePWMxB 输出为低电平；

　　10　强制 ePWMxB 输出为高电平；

　　11　强制 ePWMxB 输出取反,即低电平变高电平,高电平变低电平。

位 1～0　ZRO：当时基计数器(TBCTR)的值为 0 时,控制输出动作。

　　00　什么也不做；

　　01　强制 ePWMxB 输出为低电平；

　　10　强制 ePWMxB 输出为高电平；

　　11　强制 ePWMxB 输出取反,即低电平变高电平,高电平变低电平。

11. 输出动作限定软件强制寄存器(AQSFRC)

15							8
保留							
7	6	5	4	3	2	1	0
RLDCSF		OTSFB	ACTSFB		OTSFA	ACTSFA	

位 15～8　保留位。

位 7～6　RLDCSF：AQSFRC 寄存器从影子寄存器重新装载值。

　　00　在时基计数器(TBCTR)值等于 0 时装载；

　　01　在时基计数器(TBCTR)等于周期值时装载；

　　10　在时基计数器(TBCTR)等于 0 或等于周期值时装载；

　　11　立即装载。

位 5　OTSFB：B 输出一次软件强制事件。

　　0　写 0 无效,读为 0；

　　1　开始一次软件强制事件。

位 4～3　ACTSFB：当 B 输出一次软件强制事件发生时,对输出的影响。

　　00　什么也不做；

　　01　强制 ePWMxB 输出为低电平；

　　10　强制 ePWMxB 输出为高电平；

　　11　强制 ePWMxB 输出取反,即低电平变高电平,高电平变低电平。

位 2　OTSFA：A 输出一次软件强制事件。

　　0　写 0 无效,读为 0；

　　1　开始一次软件强制事件。

位 1～0   ACTSFA：当 A 输出一次软件强制事件发生时,对输出的影响。
  00 什么也不做；
  01 强制 ePWMxA 输出为低电平；
  10 强制 ePWMxA 输出为高电平；
  11 强制 ePWMxA 输出取反,即低电平变高电平,高电平变低电平。

12. 输出动作限定连续软件强制寄存器(AQCSFRC)

15							8
保留							
7		4	3		2	1	0
保留				CSFB		CSFA	

位 15～4 保留位。
位 3～2   CSFB：连续软件强制事件输出。在立即模式下,连续的软件强制事件在下一个 TBCLK 的边沿有效；在影子模式下,在影子寄存器的值装入主寄存器后的下一个 TBCLK 的边沿有效。
  00 无效；   10 强制 ePWMxB 输出为高电平；
  01 强制 ePWMxB 输出为低电平； 11 无效。
位 1～0   CSFA：连续软件强制事件输出。在立即模式下,连续的软件强制事件在下个 TBCLK 的边沿有效；在影子模式下,在影子寄存器里面的值装入到主寄存器后的下一个 TBCLK 的边沿有效。
  00 无效；   10 强制 ePWMxA 输出为高电平；
  01 强制 ePWMxA 输出为低电平； 11 无效。

13. 死区生成控制寄存器(DBCTL)

15							8
保留							
7	6	5	4	3		2	1	0
保留		INT_MODE		POLSEL		OUT_MODE		

位 15～6 保留位。
位 5～4   INT_MODE：死区输入模式控制位。位 5 控制开关 S5,位 4 控制开关 S4,如图 10-9 所示。
  00 ePWMxA(来自动作限定子模块)作为上升沿和下降沿延迟的输入；
  01 ePWMxB(来自动作限定子模块)作为上升沿延迟的输入,ePWMxA(来自动作限定子模块)作为下降沿延迟的输入；
  10 ePWMxB(来自动作限定子模块)作为下降沿延迟的输入,ePWMxA(来自动作限定子模块)作为上升沿延迟的输入；
  11 ePWMxB(来自动作限定子模块)作为上升沿和下降沿延迟的输入。
位 3～2   POLSEL：极性选择控制位。位 3 控制开关 S3,位 2 控制开关 S2,如图 10-9 所示。这两位允许选择输出被取反后再送出死区生成子模块。
  00 ePWMxA 和 ePWMxB 都不取反(默认值)；

01	ePWMxA 取反；	
10	ePWMxB 取反；	
11	ePWMxA 和 ePWMxB 两者都取反。	

位 1～0　OUT_MODE：死区输出模式控制位。位 1 控制开关 S1，位 0 控制开关 S0，如图 10-9 所示。通过这两位的设置可以使能或禁止死区生成子模块。

　　00　跳过死区生成子模块，从动作限定子模块出来的 ePWMxA 和 ePWMxB 信号将不经过死区生成子模块延迟，而直接送到斩波子模块。在这种模式下，POLSEL 和 OUT_MODE 位无效；

　　01　禁止上升沿延迟，ePWMxA 信号直接送到斩波子模块，ePWMxB 信号下降沿延迟，输入的信号由 DBCTL[INT_MODE]位确定；

　　10　禁止下降沿延迟，ePWMxA 信号上升沿延迟，ePWMxB 直接送到斩波子模块，输入的信号由 DBCTL[INT_MODE]位确定；

　　11　上升沿和下降沿均延迟，ePWMxA 上升沿延迟和 ePWMxB 下降沿延迟，输入的信号由 DBCTL[INT_MODE]位确定。

14. 死区生成上升沿寄存器(DBRED)

15					10	9		8
		保留					DEL	

7								0
				DEL				

位 15～10　保留位。

位 9～0　DEL：该位域设置上升沿延迟时间。

15. 死区生成下降沿寄存器(DBFED)

15					10	9		8
		保留					DEL	

7								0
				DEL				

位 15～10　保留位。

位 9～0　DEL：该位域设置下降沿延迟时间。

16. 斩波控制寄存器(PCCTL)

15					11	10		8
		保留					CHPDUTY	

7		5	4			1	0	
CHPFREQ				OSHTWTH			CHPEN	

位 15～11　保留位。

位 10～8　CHPDUTY：斩波时钟占空比。

　　000　占空比 1/8　　　　100　占空比 5/8

　　001　占空比 2/8　　　　101　占空比 6/8

	010 占空比 3/8	110	占空比 7/8
	011 占空比 4/8	111	占空比 8/8

位 7~5　　CHPFREQ：斩波时钟频率。

　　　　　000　不分频，系统时钟频率为 100 MHz 时，斩波频率为 12.5 MHz；
　　　　　001　除以 2，系统时钟频率为 100 MHz 时，斩波频率为 6.5 MHz；
　　　　　010　除以 3，系统时钟频率为 100 MHz 时，斩波频率为 4.16 MHz；
　　　　　011　除以 4，系统时钟频率为 100 MHz 时，斩波频率为 3.12 MHz；
　　　　　100　除以 5，系统时钟频率为 100 MHz 时，斩波频率为 2.5 MHz；
　　　　　101　除以 6，系统时钟频率为 100 MHz 时，斩波频率为 2.08 MHz；
　　　　　110　除以 7，系统时钟频率为 100 MHz 时，斩波频率为 1.78 MHz；
　　　　　111　除以 8，系统时钟频率为 100 MHz 时，斩波频率为 1.56 MHz。

位 4~1　　OSHTWTH：首发脉冲宽度。

　　　　　0000　1×SYSCLKOUT/8　　0101　5×SYSCLKOUT/8
　　　　　0010　2×SYSCLKOUT/8　　0110　6×SYSCLKOUT/8
　　　　　0001　3×SYSCLKOUT/8　　0111　7×SYSCLKOUT/8
　　　　　0100　4×SYSCLKOUT/8　　1000　8×SYSCLKOUT/8

位 0　　　CHPEN：斩波使能位。

　　　　　0　禁止 PWM 斩波功能；1　使能 PWM 斩波功能。

17. TZ 选择寄存器(TZSEL)

15	14	13	12	11	10	9	8
保留		OSHT6	OSHT5	OSHT4	OSHT3	OSHT2	OSHT1

7	6	5	4	3	2	1	0
保留		CBC6	CBC5	CBC4	CBC3	CBC2	CBC1

位 15~14　保留位。

位 13　　　OSHT6：TZ6 选择位。

　　　　　0　禁止 TZ6 作为首发脉冲故障信号源，即当 TZ6 引脚为低时，表示未发生首发脉冲故障；
　　　　　1　使能 TZ6 作为首发脉冲故障信号源，即当 TZ6 引脚为低时，表示发生首发脉冲故障。

位 12　　　OSHT5：TZ5 选择位。

　　　　　0　禁止 TZ5 作为首发脉冲故障信号源，即当 TZ5 引脚为低时，表示未发生首发脉冲故障；
　　　　　1　使能 TZ5 作为首发脉冲故障信号源，即当 TZ5 引脚为低时，表示发生首发脉冲故障。

位 11　　　OSHT4：TZ4 选择位。

　　　　　0　禁止 TZ4 作为首发脉冲故障信号源，即当 TZ4 引脚为低时，表示未发生首发脉冲故障；
　　　　　1　使止 TZ4 作为首发脉冲故障信号源，即当 TZ4 引脚为低时，表示发生首发脉冲故障。

位 10　　OSHT3：TZ3 选择位。
　　　　　0　禁止 TZ3 作为首发脉冲故障信号源，即当 TZ3 引脚为低时，表示未发生首发脉冲故障；
　　　　　1　使止 TZ3 作为首发脉冲故障信号源，即当 TZ3 引脚为低时，表示发生首发脉冲故障。

位 9　　　OSHT2：TZ2 选择位。
　　　　　0　禁止 TZ2 作为首发脉冲故障信号源，即当 TZ2 引脚为低时，表示未发生首发脉冲故障；
　　　　　1　使能 TZ2 作为首发脉冲故障信号源，即当 TZ2 引脚为低时，表示发生首发脉冲故障。

位 8　　　OSHT1：TZ1 选择位。
　　　　　0　禁止 TZ1 作为首发脉冲故障信号源，即当 TZ1 引脚为低时，表示未发生首发脉冲故障；
　　　　　1　使能 TZ1 作为首发脉冲故障信号源，即当 TZ1 引脚为低时，表示发生首发脉冲故障。

位 7～6　 保留位。

位 5　　　CBC6：TZ6 选择位。
　　　　　0　禁止 TZ6 作为重复故障信号源，即当 TZ6 引脚为低时，表示未发生重复故障；
　　　　　1　使能 TZ6 作为重复故障信号源，即当 TZ6 引脚为低时，表示发生重复故障。

位 4　　　CBC5：TZ5 选择位。
　　　　　0　禁止 TZ5 作为重复故障信号源，即当 TZ5 引脚为低时，表示未发生重复故障；
　　　　　1　使能 TZ5 作为重复故障信号源，即当 TZ5 引脚为低时，表示发生重复故障。

位 3　　　CBC4：TZ4 选择位。
　　　　　0　禁止 TZ4 作为重复故障信号源，即当 TZ4 引脚为低时，表示未发生重复故障；
　　　　　1　使能 TZ4 作为重复故障信号源，即当 TZ4 引脚为低时，表示发生重复故障。

位 2　　　CBC3：TZ3 选择位。
　　　　　0　禁止 TZ3 作为重复故障信号源，即当 TZ3 引脚为低时，表示未发生重复故障；
　　　　　1　使能 TZ3 作为重复故障信号源，即当 TZ3 引脚为低时，表示发生重复故障。

位 1　　　CBC2：TZ2 选择位。
　　　　　0　禁止 TZ2 作为重复故障信号源，即当 TZ2 引脚为低时，表示未发生重复

	故障;
	1 使能TZ2作为重复故障信号源,即当TZ2引脚为低时,表示发生重复故障。
位0	CBC1:TZ1选择位。
	0 禁止TZ1作为重复故障信号源,即当TZ1引脚为低时,表示未发生重复故障。
	1 使能TZ1作为重复故障信号源,即当TZ1引脚为低时,表示发生重复故障。

18. TZ控制寄存器(TZCTL)

15							8
			保留				
7		4	3		2	1	0
保留			TZB			TZA	

位15~4	保留位。
位3~2	TZB:当一个故障事件发生时,如何控制ePWMxB输出信号,哪个引脚产生的故障事件由TZSEL寄存器确定。
	00 强制ePWMxB为高阻态; 10 强制ePWMxB为低电平;
	01 强制ePWMxB为高电平; 11 什么也不做。
位1~0	TZA:当一个故障事件发生时,如何控制ePWMxA输出信号,哪个引脚产生的故障事件由TZSEL寄存器确定。
	00 强制ePWMxA为高阻态; 10 强制ePWMxA为低电平;
	01 强制ePWMxA为高电平; 11 什么也不做。

19. TZ中断使能寄存器(TZEINT)

15					8
		保留			
7	3	2	1		0
保留		OST	CBC		保留

位15~3	保留位。
位2	OST:首发脉冲故障保护中断使能位。
	0 禁止首发脉冲故障中断; 1 使能首发脉冲故障中断。
位1	CBC:重复故障保护中断使能位。
	0 禁止重复故障中断; 1 使能重复故障中断。
位0	保留位。

20. TZ标志寄存器(TZFLG)

15				8
		保留		
7	3	2	1	0
保留		OST	CBC	INT

位 15～3　保留位。
位 2　　OST：首发脉冲故障事件标志位。
　　　　0　没有首发脉冲故障事件；
　　　　1　首发脉冲故障事件发生，写数据到 TZCLR 位将清除该位。
位 1　　CBC：重复故障事件标志位。
　　　　0　没有重复故障事件；1　发生重复故障事件。
位 0　　INT：故障事件中断标志位。
　　　　0　没有产生故障事件中断；
　　　　1　发生故障事件中断，如果标志位未清除将不会再产生中断。

21. TZ 清除寄存器(TZCLR)

15					8
		保留			

7	3	2	1	0
保留		OST	CBC	INT

位 15～3　保留位。
位 2　　OST：清首发脉冲故障事件标志位。
　　　　0　写 0 无效；1　写 1 清首发脉冲故障事件标志位。
位 1　　CBC：清重复故障标志位。
　　　　0　写 0 无效；1　写 1 清重复故障事件标志位。
位 0　　INT：INT 中断标志位。
　　　　0　写 0 无效；
　　　　1　写 1 清 INT 中断标志位，如果未清除该位将不会产生任何中断，如果 TZFLG[INT] 为 0，其他标志位置位，则产生另一个中断，清所有标志位将不产生中断。

22. TZ 强制寄存器(TZFRC)

15					8
		保留			

7	3	2	1	0
保留		OST	CBC	保留

位 15～3　保留位。
位 2　　OST：强制产生一个首发脉冲故障事件位。
　　　　0　写 0 无效；
　　　　1　写 1 强制一个首发脉冲故障事件产生，同时置位首发脉冲故障事件标志位。
位 1　　CBC：强制产生重复故障位。
　　　　0　写 0 无效；
　　　　1　写 1 强制一个重复故障事件产生，同时置位重复故障事件标志位。
位 0　　保留位。

23. 事件触发选择寄存器(ETSEL)

15	14			12	11	10		8
SOCBEN	SOCBSEL				SOCAEN	SOCASEL		
7			4	3		2		0
保留				INTEN		INTSEL		

位 15   SOCBEN：当有 ePWMxSOCB 脉冲时启动 A/D 转换。
     0 禁止 ePWMxSOCB 脉冲启动 A/D 转换；
     1 使能 ePWMxSOCB 脉冲启动 A/D 转换。

位 14～12   SOCBSEL：ePWMxSOCB 脉冲选择位。该位域确定什么时候产生一个 ePWMxSOCB 脉冲。
     000 保留；
     001 当时基计数器(TBCTR)的值等于 0 时，产生 ePWMxSOCB 脉冲；
     010 当时基计数器(TBCTR)的值等于周期值时，产生 ePWMxSOCB 脉冲；
     011 保留；
     100 当时基计数器(TBCTR)的值等于比较计数器 A(CMPA)，同时时基计数器(TBCTR)处于增计数时，产生 ePWMxSOCB 脉冲；
     101 当时基计数器(TBCTR)的值等于比较计数器 A(CMPA)，同时时基计数器(TBCTR)处于减计数时，产生 ePWMxSOCB 脉冲；
     110 当时基计数器(TBCTR)的值等于比较计数器 B(CMPB)，同时时基计数器(TBCTR)处于增计数时，产生 ePWMxSOCB 脉冲；
     111 当时基计数器(TBCTR)的值等于比较计数器 B(CMPB)，同时时基计数器(TBCTR)处于减计数时，产生 ePWMxSOCB 脉冲。

位 11   SOCAEN：当有 ePWMxSOCA 脉冲时启动 A/D 转换。
     0 禁止 ePWMxSOCA 脉冲启动 A/D 转换；
     1 使能 ePWMxSOCA 脉冲启动 A/D 转换。

位 10～8   SOCASEL：ePWMxSOCA 脉冲选择位。该位域确定什么时候产生一个 ePWMxSOCA 脉冲。
     000 保留；
     001 当时基计数器(TBCTR)值等于 0 时，产生 ePWMxSOCA 脉冲；
     010 当时基计数器(TBCTR)值等于周期值时，产生 ePWMxSOCA 脉冲；
     011 保留；
     100 当时基计数器(TBCTR)的值等于比较计数器 A(CMPA)，同时时基计数器(TBCTR)处于增计数时，产生 ePWMxSOCA 脉冲；
     101 当时基计数器(TBCTR)的值等于比较计数器 A(CMPA)，同时时基计数器(TBCTR)处于减计数时，产生 ePWMxSOCA 脉冲；
     110 当时基计数器(TBCTR)的值等于比较计数器 B(CMPB)，同时时基计数器(TBCTR)处于增计数时，产生 ePWMxSOCA 脉冲；

| | | 111 | 当时基计数器(TBCTR)的值等于比较计数器 B(CMPB),同时时基计数器(TBCTR)处于减计数时,产生 ePWMxSOCA 脉冲。 |

位 7~4　　保留位。

位 3　　　INTEN：ePWM 中断使能位。

　　　　　0　禁止 ePWM 中断;　1　使能 ePWM 中断。

位 2~0　　INTSEL：产生中断选择位。该位域确定什么时候产生中断。

　　　　　000　保留；

　　　　　001　当时基计数器(TBCTR)值等于 0 时产生中断；

　　　　　010　当时基计数器(TBCTR)值等于周期值时产生中断；

　　　　　011　保留

　　　　　100　当时基计数器(TBCTR)的值等于比较计数器 A(CMPA),同时时基计数器(TBCTR)处于增计数时,产生中断；

　　　　　101　当时基计数器(TBCTR)的值等于比较计数器 A(CMPA),同时时基计数器(TBCTR)处于减计数时,产生中断；

　　　　　110　当时基计数器(TBCTR)的值等于比较计数器 B(CMPB),同时时基计数器(TBCTR)处于增计数时,产生中断；

　　　　　111　当时基计数器(TBCTR)的值等于比较计数器 B(CMPB),同时时基计数器(TBCTR)处于减计数时,产生中断。

24. 事件触发分频寄存器(ETPS)

15	14	13	12	11	10	9	8
SOCBCNT		SOCBPRD		SOCACNT		SOCAPRD	

7		4	3		2	1	0
保留				INTCNT		INTPRD	

位 15~14　SOCBCNT：ePWMxSOCB 脉冲启动 A/D 转换计数寄存器。这两位记录 ETSEL[SOCBSEL]中选择的事件已经发生多少次。

　　　　　00　1 次都未发生；　　　10　发生 2 次；

　　　　　01　发生 1 次；　　　　 11　发生 3 次。

位 13~12　SOCBPRD：PWMxSOCB 脉冲启动 A/D 转换时基周期寄存器(TPBRD)。这两位确定当 ETSEL[SOCBSEL]中选择的事件发生多少次时就产生 PWMxSOCB 脉冲,即启动 A/D 转换。

　　　　　00　禁止 SOCB 计数器,不会产生 ePWMxSOCB 脉冲；

　　　　　01　发生 1 次就产生 PWMxSOCB 脉冲；

　　　　　10　发生 2 次就产生 PWMxSOCB 脉冲；

　　　　　11　发生 3 次就产生 PWMxSOCB 脉冲。

位 11~10　SOCACNT：ePWMxSOCA 脉冲启动 A/D 转换计数寄存器。这两位记录 ETSEL[SOCASEL]中选择的事件已经发生多少次。

　　　　　00　1 次都未发生；　　　10　发生 2 次；

　　　　　01　发生 1 次；　　　　 11　发生 3 次。

位 9～8　SOCAPRD：PWMxSOCA 脉冲启动 A/D 转换时基周期寄存器(TPBRD)。这两位确定当 ETSEL[SOCASEL]中选择的事件发生多少次时就产生 PWMxSOCA 脉冲,即启动 A/D 转换。
　　　　00　禁止 SOCB 计数器,不会产生 ePWMxSOCB 脉冲；
　　　　01　发生 1 次就产生 PWMxSOCB 脉冲；
　　　　10　发生 2 次就产生 PWMxSOCB 脉冲；
　　　　11　发生 3 次就产生 PWMxSOCB 脉冲。
位 7～4　保留位。
位 3～2　INTCNT：ePWM 模块中断事件计数器。这两位记录 ETSEL[INTSEL]中选择的事件已经发生多少次。当产生中断时,这些位自动清 0。如果中断禁止(ETSEL[INT]=0)或者中断标志位置位,中断事件计数器将停止计数。
　　　　00　没有中断事件发生；　　10　中断事件发生 2 次；
　　　　01　中断事件发生 1 次；　　11　中断事件发生 3 次。
位 1～0　INTPRD：ePWM 中断周期选择位。这两位确定当 ETSEL[INTSEL]中选择的中断事件发生几次时将产生中断,如果中断标志位被以前的中断置位,将不会产生中断。
　　　　00　禁止中断事件计数器,将不会产生中断；
　　　　01　发生 1 次(INTCNT=01)就产生中断；
　　　　10　发生 2 次(INTCNT=10)就产生中断；
　　　　11　发生 3 次(INTCNT=11)就产生中断。

25. 事件触发标志寄存器(ETFLG)

15							8
保留							

7	4	3	2	1	0
保留		SOCB	SOCA	保留	INT

位 15～4　保留位。
位 3　　　SOCB：ePWMxSOCB 启动 A/D 转换标志位。
　　　　0　没有 ePWMxSOCB 事件；1　发生 ePWMxSOCB 事件。
位 2　　　SOCA：ePWMxSOCA 启动 A/D 转换标志位。
　　　　0　没有 ePWMxSOCA 事件；1　发生 ePWMxSOCA 事件。
位 1　　　保留位。
位 0　　　INT：中断标志位。
　　　　0　没有发生中断；1　已发生中断,如果该位置位,不会再产生下一个中断。

26. 事件触发清除寄存器(ETCLR)

15							8
保留							

7	4	3	2	1	0
保留		SOCB	SOCA	保留	INT

第10章 ePWM模块

位15~4　　保留位。
位3　　　　SOCB：ePWMxSOCB启动A/D转换标志清除位。
　　　　　　0　无效；1　写1清除ETFLG[SOCB]位。
位2　　　　SOCA：ePWMxSOCA启动A/D转换标志清除位。
　　　　　　0　无效；1　写1清除ETFLG[SOCA]位。
位1　　　　保留位。
位0　　　　INT：中断标志清除位。
　　　　　　0　无效；1　写1清除中断标志位。

【例10-1】 本例介绍通过ePWM1时基定时器周期中断来产生一个方波，令一个贴片LED灯闪烁，并观察发生中断的次数，该例中须将实验开发板J11中的左边两个引脚用跳针短接。该例程序已在实验开发板上调试通过。

```
//################################################################
//用定时器在GPIO12上产生方波，让一个LED灯闪烁。EPWM1TimerIntCount中保存中断次数
//################################################################
#include "DSP280x_Device.h"                        //头文件
interrupt void EPWM1_timer_isr(void);
int i;
int k = 0;
Uint32    EPWM1TimerIntCount;
void InitEPWMTimer(void);
void main(void)
{
    InitSysCtrl();                                 //初始化系统控制
    EALLOW;
    GpioCtrlRegs.GPAMUX1.bit.GPIO12 = 0;           //将GPIO12、32、33、34配置为普通
    GpioCtrlRegs.GPADIR.bit.GPIO12 = 1;            //I/O口，并设为输出
    GpioCtrlRegs.GPBMUX1.bit.GPIO32 = 0;
    GpioCtrlRegs.GPBDIR.bit.GPIO32 = 1;
    GpioCtrlRegs.GPBMUX1.bit.GPIO33 = 0;
    GpioCtrlRegs.GPBDIR.bit.GPIO33 = 1;
    GpioCtrlRegs.GPBMUX1.bit.GPIO34 = 0;
    GpioCtrlRegs.GPBDIR.bit.GPIO34 = 1;
    EDIS;
    DINT;                                          //关总中断，清中断标志
    InitPieCtrl();                                 //初始化PIE控制器
    IER = 0x0000;                                  //清中断标志
    IFR = 0x0000;
    EPWM1Regs.ETCLR.bit.INT = 1;
    InitPieVectTable();
    EALLOW;
    PieVectTable.EPWM1_INT = &EPWM1_timer_isr;     //将中断服务入口放入中断向量表
    EDIS;
    InitEPWMTimer();
```

```c
        IER | = 0x0004;                                    //使能 CPU INT3
        PieCtrlRegs.PIEIER3.bit.INTx1 = 1;
        EINT;                                              //开总中断
        ERTM;
        for(;;)                                            //等待中断
        {
            asm("NOP");
            for(i = 1;i< = 10;i ++)   {}
        }
}
void InitEPWMTimer()
{
    EALLOW;
    SysCtrlRegs.PCLKCR0.bit.TBCLKSYNC = 0;                 //阻止所有的 TB 时钟
    EDIS;
    EPWM1Regs.TBCTL.bit.SYNCOSEL = 0x0;
    EPWM1Regs.TBCTL.bit.PHSEN = 0x0;                       //不将 TBPHS 中的值装入 TBCTR
    EPWM1Regs.TBPHS.all = 0;                               //TBPHS 中的值为 0
    EPWM1Regs.TBPRD = 0x5fff;                              //时基周期寄存器(TPBRD)的值为 0x5FFF
    EPWM1Regs.TBCTL.bit.CTRMODE = 0x0;                     //增计数
    EPWM1Regs.TBCTR = 0;                                   //计数器清 0
    EPWM1Regs.TBCTL.bit.HSPCLKDIV = 0X0;                   //TBCLK = SYSCLK
    EPWM1Regs.TBCTL.bit.CLKDIV = 0X0;
    EPWM1Regs.ETSEL.bit.INTSEL = 0x1;                      //发生中断的事件选择
    EPWM1Regs.ETSEL.bit.INTEN = 1;                         //使能 ePWM 中断
    EPWM1Regs.ETPS.bit.INTPRD = 0x2;                       //当 INTCAN 中的值为 0x2 时发生中断
    EALLOW;
    SysCtrlRegs.PCLKCR0.bit.TBCLKSYNC = 1;                 //使能 TB 时钟
    EDIS;
}
interrupt void EPWM1_timer_isr(void)
{
    EPWM1TimerIntCount ++ ;
    GpioDataRegs.GPBDAT.all = 0x00000006;
    GpioDataRegs.GPADAT.bit.GPIO12 = GpioDataRegs.GPADAT.bit.GPIO12^1;   //产生方波
    GpioDataRegs.GPBDAT.all = 0x00000007;
    for(i = 0;i<0x000f;i ++)
    { for(k = 0;k<0xffff;k ++){;} }
    EPWM1Regs.ETCLR.bit.INT = 1;                           //清定时器中断标志
    PieCtrlRegs.PIEACK.all = PIEACK_GROUP3;                //清 0 PIEACK 中对应的第 3 组中断
}
```

【例 10-2】 本例使用 ePWM1 产生 2 路 PWM 波形,其中 ePWM1A 是占空比为 50% 的 PWM 波形,不带死区控制,ePWM1B 是下降沿经过延迟后得到的波形。该程序已经在实验开发板上调试通过。

第 10 章　ePWM 模块

```c
//##############################################################
//      ePWM1 产生 2 路 PWM 波形
//##############################################################
# include "DSP280x_Device.h"
void InitEPWM1Example(void);
void InitEPWM1Gpio();
void main(void)
{
    InitSysCtrl();                              //初始化系统控制器
    InitEPWM1Gpio();                            //I/O 初始化
    DINT;                                       //关闭总中断,清中断标志
    InitPieCtrl();
    IER = 0x0000;
    IFR = 0x0000;
    InitPieVectTable();
    EALLOW;
    SysCtrlRegs.PCLKCR0.bit.TBCLKSYNC = 0;      //关闭 TB 时钟
    EDIS;
    InitEPWM1Example();
    EALLOW;
    SysCtrlRegs.PCLKCR0.bit.TBCLKSYNC = 1;      //开 TB 时钟
    EDIS;
}
void InitEPWM1Gpio()
{
    EALLOW;
    GpioCtrlRegs.GPAMUX1.bit.GPIO0 = 1;         //将 GPIO0 和 GPIO1 设置为 ePWM,并置为输出
    GpioCtrlRegs.GPADIR.bit.GPIO0 = 1;
    GpioCtrlRegs.GPAMUX1.bit.GPIO1 = 1;
    GpioCtrlRegs.GPADIR.bit.GPIO1 = 1;
    EDIS;
}
void InitEPWM1Example()
{
  EPWM1Regs.TBPRD = 8000;                       //设置定时器周期
  EPWM1Regs.TBPHS.all = 0;                      //相位值为 0
  EPWM1Regs.TBCTR = 0x0000;                     //计数器清 0
  EPWM1Regs.TBCTL.bit.CTRMODE = 0x2;            //增减计数模式
  EPWM1Regs.TBCTL.bit.PHSEN = 0;                //不装载相位值
  EPWM1Regs.TBCTL.bit.HSPCLKDIV = 0x0;          //TB 时钟为系统时钟
  EPWM1Regs.TBCTL.bit.CLKDIV = 0x0;
  EPWM1Regs.CMPA.half.CMPA = 4000;              //比较计数器 A 的值为 4 000
  EPWM1Regs.AQCTLA.bit.CAU = 0x2;               //当时基计数器(TBCTR)的值等于比较计数器 A 的值,
                                                //且计数器处于增计数时,将 ePWM1A 的输出置为高电平
  EPWM1Regs.AQCTLA.bit.CAD = 0x1;               //当时基计数器(TBCTR)的值等于比较计数器 A 的值,
```

```
EPWM1Regs.AQCTLB.bit.CAD = 0x1;         //且计数器处于减计数时,将 ePWM1A 的输出置为低电平
                                         //当时基计数器(TBCTR)的值等于比较计数器 A 的值,
                                         //且计数器处于减计数时,将 ePWM1B 的输出置为低电平
EPWM1Regs.AQCTLB.bit.CAU = 0x2;         //当时基计数器(TBCTR)的值等于比较计数器 A 的值,
                                         //且计数器处于增计数时,将 ePWM1B 的输出为高电平
EPWM1Regs.DBCTL.bit.IN_MODE = 0x0;      //从动作限定子模块出来的 ePWMxA 作为上升沿和下降
                                         //沿延迟的输入
EPWM1Regs.DBCTL.bit.OUT_MODE = 0x1;     //上升不延迟,下降沿延迟
EPWM1Regs.DBCTL.bit.POLSEL = 0x2;       //ePWM1B 的输出取反
EPWM1Regs.DBFED = 1000;
}
```

第11章

eQEP 模块

eQEP 模块用于转速测量和转子位置定位，用于电机驱动控制下有位置传感器控制的方式中，在电机控制中大量使用，应用十分方便。

11.1 eQEP 输入

eQEP 为正交脉冲模式和方向模式提供 2 个输入引脚 QEPA/XCLK、QEPB/XDIR 和 1 个零位脉冲输入 eQPI(也可以作为选通脉冲输入)引脚。

① QEPA/XCLK 和 QEPB/XDIR，这两个引脚在正交脉冲模式和方向模式中使用。
  - 正交脉冲模式。正交脉冲编码器提供两个相位差 90°的脉冲序列，脉冲序列的相位关系由旋转轴的旋转方向和 eQEP 脉冲确定。对于顺时针旋转，QEPA 信号将超前 QEPB 信号 90°，反之 QEPB 信号将超前 QEPA 信号 90°。正交脉冲编码器使用这两个输入信号来产生转速脉冲信号和方向信号。
  - 方向模式。在方向模式下，方向和脉冲信号直接由外部提供。QEPA 引脚提供脉冲输入信号，QEPB 引脚提供方向输入信号。

② eQEPI——零位信号。正交脉冲编码器用一个零位信号来确定正交脉冲进行增量计数应该从一圈的哪个初始位置开始。零位信号在一圈的初始位置处给出一个脉冲，这个引脚连接到 eQEP 编码器的零位脉冲输入引脚，在每旋转一圈到初始位置时重新置位位置计数器。零位信号可以用来初始化和锁存位置计数器的值。

③ eQEPI——选通脉冲输入。零位信号不一定用电机上安装的正交脉冲编码器来产生，也可以用其他定位信号来产生。用其他定位信号产生时，称为选通脉冲输入信号，其主要作用是当选通信号输入引脚上发生预期的事件时，初始化和锁存位置计数器的值。在实际使用中，这个信号通常连接到位置传感器或限位开关上来确定电机是否已经转到起始位置点，这个信号与电机旋转一圈的零位信号无关。

11.2 eQEP 模块的主要功能

eQEP 模块主要有以下几种功能：
- 对每个引脚的输入信号都可以编程；
- 正交脉冲编码电路，用于信号干扰的处理和匹配；
- 位置计数和控制电路，用于位置测量；
- 正交脉冲边沿捕获电路，用于低速测量；

- 时基电路,用于速度和频率测量;
- 程序监视定时器,用于停止转动监测。

eQEP 寄存器表见表 11-1。

表 11-1 eQEP 寄存器表

寄存器名	地 址	宽度(×16)/影子寄存器	复位值	寄存器描述
QPOSCNT	0x00	2/0	0x0000 0000	eQEP 位置计数器
QPOSINIT	0x02	2/0	0x0000 0000	eQEP 初始化位置计数
QPOSMAX	0x04	2/0	0x0000 0000	eQEP 最大位置计数
QPOSCMP	0x06	2/1	0x0000 0000	eQEP 位置比较
QPOSILAT	0x08	2/0	0x0000 0000	eQEP 零位位置锁存器
QPOSSLAT	0x0A	2/0	0x0000 0000	eQEP 闸脉冲锁存器
QPOSLAT	0x0C	2/0	0x00000000	eQEP 位置计数锁存器
QUTMR	0x0E	2/0	0x0000 0000	eQEP 单位定时器
QUPRD	0x10	2/0	0x0000 0000	eQEP 单位周期寄存器
QWDTMR	0x12	1/0	0x0000	eQEP 程序监视定时器
QWDPRD	0x13	1/0	0x0000	eQEP 程序监视周期寄存器
QDECCTL	0x14	1/0	0x0000	eQEP 编码器控制寄存器
QEPCTL	0x15	1/0	0x0000	eQEP 控制寄存器
QCAPCTL	0x16	1/0	0x0000	eQEP 捕获控制寄存器
QPOSCTL	0x17	1/0	0x0000	eQEP 位置比较控制寄存器
QEINT	0x18	1/0	0x0000	eQEP 中断使能寄存器
QFLAG	0x19	1/0	0x0000	eQEP 中断标志寄存器
QCLR	0x1A	1/0	0x0000	eQEP 中断清除寄存器
QFRC	0x1B	1/0	0x0000	eQEP 强制中断寄存器
QEPSTS	0x1C	1/0	0x0000	eQEP 状态寄存器
QCTMR	0x1D	1/0	0x0000	eQEP 捕获定时器
QCPRD	0x1E	1/0	0x0000	eQEP 捕获周期寄存器
QCTMRLAT	0x1F	1/0	0x0000	eQEP 捕获定时锁存器
QCPRDLAT	0x20	1/0	0x0000	eQEP 捕获周期锁存器
保留	0x21~0x3F	31/0		

11.3 正交脉冲编码模块

11.3.1 正交脉冲计数器输入模块

位置计数器模块的脉冲和方向输入由编码器控制寄存器(QDECCTL)的 QSRC 位确定,有以下几种工作方式:
- 正交脉冲计数方式;
- 方向计数方式;
- 增计数方式;

第 11 章 eQEP 模块

➢ 减计数方式。

1. 正交脉冲计数方式

在正交脉冲计数方式下,正交脉冲编码器为位置计数器提供方向和脉冲信号。

➢ 方向编码:正交脉冲编码电路的方向编码逻辑可以确定 2 个脉冲序列的先后次序,通过状态寄存器(QEPSTS)的 QDF 位来更新方向信息。正交脉冲编码电路对两个边沿进行计数,因此,产生的计数脉冲频率为每个输入序列的 4 倍,如图 11-1 所示。

➢ 相位错误标志:在正常情况下,两路脉冲输入序列之间差 90°,如果同时检测到两路脉冲边沿发生变化,错误标志位将置位。

➢ 反向计数:在通常的正交脉冲计数操作下,QEPA 反馈到正交脉冲编码器的 QA 输入,QEPB 反馈到正交脉冲编码器的 QB 输入。当 DBCTL[SWAP]位置位时将使能反向计数,这将会交换正交脉冲编码器的输入,因此改变计数方向。

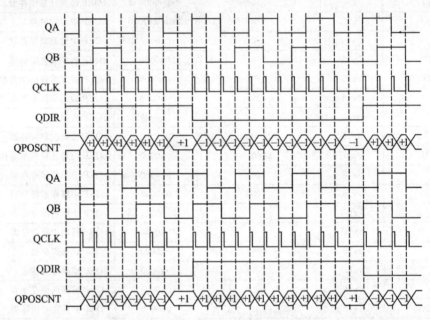

图 11-1 正交脉冲和方向编码

2. 方向计数方式

一些位置编码器可提供方向和脉冲输出代替正交脉冲输出。在这种情况下,QEPA 输入给位置计数器提供脉冲,QEPB 输入将提供方向信息。当方向输入为高电平时,位置计数器在 QEPA 的上升沿增计数;当方向输入为低电平时,位置计数器在 QEPA 的上升沿减计数。

3. 增计数方式

方向计数信号用来测量 QEPA 的输入频率,置位编码器控制寄存器(QDECCTL)的 XCR 位在 QEPA 输入的上升沿和下降沿使能脉冲产生。

4. 减计数方式

方向计数信号用来测量 QEPA 的输入频率,置位编码器控制寄存器(QDECCTL)的 XCR 位在 QEPA 输入的上升沿和下降沿使能脉冲产生。

11.3.2 eQEP 模块输入极性选择位

通过对编码器控制寄存器(QDECCTL)的第 8～5 位的设置,可以将每个 eQEP 输入的极性都取反。

11.3.3 位置比较同步输出

增强的 eQEP 模块有一个位置比较电路,当位置计数器(QPOSCNT)和位置比较寄存器(QPOSCMP)比较匹配时产生位置比较同步信号。这个同步信号可以通过零位输入引脚和选通引脚输出。

通过设置 QDECCTL 的 SOEN 位可以使能位置比较同步输出,编码器控制寄存器(QDECCTL)的 SPSEL 位设置用哪个引脚输出同步信号。

11.4 位置计数和控制电路

11.4.1 位置计数器操作方式

位置计数器的值可以用不同的方式来捕获。在一些应用中,位置计数器是工作在连续累积的方式。在另外一些应用中,位置计数器在每次旋转一圈结束后都重新设置。位置计数器可以配置为以下 4 种工作模式:
> 位置计数器在零位事件发生时重新设置;
> 位置计数器在最大位置时重新设置;
> 位置计数器在第一个零位事件发生时重新设置;
> 位置计数器在超时事件发生时重新设置。

在上面 4 种模式中,当上溢出时位置计数器复位到 0;当下溢出时,位置计数器值为最大位置计数寄存器(QPOSMAX)的值。

1. 位置计数器在零位事件发生时重新设置(控制寄存器(QEPCTL)的 PCRM 位为 00)

如果零位事件发生在顺时针旋转时,位置计数器将在下一个 eQEP 脉冲清为 0。如果零位事件发生在逆时针旋转时,在下一个 eQEP 脉冲时位置计数器将重新设置为 QPSOMAX 寄存器的值。零位脉冲边沿后的正交脉冲边沿定义为零位标志,位置计数器的值锁存到零位位置锁存器(QPOSILAT),方向信息记录到状态寄存器(QEPSTS)的 QDLF 位。当锁存值不等于 0 或者 QPSOMAX 寄存器的值时,将置位位置计数器错误标志和错误中断标志,如图 11-2 所示。

2. 位置计数器达到最大位置时重新设置(控制寄存器(QEPCTL)的 PCRM 位为 01)

如果位置计数器的值等于最大位置计数寄存器(QPOSMAX)的值,当顺时针旋转时,在下一个 eQEP 脉冲位置计数器清为 0,置位位置计数器上溢出标志;当逆时针旋转时,位置计数器将在下一个 eQEP 脉冲时设置为最大位置计数寄存器(QPOSMAX)的值,置位位置计数器下溢出标志,如图 11-3 所示。

第 11 章 eQEP 模块

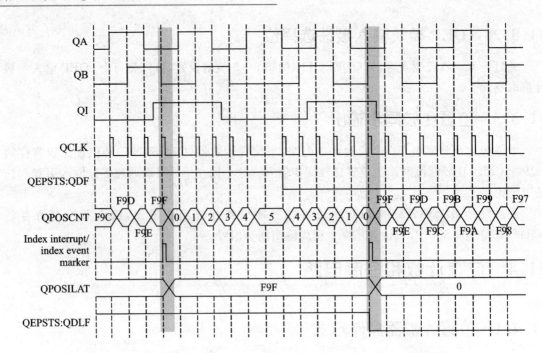

图 11-2 重新设置位置计数器（QPOSMAX=3 999 或 0xF9F）

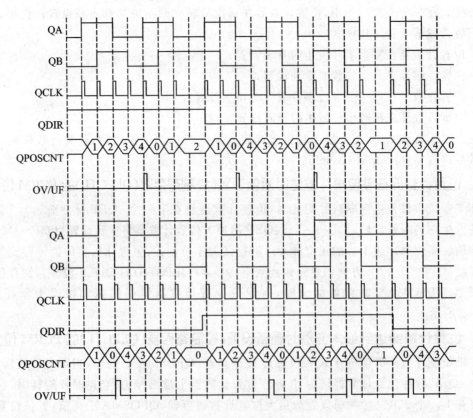

图 11-3 位置计数器下溢出和上溢出（QPOSMAX=4）

3. 位置计数器在第一个零位事件发生时重新设置

当零位事件发生在顺时针旋转时，位置计数器的值在下一个 eQEP 脉冲将清为 0。当零位事件发生在逆时针旋转时，位置计数器将在下一个 eQEP 脉冲置为 QPSOMAX 寄存器的值。

4. 位置计数器在超时事件发生时重新设置

在这种模式下，位置计数器（QPOSCNT）的值锁存到位置计数锁存器（QPOSLAT）中，位置计数器（QPOSCNT）复位（等于 0 或取最大位置计数寄存器（QPOSMAX）的值取决于旋转方向编码器控制寄存器（QDECCTL）的 QSRC 位），这在频率测量中很有用处。

11.4.2 位置计数器锁存

eQEP 零位脉冲输入信号和选通脉冲输入信号可以配置为将位置计数器（QPOSCNT）的值锁存到零位位置锁存器（QPOSILAT）和选通位置锁存器（QPOSSLAT）中。

1. 零位事件锁存

在一些应用中，不要求在每个零位事件时都重新设置位置计数器的值，而要求以 32 位模式操作位置计数器（控制寄存器（QEPCTL）的 PCRM 位为 01 和控制寄存器（QEPCTL）的 PCRM 位为 10），在这些应用中，位置计数器可以按以下方式锁存：

➢ 零位脉冲上升沿锁存；
➢ 零位脉冲下降沿锁存；
➢ 零位事件锁存。

2. 选通事件锁存

通常情况下，在选通脉冲输入信号的上升沿将位置计数器值锁存到选通位置锁存器（QPOSSLAT）中。如果控制寄存器（QEPCTL）的 SEL 位置位，在顺时针旋转时，选通脉冲输入信号上升沿将位置计数器值锁存到选通位置锁存器（QPOSSLAT）中；在逆时针旋转时，选通脉冲输入信号下降沿将位置计数器值锁存到选通位置锁存器（QPOSSLAT）中。当位置计数器值锁存到选通位置锁存器（QPOSSLAT）时，中断标志将置位，如图 11-4 所示。

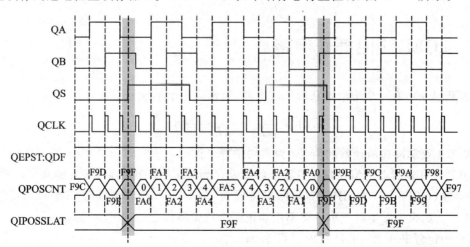

图 11-4 选通事件锁存过程

11.4.3 位置计数器初始化

可以按以下事件进行初始化操作。

① 零位事件：QEPI 零位脉冲输入信号可以用来在零位脉冲输入信号的上升沿或下降沿初始化位置计数器。如果控制寄存器（QEPCTL）的 IEI 位为 10，则位置计数器（QPOSCNT）的值在零位脉冲输入信号的上升沿初始化为位置计数器初始化寄存器（QPOSINIT）的值。如果控制寄存器（QEPCTL）的 IEI 位为 11，则位置计数器（QPOSCNT）的值在零位脉冲输入信号的下降沿初始化为位置计数器初始化寄存器（QPOSINIT）的值。当位置计数器初始化为位置计数器初始化寄存器（QPOSINIT）的值后，将置位中断标志寄存器（QFLG）的 IEI 位。

② 选通事件：如果控制寄存器（QEPCTL）的 SEI 位为 10，则位置计数器（QPOSCNT）的值在零位脉冲输入的上升沿初始化为位置计数器初始化寄存器（QPOSINIT）的值。如果控制寄存器（QEPCTL）的 SEI 位为 11，则位置计数器（QPOSCNT）的值在零位脉冲输入的下降沿初始化为位置计数器初始化寄存器（QPOSINIT）的值。当位置计数器初始化为位置计数器初始化寄存器（QPOSINIT）的值后，将置位中断标志寄存器（QFLG）的 SEI 位。

③ 软件初始化：通过软件写 1 到控制寄存器（QEPCTL）的 SWI 位，也可初始化位置计数器。初始化后位置计数器自动清 0。

11.4.4 位置比较电路

eQEP 模块中有一个用于产生同步输出和比较匹配时产生中断的位置比较电路。比较寄存器带有影子寄存器，可以通过位置比较控制寄存器（QPOSCTL）的 PSSHOW 位来使能或禁止其影子寄存器。如果禁止影子模式，写操作将直接到寄存器。在影子模式下，可以通过操作位置比较控制寄存器（QPOSCTL）的 PCLOAD 位在以下事件时，装载影子寄存器的值，在相应寄存器装载值后产生位置匹配中断。

➢ 比较匹配时装载；
➢ 位置计数器的值为 0 时装载。

当位置计数器的值与位置比较寄存器的值匹配时，将置位中断标志寄存器（QFLG）的 PCM 位。

11.5 eQEP 边沿捕获电路

eQEP 模块中有一个边沿捕获的集成电路，通常应用于低速测量场合：

$$v(k) = \frac{X}{t(k) - t(k-1)} = \frac{X}{\Delta t}$$

其中，X 为正交脉冲边沿计数的值；Δt 为两次位置事件用去的时间；$v(k)$ 为 k 时刻的速度。

eQEP 捕获定时器的值在每个位置事件都锁存到捕获周期寄存器，然后捕获定时器复位。状态寄存器（QEPSTS）的 UPEVNT 标志位置位，表明一个新的值锁存到捕获周期寄存器（QCPRD）。如果未发生以下事件将不用修正两个位置事件之间的时间差 Δt。

➢ 两个位置事件之间的计数少于 65 535；
➢ 两个位置事件之间的方向没改变。

捕获定时器和捕获周期寄存器可以在以下事件锁存：
- CPU 读 QFOSCNT 寄存器时；
- 超时事件发生时。

当清除控制寄存器(QEPCTL)的 QCLM 位时，捕获定时器和捕获周期值锁存到捕获定时锁存器(QCTMRLAT)和捕获周期锁存器(QCPRDLAT)中。当置位控制寄存器(QEPCTL)的 QCLM 位时，位置计数器、捕获定时器和捕获周期值锁存到 QPOLLAT 寄存器、捕获定时锁存器(QCTMRLAT)和捕获周期锁存器(QCPRDLAT)中。

速度计算的公式为：

$$v(k) = \frac{x(k) - x(k-1)}{T} = \frac{\Delta x}{T}$$

其中，$v(k)$ 为 k 时刻的速度；$x(k)$ 为 k 时刻的位置；$x(k-1)$ 为 $k-1$ 时刻的位置。

参 数	有关的寄存器
T	单位周期寄存器(QUPRD)
Δx	增加的位置=QPOSLAT(k)−QPOSLAT($k-1$)
X	单位位置定位，由传感器确定 ZCAPCTL 的 UPPS 位
Δt	单位捕获周期锁存器(QCPRDLAT)

11.6 eQEP 程序监视定时器

eQEP 模块中有一个 16 位的程序监视定时器，监测正交脉冲，用来检测电机控制系统的正常控制。程序监视定时器的时钟由系统时钟 64 分频后得到。用正交脉冲事件来复位程序监视定时器。如果没有发生一个周期匹配(QWDPRD = QWDTMR)，程序监视定时器将超时，则置位程序监视器中断标志位。超时时间的长短用程序监视周期寄存器编程确定。

11.7 定时器时基电路

eQEP 模块中有一个 32 位定时器，在速度计算时用来产生周期性的中断。当单位定时器(QUTMR)与单位周期寄存器(QUPRD)匹配时，将产生超时中断。eQEP 定时电路框图如图 11-5 所示。

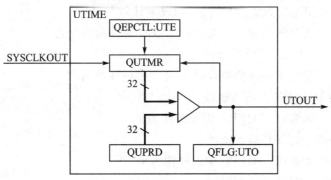

图 11-5　eQEP 定时电路框图

第 11 章 eQEP 模块

当发生超时中断事件时,可以通过配置来锁存位置计数器、捕获定时器和捕获周期寄存器的值。这些锁存的值可以用来计算速度。

11.8 eQEP 中断结构

eQEP 可以产生 11 个中断事件(PCE、PHE、QDC、WTO、PCU、PCO、PCR、PCM、SEL、IEL、UTO)。中断使能寄存器(QEINT)可以单独使能和禁止每个中断事件。中断标志寄存器显示是否有中断事件发生。如果使能了中断,中断脉冲将送到 PIE 模块。在产生任何其他的中断前,必须通过中断清除寄存器(QCLR)来清除全局中断标志和已发生的中断,也可以通过强制中断寄存器来强行产生一个软件中断。

11.9 eQEP 寄存器组

1. eQEP 编码器控制寄存器(QDECCTL)

15	14	13	12	11	10	9	8
QSRC		SOEN	SPSEL	XCR	SWAP	IGATE	QAP

7	6	5	4				0
QBP	QIP			QSP	保留		

位 15~14　QSRC:位置计数器选择位。
　　　　　　00　正交脉冲计数模式(QCLK=iCLK,QDIR=iDIR);
　　　　　　01　方向;
　　　　　　10　增计数模式,用于频率测量(QCLK=xCLK,QDIR=1);
　　　　　　11　减计数模式,用于频率测量(QCLK=xCLK,QDIR=0)。

位 13　　　SOEN:同步输出使能位。
　　　　　　0　禁止位置比较同步输出;1　使能位置比较同步输出。

位 12　　　SPSEL:同步输出引脚选择位。
　　　　　　0　零位引脚作为同步输出引脚;1　选通引脚作为同步输出引脚。

位 11　　　XCR:外设脉冲频率。
　　　　　　0　2 倍——上升沿下降沿都计数;1　1 倍——只上升沿计数。

位 10　　　SWAP:交换正交脉冲输入,改变计数方向。
　　　　　　0　正交脉冲输入不交换;1　正交脉冲输入交换。

位 9　　　 IGATE:零位脉冲选择位。
　　　　　　0　禁止零位脉冲引脚;1　使能零位脉冲引脚。

位 8　　　 QAP:QEPA 输入极性。
　　　　　　0　无效;1　QEPA 输入极性为负。

位 7　　　 QBP:QEPB 输入极性。
　　　　　　0　无效;1　QEPB 输入极性为负。

位 6　　　 QIP:QIPI 输入极性。

　　　　　　　0　无效；1　QIPI 输入极性为负。

位 5　　　　QSP：QSPS 输入极性。

　　　　　　　0　无效；1　QSPS 输入极性为负。

位 4~0　　　保留位。

2. eQEP 控制寄存器(QEPCTL)

15	14	13	12	11	10	9	8	7	6
FERR，SOFT		PCRM		SEI		IEI		SWI	SEL

5	4	3	2		1	0
IEL		QPEN	QCLM		UTM	WDE

位 15~14　　FERR,SOFT：仿真控制位。

　　　　　　　QPSOCNT 行为：

　　　　　　　00　位置计数器停止后立刻仿真悬挂；

　　　　　　　01　位置计数器继续计数直到计数器翻转；

　　　　　　　1x　位置计数器不受仿真悬挂影响。

　　　　　　　QWDTMR 行为：

　　　　　　　00　程序监视计数器立即停止；

　　　　　　　01　程序监视计数器计数直到计数器翻转；

　　　　　　　1x　程序监视计数器不受仿真悬挂影响。

　　　　　　　QUTMR 行为：

　　　　　　　00　单位定时器立即停止；

　　　　　　　01　单位定时器计数直到计数器翻转；

　　　　　　　1x　单位定时器不受仿真悬挂影响。

　　　　　　　QCTMR 行为：

　　　　　　　00　单位捕获定时器立即停止；

　　　　　　　01　单位捕获定时器计数直到计数器翻转；

　　　　　　　1x　单位捕获定时器不受仿真悬挂影响。

位 13~12　　PCRM：位置计数器复位模式。

　　　　　　　00　位置计数器在零位事件复位；

　　　　　　　01　位置计数器在最大位置复位；

　　　　　　　10　位置计数器在第一个零位事件复位；

　　　　　　　11　位置计数器在单元时间事件复位。

位 11~10　　SEI：选通事件初始化位置计数器。

　　　　　　　00　无操作；

　　　　　　　01　无操作；

　　　　　　　10　在 QEPS 信号的上升沿初始化位置计数器；

　　　　　　　11　顺时针方向：在 QEPS 信号的上升沿初始化位置计数器,逆时针方向：
　　　　　　　　　在 QEPS 信号的下降沿初始化位置计数器。

位 9~8　　　IEI：零位事件初始化位置计数器。

- 00 无操作；
- 01 无操作；
- 10 在 QEPI 信号的上升沿初始化位置计数器；
- 11 在 QEPI 信号的下降沿初始化位置计数器。

位 7　SWI：软件初始化位置计数器。
- 0 无操作；
- 1 初始化位置计数器，这个位将自动清 0。

位 6　SEL：选通事件锁存位置计数器。
- 0 在 QEPS 信号的上升沿锁存位置计数器（QPOSSLAT＝QPOSCCNT），反向的选通脉冲输入将在下降沿锁存位置计数器；
- 1 顺时针旋转：在 QEPS 选通信号的上升沿锁存位置计数器，逆时针旋转：在 QEPS 选通信号的下降沿锁存位置计数器。

位 5~4　IEL：零位事件锁存位置计数器方式选择位。
- 00 保留；
- 01 在零位信号的上升沿锁存位置计数器；
- 10 在零位信号的下降沿锁存位置计数器；
- 11 软件强制零位标记，在零位事件标记时锁存位置计数器和正交脉冲方向。

位 3　OPEN：正交脉冲位置计数器使能和软件复位。
- 0 重新设置 eQEP 模块内部操作标志和只读寄存器，软件复位对控制寄存器和配置寄存器不起作用；
- 1 使能 eQEP 位置计数器。

位 2　QCLM：eQEP 捕获锁存模式选择位。
- 0 当 CPU 读位置计数器（QPOSCNT）时，捕获定时器和捕获周期值锁存到捕获定时锁存器（QCTMRLAT）和捕获周期锁存器（QCPRDLAT）中；
- 1 超时锁存，当单元时间超时，捕获定时器和捕获周期值锁存到捕获定时锁存器（QCTMRLAT）和捕获周期锁存器（QCPRDLAT）中。

位 1　UTM：eQEP 定时器超时功能选择位。
- 0 禁止定时器；1 使能定时器。

位 0　WDE：eQEP 程序监视器使能位。
- 0 禁止程序监视定时器；1 使能程序监视定时器。

3. eQEP 位置比较控制寄存器（QPOSCTL）

15	14	13	12	11			8
PCSHDW	PCLOAD	PCPOL	PCE	PCSPW			

7							0
PCSPW							

位 15　PCSHDW：位置比较影子寄存器使能位。

0 禁止影子寄存器,立即装载;1 使能影子寄存器。

位 14　　PCLOAD：位置比较影子寄存器装载模式选择位。

　　　　　0 当 QPOSCNT＝0 时,装载;1 当 QPOSCNT＝QPOSCMP 时,装载。

位 13　　PCPOL：同步输出极性选择位。

　　　　　0 高电平输出;1 低电平输出。

位 12　　PCE：位置比较器使能位。

　　　　　0 禁止位置比较电路;1 使能位置比较电路。

位 11～0　PCSPW：位置比较同步输出脉冲宽度选择位。

　　　　　0x000　　1×4×SYSCIKOUT;
　　　　　0x001　　2×4×SYSCIKOUT;
　　　　　⋮
　　　　　0xFFF　　4 096×4×SYSCIKOUT。

4. eQEP 捕获控制寄存器(QCAPCTL)

15	14	7	6	4	3	0
CEN	保留		CCPS		UPPS	

位 15　　CEN：捕获使能位。

　　　　　0 禁止捕获电路;1 使能捕获电路。

位 14～7　保留位。

位 6～4　CCPS：捕获定时器时钟分频设置位。

　　　　　000　CAPCLK＝SYSCLKOUT/1　　100　CAPCLK＝SYSCLKOUT/16
　　　　　001　CAPCLK＝SYSCLKOUT/2　　101　CAPCLK＝SYSCLKOUT/32
　　　　　010　CAPCLK＝SYSCLKOUT/4　　110　CAPCLK＝SYSCLKOUT/64
　　　　　011　CAPCLK＝SYSCLKOUT/8　　111　CAPCLK＝SYSCLKOUT/128

位 3～0　UPPS：位置事件分频设置位。

　　　　　0000　UPEVNT＝QCLK/1　　　0111　UPEVNT＝QCLK/128
　　　　　0001　UPEVNT＝QCLK/2　　　1000　UPEVNT＝QCLK/256
　　　　　0010　UPEVNT＝QCLK/4　　　1001　UPEVNT＝QCLK/512
　　　　　0011　UPEVNT＝QCLK/8　　　1010　UPEVNT＝QCLK/1 024
　　　　　0100　UPEVNT＝QCLK/16　　 1011　UPEVNT＝QCLK/2 048
　　　　　0101　UPEVNT＝QCLK/32　　 11xx　保留
　　　　　0110　UPEVNT＝QCLK/64

5. eQEP 位置计数器(QPOSCNT)

31	0
QPOSCNT	

位 31～0　QPOSCNT：位置计数器。该计数器在 eQEP 脉冲边沿是增计数还是减计数,取决于方向输入。

6. eQEP 位置计数器初始化寄存器(QPOSINIT)

31	0
QPOSINIT	

位 31~0　QPOSINT：包含位置计数器初始化的值，也可以通过软件初始化。

7. eQEP 最大位置计数寄存器(QPOSMAX)

31	0
QPOSMAX	

位 31~0　QPOSMAX：保存计数器最大位置的值。

8. eQEP 位置比较寄存器(QPOSCMP)

31	0
QPOSCMP	

位 31~0　QPOSCMP：保存的值与位置计数器(QPOSCNT)比较来产生同步输出或匹配中断。

9. eQEP 零位位置锁存器(QPOSILAT)

31	0
QPOSILAT	

位 31~0　QPOSILAT：当一个零位事件发生时，锁存位置计数器的值到此寄存器中。

10. eQEP 选通位置锁存器(QPOSSLAT)

31	0
QPOSSLAT	

位 31~0　QPOSSLAT：当选通事件发生时，锁存位置计数器的值到此寄存器中。

11. eQEP 位置计数锁存器(QPOSLAT)

31	0
QPOSLAT	

位 31~0　QPOSLAT：当超时事件发生时，锁存位置计数器的值到此寄存器中。

12. eQEP 单位定时器(QUTMR)

31	0
QUTMR	

位 31~0　QUTMR：当此定时器的值与定时周期值相匹配时，产生时间匹配事件。

13. eQEP 单位周期寄存器(QUPRD)

31	0
QUPRD	

位 31~0　QUPRD：此寄存器含有定时器产生周期性事件的周期值。

14. eQEP 程序监视定时器(QWDTMR)

31	0
QWDTMR	

位 31~0　QWDTMR：当此寄存器的值与程序监视器周期值相匹配时,产生程序监视器超时中断。

15. eQEP 程序监视周期寄存器(QWDPRD)

31	0
QWDPRD	

位 31~0　QWDPRD：此寄存器保存程序监视器周期值。

16. eQEP 中断使能寄存器(QEINT)

15	12	11	10	9	8
保留		UTO	IEL	SEL	PCM

7	6	5	4	3	2	1	0
PCR	PCO	PCU	WTO	QDC	QPE	PCE	保留

位 15~12　保留位。

位 11　　　UTO：超时中断使能位。

　　　　　　0　禁止超时中断；1　使能超时中断。

位 10　　　IEL：零位事件锁存中断使能位。

　　　　　　0　禁止零位事件锁存中断；1　使能零位事件锁存中断。

位 9　　　SEL：选通事件锁存中断使能位。

　　　　　　0　禁止选通事件锁存中断；1　使能选通事件锁存中断。

位 8　　　PCM：位置比较匹配中断使能位。

　　　　　　0　禁止位置比较匹配中断；1　使能位置比较匹配中断。

位 7　　　PCR：位置比较中断使能位。

　　　　　　0　禁止位置比较中断；1　使能位置比较中断。

位 6　　　PCO：位置计数器上溢出中断使能位。

　　　　　　0　禁止位置计数器上溢出中断；1　使能位置计数器上溢出中断。

位 5　　　PCU：位置计数器下溢出中断使能位。

　　　　　　0　禁止位置计数器下溢出中断；1　使能位置计数器下溢出中断。

位 4　　　WTO：程序监视器超时中断使能位。

　　　　　　0　禁止程序监视器超时中断；1　使能程序监视器超时中断。

位 3　　　QDC：正交脉冲方向改变中断使能位。

　　　　　　0　禁止正交脉冲方向改变中断；1　使能正交脉冲方向改变中断。

位 2　　　QPE：正交脉冲相位错误中断使能位。

　　　　　　0　禁止正交脉冲相位错误中断；1　使能正交脉冲相位错误中断。

位 1　　　PCE：位置计数器错误中断使能位。

　　　　　　0　禁止位置计数器错误中断；1　使能位置计数器错误中断。

位 0　　　保留位。

17. eQEP 中断标志寄存器(QFLG)

15	12	11	10	9	8
保留		UTO	IEL	SEL	PCM

7	6	5	4	3	2	1	0
PCR	PCO	PCU	WTO	QDC	QPE	PCE	IBT

位 15~12　保留位。

位 11　UTO：超时中断标志位。

　　　0　未发生中断；1　已发生中断。

位 10　IEL：零位事件锁存中断标志位。

　　　0　未发生中断；

　　　1　在位置计数器(QPOSCNT)的值锁存到零位位置锁存器(QPOSILAT)后置位。

位 9　SEL：选通事件锁存中断标志位。

　　　0　未发生中断；

　　　1　在位置计数器(QPOSCNT)的值锁存到选通位置锁存器(QPOSSLAT)后置位。

位 8　PCM：比较匹配事件中断标志位。

　　　0　未发生中断；1　位置比较匹配后置位。

位 7　PCR：位置比较中断标志位。

　　　0　未发生中断；1　将影子寄存器的值装载到位置比较寄存器后置位。

位 6　PCO：位置计数器上溢出中断标志位。

　　　0　未发生中断；1　位置计数器上溢出后置位。

位 5　PCU：位置计数器下溢出中断标志位。

　　　0　未发生中断；1　位置计数器下溢出后置位。

位 4　WTO：程序监视器超时中断标志位。

　　　0　未发生中断；1　程序监视器超时后置位。

位 3　QDC：正交脉冲方向改变中断标志位。

　　　0　未发生中断；1　正交脉冲方向改变后置位。

位 2　QPE：正交脉冲相位错误中断标志位。

　　　0　未发生中断；1　QEPA 和 QEPB 同时发生跳变时置位。

位 1　PCE：位置计数器错误中断标志位。

　　　0　未发生中断；1　位置计数器错误后置位。

位 0　IBT：全局中断状态标志位。

　　　0　未发生中断；1　已发生中断。

18. eQEP 中断清除寄存器(QCLR)

15	12	11	10	9	8
保留		UTO	IEL	SEL	PCM

7	6	5	4	3	2	1	0
PCR	PCO	PCU	WTO	QDC	QPE	PCE	INT

位 15～12　保留位。

位 11　UTO：清除超时中断标志。
　　　　　0　无效；1　清除超时中断标志。

位 10　IEL：清除零位事件锁存中断标志。
　　　　　0　无效；1　清除零位事件锁存中断标志。

位 9　SEL：清除选通事件中断标志。
　　　　　0　无效；1　清除选通事件中断标志。

位 8　PCM：清除比较匹配事件中断标志。
　　　　　0　无效；1　清除比较匹配事件中断标志。

位 7　PCR：清除位置比较中断标志。
　　　　　0　无效；1　清除位置比较中断标志。

位 6　PCO：清除位置计数器上溢出中断标志。
　　　　　0　无效；1　清除位置计数器上溢出中断标志。

位 5　PCU：清除位置计数器下溢出中断标志。
　　　　　0　无效；1　清除位置计数器下溢出中断标志。

位 4　WTO：清除程序监视器超时中断标志。
　　　　　0　无效；1　清除程序监视器超时中断标志。

位 3　QDC：清除正交脉冲方向改变中断标志。
　　　　　0　无效；1　清除正交脉冲方向改变中断标志。

位 2　QPE：清除正交脉冲相位错误中断标志。
　　　　　0　无效；1　清除正交脉冲相位错误中断标志。

位 1　PCE：清除位置计数器错误中断标志。
　　　　　0　无效；1　清除位置计数器错误中断标志。

位 0　INT：清除全局中断标志。
　　　　　0　无效；1　清除全局中断标志。

19. eQEP 强制中断寄存器(QFRC)

15	12	11	10	9	8
保留		UTO	IEL	SEL	PCM

7	6	5	4	3	2	1	0
PCR	PCO	PCU	WTO	QDC	QPE	PCE	保留

位 15～12　保留位。

位 11　UTO：强制超时中断。
　　　　　0　无效；1　强制超时中断。

位 10　IEL：强制零位事件锁存中断。
　　　　　0　无效；1　强制零位事件锁存中断。

位 9　SEL：强制选通事件锁存中断。
　　　　　0　无效；1　强制选通事件锁存中断。

位 8　PCM：强制位置比较匹配中断。

位 7　PCR：强制位置比较中断。
　　　0　无效；1　强制位置比较中断。
位 6　PCO：强制位置计数器上溢出中断。
　　　0　无效；1　强制位置计数器上溢出中断。
位 5　PCU：强制位置计数器下溢出中断。
　　　0　无效；1　强制位置计数器下溢出中断。
位 4　WTO：强制程序监视器超时中断。
　　　0　无效；1　强制程序监视器超时中断。
位 3　QDC：强制正交脉冲方向改变中断。
　　　0　无效；1　强制正交脉冲方向改变中断。
位 2　QPE：强制正交脉冲相位错误中断。
　　　0　无效；1　强制正交脉冲相位错误中断。
位 1　PCE：强制位置计数器错误中断。
　　　0　无效；1　强制位置计数器错误中断。
位 0　保留位。

20. eQEP 状态寄存器(QEPSTS)

15							8
保留							
7	6	5	4	3	2	1	0
UPEVNT	FIDF	QDF	QDLF	COEF	CDEF	FIMF	PCEF

位 15～8　保留位。
位 7　UPEVNT：位置事件标志位。
　　　0　未检测到位置事件；1　检测到位置事件。
位 6　FIDT：第一个零位标记时的方向位。
　　　0　逆时针旋转；1　顺时针旋转。
位 5　QDF：正交脉冲方向标志位。
　　　0　逆时针旋转；1　顺时针旋转。
位 4　QDLF：方向锁存标志位，在每个零位事件标记时的方向。
　　　0　逆时针旋转；1　顺时针旋转。
位 3　COEF：捕获上溢出错误标志位。
　　　0　写入 1 清 0；1　捕获定时器发生上溢出。
位 2　CDEF：捕获方向错误标志位。
　　　0　写入 1 清 0；1　捕获位置事件之间方向发生改变。
位 1　FIMF：第一个零位标记标志位。
　　　0　写入 1 清 0；1　出现第一个零位脉冲时置位。
位 0　PCEF：位置计数器错误标志位，在每个零位事件后更新。
　　　0　没有发生错误；1　位置计数器错误置位。

21. eQEP 捕获定时器(QCTMR)

15	0
QCTMR	

位 15~0　QCTMR：为边沿捕获提供时基。

22. eQEP 捕获周期寄存器(QCPRD)

15	0
QCPRD	

位 15~0　QCPRD：保存两个连续的 eQEP 事件之间的周期计数值。

23. eQEP 捕获定时锁存器(QCTMRLAT)

15	0
QCTMRLAT	

位 15~0　QCTMRLAT：当超时事件和读 eQEP 位置计数器时,锁存此寄存器值。

24. eQEP 捕获周期锁存器(QCPRDLAT)

15	0
QCPRDLAT	

位 15~0　QCPRDLAT：当超时事件和读 eQEP 位置计数器时,锁存此寄存器值。

【例 11-1】 本例介绍利用 eQEP 模块来测量电机转速和位置,其中编码器出来的 QA 和 QB 脉冲序列由 F2808 芯片的 EPWM1A、EPWM1B 来模拟提供,通过判断 QA、QB 的相位关系来判断电机的转动方向。在这个例子中需要将 GPIO0 与 GPIO20 连接在一起,GPIO21 与 GPIO1 连接在一起,GPIO23 与 GPIO4 连接在一起。用 GPIO4 来模拟 eQEP 模块的零位输入信号,GPIO1 与 GPIO0 作为编码器的模拟输出信号,送入 eQEP 模块。本例还需用到 TI 公司的 IQMath 库,在本书配套的例子程序中已经配置好。

本例中最高转速配置为 6 000 r/min,最低转速为 10 r/min,QEP 解码器转一圈时产生 4 000 个脉冲。本例中高速时速度计算公式为:
$$V = (X_1 - X_2)/T$$
其中,$X_1 - X_2$ 为位置计数器(QPOSCNT)计数差值;T 在本例中为 10 ms。低速计算公式为:
$$SpeedRpm\_pr = X/(t_2 - t_1)$$
其中,$SpeedRpm\_pr$ 为低速时的转速;$X - QCAPCTL[UPPS]/4 000$;$t_2 - t_1$ 为捕获周期锁存器(QCPRDLAT)中的值。在本例中,相应的系统初始配置已经在系统头文件中配置完毕,读者可以参考本书所附光盘中对应的例子。

```
#include "DSP280x_Device.h"              //DSP280x 头文件
#include "DSP280x_Examples.h"            //DSP280x 头文件
#include "Example_posspeed.h"            //头文件
#if(CPU_FRQ_100MHZ)
#define CPU_CLK    100e6                 //系统的时钟频率
#endif
#if(CPU_FRQ_60MHZ)
```

第 11 章　eQEP 模块

```c
#define CPU_CLK    60e6                    //系统的时钟频率
#endif
#define PWM_CLK    5e3                     //PWM 的频率为 5 kHz
#define SP    CPU_CLK/(2 * PWM_CLK)        //PWM 时基定时器周期寄存器的值
#define TBCTLVAL    0x200E
void initEpwm();
void InitEPwm1Gpio(void);
interrupt void prdTick(void);
void InitEQep1Gpio(void);
POSSPEED qep_posspeed = POSSPEED_DEFAULTS;
Uint16 Interrupt_Count = 0;
void main(void)
{
    InitSysCtrl();                         //系统初始化
    InitEQep1Gpio();                       //初始化 I/O
    InitEPwm1Gpio();
    EALLOW;
    GpioCtrlRegs.GPADIR.bit.GPIO4 = 1;     //GPIO4 作为模拟的零位脉冲
    GpioDataRegs.GPACLEAR.bit.GPIO4 = 1;
    DINT;                                  //关中断
    InitPieCtrl();                         //初始化 PIE
    IER = 0x0000;                          //清中断标志
    IFR = 0x0000;
    InitPieVectTable();                    //初始化 PIE 向量表
    EALLOW;                                //中断程序入口地址放入中断向量表
    PieVectTable.EPWM1_INT = &prdTick;
    EDIS;
    initEpwm();
    IER |= M_INT3;
    PieCtrlRegs.PIEIER3.bit.INTx1 = 1;
    EINT;                                  //使能全局中断
    ERTM;
    qep_posspeed.init(&qep_posspeed);
        for(;;){}
}
interrupt void prdTick(void)               //EPWM1 在 4 个 QCLK 中断一次
{   Uint16 i;
    qep_posspeed.calc(&qep_posspeed);      //位置和速度计算
    Interrupt_Count ++ ;
    if(Interrupt_Count == 1000)            //每 1000 个中断产生一个零位脉冲
    {
        EALLOW;
        GpioDataRegs.GPASET.bit.GPIO4 = 1;
        for(i = 0; i<700; i ++ ){
        }
```

```
            GpioDataRegs.GPACLEAR.bit.GPIO4 = 1;
            Interrupt_Count = 0;
            EDIS;
        }
        PieCtrlRegs.PIEACK.all = PIEACK_GROUP3;
        EPwm1Regs.ETCLR.bit.INT = 1;
}
void initEpwm()
{
    EPwm1Regs.TBSTS.all = 0;
    EPwm1Regs.TBPHS.half.TBPHS = 0;
    EPwm1Regs.TBCTR = 0;
    EPwm1Regs.CMPCTL.all = 0x50;                    //立即装载模式
    EPwm1Regs.CMPA.half.CMPA = SP/2;
    EPwm1Regs.CMPB = 0;
    EPwm1Regs.AQCTLA.all = 0x60;                    //CTR = CMPA 当计数器增加时,EPWM1A = 1;计数
                                                    //器减少时,EPWM1A = 0
    EPwm1Regs.AQCTLB.all = 0x09;                    //CTR = PRD 时,EPWM1B = 1;CTR = 0 时,EPWM1B = 0
    EPwm1Regs.AQSFRC.all = 0;
    EPwm1Regs.AQCSFRC.all = 0;
    EPwm1Regs.TZSEL.all = 0;
    EPwm1Regs.TZCTL.all = 0;
    EPwm1Regs.TZEINT.all = 0;
    EPwm1Regs.TZFLG.all = 0;
    EPwm1Regs.TZCLR.all = 0;
    EPwm1Regs.TZFRC.all = 0;
    EPwm1Regs.ETSEL.all = 0x0A;                     //计数器的值等于 PRD 时产生中断
    EPwm1Regs.ETPS.all = 1;
    EPwm1Regs.ETFLG.all = 0;
    EPwm1Regs.ETCLR.all = 0;
    EPwm1Regs.ETFRC.all = 0;
    EPwm1Regs.PCCTL.all = 0;
    EPwm1Regs.TBCTL.all = 0x0010 + TBCTLVAL;        //使能定时器,增减计数模式
    EPwm1Regs.TBPRD = SP;
}
void  POSSPEED_Init(void)
{
    #if(CPU_FRQ_100MHZ)
      EQep1Regs.QUPRD = 1000000;                    //系统时钟频率为 100 MHz 时,单位定时器工
                                                    //作频率为 100 Hz

      #endif
    #if(CPU_FRQ_60MHZ)
      EQep1Regs.QUPRD = 600000;                     //系统时钟频率为 60 MHz 时,单位定时器工作
                                                    //频率为 60 Hz

      #endif
```

第 11 章　eQEP 模块

```
    EQep1Regs.QDECCTL.bit.QSRC = 00;                //QEP 计数模式选择
    EQep1Regs.QEPCTL.bit.FREE_SOFT = 2;
    EQep1Regs.QEPCTL.bit.PCRM = 00;                 //PCRM = 00 位置计数器(QPOSCNT)在零位事件
                                                    //复位
    EQep1Regs.QEPCTL.bit.UTE = 1;                   //使能单位定时器
    EQep1Regs.QEPCTL.bit.QCLM = 1;                  //当定时器的值等于单位周期寄存器
                                                    //(QUPRD)时锁存

    EQep1Regs.QPOSMAX = 0xffffffff;
    EQep1Regs.QEPCTL.bit.QPEN = 1;                  //使能位置计数器
    EQep1Regs.QCAPCTL.bit.UPPS = 5;                 //位置计数 32 分频
    EQep1Regs.QCAPCTL.bit.CCPS = 7;                 //CAP 时钟 128 分频
    EQep1Regs.QCAPCTL.bit.CEN = 1;                  //QEP 捕获使能
}
void POSSPEED_Calc(POSSPEED * p)
{
    long tmp;
    unsigned int pos16bval,temp1;
    _iq Tmp1,newp,oldp;
    // * * * * 位置计算  * * * //
    p->DirectionQep = EQep1Regs.QEPSTS.bit.QDF;    //0 为逆时针旋转,1 为顺时针旋转
    pos16bval = (unsigned int)EQep1Regs.QPOSCNT;   //捕获的位置信息
    p->theta_raw = pos16bval + p->cal_angle;       //这次记录的位置加上上次记录的位置
    // * * * * 计算电机的机械角度和电气角度  * * * * //
    tmp = (long)((long)p->theta_raw * (long)p->mech_scaler);
    tmp &= 0x03FFF000;
    p->theta_mech = (int)(tmp>>11);
    p->theta_mech &= 0x7FFF;
    p->theta_elec = p->pole_pairs * p->theta_mech;
    p->theta_elec &= 0x7FFF;
    if(EQep1Regs.QFLG.bit.IEL == 1)                 //检查是否发生零位事件
      {
        p->index_sync_flag = 0x00F0;
        EQep1Regs.QCLR.bit.IEL = 1;                 //清中断标志
      }
    // * * 高速时转速计算,通过超时事件来计算转速:超时事件频率被定为 100 Hz * * //
    if(EQep1Regs.QFLG.bit.UTO == = 1)               //如果发生超时事件
      {                                             //计算($x_2 - x_1$)/4 000
        pos16bval = (unsigned int)EQep1Regs.QPOSLAT;   //锁存的计数器的值
        tmp = (long)((long)pos16bval * (long)p->mech_scaler);   //($x_2 - x_1$)/4 000
        tmp &= 0x03FFF000;
        tmp = (int)(tmp>>11);                       //($x_2 - x_1$)/4 000 转化为度数
        tmp &= 0x7FFF;
        newp = _IQ15toIQ(tmp);
        oldp = p->oldpos;
        if(p->DirectionQep == 0)                    //POSCNT 减计数
```

```c
        {
            if(newp>oldp)
                Tmp1 = -(_IQ(1) - newp + oldp);            //计算电机转过的角度
            else
                Tmp1 = newp - oldp;
        }
            else if(p->DirectionQep == 1)                  //POSCNT 增计数时,计算电机转过的角度
        {
            if(newp<oldp)
                Tmp1 = _IQ(1) + newp - oldp;
            else
                Tmp1 = newp - oldp;
        }
        if(Tmp1>_IQ(1))                                    //判断电机的转速
            p->Speed_fr = _IQ(1);
        else if(Tmp1<_IQ(-1))
            p->Speed_fr = _IQ(-1);
        else
            p->Speed_fr = Tmp1;
        p->oldpos = newp;
p->SpeedRpm_fr = _IQmpy(p->BaseRpm,p->Speed_fr);           //将电机转速由角度转换为 RPM
EQep1Regs.QCLR.bit.UTO = 1;                                //清中断标志
    }
    //*****低速时转速的计算 *****//
    if(EQep1Regs.QEPSTS.bit.UPEVNT == 1)                   //单元位置事件
    {
        if(EQep1Regs.QEPSTS.bit.COEF = = 0)                //未发生捕获溢出
            temp1 = (unsigned long)EQep1Regs.QCPRDLAT;     //temp1 = $t_2 - t_1$
        else
            temp1 = 0xFFFF;
            p->Speed_pr = _IQdiv(p->SpeedScaler,temp1);    //计算低速时的转速
            Tmp1 = p->Speed_pr;
            if(Tmp1>_IQ(1))
             p->Speed_pr = _IQ(1);
        else
            p->Speed_pr = Tmp1;
    //****将低速时转速由角度表示转化为 RPM 表示 * * * *//
            if(p->DirectionQep = = 0)
        p->SpeedRpm_pr = -_IQmpy(p->BaseRpm,p->Speed_pr);
        else
            p->SpeedRpm_pr = _IQmpy(p->BaseRpm,p->Speed_pr);
            EQep1Regs.QEPSTS.all = 0x88;                   //清中断标志
        }
}
void InitEPwm1Gpio(void)                                   //PWM 的 I/O 初始化
```

```
    {
        EALLOW;
        GpioCtrlRegs.GPAPUD.bit.GPIO0 = 0;
        GpioCtrlRegs.GPAPUD.bit.GPIO1 = 0;
        GpioCtrlRegs.GPAMUX1.bit.GPIO0 = 1;
        GpioCtrlRegs.GPAMUX1.bit.GPIO1 = 1;
        EDIS;
    }
    void InitEQep1Gpio(void)                              //EQep 的 I/O 初始化
    {
        EALLOW;
        GpioCtrlRegs.GPAPUD.bit.GPIO20 = 0;
        GpioCtrlRegs.GPAPUD.bit.GPIO21 = 0;
        GpioCtrlRegs.GPAPUD.bit.GPIO22 = 0;
        GpioCtrlRegs.GPAPUD.bit.GPIO23 = 0;
        GpioCtrlRegs.GPAQSEL2.bit.GPIO20 = 0;
        GpioCtrlRegs.GPAQSEL2.bit.GPIO21 = 0;
        GpioCtrlRegs.GPAQSEL2.bit.GPIO22 = 0;
        GpioCtrlRegs.GPAQSEL2.bit.GPIO23 = 0;
        GpioCtrlRegs.GPAMUX2.bit.GPIO20 = 1;
        GpioCtrlRegs.GPAMUX2.bit.GPIO21 = 1;
        GpioCtrlRegs.GPAMUX2.bit.GPIO22 = 1;
        GpioCtrlRegs.GPAMUX2.bit.GPIO23 = 1;
        EDIS;
    }
```

第12章 捕获模块

当捕获引脚上出现跳变时,将触发捕获模块工作。F2808芯片共有4个捕获单元电路,每个捕获单元电路对应处理一个捕获输入引脚的输入信号。

12.1 概 述

捕获(eCAP)模块用途主要包括:
- 测量旋转机械的转速(例如,通过霍尔传感器测量齿轮转速);
- 测量位置传感器之间脉冲的时间间隔;
- 测量脉冲序列信号的周期和占空比;
- 对电流或电压传感器输出的脉宽调制编码信号解码出原始电流或电压幅值信号。

eCAP模块包括下述特性:
- 采用100 MHz的系统时钟时,32位的时基分辨率为10 ns;
- 4个事件时间标记的32位寄存器;
- 多达4个序列的时间标记捕获事件的边沿极性选择;
- 4个捕获事件中每个都可以产生中断;
- 首发模式下,可以捕获多达4个事件时间标记;
- 连续模式下,可以捕获时间标记达4级循环缓冲区;
- 绝对值的时间标记捕获;
- 差分(增量)模式的时间标记捕获;
- 上述所有方法都在一个输入引脚上实现;
- 当不使用捕获模式时,eCAP模块可以作为一个单一的PWM输出通道使用。

eCAP单元电路作为一个完整的捕获通道,可以测量出多个时间。eCAP模块中有下述关键的资源:
- 专用的捕获输入引脚;
- 32位的时基寄存器或计数器;
- 4×32位时间标记捕获寄存器(CAP1~CAP4);
- 4个电平等级的(Modulo4计数器)限定器,使捕获信号同步于外部事件的eCAP信号上升沿/信号下降沿;
- 4个时间事件独立的边沿极性选择;
- 对输入信号进行前分频(2~62)操作;
- 首发比较寄存器(2位)在1~4时间标记事件后冻结捕获功能;

第 12 章 捕获模块

> 连续时间标记捕获模式下,使用 4 级(CAP1~CAP4)深的循环缓冲结构来保存捕获的时间标记值;
> 4 个捕获事件的任何一个都可以产生中断。

12.2 捕获与 APWM 工作模式

当不使用捕获功能时,可以使用 eCAP 模块的资源来实现单通道的 PWM 输出功能(32 位的分辨能力)。计数器工作在增计数模式,同时能为不对称脉冲宽度调制波形提供一个时基信号。捕获寄存器 1(CAP1)和捕获寄存器 2(CAP2)作为周期寄存器和比较寄存器,捕获寄存器 3(CAP3)和捕获寄存器 4(CAP4)成为周期寄存器和比较寄存器的影子寄存器。图 12-1 是捕获和辅助脉冲宽度调制器(APWM)的工作模式。

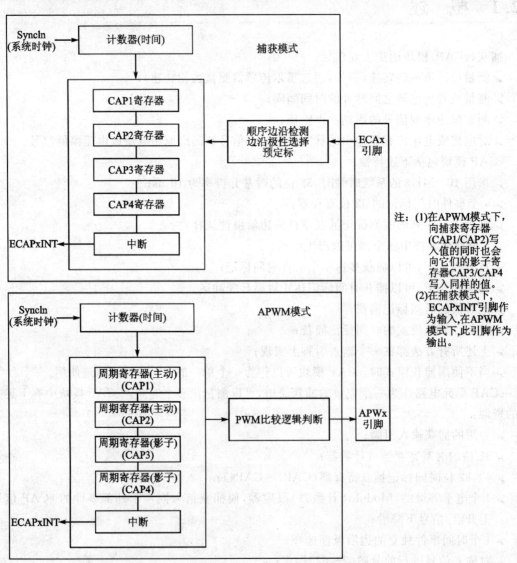

图 12-1 捕获与 APWM 工作模式

12.3 捕获模式概述

捕获模式框图如图 12-2 所示。

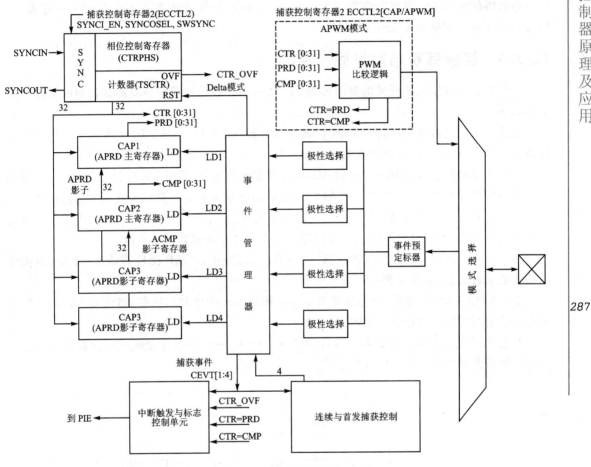

图 12-2 捕获模式框图

12.3.1 事件前分频

输入捕获信号(脉冲序列)可以由 $n=2\sim62$(2 的整倍数)前分频后再处理,也可以将前分频旁路。当使用非常高的频率用做输入信号时,这个功能非常有用,见图 12-3 事件前分频器。

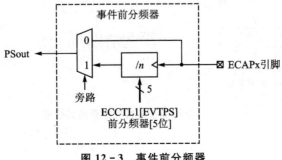

图 12-3 事件前分频器

12.3.2 边沿极性选择和限定器

使用 MUXes 选择 4 个独立的边沿极性,每个捕获事件对应一个边沿极性。

每个边沿(最多 4 个)由 Mod4 序列限定器判断是否达到门槛要求。

边沿事件由 Mod4 序列限定器设置门限值,能通过的信号将送入各自 CAPx 寄存器,在 LDx 信号下降沿时装载 CAPx 寄存器。

12.3.3 连续捕获与首发捕获控制

连续捕获与首发捕获模式的框图如图 12-4 所示。连续捕获与首发捕获控制的工作方式叙述如下。

通过边沿限定器的事件,使 Mod4 计数器增计数(CEVT1~CEVT4)。Mod4 计数器连续计数(0→1→2→3→0)一直循环直到停止。

一个 2 位的停止计数器用于比较 Mod4 计数器的输出,相等时 Mod4 计数器将停止,限制进一步的装载捕获寄存器(CAP1~CAP4)。这种情况常常发生在首发捕获模式的运行中。

连续捕获与首发捕获模式控制 Mod4 计数器的开始、停止和复位,这些动作通过一个首发捕获模式起作用,能够触发得到比较器的停止值或软件控制重新捕获新值。

在 Mod4 计数器和捕获寄存器(CAP1~CAP4)冻结前,eCAP 模块等待 1~4 个(由需要的捕获值个数确定)事件捕获。

若 CAPLEDEN 位置位,将重新准备 eCAP 模块下一个序列的捕获,将清零 Mod4 计数器和重新使能写入捕获寄存器(CAP1~CAP4)。

在连续模式下,Mod4 计数器连续计数(0→1→2→3→0,不用首发模式),捕获值连续循环地写入捕获寄存器(CAP1~CAP4)。

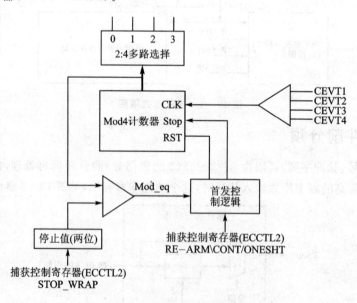

图 12-4 连续捕获与首发捕获模式框图

12.3.4 32位计数器和相位控制

计数器利用系统时钟为捕获事件提供时基。相位寄存器通过硬件与软件置位与其他计数器同步,图12-5为计数器与同步模块。在APWM模式下,模块之间的相位补偿非常有用。对于4个事件的写入,可以选择重置32位计数器,对于时间差的捕获非常有用。先记录32位计数器的值,然后由LD1~LD4信号的任意一个将32位计数器复位为0。

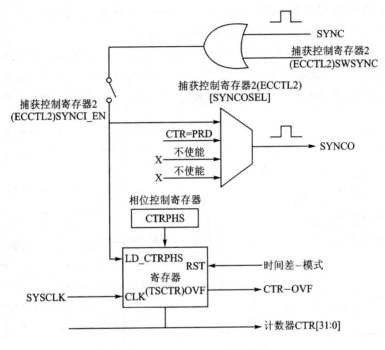

图12-5 计数器与同步模块

12.3.5 捕获寄存器

32位的捕获寄存器(CAP1~CAP4)连接到32位计数器定时器总线上,当各自的LD输入有效时写入捕获寄存器(CAP1~CAP4)。通过CAPLDEN控制位控制装载捕获寄存器(CAP1~CAP4)。

在首发模式下,当满足停止条件(如停止值与Mod4相等)时,CAPLOEN位自动清零,禁止装载捕获寄存器(CAP1~CAP4)。

在APWM模式下,捕获寄存器1(CAP1)和捕获寄存器2(CAP2)以及各自的比较寄存器处于激活周期,捕获寄存器3(CAP3)和捕获寄存器4(CAP4)成为相应的影子寄存器(APRD和ACMP)。

12.3.6 中断控制

- 捕获事件(CEVT1~CEVT4、CTROVF)或APWM事件(CTR=PRD,CRT=CMP)能够产生中断。捕获模块的中断如图12-6所示。
- 计数器上溢出事件(FFFFFFFF→00000000)也作为一个中断源(CTROVF)。

➢ 捕获事件的边沿和时序要满足各自的极性选择和Mod4门控要求。

上述事件都能够作为中断源产生中断到PIE模块,7个中断事件(CEVT1、CEVT2、CEVT3、CEVT4、NTOVF、CTR=PRD、CRT=CMP)都能产生中断。中断使能寄存器(ECEINT)能够使能或禁止各个中断源;中断标志寄存器(ECFLG)指出是否有中断事件产生,它与全局中断(INT)有关。若任何一个中断事件使能,产生的中断脉冲将送至PIE模块,相应的标志位置1,全局中断标志位为0。在其他中断脉冲产生之前,中断服务程序必须通过清除寄存器(ECCLR)清零全局中断标志位和执行中断服务程序。此外,也可以通过中断强制寄存器(ECFRC)来产生中断事件,这种方法主要用于测试。

注:CEVT1、CEVT2、CEVT3、CEVT4标志只在捕获模式(捕获控制寄存器2(ECCTL2)[CAP/APWM==0])下激活,CTR=PRD、CRT=CMP标志只在APWM模式(捕获控制寄存器2(ECCTL2)[CAP/APWM==1])下有效,CNTOVF标志在两种模式下都有效。

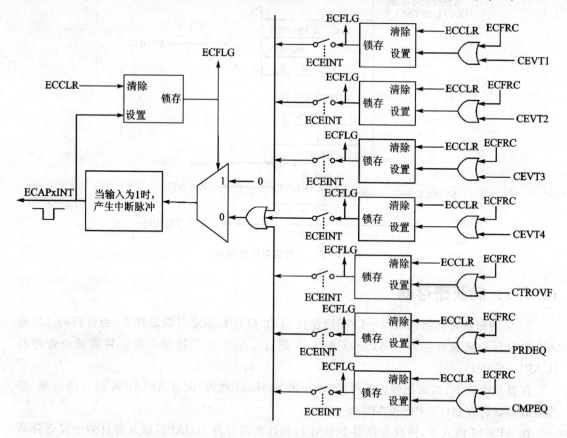

图12-6 捕获模块的中断

12.3.7 影子寄存器装载与禁止装载控制

在捕获模式下,这种逻辑禁止任何影子寄存器的装载过程,禁止从APRD和ACMP寄存器装载到捕获寄存器1(CAP1)和捕获寄存器2(CAP2)。

在APWM模式下,使能影子寄存器可以允许两种装载方式:

➢ 立即方式。新值写入APRD和ACMP寄存器时立即写入捕获寄存器1(CAP1)和捕获

寄存器 2(CAP2);
> 周期匹配方式。例如,CTR[0:31]=PRD[0:31]。

12.3.8 APWM 模式的工作特性

2 个 32 位的比较器可以与时间标记计数器总线进行比较。

当捕获寄存器(CAP1/CAP2)不用捕获模式时,即在 APWM 模式下,捕获寄存器(CAP1/CAP2)的值用于周期值和比较值。

通过影子寄存器 APRD 和 ACMP (CAP3/CAP4)可以实现双缓冲。随着写入操作或 CTR=PRD 事件触发,影子寄存器的值就会立即传送到捕获寄存器 1(CAP1)和捕获寄存器 2(CAP2)中。

在 APWM 模式下,向捕获寄存器(CAP1/CAP2)写入值相应地也把同样的值写入到影子寄存器(CAP3/CAP4)中。这种模式就像立即方式一样,向捕获寄存器(CAP3/CAP4)写入会唤醒影子寄存器模式。

初始化时,必须写入激活的周期寄存器和比较寄存器,同时这些初始值也会写入影子寄存器中。在以后的运行中更新比较器的数据时,仅仅更新影子寄存器即可。在 APWM 模式下的 PWM 波形如图 12-7 所示。

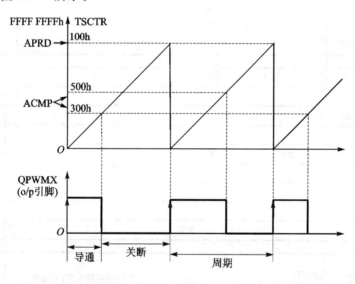

图 12-7 在 APWM 模式下的 PWM 波形

在 APWM 模式下,要激活高电平输出(APWMPOL=0)需按下述编程方式实现:

CMP = 0x0000 0000　　持续输出低电平(0％占空比)
CMP = 0x0000 0001　　输出高电平 1 个时钟周期
CMP = 0x0000 0002　　输出高电平 2 个时钟周期
CMP = PERIOD　　　　输出高电平超过 1 个时钟周期(<100％占空比)
CMP = PERIOD + 1　　全周期输出高电平(100％占空比)
CMP > PERIOD + 1　　全周期输出高电平

在 APWM 模式下,要激活低电平输出(APWMPOL=1)需要下述编程方式实现:

第 12 章 捕获模块

CMP = 0x0000 0000　　持续输出高电平(0％占空比)
CMP = 0x0000 0001　　输出低电平 1 个时钟周期
CMP = 0x0000 0002　　输出低电平 2 个时钟周期
CMP = PERIOD　　　　输出低电平超过 1 个时钟周期(<100％占空比)
CMP = PERIOD + 1　　全周期输出低电平(100％占空比)
CMP > PERIOD + 1　　全周期输出低电平

【例 12-1】 对于信号上升沿触发计数器的时间测量方法。图 12-8 是捕获模块工作在连续捕获模式下的例子。在图 12-8 中，没有复位且捕获事件不满足边沿要求时，时间标记计数器(TSCTR)增计数，这样就能测出信号周期。

在捕获事件中，时间标记计数器(TSCTR)的内容首先被捕获，随后 Mod4 计数器进入下一个状态。当时间标记计数器(TSCTR)达到 0xFFFF FFFF 时，计数器变为 0x0000 0000，然后置位 CTROVF 标志位，接着中断产生；捕获的时间标记此时是有效的，第 4 个事件发生后，CEVT4 触发中断，CPU 很容易从捕获寄存器中读取数据。

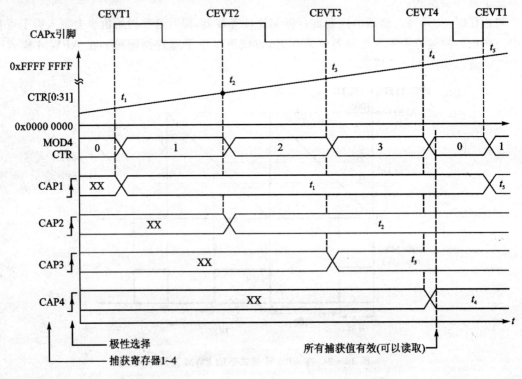

图 12-8　对于时间标记的信号上升沿/下降沿的捕获

12.4 捕获模块寄存器

1. 时间标记计数器(TSCTR)——地址 0x0000

31		0
	TSCTR	
	R/W-0	

位 31～0　　TSCTR：时间标记计数器，激活的 32 位计数寄存器用于捕获时基。

2. 计数相位寄存器(CTRPHS)——地址 0x0002

31		0
	CTRPHS	
	R/W-0	

位 31～0　　CTRPHS：计数相位寄存器，可编程相位的超前与滞后，用于与另外的 eCAP 和时基同步。此寄存器是时间标记计数器(TSCTR)的影子寄存器。

3. 捕获寄存器 1(CAP1)——地址 0x0004

31		0
	CAP1	
	R/W-0	

位 31～0　　CAP1：在捕获模式下，此寄存器在捕获事件发生时，会写入时间标记计数器(TSCTR)的值；在软件方式下，用于测试目的或初始化；在 APWM 模式下，会作为 APRD 的影子寄存器。

4. 捕获寄存器 2(CAP2)——地址 0x0006

31		0
	CAP2	
	R/W-0	

位 31～0　　CAP2：在捕获模式下，此寄存器在捕获事件发生时，会写入时间标记；在软件方式下，用于测试目的或初始化；在 APWM 模式下，会作为 APER 的影子寄存器。

5. 捕获寄存器 3(CAP3)——地址 0x0008

31		0
	CAP3	
	R/W-0	

位 31～0　　CAP3：在比较模式下，此寄存器是时间标记捕获寄存器；在 APWM 模式下，它是周期影子寄存器(APER)，可以用这个寄存器更新 PWM 周期值。在这个模式下，捕获寄存器 3(CAP3(APRD))是捕获寄存器 1(CAP1)的影子寄存器。

6. 捕获寄存器 4(CAP4)——地址 0x000A

31		0
	CAP4	
	R/W-0	

位 31～0　　CAP4：在比较模式下，此寄存器是时间标记捕获寄存器；在 APWM 模式下，它是比较(ACMP)的影子寄存器，可以用这个寄存器更新 PWM 比较值。在这个模式下，捕获寄存器 4(CAP4(ACMP))是捕获寄存器 2(CAP2)的影子寄存器。

7. 捕获控制寄存器 1(ECCTL1)——地址 0x0014

15	14	13					9	8
FREE/SOFT		PRESCALE						CAPLDEN
		R/W-0						
7	6	5	4	3	2	1		0
CTRRST4	CAP4POL	CTRRST3	CAP3POL	CTRRST2	CAP2POL	CTRRST1		CAP1POL

位 15~14　FREE/SOFT：仿真控制位。
　　　　　00　一旦仿真悬挂，立即停止时间标记计数器(TSCTR)；
　　　　　01　在时间标记计数器(TSCTR)运行直到为零时停止；
　　　　　1x　时间标记计数器(TSCTR)运行不受仿真悬挂的影响。

位 13~9　PRESCALE：事件过滤器的前分频选择位。
　　　　　00000　$x/1$　没有前分频，旁路
　　　　　00001　$x/2$　2 分频
　　　　　00002　$x/4$　4 分频
　　　　　00003　$x/6$　6 分频
　　　　　⋮
　　　　　11110　$x/60$　60 分频
　　　　　11111　$x/62$　62 分频(x＝HSPCLK)

位 8　CAPLDEN：使能捕获事件发生时间装载到捕获寄存器(CAP1~CAP4)。
　　　　0　禁止捕获事件发生时间装载到捕获寄存器(CAP1~CAP4)；
　　　　1　使能捕获事件发生时间装载到捕获寄存器(CAP1~CAP4)。

位 7　CTRRST4：发生捕获事件 4 时计数器复位位。
　　　　0　在时间标记捕获后不复位计数器(绝对时间标记运行模式)；
　　　　1　在时间标记捕获后复位计数器(差分模式运行)。

位 6　CAP4POL：捕获事件 4 的极性选择位。
　　　　0　信号上升沿触发；
　　　　1　信号下降沿触发。

位 5　CTRRST3：发生捕获事件 3 时计数器复位位。
　　　　0　在捕获后不复位计数器(绝对时间标记运行模式)；
　　　　1　在捕获后复位计数器(差分模式运行)。

位 4　CAP3POL：捕获事件 3 的极性选择位。
　　　　0　信号上升沿触发；
　　　　1　信号下降沿触发。

位 3　CTRRST2：发生捕获事件 2 时计数器复位位。
　　　　0　在捕获后不复位计数器(绝对时间标记运行模式)；
　　　　1　在捕获后复位计数器(差分模式运行)。

位 2　CAP2POL：捕获事件 2 的极性选择位。
　　　　0　信号上升沿触发；
　　　　1　信号下降沿触发。

位 1　　　　　CTRRST1：发生捕获事件 1 时计数器复位位。
　　　　　　　　0　在捕获后不复位计数器（绝对时间标记运行模式）；
　　　　　　　　1　在捕获后复位计数器（差分模式运行）。
位 0　　　　　CAP1POL：捕获事件 1 的极性选择位。
　　　　　　　　0　信号上升沿触发；
　　　　　　　　1　信号下降沿触发。

8．捕获控制寄存器 2(ECCTL2)——地址 0x0015

15					11	10	9	8
保留						APWMPOL	CAP_APWM	SWSYNC
R/W-0								

7	6	5	4	3	2	1	0
SYNCI_SEL		SYNCI_EN	TSCTRSTOP	RE_ARM	STOP_WRAP		CONT/ONESHT
R/W-0					R/W-1		R/W-0

位 15~11　　保留位。
位 10　　　　APWMPOL：APWM 输出极性选择位，只在 APWM 模式下有效。
　　　　　　　　0　输出高电平有效（比较值定义高电平的时间）；
　　　　　　　　1　输出低电平有效（比较值定义低电平的时间）。
位 9　　　　　CAP_APWM：CAP 与 APWM 模式选择位。
　　　　　　　　0　eCAP 模块工作于捕获模式时有以下特点：
　　　　　　　　　　禁止时间标记计数器（TSCTR）通过 CTR=PRD 事件复位；
　　　　　　　　　　禁止用影子寄存器装载捕获寄存器 1(CAP1)与捕获寄存器 2(CAP2)；
　　　　　　　　　　使能用户装载捕获寄存器(CAP1~CAP4)；
　　　　　　　　　　CAPx/APWMx 引脚作为捕获输入引脚。
　　　　　　　　1　eCAP 模块工作于 APWM 模式时有以下特点：
　　　　　　　　　　使能时间标记计数器（TSCTR）通过 CTR=PRD 事件复位（达到周期边界时）；
　　　　　　　　　　使能用影子寄存器装载捕获寄存器 1(CAP1)与捕获寄存器 2(CAP2)；
　　　　　　　　　　禁止用时间标记装载捕获寄存器(CAP1~CAP4)；
　　　　　　　　　　CAPx/APWMx 引脚作为 APWM 的输出引脚。
位 8　　　　　SWSYNC：软件强制时间标记计数器（TSCTR）同步的控制位。该位提供了一种方便的软件控制所有 eCAP 时基同步的方法，在 APWM 模式下能够通过 CTR=PRD 事件来实现同步。
　　　　　　　　0　写入 0 无效，读该位返回 0。
　　　　　　　　1　在 SYNCO_SEL 为 0 的前提下，写入 1 强制当前的 eCAP 模块中时间标记计数器（TSCTR）的影子寄存器装载；写入 1 清 0 该位。
位 7~6　　　SYNCI_SEL：同步输出选择位。
　　　　　　　　00　选择同步输入信号作为同步输出信号（旁路）；
　　　　　　　　01　选择 CTR=PRD 事件作为同步输出信号；

第 12 章 捕获模块

位 5
      1x 禁止同步输出信号。

SYNCI_EN：时间标记计数器(TSCTR)同步输入模式选择位。

    0 禁止时间标记计数器(TSCTR)同步输入；

    1 在 SYNCI 信号或 S/W 信号触发下使能时间标记计数器(TSCTR)装载计数相位寄存器(CTRPHS)的值。

位 4   TSCTRSTOP：时间标记计数器(TSCTR)停止(冻结)控制位。

    0 时间标记计数器(TSCTR)停止；

    1 时间标记计数器(TSCTR)自由运行。

位 3   RE_ARM：首发重装控制位。

    0 无影响。

    1 按以下事件重装首发序列：

        复位 Mod4 计数器到 0；

        不冻结 Mod4 计数器；

        使能捕获寄存器装载。

位 2～1 STOP_WRAP：首发捕获模式时的停止值。在捕获寄存器(CAP1～CAP4)冻结前，该位为使能捕获的数(1～4)，例如，停止捕获序列；在连续捕获模式下覆盖前面的值，在停止前，捕获寄存器的值覆盖前面的值，形成一个循环缓冲器。

    00 在首发捕获模式下捕获 1 事件后停止；在连续捕获模式下，捕获 1 事件后覆盖前面的值。

    01 在首发捕获模式下捕获 2 事件后停止；在连续捕获模式下，捕获 2 事件后覆盖前面的值。

    10 在首发捕获模式下捕获 3 事件后停止；在连续捕获模式下，捕获 3 事件后覆盖前面的值。

    11 在首发捕获模式下捕获 4 事件后停止；在连续捕获模式下，捕获 4 事件后覆盖前面的值。

位 0   CONT/ONESHT：连续模式与首发模式选择位。

    0 运行于连续捕获模式；1 运行于首发捕获模式。

9. 中断使能寄存器(ECEINT)——地址 0x0016

15							8
保留							
7	6	5	4	3	2	1	0
CTR=CMP	CTR=PRD	CTROVF	CEVT4	CEVT3	CEVT2	CEVT1	保留
R/W							

位 15～8 保留位。

位 7   CTR=CMP：计数器与比较值相等中断使能位。

    0 禁止比较相等作为中断源；1 使能比较相等作为中断源。

位 6   CTR=PRD：计数器与周期值匹配中断位。

    0 禁止计数器与周期值匹配作为中断源；

	1　使能计数器与周期值匹配作为中断源。
位 5	CTROVF：计数器溢出中断使能位。
	0　禁止计数器溢出中断作为中断源；1　使能计数器溢出中断作为中断源。
位 4	CEVT4：捕获 4 触发中断使能位。
	0　禁止捕获 4 触发中断作为中断源；1　使能捕获 4 触发中断作为中断源。
位 3	CEVT3：捕获 3 触发中断使能位。
	0　禁止捕获 3 触发中断作为中断源；1　使能捕获 3 触发中断作为中断源。
位 2	CEVT2：捕获 2 触发中断使能位。
	0　禁止捕获 2 触发中断作为中断源；1　使能捕获 2 触发中断作为中断源。
位 1	CEVT1：捕获 1 触发中断使能位。
	0　禁止捕获 1 触发中断作为中断源；1　使能捕获 1 触发中断作为中断源。
位 0	保留位。

10. 中断标志寄存器(ECFFLG)——地址 0x0017

15								8
保留								
R-0								R-0
7	6	5	4	3	2	1	0	
CTR=CMP	CTR=PRD	CTROVF	CEVT4	CEVT3	CEVT2	CEVT1	INT	
			R-0					

位 15~8	保留位。
位 7	CTR=CMP：与比较值相等的标志位，该位只有在 APWM 模式下有效。
	0　没有该事件发生；
	1　标志 SCTR 计数器达到比较寄存器(APER)的设定值。
位 6	CTR=PRD：计数器等于周期值的标志位，该位只在 APWM 模式下有效。
	0　没有该事件发生；
	1　标志 SCTR 计数器达到周期寄存器(APER)的设定值并且被复位。
位 5	CTROVF：计数器溢出状态标志位，该位在 CAP 与 APWM 模式下都有效。
	0　没有溢出事件发生；
	1　计数器 TSCR 从 0xFFFF FFFF 回到 0x0000 0000。
位 4	CEVT4：捕获 4 状态标志位，该位只在捕获模式下有效。
	0　没有跳变事件产生；
	1　在 ECAPx 引脚产生捕获 4 事件。
位 3	CEVT3：捕获 3 状态标志位，该位只在捕获模式下有效。
	0　没有跳变事件产生；1　在 ECAPx 引脚产生捕获 3 事件。
位 2	CEVT2：捕获 2 状态标志位，该位只在捕获模式下有效。
	0　没有跳变事件产生；1　在 ECAPx 引脚产生捕获 2 事件。
位 1	CEVT1：捕获 1 状态标志位，该位只在捕获模式下有效。
	0　没有跳变事件产生；1　在 ECAPx 引脚产生捕获 1 事件。
位 0	INT：全局中断标志位。

　　　　　　　　　　0　没有全局中断产生；1　有全局中断产生。

11. 中断清除寄存器（ECCLR）——地址 0x0018

15							8
保留							
						R/W-0	R-0
7	6	5	4	3	2	1	0
CTR=CMP	CTR=PRD	CTROVF	CEVT4	CEVT3	CEVT2	CEVT1	INT
			R/W-0				

位 15~8　保留位。

位 7　　　CTR=CMP：与比较值相等的标志位，该位只在 APWM 模式下有效。
　　　　　　　　0　写入 0 无效，读该位返回 0；1　写入 1 清零该标志位。

位 6　　　CTR=PRD：计数器等于周期值的标志位，该位只在 APWM 模式下有效。
　　　　　　　　0　写入 0 无效，读该位返回 0；1　写入 1 清零该标志位。

位 5　　　CTROVF：计数器溢出状态标志位，该位在 CAP 与 APWM 模式下都有效。
　　　　　　　　0　写入 0 无效，读该位返回 0；1　写入 1 清零该标志位。

位 4　　　CEVT4：捕获 4 状态标志位，该位只在捕获模式下有效。
　　　　　　　　0　写入 0 无效，读该位返回 0；1　写入 1 清零该标志位。

位 3　　　CEVT3：捕获 3 状态标志位，该位只在捕获模式下有效。
　　　　　　　　0　写入 0 无效，读该位返回 0；1　写入 1 清零该标志位。

位 2　　　CEVT2：捕获 2 状态标志位，该位只在捕获模式下有效。
　　　　　　　　0　写入 0 无效，读该位返回 0；1　写入 1 清零该标志位。

位 1　　　CEVT1：捕获 1 状态标志位，该位只在捕获模式下有效。
　　　　　　　　0　写入 0 无效，读该位返回 0；1　写入 1 清零该标志位。

位 0　　　INT：全局中断标志位。
　　　　　　　　0　写入 0 无效，读该位返回 0；1　写入 1 清零该标志位。

12. 中断强制寄存器（ECFRC）——地址 0x0019

15							8
保留							
						R/W-0	R-0
7	6	5	4	3	2	1	0
CTR=CMP	CTR=PRD	CTROVF	CEVT4	CEVT3	CEVT2	CEVT1	保留
			R/W-0				R-0

位 15~8　保留位。

位 7　　　CTR=CMP：与比较值相等的标志位，该位只在 APWM 模式下有效。
　　　　　　　　0　写入 0 无效，读该位返回 0；1　写入 1 该位置 1。

位 6　　　CTR=PRD：计数器等于周期值的标志位，该位只在 APWM 模式下有效。
　　　　　　　　0　写入 0 无效，读该位返回 0；1　写入 1 该位置 1。

位 5　　　CTROVF：计数器溢出状态标志位，该位在 CAP 与 APWM 模式下都有效。
　　　　　　　　0　写入 0 无效，读该位返回 0；1　写入 1 该位置 1。

位 4　　　CEVT4：捕获 4 状态标志位，该位只在捕获模式下有效。

	0 写入 0 无效,读该位返回 0;1 写入 1 该位置 1。
位 3	CEVT3:捕获 3 状态标志位,该位只在捕获模式下有效。
	0 写入 0 无效,读该位返回 0;1 写入 1 该位置 1。
位 2	CEVT2:捕获 2 状态标志位,该位只在捕获模式下有效。
	0 写入 0 无效,读该位返回 0;1 写入 1 该位置 1。
位 1	CEVT1:捕获 1 状态标志位,该位只在捕获模式下有效。
	0 写入 0 无效,读该位返回 0;1 写入 1 该位置 1。
位 0	保留位。

【例 12 - 2】 通过 GPIO24 引脚实现 CAP 功能,图 12 - 9 是实验板上的 CAP 接口及相关电路。捕获单元电路信号输入后,用一片 74LVC245 作为隔离缓冲,P2 接口可直接输入 5 V 电平的信号。同时 JP13 接口也可以对外提供 5 V 电源,满足外部传感器的要求。定时器对脉冲进行计数。捕获单元电路可捕获信号上升沿、下降沿和上升沿/下降沿,本例对脉冲信号上升沿进行捕获。该程序已在实验开发板上调试通过。

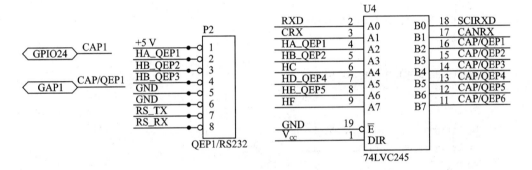

图 12 - 9 捕获输入接口电路

```
/******************************************************************
** 描述:用捕获寄存器 1(CAP1)对脉冲信号上升沿进行捕获,再计算脉冲宽度 **
******************************************************************/
# include "DSP280x_Device.h"               //DSP280x 头文件
# include "DSP280x_Examples.h"             //DSP280x 包含文件
Uint16 direction = 0;
Uint32 TSt1 = 0x00000000;
Uint32 TSt2 = 0x00000000;
Uint32 TSt3 = 0x00000000;
Uint32 TSt4 = 0x00000000;
Uint32 period1 = 0x00000000;
Uint32 period2 = 0x00000000;
Uint32 period3 = 0x00000000;
void DisableDog(void)
{
    EALLOW;
    SysCtrlRegs.WDCR = 0x0068;
    EDIS;
}
```

第12章 捕获模块

```c
void DisableDog(void)
{
    EALLOW;
    SysCtrlRegs.WDCR = 0x0068;
    EDIS;
}
void InitPll(Uint16 val,Uint16 clkindiv)
{
    volatile Uint16 iVol;
    if(SysCtrlRegs.PLLSTS.bit.MCLKSTS != 0)
    {
        asm("        ESTOP0");
    }
    if(SysCtrlRegs.PLLSTS.bit.CLKINDIV != 0)
    {
        EALLOW;
        SysCtrlRegs.PLLSTS.bit.CLKINDIV = 0;
        EDIS;
    }
    if(SysCtrlRegs.PLLCR.bit.DIV != val)
    {
        EALLOW;
        SysCtrlRegs.PLLSTS.bit.MCLKOFF = 1;
        SysCtrlRegs.PLLCR.bit.DIV = val;
        EDIS;
        DisableDog();
        while(SysCtrlRegs.PLLSTS.bit.PLLLOCKS != 1)
        {}
        EALLOW;
        SysCtrlRegs.PLLSTS.bit.MCLKOFF = 0;
        SysCtrlRegs.PLLSTS.bit.CLKINDIV = clkindiv;
        EDIS;
    }
}
void InitPeripheralClocks(void)
{
    EALLOW;
    SysCtrlRegs.HISPCP.all = 0x0001;
    SysCtrlRegs.LOSPCP.all = 0x0002;
    SysCtrlRegs.XCLK.bit.XCLKOUTDIV = 2;
    SysCtrlRegs.PCLKCR0.bit.ADCENCLK = 1;           //ADC
    SysCtrlRegs.PCLKCR0.bit.I2CAENCLK = 1;          //I²C
    SysCtrlRegs.PCLKCR1.bit.ECAP1ENCLK = 1;         //eCAP1
    SysCtrlRegs.PCLKCR1.bit.ECAP2ENCLK = 1;         //eCAP2
    SysCtrlRegs.PCLKCR1.bit.EPWM1ENCLK = 1;         //ePWM1
```

```c
    SysCtrlRegs.PCLKCR1.bit.EPWM2ENCLK = 1;            //ePWM2
    SysCtrlRegs.PCLKCR1.bit.EPWM3ENCLK = 1;            //ePWM3
    SysCtrlRegs.PCLKCR0.bit.SCIAENCLK = 1;             //SCI-A
    SysCtrlRegs.PCLKCR0.bit.SPIAENCLK = 1;             //SPI-A
    if(DevEmuRegs.PARTID.bit.PARTNO != PARTNO_28015 &&
       DevEmuRegs.PARTID.bit.PARTNO != PARTNO_28016)
    {
        SysCtrlRegs.PCLKCR1.bit.EQEP1ENCLK = 1;        //eQEP1
        SysCtrlRegs.PCLKCR0.bit.SPIBENCLK = 1;         //SPI-B
    }
    if(DevEmuRegs.PARTID.bit.PARTNO != PARTNO_2801 &&
       DevEmuRegs.PARTID.bit.PARTNO != PARTNO_2802)
    {
        SysCtrlRegs.PCLKCR1.bit.EPWM4ENCLK = 1;        //ePWM4
    }
    if(DevEmuRegs.PARTID.bit.PARTNO != PARTNO_28015)
    {
        SysCtrlRegs.PCLKCR0.bit.ECANAENCLK = 1;        //eCAN-A
    }
    if(DevEmuRegs.PARTID.bit.PARTNO == PARTNO_2809
       DevEmuRegs.PARTID.bit.PARTNO == PARTNO_2808
       DevEmuRegs.PARTID.bit.PARTNO == PARTNO_2806)
    {
        SysCtrlRegs.PCLKCR1.bit.ECAP3ENCLK = 1;        //eCAP3
        SysCtrlRegs.PCLKCR1.bit.ECAP4ENCLK = 1;        //eCAP4
        SysCtrlRegs.PCLKCR1.bit.EPWM5ENCLK = 1;        //ePWM5
        SysCtrlRegs.PCLKCR1.bit.EPWM6ENCLK = 1;        //ePWM6
        SysCtrlRegs.PCLKCR0.bit.SCIBENCLK = 1;         //SCI-B
        SysCtrlRegs.PCLKCR0.bit.SPICENCLK = 1;         //SPI-C
        SysCtrlRegs.PCLKCR0.bit.SPIDENCLK = 1;         //SPI-D
        SysCtrlRegs.PCLKCR1.bit.EQEP2ENCLK = 1;        //eQEP2
    }
    if(DevEmuRegs.PARTID.bit.PARTNO == PARTNO_2808 ||
       DevEmuRegs.PARTID.bit.PARTNO == PARTNO_2809)
    {
        SysCtrlRegs.PCLKCR0.bit.ECANBENCLK = 1;        //eCAN-B
    }
    SysCtrlRegs.PCLKCR0.bit.TBCLKSYNC = 1;             //使能 ePWM 的 TBCLK 时钟
    EDIS;
}
void InitSysCtrl(void)
{
    DisableDog();
    InitPll(DSP28_PLLCR,DSP28_CLKINDIV);               //初始化系统时钟频率为 100 MHz
    InitPeripheralClocks();                            //初始化外部时钟
```

```c
    }
    void InitECap1Gpio(void)
    {
        EALLOW;
        GpioCtrlRegs.GPAPUD.bit.GPIO24 = 0;         //GPIO24 使能上拉电阻
        GpioCtrlRegs.GPAQSEL2.bit.GPIO24 = 0;       //GPIO24 同步到系统时钟
        GpioCtrlRegs.GPAMUX2.bit.GPIO24 = 1;        //配置 GPIO24 为 CAP1 功能
          EDIS;
    }
    void InitPieVectTable(void)
    {
        int16 i;
        Uint32 * Source = (void *) &PieVectTableInit;
        Uint32 * Dest = (void *) &PieVectTable;
        EALLOW;
        for(i = 0; i < 128; i++)
         * Dest++ = * Source++ ;
        EDIS;
        PieCtrlRegs.PIECTRL.bit.ENPIE = 1;
    }
    void InitPieCtrl(void)                          //初始化中断向量
    {
        DINT;
        PieCtrlRegs.PIECTRL.bit.ENPIE = 0;
        PieCtrlRegs.PIEIER1.all = 0;
        PieCtrlRegs.PIEIER2.all = 0;
        PieCtrlRegs.PIEIER3.all = 0;
        PieCtrlRegs.PIEIER4.all = 0;
        PieCtrlRegs.PIEIER5.all = 0;
        PieCtrlRegs.PIEIER6.all = 0;
        PieCtrlRegs.PIEIER7.all = 0;
        PieCtrlRegs.PIEIER8.all = 0;
        PieCtrlRegs.PIEIER9.all = 0;
        PieCtrlRegs.PIEIER10.all = 0;
        PieCtrlRegs.PIEIER11.all = 0;
        PieCtrlRegs.PIEIER12.all = 0;
        PieCtrlRegs.PIEIFR1.all = 0;
        PieCtrlRegs.PIEIFR2.all = 0;
        PieCtrlRegs.PIEIFR3.all = 0;
        PieCtrlRegs.PIEIFR4.all = 0;
        PieCtrlRegs.PIEIFR5.all = 0;
        PieCtrlRegs.PIEIFR6.all = 0;
        PieCtrlRegs.PIEIFR7.all = 0;
        PieCtrlRegs.PIEIFR8.all = 0;
        PieCtrlRegs.PIEIFR9.all = 0;
```

```c
    PieCtrlRegs.PIEIFR10.all = 0;
    PieCtrlRegs.PIEIFR11.all = 0;
    PieCtrlRegs.PIEIFR12.all = 0;
}
void main(void)
{
    InitSysCtrl();
    InitECap1Gpio();
    DINT;
    InitPieCtrl();
    IER = 0x0000;
    IFR = 0x0000;
    InitPieVectTable();
    ECap1Regs.ECCTL2.bit.CAP_APWM = 0;          //禁止 APWM 模式
    ECap1Regs.CAP1 = 0x00000000;                //设置 CAP1 初始值
    ECap1Regs.CAP2 = 0x00000000;                //设置 CAP1 初始值
    ECap1Regs.CAP3 = 0x00000000;
    ECap1Regs.CAP4 = 0x00000000;
    ECap1Regs.ECCLR.all = 0x0FF;                //清悬挂中断
    ECap1Regs.ECCTL1.all = 0xfd00;
    ECap1Regs.ECCTL2.all = 0x0096;
    ECap1Regs.ECEINT.all = 0x003E;
    ECap1Regs.ECFLG.all = 0x003E;
    for(;;)
    {
        Do                                       //查询事件 1
        { }
        while(ECap1Regs.ECFLG.bit.CEVT1 == 0);
        TSt1 = ECap1Regs.CAP1;
        ECap1Regs.ECFLG.bit.CEVT1 = 0;
        Do                                       //查询事件 2
        { }
        while(ECap1Regs.ECFLG.bit.CEVT2 == 0);
        TSt2 = ECap1Regs.CAP2;
        ECap1Regs.ECFLG.bit.CEVT2 = 0;
        Do                                       //查询事件 3
        { }
        while(ECap1Regs.ECFLG.bit.CEVT3 == 0);
        TSt3 = ECap1Regs.CAP3;
        ECap1Regs.ECFLG.bit.CEVT3 = 0;
        Do                                       //查询事件 4
        { }
        while(ECap1Regs.ECFLG.bit.CEVT4 == 0);
        TSt4 = ECap1Regs.CAP4;
        ECap1Regs.ECFLG.bit.CEVT4 = 0;
```

第12章 捕获模块

```
        period1 = TSt2 - TSt1;        //计算事件2与事件1所用的时间
        period1 = TSt3 - TSt2;        //计算事件3与事件2所用的时间
        period1 = TSt4 - TSt3;        //计算事件4与事件3所用的时间
    }
}
```

注意：在利用F2808的捕获单元电路对脉冲宽度进行捕获时，应特别注意以下几点：

(1) 在不知道捕获对象宽度时，应尽量加长定时器定时时间。

(2) 如果超过F2808的最大捕获时间，则用定时器溢出的方法再加软件计数。

(3) F2808芯片为3.3 V供电，因此捕获电平应不超过3.3 V。

第 13 章 I²C 串行通信

TMS320F2808 芯片的 I²C 模块,遵从飞利浦公司的 I²C 总线 2.1 版标准,提供了数字信号控制器之间、外设之间的通信接口。I²C 总线有两条线,能够发送 1~8 位的数据,外部器件可通过 I²C 总线完成与 F2808 芯片间的信息交换。

由于 I²C 模块接收或发送的一组数据少于 8 位数据位,为了方便起见,在本章中一组数据称之为一个数据字节。

13.1 I²C 模块概述

在 F2808 芯片中,I²C 模块支持总线的各种主从外设,图 13-1 是 I²C 模块通过总线与各外设相连的情况,实现了各种芯片与外设之间或外设与外设之间的通信。

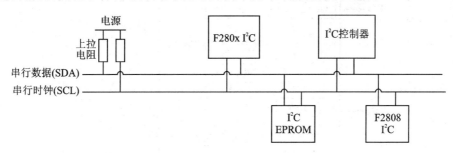

图 13-1 I²C 总线架构

I²C 模块有以下特点:
➢ 遵从飞利浦公司 I²C 标准中的规范(2.1 版)。
  1 支持 8 位格式的数据传送;
  2 7 位或 10 位的地址格式;
  3 可以全呼叫总线上的其他控制器或器件;
  4 支持多主发送与多从接收;
  5 支持多主接收与多从发送;
  6 主控有发送接收与接收发送模式;
  7 具有 10 Kb/s~400 Kb/s 的传输速率。
➢ 一个 16 位的接收 FIFO 寄存器和 16 位发送 FIFO 寄存器。
➢ 在以下情况下将产生中断:发送数据准备好、接收数据准备好、寄存器准备好、收到不认可的接收信号、仲裁丢失、检测到停止条件、从地址寻址。

- 在 FIFO 模式下，CPU 会使用一个附加的中断。
- 可以禁止 I²C 模块的功能。
- 支持自由数据格式模式。

I²C 模块不支持的功能：
- 高速模式；
- CBUS 兼容模式。

1. 功 能

与 I²C 总线相连的器件，包括通过 I²C 模块相连的 F2808 芯片，都分配一个特定唯一的地址。依照器件的功能，任何一个器件都可以作为发送器与接收器，当器件进行数据传输时，此器件可以作为主控或从动。主控首先发送数据到 I²C 总线上并且同时发送时钟信号来传输。在发送数据过程中，任何一个分配了唯一地址的器件将认定为从器件。I²C 模块支持多主控模式，在此模式下能够控制 I²C 总线的一个或多个器件相连在 I²C 总线上。

数据传送时，I²C 模块有一个串行数据引脚 SDA 和一个串行时钟引脚 SCL，如图 13-2 所示。F2808 芯片通过这两个引脚与挂在 I²C 总线上的器件进行数据传输。SDA 和 SCL 引脚都是双向的，它们必须连接上拉电阻到电源上。当总线空闲时，两个引脚都是高电平，其驱动具有开漏特征可以实现线"与"功能。

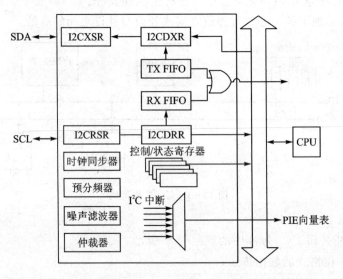

图 13-2　I²C 模块框图

以下为两个重要的传输模式。
- 标准模式：发送固定的 N 位数据值，数据位数 N 可以通过寄存器进行设置。
- 重复模式：连续发送数据直到软件发出停止命令，或者是重启命令。

I²C 模块包含以下基本的子模块。
- 串行接口：数据引脚 SDA 和时钟引脚 SCL。
- 数据寄存器：存放发送数据的 FIFO 寄存器。
- 控制寄存器和状态标志寄存器。
- 外设总线接口：能够使能 CPU 访问 I²C 模块和 FIFO 寄存器。

➢ 时钟同步器：能使输入的 I²C 模块时钟同步（从 F2808 时钟发生器），并且与不同主控的时钟速率同步来传输数据。
➢ 前分频器：降低驱动 I²C 模块的输入频率。
➢ 两个引脚：具有噪音滤除器功能。
➢ 仲裁器：处理 I²C 模块与另一个主控的冲突。
➢ FIFO 寄存器中断产生逻辑：在 I²C 模块中 FIFO 寄存器能够同时接收数据和发送数据。

在不使用 FIFO 模式时，CPU 向数据发送寄存器(I2CDXR)写数据，并且从数据接收寄存器(I2CDRR)中读数据。当 I²C 模块配置为发送器时，数据写到数据发送寄存器(I2CDXR)并复制到 I2CXSR 寄存器中，然后将 I2CXSR 寄存器中的数据一次一位地发送到 SDA 引脚上；当 I²C 模块配置为接收器时，数据转换到 I2CRSR 寄存器中并且复制到数据接收寄存器(I2CDRR)中。图 13-2 为 I²C 模块框图，有 4 个寄存器用于数据的接收与发送。

2. 时钟

在 F2808 中 I²C 模块的时钟源由 CPU 的时钟通过编程提供。在 I²C 模块内部，时钟频率至少前分频为 CPU 时钟频率的一半，为模块提供时钟。图 13-3 为 I²C 模块时钟框图，阐述了 I²C 时钟模块的工作原理。

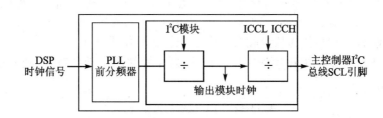

图 13-3 I²C 模块时钟框图

图 13-3 的时钟模块确定了 I²C 模块的工作时钟。可编程的前分频器降低了输入信号的频率，若需要特定频率的时钟信号，可以初始化 IPSC 前分频寄存器的值，其公式为：

$$模块输出时钟频率 = \frac{输入时钟频率}{IPSC+1}$$

注：为满足各种 I²C 模块的时钟规约，此模块的时钟频率需配置为 7～12 MHz。

只有 I²C 模块在复位状态时（模式寄存器(I2CMDR)的 IRS 位=0），前分频器才会初始化。前分频器的时钟频率只有在 IRS 位置 1 时才会起作用；当 IRS 为 1 时，改变前分频器的值无效。

当 I²C 模块配置为主控时，主控时钟通过 SCL 引脚输出，这个时钟信号控制 I²C 模块与从动通信的时钟频率。在图 13-3 中，第 2 个前分频器降低模块输入时钟的频率，并输出作为主控的时钟；第 3 个前分频器通过 ICCL 和 ICCH 值 I2CCLKL、I2CCLKH 来降低输入时钟的频率。

13.2 I²C 模块的工作

1. 输入和输出的电压等级

由于现在各种各样不同技术的设备可以连在 I²C 总线上,逻辑 0 与逻辑 1 电平信号不是固定的,与电源电压 V_{DD} 有关。

2. 数据有效性

在时钟高电平期间,SDA 上的数据必须保持稳定,只有当时钟信号 SCL 为低时,数据线上的高低状态(SDA)才可以改变。图 13-4 为 I²C 总线上的数据位发送时序图。

3. 工作模式

I²C 模块作为主控或从动有 4 个基本的工作模式,如表 13-1 所列。若 I²C 模块为主控,开始时先作为发送器发送给从动一个特定地址,当发送给从动一个数据时,I²C 模块还是保持主控发送器模式;当接收从动发出的数据时,I²C 模块必须转换为主接收模式。

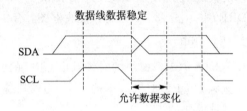

图 13-4 在 I²C 总线上的数据位发送时序图

当 I²C 模块为从动时,作为从接收器要发送应答信号给发送地址的主控。若主控发送数据给 I²C 模块,则 I²C 模块工作在从动接收模式;若主控接收从动的数据,则此模块必须工作在从动发送模式。

表 13-1 I²C 模块的工作模式

工作模式	模式描述
从动接收模式	I²C 模块为从动并从主控接收数据 所有的从动都开始于此模式,在此模式下,当主控发出的时钟信号 SCL 改变时,SDA 引脚上的串行数据才允许改变。作为从动,I²C 模块不会产生时钟信号,但是在前一数据位接收但还未读取以前,它能够保持 SCL 位低电平不改变
从动发送模式	I²C 模块为从动并发送数据给主控 这种模式下,只有从从动发送模式进入,I²C 模块必须先从主控中接收地址,当只用 7 位或 10 位地址格式,接收到的地址与自己的地址一致,并且主控的 R/W 为 1 时,I²C 模块进入从动发送模式;作为从动发送器,根据相应的 SCL 信号,I²C 模块把数据转换成串行信号发送到 SDA 线上。但是 I²C 模块作为从动不会产生时钟信号,当已经发送数据但主控仍未读取前一个数据时,它会保持 SCL 信号为低电平
主控接收模式	I²C 模块为主控并从从动接收数据 这种模式只有从主发送模式下可以进入。I²C 模块必须先发送命令给从动。当使用 7 位或 10 位地址格式时,I²C 模块在发送从动地址与 R/W 位为 1 后进入主控接收模式。根据相应的 SCL 信号,SDA 线上的串行数据会转换。当在前一个数据位已经接收但是还未读取时,时钟信号禁止改变并保持低电平

续表 13-1

工作模式	模式描述
主控发送模式	I²C 模块为主控并发送控制命令和数据给从动 所有的主控都开始于这种模式。在这种模式下，数据转换成 7 位或 10 位地址格式送到 SDA 线上。数据位的转换与 I²C 模块产生的时钟信号同步。当在前一个数据位已经接收但是还未读取时，时钟信号禁止改变并保持低电平

4. I²C 模块的起始条件和停止条件

当 I²C 模块配置为 I²C 总线上的主控时，I²C 模块就会产生起始(START)条件与停止(STOP)条件，图 13-5 为 I²C 模块起始(START)条件和停止(STOP)条件示意图。

- 当 SCL 在高电平且 SDA 线上的信号发生高电平到低电平的转变时，称为起始(START)条件。主控用这种状态来表明数据传输的开始。
- 当 SCL 为高电平且 SDA 线上的信号发生低电平到高电平的转变时，称为停止(STOP)条件。主控用这种状态来表明数据传输的结束。

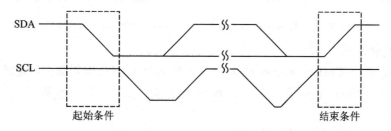

图 13-5 I²C 模块起始(START)条件和停止(STOP)条件

在起始后与接下来的结束状态这段时间里，I²C 总线处于忙工作状态，并且状态标志位 BB(在状态寄存器(I2CSTR)中)为 1。在结束与下一个起始之间的时间内，I²C 总线处于空闲的状态，其标志位 BB 为 0。

I²C 模块开始发送数据时，模式寄存器(I2CMDR)的主控模式位 MST 和起始控制位 STT 都要置 1；I²C 模块停止发送数据时，停止控制位 STP 必须置 1；当 BB 位与 STT 位置 1 时，就重启发送数据。

5. 串行数据格式

I²C 模块支持 1～8 位的数据，如图 13-6 所示就是 8 位的数据传输。在 SDA 线上传输的高电平脉冲数与 SCL 线上的一致，并且以标志位 MSB 为第一位开始传输。接收或发送数据的位数是不受限制的。图 13-6 为 I²C 模块的数据传输(7 位地址格式，8 位数据格式)；

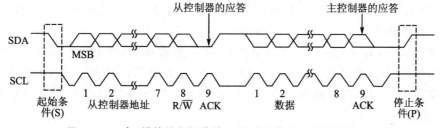

图 13-6 I²C 模块的数据传输(7 位地址格式，8 位数据格式)

第13章 I²C串行通信

图13-7为I²C模块10位地址格式(模式寄存器(I2CMDR)中FDF=0,XA=0);图13-8为I²C模块10位地址格式(模式寄存器(I2CMDR)中FDF=0,XA=1);图13-9为I²C模块自由数据格式(模式寄存器(I2CMDR)中FDF=1)。

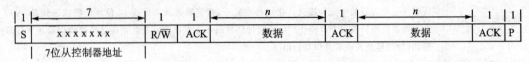

图13-7 I²C模块10位地址格式(模式寄存器(I2CMDR)中FDF=0,XA=0)

图13-8 10位地址格式(模式寄存器(I2CMDR)中FDF=0,XA=1)

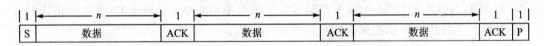

图13-9 I²C模块自由数据格式(模式寄存器(I2CMDR)中FDF=1)

(1) 7位地址格式

向模式寄存器(I2CMDR)的XA位和FDF位写入0,就可以配置成7位地址格式,在起始(START)条件后的第一个字节包含7位从动地址和一个读/写位R/W,R/W确定数据的方向。

➢ R/W=0:主控向从动写数据(发送);
➢ R/W=1:主控从从动读数据(接收)。

在每个字节的后面会插入一个附加的时钟周期用于应答。在主控发送第1个字节后插入附加位ACK位,其后面是n位的数据位。模式寄存器(I2CMDR)的BC位确定n的1~8的取值。在数据位发送后,从动就会插入ACK位。

(2) 10位地址格式

向模式寄存器(I2CMDR)的XA位写入1和FDF位写入0,就可以配置成10位地址格式。它与7位地址格式相似,不同的是主控在发送从动地址时,分为两个字节发送。第1个字节包含11110b,其中b是10位数据的最高两位和数据读/写位;第2个字节是10位地址的低8位。在两个字节的后面都插有应答位,一旦主控向从动写完两个地址字节后,主控可以继续写入数据、写重启条件来改变数据发送方向。

(3) 自由数据模式

向模式寄存器(I2CMDR)的数据格式位FDF写入1设置为自由数据格式,但在回环模式下不支持自由数据格式。

在这种格式下,在起始(START)条件后是一个数据位,此数据位由向模式寄存器(I2CMDR)的BC位来确定数据位数(1~8位),每个数据位后面都会插入一个应答位。没有发送地址或数据方向位,因此这要求主控与从动都要支持自由数据格式,并且数据方向是不变的。

6. 重启条件

在每个数据位的后面，主控可以进行重启。图13-10为重启条件(7位地址格式)。使用这种模式，主控不用使用停止(STOP)条件而直接能与多个从动进行通信。数据位的长度由模式寄存器(I2CMDR)的BC位确定(1~8位)。重启条件可以在7位地址格式、10位地址格式、自由数据格式下使用。图13-10中为7位地址格式。

图13-10 重启条件(7位地址格式)

7. NACK位

当I²C模块作为接收器时，I²C模块可以应答或不应答(忽略发送器发送的位)。I²C模块要忽略发送器发送的位时，必须在总线上的应答周期上发送不应答位NACK。表13-2为产生不应答NACK位的方法。

表13-2 产生不应答NACK位的方法

I²C模块状态	NACK位产生选择项
从接收模式	➤ 允许超时的情况(状态寄存器(I2CSTR)的RSFULL=1) ➤ I²C模块置1(模式寄存器(I2CMDR)的IRS=1) ➤ 在最后一个接收位的上升沿后置模式寄存器(I2CMDR)的NACKMOD为1
主控接收模式与重复模式(模式寄存器(I2CMDR)的RM=1)	➤ 产生停止(STOP)条件(模式寄存器(I2CMDR)的STP=1) ➤ I²C模块置1(模式寄存器(I2CMDR)的IRS=1) ➤ 在最后一个接收位的上升沿后置模式寄存器(I2CMDR)的NACKMOD为1
主控接收模式与无重复模式(模式寄存器(I2CMDR)的RM=0)	➤ 若模式寄存器(I2CMDR)的STP=1，允许外部的数据计数器减计数到0，并强制停止 ➤ 若STP=0，置STP=1产生停止(STOP)条件 ➤ 复位I²C模块(模式寄存器(I2CMDR)的IRS=0)，产生停止(STOP)条件 ➤ 在最后一个接收位的上升沿后置模式寄存器(I2CMDR)的NACKMOD为1

8. 时钟同步

在正常情况下，只有一个主控产生时钟信号SCL送给总线。但是，在仲裁过程中有两个或多个主控，这时时钟需要同步才能发送数据。图13-11为仲裁阶段两个时钟发生器的同步情况。在图13-11中，SCL线的"线与功能"特性使得在SCL线上最早产生低电平信号的主控竞争到控制权，屏蔽掉其他的主控。当电平由高到低转变时，其他主控的时钟发生器会强制起始它们的电平周期。直到SCL线上所有主控都变为高电平时，SCL线才能变为高电平，否则一直为低电平；只要有一个低电平存在SCL线就为低电平。频率最低的主控确定低电平的宽度，频率最高的主控确定高电平的宽度。

若其中一个主控把时钟线的低电平拉长一段时间，则其他主控的时钟必须等待其电平跳

第13章 I²C 串行通信

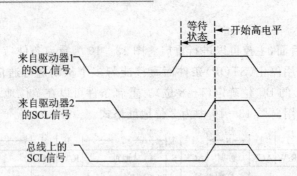

图 13-11 仲裁阶段两个时钟发生器的同步情况

变才能一起进入高电平状态。通过这种方式,降低了速度快的控制器的频率,速度慢的主控延长了时钟周期,这样可以用较长时间存储接收到的字节或准备发送字节。

9. 仲 裁

若两个或多个发送主控几乎同时都试图上总线通信,就会唤醒仲裁。仲裁使用竞争的主控发送在总线上的当前串行数据。第一个在 SDA 总线上发送高电平的主控会被随后出现的发送 SDA 低电平的主控抢得控制权。仲裁的结果是:给予首位是低二进制值的串行数据流主控优先权。如果两个或多个设备发送相同的第一个字节,仲裁将继续进行后续字节的比较。图 13-12 为两个主发送器竞争的时序图。

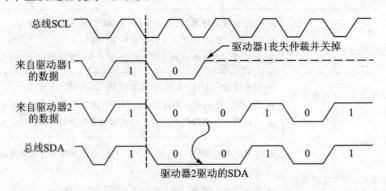

图 13-12 两个主发送器竞争的时序图

若 I²C 模块不为主控,则它会转变为从接收模式,置位仲裁取消标志位 AL,并且发出仲裁取消中断请求。

若某串行信号正在传输,仲裁正在进行且重启条件或停止(STOP)条件发送到 SDA,则正在发送的主控必须使用相同的帧格式在同一处重发重启信号或停止信号。在以下情况下不允许仲裁:

> 重启信号和一个数据位;
> 停止信号和一个数据位;
> 重启信号和停止信号。

13.3　I²C 模块产生中断请求

I²C 模块能够产生 7 种不同形式的基本中断请求，其中之二是告诉 CPU 什么时候写发送数据或读接收数据。若使用 FIFO 寄存器来处理接收和发送数据，则使用 FIFO 中断。基本的 I²C 中断在 PIE 的第 8 组中断 1(I2CINT1A_ISR)，FIFO 中断在 PIE 的第 8 组中断 2 (I2CINT1A_ISR)。

1. 基本的 I²C 中断请求

I²C 模块产生的中断请求见表 13-3。图 13-13 为 I²C 中断请求使能路径图。在图 13-13 中所有的请求通过仲裁进行多路复用，形成一个中断请求进入 CPU，任何一个中断请求在状态寄存器(I2CSTR)都有一个中断请求标志位，并且在中断使能寄存器(I2CIER)中对应中断使能控制位。当某个事件发生时，其标志位置 1。若相应的中断使能位置 0，就会屏蔽其中断；若相应中断使能位置 1，中断就作为 I²C 中断送入 CPU。

表 13-3　基本的 I²C 中断请求描述

I²C 中断请求	中断源
XRDYINT	发送准备完成：由于前一个数据已经从数据发送寄存器(I2CDXR)复制到寄存器 I2CXSR 中，因此数据发送寄存器(I2CDXR)已经准备好接收新数据 不采用 XRDYINT 的替代方法是，采用 CPU 查询状态寄存器(I2CSTR)的 XRDY 位来实现，而在 FIFO 模式下不使用 XRDYINT 中断，用 FIFO 中断来代替
RRDYINT	接收准备完成：由于数据已经从数据接收寄存器(I2CDRR)复制到 I2CDDR，因此数据接收寄存器(I2CDRR)已经准备好接收数据 不采用 RRDYINT 的替代方法是，采用 CPU 查询状态寄存器(I2CSTR)的 RRDY 位来实现，而在 FIFO 模式下不使用 RRDYINT 中断，用 FIFO 中断来代替
ARDYINT	寄存器访问准备完成：由于可编程的地址、数据、命令已经使用，I²C 模块寄存器已经准备好可以访问 不采用 ARDYINT 的替代方法是，采用 CPU 查询 ARDY 位来实现
NACKINT	不应答：I²C 模块配置为主控发送并且不会从从动接收应答 不采用 NACKINT 的替代方法是，采用 CPU 查询状态寄存器(I2CSTR)的 NACK 位来实现
ALINT	丢失仲裁：I²C 模块丢失与另一个主控发送器的竞争 不采用 ALINT 的替代方法是，采用 CPU 查询状态寄存器(I2CSTR)的 AL 位来实现
SCDINT	停止(STOP)条件检测：在 I²C 总线上检测到停止(STOP)条件 不采用 SCDINT 的替代方法是，采用 CPU 查询状态寄存器(I2CSTR)的 SCD 位来实现
AASINT	配置为从动：在 I²C 总线上 I²C 模块被另一个主控配置为从动 不采用 AASINT 的替代方法是，采用 CPU 查询状态寄存器(I2CSTR)的 AAS 位来实现

I²C 中断是 CPU 的可屏蔽中断之一，若使能中断，CPU 执行相应的中断服务程序 (I2CINT1A_ISR)。I²C 中断服务程序(I2CINT1A_ISR)通过中断源寄存器(I2CISRC)来确定中断源，然后 I2CINT1A_ISR 指向对应的中断服务子程序。在 CPU 读取中断源寄存器 (I2CISRC)后会发生以下事件：

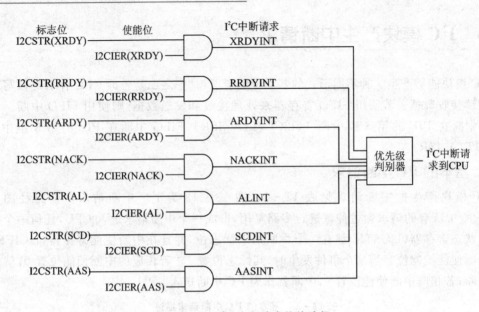

图 13-13 I²C 中断请求使能路径

- 状态寄存器(I2CSTR)中的中断标志位除 ARDY、RRDY、XRDY 位外会清零。应写入 1 清零 ARDY、RRDY、XRDY 位。
- 仲裁确定等待中断请求的优先级，并把中断请求送给 CPU。

2. I²C FIFO 中断

除了 7 个基本的 I²C 中断外，发送、接收 FIFO 每个都能够产生中断(I2CINT2)。可以配置发送 FIFO 在发送完最多 16 个字节后产生中断；配置接收 FIFO 在接收完最多 16 个字节后产生中断。这两个中断源"或"运算后产生一个可屏蔽的 CPU 中断。中断服务程序可以读取 FIFO 中断状态标志位来确定中断源。

13.4 重设/禁止 I²C 模块

重设/禁止 I²C 模块的两种方式：

- 写入 0 到模式寄存器(I2CMDR)IRS 位，设置所有状态位(在状态寄存器(I2CSTR)中)为默认值，禁止 I²C 模块，直到 IRS 位变为 1 为止。SDA 和 SCL 引脚为高阻抗状态。
- 设置 XRS 引脚为低电平来复位 F2808，重启 F2808 且保持重启状态直到 XRS 为高电平。当释放 XRS 引脚时，设置所有 I²C 模块寄存器值为默认值。设置 IRS 位为 0，重启 I²C 模块。I²C 模块保持在复位状态直到写入 1 到 IRS 位。

当配置 I²C 模块时，IRS 位必须为 0。设置 IRS 位为 0，可以清楚错误状态。

13.5 I²C 模块寄存器

表 13-4 列出了 I²C 模块寄存器，除接收与发送转换寄存器(I2CRSR 与 I2CXSR)外的所有寄存器都受 CPU 控制。

表 13-4 I²C 模块寄存器

寄存器	地址	描述	寄存器	地址	描述
I2COAR	0x7900	I²C 模块自己的地址寄存器	I2CDXR	0x7908	I²C 模块数据发送寄存器
I2CIER	0x7901	I²C 模块中断使能寄存器	I2CMDR	0x7909	I²C 模块模式寄存器
I2CSTR	0x7902	I²C 模块状态寄存器	I2CISRC	0x790A	I²C 模块中断源寄存器
I2CCLKL	0x7903	I²C 模块时钟分频低寄存器	I2CPSC	0x790C	I²C 模块前分频寄存器
I2CCLKH	0x7904	I²C 模块时钟分频高寄存器	I2CFFTX	0x7920	I²C 模块 FIFO 发送寄存器
I2CCNT	0x7905	I²C 模块数据计数寄存器	I2CFFRX	0x7921	I²C 模块 FIFO 接收寄存器
I2CDRR	0x7906	I²C 模块数据接收寄存器	I2CRSR		I²C 模块接收转换寄存器(不受 CPU 控制)
I2CSAR	0x7907	I²C 模块从地址寄存器	I2CXSR		I²C 模块发送转换寄存器(不受 CPU 控制)

注:要使用 I²C 模块,必须设置 PCLKR0 寄存器中相应位使能系统时钟。

1. I²C 模块模式寄存器(I2CMDR)

I²C 模块模式寄存器是一个 16 位寄存器,包含 I²C 模块的所有控制位。

15	14	13	12	11	10	9	8
NACKMOD	FREE	STT	保留	STP	MST	TRX	XA
R/W-0	R/W-0	R/W-0	R/W-0	R/W-0	R/W-0	R/W-0	R/W-0

7	6	5	4	3	2	1	0
RM	DLB	IRS	STB	FDF		BC	
R/W-0	R/W-0	R/W-0	R/W-0	R/W-0		R/W-0	

位 15　NACKMOD:NACK 模式位。该位只有当 I²C 模块为接收状态时才有效。

　　　0　从接收模式:在总线的每个 ACK 周期,I²C 模块都要发送一个 ACK 位到发送器。如果设置了 NACKMOD 位,I²C 模块仅发送一个 NACK 位。

　　　　主控接收模式:在总线的每个 ACK 周期,I²C 模块都要发送一个 ACK 位到发送器,直到内部的数据计数器计数到 0 为止。数据计数器计数为 0 时,I²C 模块发送一个 NACK 位到发送器。如果设置了 NACKMOD 位,I²C 模块会早些发送一个 NACK 位。

　　　1　从动接收/主控接收模式:I²C 模块在总线的下一个确认周期发送一个 NACK 位到发送器。一旦发送了 NACK 位,就清除 NACKMOD 位。

　　　注意:为了在总线的下一个周期发出一个 NACK 位,在最后一个数据位的上升沿之前,用户必须设置 NACKMOD 位。

位 14　FREE:仿真调试控制位。当仿真调试器遇到断点时,该位控制 I²C 模块在仿真调试时所做的动作。

　　　0　主控模式:当中断发生时,如果 SCL 为低,I²C 模块立即停止并且保持 SCL 为低(不论 I²C 模块为接收还是发送)。如果 SCL 为高电平,I²C 模块处于等待状态直到 SCL 变为低,然后停止。

　　　　从动模式:当前的发送或者接收任务完成时,断点可以强制停止 I²C 模块。

1　自由运行：当一个中断发生时,它仍然继续运行。

位 13　STT：起始(START)条件位,仅仅用于 I²C 模块为主控模式。当 I²C 模块起始与停止数据传送时,会检测 RM、STT、及 STP 位。STT 位与 STP 位可用于终止重复模式,当 IRS=0 时,不能写 STT 位。

0　在主控模式时,起始(START)条件产生后,STT 自动清除。

1　在主控模式时,置位 STT 为 1,引起 I²C 模块在总线上产生一个起始(START)条件。

位 12　保留位。

位 11　STP：停止(STOP)条件位,仅仅用于 I²C 模块为主控模式。在主控模式下,当 I²C 模块起始与停止数据传送时,会检测 RM、STT、及 STP 位。STT 位与 STP 位可用于终止重复模式,当 IRS=0 时,不能写 STP 位。

0　停止(STOP)条件产生后,STP 自动清除。

1　当内部的数据计数器计数到 0,DSP 产生一个停止(STOP)条件时,STP 位置为 1。

位 10　MST：主控模式位。不论 I²C 模块是处于主控模式还是从动模式,都会检测 MST 位。当 I²C 模块产生一个停止(STOP)条件时,MST 位自动从 1 变到 0。

0　从动模式,I²C 模块工作于从动模式,从主控接收串行时钟脉冲。

1　主控模式,I²C 模块工作于主控模式,在 SCL 引脚上产生串行时钟脉冲。

位 9　TRX：发送模式位。TRX 选择 I²C 模块是处于发送模式还是接收模式。

0　接收模式,I²C 模块为一个接收器,从 SDA 引脚接收数据。

1　发送模式,I²C 模块为一个发送器,从 SDA 引脚发送数据。

位 8　XA：扩展地址使能位。

0　7 位地址格式。I²C 模块发送 7 位从动地址(从地址寄存器(I2CSAR)中位 6~0),它本身有 7 位从地址(自己的地址寄存器(I2COAR)中位 6~0)。

1　10 位地址格式(扩展地址格式)。I²C 模块发送 10 位从动地址(从地址寄存器(I2CSAR)中位 9~0),它本身有 10 位从动地址(自己的地址寄存器(I2COAR)中位 9~0)。

位 7　RM：重复模式位(只适用于 I²C 模块为主控发送模式)。当 I²C 模块起始和停止数据传输时将检测 RM、STT、STP 位。

0　非重复模式：数据计数寄存器(I2CCNT)的值确定还有多少字节要通过 I²C 模块发送或接收。

1　重复模式：每当数据发送寄存器(I2CDXR)写入数据就启动一次字节发送,直到用户设置 STP 位为 1(或在 FIFO 模式时,发送 FIFO 寄存器为空),忽略数据计数寄存器(I2CCNT)的值。当数据发送寄存器(I2CDXR)(或 FIFO)中更多的数据准备好时,使用 ARDY 位和中断,直到所有数据已经传送或者 CPU 写了停止(STP)位为止。

位 6　DLB：数字回环模式位。

0　禁止数字回环模式。

1　使能数字回环模式。为了正确使用这个模式,MST 位必须设置为 1。

在数字回环模式中,数据发送寄存器(I2CDXR)发送出去的数据在 N 个时钟周期后通过一个内部路径返回到数据接收寄存器(I2CDRR)接收。

$$N=(\text{I}^2\text{C 模块输入时钟频率}/\text{模块时钟频率})\times 8$$

发送时钟频率与接收时钟频率相等。在 SDA 引脚上发送的地址是自己的地址寄存器(I2COAR)中的地址。数字回环模式位(DLB)的作用如图 13-14 所示。

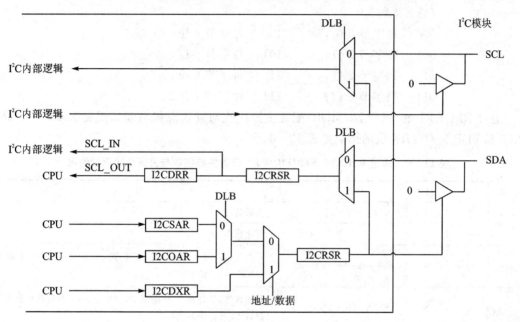

图 13-14 DLB 模式位作用框图

注意:数字回环模式不支持自由数据格式(FDF=1)。

位 5　IRS:I²C 模块复位位。

　　0　复位/禁止 I²C 模块。当该位清 0 时,设置状态寄存器(I2CSTR)状态位为默认值。

　　1　使能 I²C 模块。如果 I²C 外部设备悬挂,可以通过该位释放 I²C 总线。

位 4　STB:起始(START)字节模式位。只有 I²C 模块为主控模式时,该位有效。从动需要较长的时间来检测一个起始(START)条件,而起始字节可用于帮助从动来检测起始(START)条件。当 I²C 模块为从动模式时,不论 STB 的值是什么,它将忽略主控中的起始(START)字节。

　　0　I²C 模块不处于起始字节模式。

　　1　I²C 模块为起始字节模式。当用户设置起始(START)条件位(STT)时,I²C 模块开始传送比一个起始(START)条件更多的信息。

　　　　一个起始(START)条件;

　　　　一个起始(START)字节(0000 0001b);

　　　　一个哑元应答时钟脉冲;

　　　　一个重复的起始(START)条件。

然而通常 I²C 模块发送从地址寄存器(I2CSAR)中的从动地址。

位 3　FDF:自由数据格式模式位。

0　禁止自由数据格式模式。通过XA位选择使用7位/10位地址格式。
1　使能自由数据格式模式。使用自由数据格式(没有地址)。
在数字回环模式(DLB=1)中不支持自由数据格式。

位2~0　BC：计数位，BC定义下一个字节的位数。BC选定的位数必须与其他驱动器数据位数相匹配。当BC=000b时，数据字节为8位。BC不影响地址字节(总是8位)。

000　每字节8位；　　　100　每字节4位；
001　每字节1位；　　　101　每字节5位；
010　每字节2位；　　　110　每字节6位；
011　每字节3位；　　　111　每字节7位。

通过RM、STT和STP(I2CMDR)配置主控接收与发送总线活动情况见表13-5。修改MST和FDF位对TRX位的影响见表13-6。

表13-5　通过RM、STT、STP(I2CMDR)配置主控接收与发送总线活动情况

RM	STT	STP	总线活动性	描述
0	0	0	不活动	无活动性
0	0	1	P	停止状态
0	1	0	S-A-D…(n)…D	起始状态，从地址，n数据字节(n为数据计数寄存器(I2CCNT)中的值)
0	1	1	S-A-D…(n)…D-P	起始状态，从地址，n数据字节，结束状态(n为数据计数寄存器(I2CCNT)中的值)
1	0	0	不活动	无活动性
1	0	1	P	停止状态
1	1	0	S-A-D-D-D	重复模式转换，起始状态，从地址，连续数据转换直到结束状态或者下一个起始状态
1	1	1	不活动	保留位

注：S：起始状态；A为地址；D为数据字节；P为停止状态。

表13-6　MST、FDF位对TRX位的影响

MST	FDF	I²C模块状态	TRX作用
0	0	从动模式但非自由数据格式模式	可以忽略TRX。根据主控的命令，选择I²C模块从动作为接收器还是发送器
0	1	从动模式且为自由数据格式模式	自由数据格式模式要求I²C模块保持为一种模式(接收模式或者发送模式)。TRX标识规则： TRX=0　为接收器 TRX=1　为发送器
1	0	主控模式但非自由数据格式模式	TRX=0　为接收器 TRX=1　为发送器
1	1	主控模块且为自由数据格式模式	TRX=0　为接收器 TRX=1　为发送器

2. I²C 模块扩展模式寄存器(I2CEMDR)

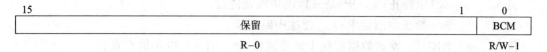

位 15~1　保留位。

位 0　　　BCM：向后兼容模式位。在从传送模式下，该位影响传送状态位(状态寄存器 (I2CSTR)的 XRDY 和 XSMT 位)的时序，如图 13-15 所示。

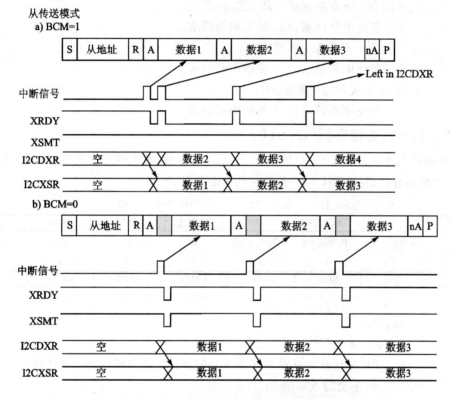

图 13-15　从传送模式下 BCM 位的影响

3. I²C 模块中断使能寄存器(I2CIER)

中断使能寄存器(I2CIER)用来使能或禁止 I²C 中断请求。中断使能寄存器(I2CIER)各位功能如下。

15							8
保留							
R-0							

7	6	5	4	3	2	1	0
保留	AAS	SCD	XRDY	RRDY	ARDY	NACK	AL
R-0	R/W-0	R/W-0	R/W-0	R/W-0	R/W-0	R/W-0	R/W-0

位 15~7　保留位。

第13章 I²C 串行通信

位 6　　　AAS：从动地址中断使能位。
　　　　　0　禁止中断请求；1　使能中断请求。

位 5　　　SCD：停止(STOP)条件检测中断使能位。
　　　　　0　禁止中断请求；1　使能中断请求。

位 4　　　XRDY：发送数据就绪中断使能位，该位在 FIFO 不能设置。
　　　　　0　禁止中断请求；1　使能中断请求。

位 3　　　RRDY：接收数据就绪中断使能位，该位在 FIFO 不能设置。
　　　　　0　禁止中断请求；1　使能中断请求。

位 2　　　ARDY：寄存器就绪中断使能位。
　　　　　0　禁止中断请求；1　使能中断请求。

位 1　　　NACK：不应答中断使能位。
　　　　　0　禁止中断请求；1　使能中断请求。

位 0　　　AL：丢失仲裁中断使能位。
　　　　　0　禁止中断请求；1　使能中断请求。

4. I²C 模块状态寄存器(I2CSTR)

I²C 模块状态寄存器(I2CSTR)是一个 16 位的寄存器，用于判定已发生的中断，并且读取状态信息。状态寄存器(I2CSTR)的各位及其功能如下。

15	14	13	12	11	10	9	8
保留	SDIR	NACKSNT	BB	RSFULL	XSMT	ASS	AD0
R-0	R/W1C-0	R/W1C-0	R/W1C-0	R-0	R-1	R-0	R-0

7	6	5	4	3	2	1	0
保留	保留	SCD	XRDY	RRDY	ARDY	NACK	AL
R-0	R-0	R/W1C-0	R-1	R/W1C-0	R/W1C-0	R/W1C-0	R/W1C-0

位 15　　保留位。

位 14　　SDIR：从动方向位。
　　　　　0　I²C 模块作为从动发送器不分配地址。以下事件之一都能将 SDIR 清零：
　　　　　　　— 手动写入 1 清 0；
　　　　　　　— 数字回环模式使能；
　　　　　　　— I²C 总线上出现起始(START)或者停止(STOP)条件。
　　　　　1　I²C 总线作为从动发送器分配了地址。

位 13　　NACKSNT：NACK 发送位，当 I²C 模式处于接收模式时使用该位。当使用不应答(NACK)模式时，NACKSNT 受影响。
　　　　　0　没有发送 NACK 位。下列任何事件之一清零 NACKSNT 位：
　　　　　　　— 手动写入 1 清 0；
　　　　　　　— 复位 I²C 模块(向 IRS 写入 0 或者器件复位)。
　　　　　1　发送 NACK 位。在 I²C 总线上的应答周期内，发送了不应答位。

位 12　　BB：总线忙位。BB 位给另外的数据传送器指明 I²C 总线是处于忙或空闲状态。写入 1 清 0 该位。
　　　　　0　总线空闲：下列任何事件之一都能清零 BB 位：

　　　　— I²C 模式接收或者发送一个停止位（总线空闲）；
　　　　— 手动清零 BB 位，写入 1 清 0；
　　　　— 复位 I²C 模块。
　　1　总线忙：在 I²C 模式时，总线上已经发送或者接收一个起始位。

位 11　RSFULL：接收转换寄存器溢出位。RSFULL 表示接收时的溢出情况。当新的数据转移到接收转换寄存器（I2CRSR），且原来的数据没有从数据接收寄存器（I2CDRR）中读取时，就会发生溢出情况。
　　0　没有溢出发生。下列任何事件之一都能清零 RSFULL 位。
　　　　— CPU 读数据接收寄存器（I2CDRR）寄存器。仿真器读数据接收寄存器（I2CDRR）寄存器，不会影响此位。
　　　　— 复位 I²C 模块。
　　1　发生了溢出。

位 10　XSMT：传送移位寄存器空。XSMT＝0 表示传送已发生下溢。若传送移位寄存器（I2CXSR）为空，而且最后一个从数据发送寄存器（I2CDXR）到 I2CXSR 的传送之后没有装载数据发送寄存器（I2CDXR），则发生下溢。直到数据发送寄存器（I2CDXR）中装载新数据时，下一个数据发送寄存器（I2CDXR）到 I2CXSR 的传送才发生。如果没有及时传送新数据，那么原来的数据可能在 SDA 引脚再次发送。
　　0　检测到下溢（空）。
　　1　未检测到下溢（不空）。通过下列事件之一能置位 XSMT 位：
　　　　— 写数据到数据发送寄存器（I2CDXR）；
　　　　— 复位 I²C 模块。

位 9　ASS：从地址位。
　　0　在 7 位地址格式时，当接收到一个 NACK、一个停止（STOP）条件或者一个起始（START）条件时，将清零 ASS 位。在 10 位地址格式中，当接收到一个 NACK、一个停止（STOP）条件或者一个与 I²C 模块外设本身从地址不同的从地址时，将清零 ASS 位。
　　1　I²C 模式有验证过的自己的从地址并且全为 0（产生一个呼叫信号）时，置位 ASS 位。在自由模式下（模式寄存器（I2CMDR）中的 FDF＝1），如果接收到第一字节，也置位 ASS 位。

位 8　AD0：地址的 0 位。
　　0　起始（START）条件或者停止（STOP）条件清零 AD0；
　　1　检测到一个全为 0 的地址（常规的呼叫）。

位 7～6　保留位。

位 5　SCD：停止（STOP）条件检测位。当 I²C 模块发送或接收到一个停止（STOP）条件时，置位 SCD 位。
　　0　没有检测到停止（STOP）条件，SCD 位为 0。
　　　　下列事件之一将清零 SCD 位：
　　　　— 当 I2CSRC 寄存器中包含 110b（检测到停止（STOP）条件）值时，CPU

      读 I2CSRC 寄存器。仿真器读 I2CSRC 寄存器,不影响此位。
      — 通过写入 1 清零 SCD 位。
      — 复位 I^2C 模块。
    1 在 I^2C 总线上检测到一个停止(STOP)条件。

位 4   XRDY:数据发送准备好中断标志位。不用 FIFO 模式中时,由于原来的数据已经从数据发送寄存器(I2CDXR)中复制到发送转换寄存器 I2CXSR 中,XRDY 表明数据发送寄存器(I2CDXR)已经准备好接收新数据。CPU 能够查询 XRDY 或使用 XRDY 中断请求。在 FIFO 模式中,可以使用 TXFFINT 来代替。

    0 数据发送寄存器(I2CDXR)未准备好,当数据写入数据发送寄存器(I2CDXR)时,清零 XRDY 位。

    1 数据发送寄存器(I2CDXR)准备好,数据已经从数据发送寄存器(I2CDXR)复制到 I2CXSR。当复位 I^2C 模块时,强制置位 XRDY 位。

位 3   RRDY:数据接收准备好中断标志位。不用 FIFO 模式中时,因为数据已经从接收转换寄存器(I2CRSR)复制到数据接收寄存器(I2CDRR),所以 RRDY 表明数据接收寄存器(I2CDRR)已经准备好接收数据。CPU 能够查询 RRDY 或使用 RRDY 中断请求。在 FIFO 模式中,可以使用 RXFFINT 来代替。

    0 数据接收寄存器(I2CDRR)未准备好。下列事件之一将清零 RRDY 位:
      —CPU 读数据接收寄存器(I2CDRR)。仿真器读数据接收寄存器(I2CDRR)将不影响此位。
      — 通过写入 1 清零 RRDY 位。
      — 复位 I^2C 模块。

    1 数据接收寄存器(I2CDRR)准备好。数据已经从 I2CRSR 复制到数据接收寄存器(I2CDRR)。

位 2   ARDY:寄存器存取准备好中断标志位(仅当 I^2C 模式为主控模式时才有效)。由于先前程序使用的地址、数据和命令值已经使用,ARDY 位表明 I^2C 模块寄存器已经准备好接受访问。CPU 可以查询 ARDY 位或者使用 ARDY 中断请求。

    0 寄存器存取未准备好。通过下列事件之一将清零 ARDY 位。
      — I^2C 模块已经开始使用当前寄存器中的值;
      — 通过写入 1 清零 ARDY 位;
      — 复位 I^2C 模块。

    1 寄存器存取准备好。
      在非重启模式中(在模式寄存器(I2CMDR)中的 RM=0),如果模式寄存器(I2CMDR)中 STP=0,数据计数器减到 0,置位 ARDY 位;如果 STP=1,则 ARDY 位不会受到影响。此时,当数据计数器减到 0 时,I^2C 模块产生停止(STOP)条件。
      在重启模式中(在模式寄存器(I2CMDR)中的 RM=1),ARDY 位将在数据发送寄存器(I2CDXR)发送每个字节结束时置 1。

位1　　　　NACK：不应答中断标志位。当 I²C 模块作为一个发送器(无论是主控还是从动)时,将使用 NACK 位。NACK 位表示 I²C 模块是否已经从接收器查询到一个应答位(ACK)或者一个不应答位(NACK)。CPU 能查询 NACK 位或者使用 NACK 中断请求。

　　　　0　ACK 接收/NACK 未接收。通过下列事件之一将清零 NACK 位：
　　　　　　— 接收器已经发送了 ACK 位。
　　　　　　— 通过写入 1 清零 NACK 位。
　　　　　　— CPU 读中断源寄存器(I2CISRC)并且该寄存器中包含 NACK 中断代码。仿真器读中断源寄存器(I2CISRC)将不影响此位。
　　　　　　— 复位 I²C 模块
　　　　1　接收到 NACK 位。硬件检测到不应答位(NACK)已经接收。
　　　　注意：即使一个或者更多的从动发送器应答,当 I²C 模块执行一个常规的呼叫发送时,NACK 是 1。

位0　　　　AL：仲裁丢失中断标志位(仅仅当 I²C 位主控发送模式时才有效)。AL 表示 I²C 模块已丢失仲裁竞争给另一个主控发送器。CPU 能够查询 AL 位或者使用 AL 中断请求。

　　　　0　仲裁未丢失。下列事件之一将清零 AL 位：
　　　　　　— 写入 1 清零 AL 位。
　　　　　　— CPU 读中断源寄存器(I2CISRC)并且该寄存器中包含 AL 中断的代码。仿真器读中断源寄存器(I2CISRC)不影响此位。
　　　　　　— 复位 I²C 模块。
　　　　1　仲裁丢失。下列事件之一将置位 AL 位：
　　　　　　— I²C 模块检测到几乎同时开始产生竞争的两个或多个发送器并丢失仲裁竞争。
　　　　　　— 当置位 BB(总线忙)位时,I²C 模块将试图起始一个发送数据的过程。当 AL 变为 1 时,将清零模式寄存器(I2CMDR)的 MST 位和 STP 位,I²C 模块转换成一个从动的接收器。

　　　　当 I²C 模块处于复位过程时,I²C 模块外部设备不能检测到起始(START)条件或者停止(STOP)条件,例如,设置 IRS 位为 0。因此,BB 位将保持复位时的状态,直到 I²C 模块外部设备复位完成,BB 位才会改变。例如,在 I²C 总线上检测到起始(START)条件或者停止(STOP)条件,IRS 位将置 1。
　　　　I²C 模块发送数据前的初始化,必须按下面步骤进行：
　　　　① 通过 IRS 位置 1,使 I²C 模块跳出初始化。在第一个数据发送前,等待一定的周期来扫描总线状态。设置这个周期大于数据发送最大时间。在 I²C 模块完成复位后,等待一定的时间,用户能确定 I²C 总线上至少一个起始(START)条件或者停止(STOP)条件将发生,并且由 BB 位捕获。这个时间过后,BB 位将正确反映 I²C 总线状态。
　　　　② 在动作前检查 BB 位和核实是否 BB=0(总线空闲)。

③ 开始数据发送。在发送期间不能复位 I^2C 模块外部设备,此时 BB 位直接反映总线的实时状态。如果用户必须在发送期间复位 I^2C 模块外部设备,重复步骤①~③,I^2C 模块外部设备将完成复位过程。

5. I^2C 模块中断源寄存器(I2CISRC)

I^2C 模块中断源寄存器(I2CISRC)是一个 16 位寄存器,表明产生中断的是哪一个事件。

15	12	11	8	7	3	2	0
保留		保留		保留		INTCODE	
R-0		R-0		R-0		R-0	

位 15~3　保留位。

位 2~0　INTCODE:中断代码位。表示有一个 I^2C 中断。

000	无;	100	接收数据准备完成;
001	仲裁丢失;	101	发送数据准备完成;
010	检测到不应答条件;	110	检测到停止(STOP)条件;
011	寄存器存取准备完成;	111	设置为从动。

CPU 读取时将清零这些位。如果另外的一个低优先级中断被悬挂或者使能,将装载相应的中断值。否则,将清零该值。

在仲裁丢失的情况下,检测到不应答条件或者停止(STOP)条件,CPU 读取将清除状态寄存器(I2CSTR)中的相关中断标志位。

仿真器读取不影响状态寄存器(I2CSTR)中的状态位。

6. I^2C 模块前分频寄存器(I2CPSC)

I^2C 模块前分频寄存器(I2CPSC)是一个 16 位寄存器。它可以将 I^2C 模块输入时钟分频成用户想得到的时钟频率。IPSC 在 I^2C 模块复位(IRS=0)时将初始化。前分频频率仅仅在 IRS 的值跳变到 1 之后才起作用。当 IRS=1 时改变 IPSC 值是无效的。

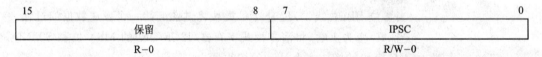

位 15~8　保留位。

位 7~0　IPSC:I^2C 模块前分频值。IPSC 确定 CPU 时钟的分频率:

模块时钟频率=I^2C 模块输入时钟频率/(IPSC+1)

注意:IPSC 必须在 I^2C 模块复位时进行初始化。

7. I^2C 模块时钟分频寄存器(I2CCLKL 和 I2CCLKH)

当 I^2C 模块作为主控时,使用系统时钟分频得到在 SCL 引脚上的主控时钟信号,如图 13-16 所示,主控的时钟依赖这两个分频寄存器的值。

每一个主动时钟周期中 ICCL(在时钟分频寄存器(I2CCLKL)中)确定低电平信号的时间。

每一个主动时钟周期中 ICCH(在时钟分频寄存器(I2CCLKH)中)确定高电平信号的时间。

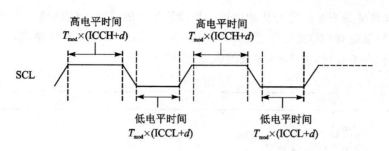

图 13-16 时钟分频值(ICCL 和 ICCH)的作用

8. I²C 模块低电平时钟分频寄存器(I2CCLKL)

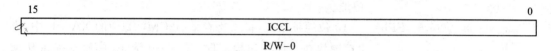

位 15～0　ICCL：CLKL 值。主控时钟的低电平持续时间,模块时钟周期与(ICCL+d)相乘。d 为 5、6 或者 7。

注意：这些位必须设置为非零值,与 I²C 模块相适应。

9. I²C 模块高电平时钟分频寄存器(I2CCLKH)

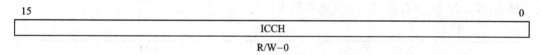

位 15～0　ICCH：CLKH 值。主控时钟的高电平持续时间,模块时钟周期与(ICCH+d)相乘。d 为 5、6 或者 7。

注意：这些位必须设置为非零值,与 I²C 模块相适应。

10. 主控时钟周期方程

主控时钟周期(T_{mst})是模块时钟周期的倍数。

$$T_{mst} = T_{mod} \times [(ICCL + d) + (ICCH + d)]$$

$$T_{mst} = \frac{(IPSC + 1)[(ICCL + d) + (ICCH + d)]}{I^2C\ 输入时钟频率}$$

式中的 d 取值由 IPSC 确定,具体如下：

IPSC	d
0	7
1	6
大于 1	5

11. I²C 模块从地址寄存器(I2CSAR)

I²C 模块从动地址寄存器(I2CSAR)存储 I²C 模块(主控)将要发送从动的地址。它是一个 16 位的寄存器。从地址寄存器(I2CSAR)的 SAR 位包含一个 7 位或者 10 位的从地址。当 I²C 模块不用自由模式(FDF=0)时,它用这个地址首先去与主控或从动进行通信。当地址为非0的时候,该地址是一个特定的从动地址。当地址为0的时候,该地址是一个常规呼叫所有从动的地址。如果选择(模式寄存器(I2CMDR)中的 XA=0)7 位地址格式,从地址寄存器(I2CSAR)仅位 0~6 有用,位 7~9 需要写入 0。

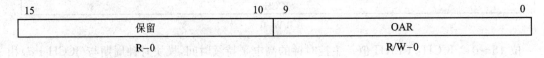

位 15~10   保留位。
位 9~0   SAR:从地址位。
         00h~7Fh   在 7 位地址格式(模式寄存器(I2CMDR)中的 XA=0)中,当 I²C 模块在主控发送模式时,位 6~0 给 7 位模式提供从动地址。
         000h~3FFh 在 10 位地址格式(模式寄存器(I2CMDR)中的 XA=1)中,当 I²C 模块在主控发送模式时,位 9~0 给 10 位模式提供从动地址。

12. I²C 模块自己的地址寄存器(I2COAR)

I²C 模块自己的地址寄存器(I2COAR)是一个 16 位的寄存器。I²C 模块用这个寄存器给自己一个特定的地址,这个地址有别于其他 I²C 总线上的从动地址。如果选择(XA=0)7 位地址格式,仅仅位 6~0 有效,位 7~9 需要写入 0。

15		10	9		0
	保留			OAR	
	R-0			R/W-0	

位 15~10   保留位。
位 9~0   OAR:自己的地址位。
         00h~7Fh   在 7 位地址格式中(模式寄存器(I2CMDR)中的 XA=0),位 6~0 提供 I²C 模块的 7 位从地址,位 9~7 需要写入 0。
         000h~3FFh 在 10 位地址格式中(模式寄存器(I2CMDR)中的 XA=1),位 9~0 提供 I²C 模块的 10 位从地址。

13. I²C 模块数据计数寄存器(I2CCNT)

数据计数寄存器(I2CCNT)是一个 16 位的寄存器,当 I²C 模块配置为主控发送器或者主控接收器时,数据计数寄存器(I2CCNT)表示发送的数据字节数。在重启模式(RM=1)下,不使用数据计数寄存器(I2CCNT)。

写入到数据计数寄存器(I2CCNT)中的值会复制到内部计数器中,每发送一个数据字节,内部计数器就减 1(数据计数寄存器(I2CCNT)保持不变)。在主控模式下,如果请求一个停止(STOP)条件(模式寄存器(I2CMDR)的位 STP=1),那么 I²C 模块随着减计数完成,停止发送数据后将发送一个停止(STOP)条件。

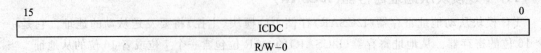

位 15~0　　ICDC：数据字节计数值，表示发送或者接收数据的字节。当模式寄存器(I2CMDR)的 RM 位置 1 时，数据计数寄存器(I2CCNT)的值是无效的。

0000h　　　　　装入内部数据计数器的值为 65 536；

0001~FFFFh　　装入内部数据计数器的值为 1~65 535。

14. I²C 模块数据接收寄存器(I2CDRR)

数据接收寄存器(I2CDRR)也是一个 16 位的寄存器，CPU 通过该寄存器读取接收到的数据。I²C 模块能接收一个 1~8 位的数据字节。该位的长度由模式寄存器(I2CMDR)中的 BC 位来确定。每次从 SDA 引脚上将一位数据传输到接收转换寄存器(I2CRSR)时，当一个完整的数据字节接收完成后，I²C 模块将接收转换寄存器(I2CRSR)中的数据字节复制到数据接收寄存器(I2CDRR)中，CPU 不能直接访问 I2CRSR 寄存器。

如果数据接收寄存器(I2CDRR)中的数据字节位数少于 8 位，那么字节将右对齐，并且其余位不确定。例如，如果 BC = 011(传送字节有 3 个数据位)，那么，数据接收寄存器(I2CDRR)中接收数据的位 3~7 不确定。

15	8	7	0
保留		DATA	
R-0		R-0	

位 15~8　　保留位。

位 7~0　　　DATA：接收的数据。

15. I²C 模块数据发送寄存器(I2CDXR)

CPU 向数据发送寄存器(I2CDXR)中写入需要发送的数据字节，这 16 位寄存器接收 1~8 位的数据字节。在向数据发送寄存器(I2CDXR)写入数据之前，必须先向模式寄存器(I2CMDR)中 BC 位写入合适的值来确定数据发送寄存器(I2CDXR)中应该写入的数据字节的位数。当数据字节的位数少于 8 位时，写入数据发送寄存器(I2CDXR)中的数据必须是右对齐格式。

向数据发送寄存器(I2CDXR)写入数据字节后，I²C 模块将数据字节复制到发送转换寄存器(I2CXSR)中。CPU 不能直接访问 I2CXSR。I²C 模块自动从 I2CXSR 寄存器向 SDA 引脚一次一位地传送数据位。

15	8	7	0
保留		DATA	
R-0		R/W-0	

位 15~8　　保留位。

位 7~0　　　DATA：需要发送的数据。

16. I²C 模块发送 FIFO 寄存器(I2CFFTX)

I²C 模块发送 FIFO 寄存器是一个 16 位的寄存器，该寄存器包含 I²C 模块的 FIFO 模式使能位与外设操作模式的发送 FIFO 控制位和状态位。

第13章 I²C串行通信

15	14	13	12	11	10	9	8
保留	I2CFFEN	TXFFRST	TXFFRST4	TXFFRST3	TXFFRST2	TXFFRST1	TXFFRST0
R-0	R/W-0	R/W-0	R-0	R-0	R-0	R-0	R-0
7	6	5	4	3	2	1	0
TXFFINT	TXFFINTCLR	TXFFIENA	TXFFIL4	TXFFIL3	TXFFIL2	TXFFIL1	TXFFIL0
R-0	R/W1C-0	R/W-0	R/W-0	R/W-0	R/W-0	R/W-0	R/W-0

位 15～10　保留位。

位 14　I2CFFEN：I²C模块FIFO模式使能位，该位必须正确设置为发送或者接收FIFO。

　　0　禁止I²C模块FIFO模式；

　　1　使能I²C模块FIFO模式。

位 13　TXFFRST：I²C模块发送FIFO复位位。

　　0　复位发送FIFO指针到0000，并保持发送FIFO寄存器为复位状态。

　　1　使能发送FIFO操作。

位 12～8　TXFFST4～0：发送FIFO的状态位。

　　10000　发送FIFO包括16个字节。

　　0xxxx　发送FIFO包括xxxx字节。

　　00000　发送FIFO为空。

位 7　TXFFINT：发送FIFO中断标志位。通过向TXFFINCLR位写入1来清零该位。如果TXFFIENA位置1，置位该位将产生一个中断。

　　0　未产生发送FIFO中断；

　　1　产生发送FIFO中断。

位 6　TXFFINTCLR：发送FIFO中断标志清零位。

　　0　写入0无效，读出为0；

　　1　写入1清零TXFFINT标志。

位 5　TXFFIENA：发送FIFO中断使能位。

　　0　禁止发送FIFO中断，置位TXFFINT标志位不产生中断；

　　1　使能发送FIFO中断，置位TXFFINT标志位产生中断。

位 4～0　TXFFIL4～0：发送FIFO中断状态级。

　　通过该位域设置发送中断状态级。当TXFFST4～0位的值小于或等于该位域时，TXFFINT标志位置1，如果TXFFIENA位置1，将产生一个中断。

17. I²C模块接收FIFO寄存器(I2CFFRX)

I²C模块接收FIFO寄存器(I2CFFRX)是一个16位寄存器，包含I²C模块外设操作模式的接收FIFO控制位和状态位。

15	14	13	12	11	10	9	8
保留		RXFFST	RXFFST4	RXFFST3	RXFFST2	RXFFST1	RXFFST0
7	6	5	4	3	2	1	0
RXFFINT	RXFFINTCLR	RXFFIENA	RXFFIL4	RXFFIL3	RXFFIL2	RXFFIL1	RXFFIL0

位 15~14   保留位。
位 13   RXFFST：I²C 模块接收 FIFO 复位位。
            0   复位接收 FIFO 指针到 0000，并保持接收 FIFO 寄存器为复位状态。
            1   使能接收 FIFO 操作。
位 12~8   RXFFST4~0：接收 FIFO 内容的状态。
            10000   接收 FIFO 包含 16 个字节；
            1xxxx   接收 FIFO 包含 xxxxx 字节；
            00000   接收 FIFO 位空。
位 7   RXFFINT：接收 FIFO 中断标志位。通过写入 1 到 RXFFINTCLR 位清零该位。如果 RXFFIENA 位置 1，那么置位该位将产生一个中断。
位 6   RXFFINTCCLR：接收 FIFO 中断标志清零位。
            0   写入 0 无效，读出为 0；
            1   写入 1 清除 RXFFINT 标志。
位 5   RXFFIENA：接收 FIFO 中断使能位位。
            0   禁止接收 FIFO 中断，置位 RXFFINT 标志位不产生中断；
            1   使能接收 FIFO 中断，置位 RXFFINT 标志位产生中断。
位 4~0   RXFFIL4~0：接收 FIFO 中断优先级。
            该位域设置接收 FIFO 中断优先级。当 RXFFST4~0 位的值等于或小于该位域时，RXFFINT 标志位置 1。如果 RXFFIENA 位已经置 1，将产生一个中断。
            注意：该位域复位时为 0，如果接收 FIFO 使能中断，且 I²C 模块完成复位过程，那么接收 FIFO 中断标志位将置 1，将产生一个接收 FIFO 中断。

13.6　24LC256 与 F2812 的硬件接口

图 13-17 为 F2808 的 I²C 总线与 EEPROM 芯片 24LC256 的接口电路，同时连接在 I²C 总线上的 EEPROM 芯片 24LC256 有特定的唯一地址。用 F2808 的 I/O 引脚 GPIO34、GPIO33 和 GPIO32 分别控制 24LC256 的 WP、SCL、SDA。

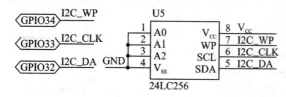

图 13-17　F2808 的 I²C 总线与 EEPROM 芯片 24LC256 的接口电路

13.7　24LC256 的应用编程

本程序是应用 I²C 总线对 24LC256 进行读/写操作。该程序已在实验开发板上调试通过。

第 13 章 I²C 串行通信

```c
#include "DSP280x_Device.h"                    //DSP280x 头文件
#include "DSP280x_Examples.h"                  //DSP280x 例程
void I2CA_Init(void);
Uint16 I2CA_WriteData(struct I2CMSG * msg);
Uint16 I2CA_ReadData(struct I2CMSG * msg);
interrupt void I2C_int1a_isr(void);
void pass(void);
void fail(void);
#define I2C_SLAVE_ADDR          0x50
#define I2C_NUMBYTES            14
#define I2C_EEPROM_HIGH_ADDR    0x00
#define I2C_EEPROM_LOW_ADDR     0x30
struct I2CMSG I2CMsgOut1 = {I2C_MSGSTAT_SEND_WITHSTOP,
//0x0010    发送指令,主控模式,一个停止位
        I2C_SLAVE_ADDR,                        //0x50 从地址
        I2C_NUMBYTES,                          //4 字节数
        I2C_EEPROM_HIGH_ADDR,                  //高地址
        I2C_EEPROM_LOW_ADDR,                   //低地址
        0x01,                                  //数据字节 1
        0x34,                                  //数据字节 2
        0x55,                                  //数据字节 3
        0x78,                                  //数据字节 4
        0x11,                                  //数据字节 5
        0xBC,                                  //数据字节 6
        0x33,                                  //数据字节 7
        0xF0,                                  //数据字节 8
        0x11,                                  //数据字节 9
        0x10,                                  //数据字节 10
        0x11,                                  //数据字节 11
        0x12,                                  //数据字节 12
        0x13,                                  //数据字节 13
        0x12};                                 //数据字节 14
struct I2CMSG I2CMsgIn1 = { I2C_MSGSTAT_SEND_NOSTOP,  //0x0020   发送指令,一个停止位
    I2C_SLAVE_ADDR,
    I2C_NUMBYTES,
    I2C_EEPROM_HIGH_ADDR,
    I2C_EEPROM_LOW_ADDR};
struct I2CMSG * CurrentMsgPtr;                 //在中断中使用
Uint16 PassCount;
Uint16 FailCount;
void main(void)
{
    Uint16 Error;
    Uint16 i;
    CurrentMsgPtr = &I2CMsgOut1;               //中间值
```

```
InitSysCtrl();
InitI2CGpio();
DINT;
InitPieCtrl();
IER = 0x0000;
IFR = 0x0000;
InitPieVectTable();
EALLOW;                                        //这里需要写 EALLOW 保护寄存器
PieVectTable.I2CINT1A = &I2C_int1a_isr;
//取用户中断服务的入口地址赋给中断向量表头文件中的对应向量
EDIS;                                          //这里禁止写 EALLOW 保护寄存器
I2CA_Init();
PassCount = 0;
FailCount = 0;
for(i = 0; i < I2C_MAX_BUFFER_SIZE; i++)
{
    I2CMsgIn1.MsgBuffer[i] = 0x0000;
}
IER |= M_INT8;
EINT;
for(;;)
{
   if(I2CMsgOut1.MsgStatus == I2C_MSGSTAT_SEND_WITHSTOP)
   {
      Error = I2CA_WriteData(&I2CMsgOut1);
      if(Error == I2C_SUCCESS)
      {
         CurrentMsgPtr = &I2CMsgOut1;
         I2CMsgOut1.MsgStatus = I2C_MSGSTAT_WRITE_BUSY;
      }
   }                                           //写过程结束
   if(I2CMsgOut1.MsgStatus == I2C_MSGSTAT_INACTIVE)
   {
      if(I2CMsgIn1.MsgStatus == I2C_MSGSTAT_SEND_NOSTOP)
      {
         while(I2CA_ReadData(&I2CMsgIn1) != I2C_SUCCESS)
         {
         }
         CurrentMsgPtr = &I2CMsgIn1;
         I2CMsgIn1.MsgStatus = I2C_MSGSTAT_SEND_NOSTOP_BUSY;
      }
      else if(I2CMsgIn1.MsgStatus == I2C_MSGSTAT_RESTART)
      {
         while(I2CA_ReadData(&I2CMsgIn1) != I2C_SUCCESS)
         { }
```

第 13 章　I²C 串行通信

```
                CurrentMsgPtr = &I2CMsgIn1;
                I2CMsgIn1.MsgStatus = I2C_MSGSTAT_READ_BUSY;
            }
        }                                              //读过程结束
    }
}
void I2CA_Init(void)                                   //初始化 I²C
{
    I2CaRegs.I2CSAR = 0x0050;                          //从地址——EEPROM
    #if(CPU_FRQ_100MHZ)
        I2CaRegs.I2CPSC.all = 9;                       //前分频器设置——模块需要 7～12 MHz 的
                                                       //时钟频率
    #endif
    #if(CPU_FRQ_60MHZ)
        I2CaRegs.I2CPSC.all = 6;                       //前分频器设置——模块需要 7～12 MHz 的时钟频率
    #endif
    I2CaRegs.I2CCLKL = 10;                             //注意:必须是非零
    I2CaRegs.I2CCLKH = 5;                              //注意:必须是非零
    I2CaRegs.I2CIER.all = 0x24;                        //使能 SCD 和 ARDY 中断
    I2CaRegs.I2CMDR.all = 0x0020;                      //使能 I²C 模块输出复位,当悬挂时停止 I²C 模块
    I2CaRegs.I2CFFTX.all = 0x6000;                     //使能 FIFO 模式和 TXFIFO
    I2CaRegs.I2CFFRX.all = 0x2040;                     //使能 RXFIFO,清除 RXFFINT
    return;
}
Uint16 I2CA_WriteData(struct I2CMSG *msg)
{
    Uint16 i;
    if(I2CaRegs.I2CMDR.bit.STP == 1)
    {
        return I2C_STP_NOT_READY_ERROR;
    }
    I2CaRegs.I2CSAR = msg->SlaveAddress;
    if(I2CaRegs.I2CSTR.bit.BB == 1)
    {
        return I2C_BUS_BUSY_ERROR;
    }
    I2CaRegs.I2CCNT = msg->NumOfBytes + 2;
    I2CaRegs.I2CDXR = msg->MemoryHighAddr;
    I2CaRegs.I2CDXR = msg->MemoryLowAddr;
    for(i = 0; i<msg->NumOfBytes; i++)
    {
        I2CaRegs.I2CDXR = *(msg->MsgBuffer + i);
    }
    I2CaRegs.I2CMDR.all = 0x6E20;
    return I2C_SUCCESS;
```

```c
}
Uint16 I2CA_ReadData(struct I2CMSG * msg)
{
    if(I2CaRegs.I2CMDR.bit.STP == 1)
    {
        return I2C_STP_NOT_READY_ERROR;
    }
    I2CaRegs.I2CSAR = msg->SlaveAddress;
    if(msg->MsgStatus == I2C_MSGSTAT_SEND_NOSTOP)
    {
        if(I2CaRegs.I2CSTR.bit.BB == 1)                      //检测总线是否忙
        {
            return I2C_BUS_BUSY_ERROR;
        }
        I2CaRegs.I2CCNT = 2;
        I2CaRegs.I2CDXR = msg->MemoryHighAddr;
        I2CaRegs.I2CDXR = msg->MemoryLowAddr;
        I2CaRegs.I2CMDR.all = 0x2620;                        //送数据到 EEPROM 地址
    }
    else if(msg->MsgStatus == I2C_MSGSTAT_RESTART)
    {
        I2CaRegs.I2CCNT = msg->NumOfBytes;                   //设置要送多少字节
        I2CaRegs.I2CMDR.all = 0x2C20;                        //设置重启主控接收
    }
    return I2C_SUCCESS;
}
interrupt void I2C_int1a_isr(void)                           //I2C-A
{
    Uint16 IntSource,i;                                      //读中断源
    IntSource = I2CaRegs.I2CISRC.all;                        //中断源寄存器(I2CISRC)
    if(IntSource == I2C_SCD_ISRC)                            //110   停止状态检测
    {
        if(CurrentMsgPtr->MsgStatus == I2C_MSGSTAT_WRITE_BUSY)
        {//如果写到 EEPROM 的数据完成,复位到不活动状态
            CurrentMsgPtr->MsgStatus = I2C_MSGSTAT_INACTIVE;
        }
        else
        {
            if(CurrentMsgPtr->MsgStatus == I2C_MSGSTAT_SEND_NOSTOP_BUSY)
            {
                CurrentMsgPtr->MsgStatus = I2C_MSGSTAT_SEND_NOSTOP;
            }
            else if(CurrentMsgPtr->MsgStatus == I2C_MSGSTAT_READ_BUSY)
            {
                CurrentMsgPtr->MsgStatus = I2C_MSGSTAT_INACTIVE;
```

```c
            for(i = 0; i < I2C_NUMBYTES; i++)
            {
                CurrentMsgPtr->MsgBuffer[i] = I2CaRegs.I2CDRR;
            }
        {
        for(i = 0; i < I2C_NUMBYTES; i++)                    //检验所读信息是否正确
            {
            if(I2CMsgIn1.MsgBuffer[i] == I2CMsgOut1.MsgBuffer[i])   //写的与读的数据进行比较
                {
                    PassCount++;
                }
                else
                {
                    FailCount++;
                }
            }
            if(PassCount == I2C_NUMBYTES)
            {
                pass();                                       //全部正确
            }
            else
            {
                fail();                                       //有错误
            }
        }
    }
}
else if(IntSource == I2C_ARDY_ISRC)                           //寄存器准备好
{
    if(I2CaRegs.I2CSTR.bit.NACK == 1)
    {
        I2CaRegs.I2CMDR.bit.STP = 1;
        I2CaRegs.I2CSTR.all = I2C_CLR_NACK_BIT;
    }
    else if(CurrentMsgPtr->MsgStatus == I2C_MSGSTAT_SEND_NOSTOP_BUSY)
    {
        CurrentMsgPtr->MsgStatus = I2C_MSGSTAT_RESTART;
    }
}
else
{
    asm("    ESTOP0");
}
```

```
    PieCtrlRegs.PIEACK.all = PIEACK_GROUP8;
}
void pass()
{
    asm("    ESTOP0");
    for(;;);
}
void fail()
{
    asm("    ESTOP0");
    for(;;);
}
```

第 14 章

串行外设接口

串行外设接口 SPI(Serial Port Interface)是一个高速同步串行输入/输出接口,它允许长度可编程的串行位流(1~16 位)以及可编程的位传输速度移入或移出器件。通常 SPI 用于 F2808 和外部芯片以及其他 F2808 之间进行通信。其典型应用包括通过诸如移位寄存器、显示驱动器、模/数转换器(ADC)。SPI 的主控/从动操作支持多处理器通信。F2808 为了减少 CPU 的开销,支持 16 级存储深度的 FIFO 接收、发送方式。

14.1 概 述

SPI 与 CPU 接口结构如图 14-1 所示。

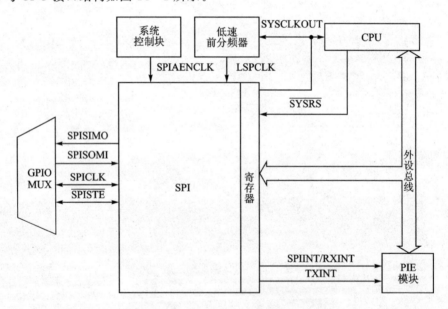

图 14-1 SPI 与 CPU 接口结构框图

1. SPI 模块的特性

➢ 4 个外部引脚:
  SPISOMI   SPI 从动输出/主控输入引脚;
  SPISIMO   SPI 从动输入/主控输出引脚;
  $\overline{\text{SPISTE}}$ SPI 从动发送使能引脚;
  SPICLK   SPI 串行时钟引脚。

注：在不使用 SPI 模块时，这 4 个引脚都可用做一般 I/O 引脚。
- 两种工作模式：主控或从动工作模式。
- 波特率：125 种可编程的波特率。能够使用的最大波特率，受到 SPI 引脚 I/O 接口缓冲器工作速度的限制。
- 当 SPIBRR＝3～127 时，SPI 波特率＝LSPCLK/(SPIBRR＋1)

  当 SPIBRR＝0、1 或 2 时，SPI 波特率＝LSPCLK/4

  其中，LSPCLK 为系统的低速外设模块时钟频率；SPIBRR 为 SPI 主控控制器波特率寄存器(SPIBRR)的值。
- 数据字长：1～16 个数据位。
- 4 种时钟方案(由时钟极性和时钟相位控制)，包括：
  ① 无延时的下降沿。串行外设接口在 SPICLK 信号下降沿发送数据，而在 SPICLK 信号上升沿接收数据。
  ② 有延时的下降沿。串行外设接口在 SPICLK 信号下降沿之前的半个周期时发送数据，而在 SPICLK 信号下降沿接收数据。
  ③ 无延时的上升沿。串行外设接口在 SPICLK 信号上升沿发送数据，而在 SPICLK 信号下降沿接收数据。
  ④ 有延时的上升沿。串行外设接口在 SPICLK 信号上升沿之前的半个周期时发送数据，而在 SPICLK 信号上升沿接收数据。
- 同时接收和发送操作(发送功能可用软件禁止)。
- 发送和接收操作可通过中断或查询模式来完成。
- SPI 模块 12 个控制寄存器位于起始地址为 7040h 的控制寄存器结构中。

  注：SPI 模块内的所有控制寄存器均为 16 位，它们连接到外设模块结构 2 中。当访问这些寄存器时，寄存器的数据放在低字节(位 0～7)，而高字节(位 8～15)读出为 0，对高字节的写操作无效。

2. SPI 模块的增强特性
- 16 级 FIFO 发送/接收方式。
- 延时发送控制功能。

14.1.1 SPI 结构框图

SPI 工作在从动模式的结构框图如图 14-2 所示，说明了 F2808 SPI 模块中的基本工作原理。

14.1.2 SPI 模块信号总汇

外部信号：

SPICLK——SPI 时钟；

SPISIMO——SPI 从动输入/主控输出；

SPISOMI——SPI 从动输出/主控输入；

SPISTE——SPI 从动发送使能(可选)。

控制信号：

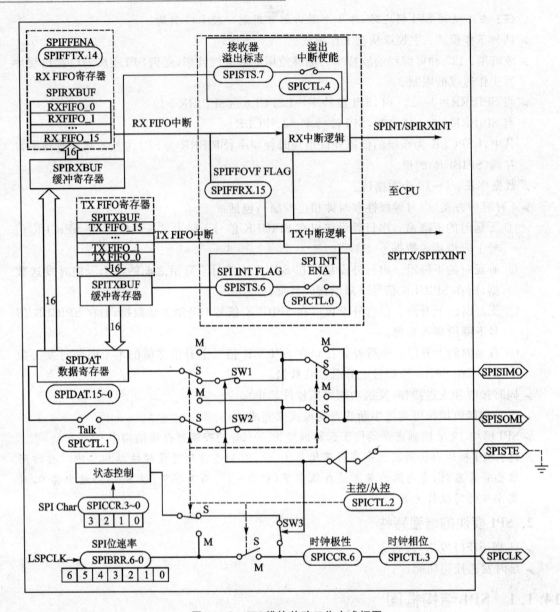

图 14-2 SPI 模块从动工作方式框图

SPI 时钟频率——LSPCLK。

中断信号：

SPIRXINT——接收中断(FIFO 模式)，发送/接收中断(非 FIFO 模式)；

SPITXINT——发送中断(FIFO 模式)。

14.2 SPI 模块寄存器

串行外设接口的控制寄存器如表 14-1 所列。

第14章 串行外设接口

表 14-1 SPI 寄存器

名 称	地 址	位 数	说 明
SPICCR	0x7040	16	SPI 配置控制寄存器
SPICTL	0x7041	16	SPI 操作控制寄存器
SPIST	0x7042	16	SPI 状态寄存器
SPIBRR	0x7044	16	SPI 波特率寄存器
SPIEMU	0x7046	16	SPI 仿真缓冲寄存器
SPIRXBUF	0x7047	16	SPI 接收缓冲寄存器
SPITXBUF	0x7048	16	SPI 发送缓冲寄存器
SPIDAT	0x7049	16	SPI 数据寄存器
SPIFFTX	0x704A	16	SPI FIFO 发送寄存器
SPIFFRX	0x704B	16	SPI FIFO 接收寄存器
SPIFFCT	0x704C	16	SPI FIFO 控制寄存器
SPIPRI	0x704F	16	SPI 中断优先级控制寄存器

注：串行外设接口的控制寄存器映射在 PF2(Peripheral Frame 2，外设模块结构2)中。这个空间只允许16位访问。使用32位访问的结果不确定。

SPI 具有 16 位双缓冲发送与双缓冲接收功能。所有的数据寄存器都是 16 位寄存器。在从动模式下，串行外设接口不再受最大传输率 LSPCLK/8 的限制。主控/从动模式下的最大传输率为 LSPCLK/4。

写入数据寄存器（SPIDAT）（以及发送缓冲寄存器（SPITXBUF））的发送数据必须左对齐。

多路复用的通用 I/O 中的控制和数据位已经从这个模块中移出，从关联的寄存器 SPIPC1(704Dh) 与 SPIPC2(704Eh) 中清除了这些位。这些位放在通用 I/O 寄存器中。

SPI 模块中的寄存器控制 SPI 的操作：

➢ SPICCR(SPI 配置控制寄存器)，包含用于 SPI 配置的控制位：
  SPI 模块软件复位位；
  SPICLK 极性选择位；
  4 个 SPI 字符长度控制位。

➢ SPICTL(SPI 控制寄存器)，包括数据发送控制位：
  两个 SPI 中断使能位；
  SPICLK 相位选择位；
  工作模式(主控/从动)位；
  数据发送使能位。

➢ SPISTS(SPI 状态寄存器)，包括两个接收缓冲器状态位和一个发送缓冲器状态位：
  SPI 接收过冲标志位；
  SPI 中断标志位；
  SPI 发送缓冲器满标志位。

➢ SPIBRR(SPI 波特率寄存器)，包括 7 位发送波特率设置位。

- SPIRXEMU(SPI 接收仿真缓冲寄存器),包括已接收的数据。这个寄存器只用于仿真。接收缓冲寄存器(SPIRXBUF)应用于正常的操作。
- SPIRXBUF(SPI 接收缓冲寄存器),包括已接收的数据。
- SPITXBUF(SPI 发送缓冲寄存器),包括下一个要发送的数据。
- SPIDAT(SPI 数据寄存器),包括要通过 SPI 发送的数据,充当发送/接收移位寄存器。数据寄存器(SPIDAT)中的数据在连续的 SPICLK 周期中被移出去(最高位)。移出 SPI 每一位(从最高位移出)的同时,将有一位移入到移位寄存器的最低位。
- SPIPRI(SPI 中断优先级控制寄存器),包括定义中断优先级的位以及仿真悬挂时的 SPI 操作。

14.3 串行外设接口操作

本节描述 SPI 的操作:包括对 SPI 工作模式、中断、数据格式、时钟源以及初始化的操作方法。

14.3.1 操作介绍

图 14-3 所示为用于通信的 SPI 在两个控制器(主控控制器与从动控制器)之间的连接。

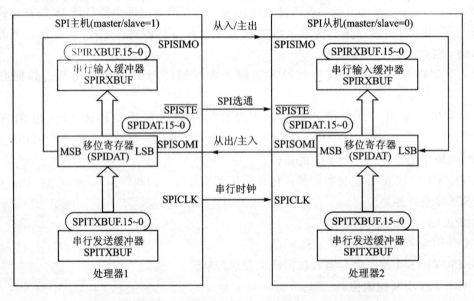

图 14-3 串行外设接口主控控制器与从动控制器的连接

主控控制器通过输出的 SPICLK 信号来启动数据传送。对于主控控制器和从动控制器,都是在 SPICLK 的一个边沿把数据从移位寄存器移出,并在相反的另一个边沿把数据锁存到移位寄存器。如果 CLOCK PHASE(控制寄存器(SPICTL)的位 3)位为 1,则在 SPICLK 跳变之前的半个周期时发送和接收数据。因此,两个控制器可同时发送和接收数据,由应用软件来判断数据的真伪。数据传送的方法有以下 3 种:

- 主控控制器发送数据,从动控制器发送伪数据。
- 主控控制器发送数据,从动控制器发送数据。

➢ 主控控制器发送伪数据,从动控制器发送数据。

主控控制器可在任一时刻启动数据发送,因为它控制 SPICLK 信号。但是由软件确定主控控制器如何检测从动控制器是否已经准备好发送数据。

14.3.2 SPI 的主控和从动模式

SPI 可以工作于主控模式和从动模式。由 MASTER/SLAVE(控制寄存器(SPICTL)的位 2)位来选择工作模式和 SPICLK 信号源。

1. 主控模式

在主控模式下(MASTER/SLAVE=1),SPI 在 SPICLK 引脚上提供整个串行通信网络的串行时钟。数据从 SPISIMO 引脚输出,并在 SPISOMI 引脚锁存。

SPI 波特率设置寄存器(SPIBRR)设定网络发送和接收的位传输率,SPI 可选择 126 种不同的数据传输率。

写入数据寄存器(SPIDAT)或发送缓冲寄存器(SPITXBUF)的数据启动 SPISIMO 引脚上的数据发送,先发送 MSB(最高有效位)。同时,接收到的数据通过 SPISOMI 引脚移入数据寄存器(SPIDAT)的 LSB(最低有效位)。当选定的位发送完时,整个数据发送完毕。接收到的数据传送到接收缓冲寄存器(SPIRXBUF),在接收缓冲寄存器(SPIRXBUF)中数据是右对齐方式存储。

当指定的数据位通过数据寄存器(SPIDAT)移位后,将发生下列事件:
➢ 数据寄存器(SPIDAT)中的内容传送到接收缓冲寄存器(SPIRXBUF)中。
➢ SPI INT FLAG 位(SPIST 寄存器的位 6)置 1。
➢ 如果发送缓冲寄存器(SPITXBUF)中还有有效数据(这由状态寄存器(SPISTS) 中的 TXBUF FULL 标志位来判断),这个数据将传送到数据寄存器(SPIDAT)中并且发送出去;否则接收到的数据移出数据寄存器(SPIDAT)之后,SPICLK 时钟停止。
➢ 如果 SPI INT ENA 位(控制寄存器(SPICTL)的位 0)置 1,将产生中断请求。

在典型应用中,$\overline{\text{SPISTE}}$引脚可以作为 SPI 从动控制器的片选信号引脚(在主控控制器发送数据前,把$\overline{\text{SPISTE}}$引脚置低电平;在主控控制器的数据发送完后,把$\overline{\text{SPISTE}}$引脚置为高电平)。

2. 从动模式

在从动模式下(MASTER/SLAVE=0),数据从 SPISOMI 引脚移出,并由 SPISIMO 引脚移入。SPICLK 引脚用于串行移位时钟的输入引脚,该串行移位时钟由 SPI 网络主控控制器提供。该时钟确定 SPI 的传输率,SPICLK 的频率应不超过控制器系统时钟频率的 1/4。

当主控控制器的 SPICLK 信号为适当的边沿信号时,写入数据寄存器(SPIDAT)或发送缓冲寄存器(SPITXBUF)的数据传送到网络。当数据寄存器(SPIDAT)中的所有数据位移出后,则将发送缓冲寄存器(SPITXBUF)中的数据移送到数据寄存器(SPIDAT)中。如果当前没有数据正在传送,则写入发送缓冲寄存器(SPITXBUF)中的数据会立即移到数据寄存器(SPIDAT)中并开始传送。当接收数据时,SPI 等待网络上的主控控制器发送 SPICLK 信号,随着 SPICLK 信号的发送,将 SPISIMO 引脚上的数据移入数据寄存器(SPIDAT)。如果从动控制器同时也在发送数据,之前发送缓冲寄存器(SPITXBUF)中又没有写入数据,则必须在

SPICLK 信号开始之前,把数据写入发送缓冲寄存器(SPITXBUF)或数据寄存器(SPIDAT)中。

当 TALK(控制寄存器(SPICTL)的位 1)位清零时,禁止数据传送,控制器输出引脚(SPISOMI)置为高阻态。若在数据发送期间 TALK 位清零,虽然 SPISOMI 引脚强制置为高阻态,但当前正在发送的数据将发送完,这就确保 SPI 仍然可以正确接收完输入的数据。有了 TALK 位则允许在同一个 SPI 网络上连接多个从动器件,但是任一时刻只能有一个从动器件可以驱动 SPISOMI 引脚。

当 $\overline{\text{SPISTE}}$ 引脚用于从动控制器的片选引脚时,其上的低电平有效信号使从动控制器的 SPI 把数据传送到串行数据线上。而高电平无效信号则使从动控制器的 SPI 串行移位寄存器停止移位,并且串行输出引脚置成高阻态。这样使同一网络上可以连接多个从动器件,但是任一时刻只能有一个从动器件可以工作。

14.4 SPI 中断

本节对 SPI 中断初始化、数据格式、时钟和数据传送的方法进行描述。

14.4.1 SPI 中断控制位

有 4 个控制位用于串行外设接口中断初始化:
- SPI 中断使能位 SPI INT ENA(控制寄存器(SPICTL)的位 0);
- SPI 中断标志位 SPI INT FLAG(状态寄存器(SPISTS)的位 6);
- SPI 过冲中断使能位 OVERRUN INT ENA(控制寄存器(SPICTL)的位 4);
- SPI 接收过冲中断标志位 RECEIVE OVERRUN INT FLAG(状态寄存器(SPISTS)的位 7)。

① SPI 中断使能位(控制寄存器(SPICTL)的位 0)。当 SPI 中断使能位置 1 并且发生中断时,将申请相应的中断。

  0 禁止 SPI 中断;1 使能 SPI 中断。

② SPI 中断标志位(状态寄存器(SPISTS)的位 6)。该位说明一个数据已经放入 SPI 接收缓冲器,并且可以读出了。在 SPI 中断使能的情况下,当数据移入或移出数据寄存器(SPIDAT)时,将置位中断标志位。若 SPI 中断使能,则产生中断。中断标志位保持置位,直到以下情况之一发生时才清除:
- 中断已经确认。
- CPU 读取接收缓冲寄存器(SPIRXBUF)。

注意:读取接收仿真缓冲寄存器(SPIRXEMU)并不会清除中断标志位。
- 用一个 IDLE 指令,器件进入 IDLE2 或 HALT 工作模式。
- 软件清除 SPI 的 SW RESET 位(配置控制寄存器(SPICCR)的位 7)。
- 系统发生复位。

当 SPI 的 INT FLAG 位为 1 时,表示一个字符已存放在接收缓冲寄存器(SPIRXBUF)中并等待 CPU 读取,如果 CPU 在下一个字符已经接收完毕时还没有读取接收缓冲寄存器(SPIRXBUF)中的数据,则新数据写入接收缓冲寄存器(SPIRXBUF),覆盖旧数据,这时 SPI

接收过冲中断标志位将置位。

③ SPI 过冲中断使能位(控制寄存器(SPICTL)的位 4)。无论何时硬件置位接收 SPI 过冲中断标志位(状态寄存器(SPISTS)的位 7),过冲中断就会发出中断请求。由状态寄存器(SPISTS)的位 7 和 SPI 的中断标志位(状态寄存器(SPISTS)的位 6)产生的中断共用这同一个中断向量。

  0 禁止接收过冲中断;1 使能接收过冲中断。

④ SPI 接收过冲中断标志位(状态寄存器(SPISTS)的位 7)。如果前一个已接收的数据没有从接收缓冲寄存器(SPIRXBUF)中读出,而接收到的新数据又写入接收缓冲寄存器(SPIRXBUF),那么接收过冲中断标志位将置位,接收过冲中断标志位必须由软件清零。

14.4.2 数据格式

配置控制寄存器(SPICCR)的位 3~0 这 4 位确定数据的位数(1~16 位),该位域指定状态控制逻辑计算接收和发送的位数,从而确定何时处理完一个数据。少于 16 位的数据采用下列方法处理:

- 当数据写入数据寄存器(SPIDAT)或发送缓冲寄存器(SPITXBUF)时必须左对齐。
- 数据从接收缓冲寄存器(SPIRXBUF)读取时必须右对齐。
- 接收缓冲寄存器(SPIRXBUF)中存放最新接收到的数据位(右对齐),再加上已移位到左边的前次留下的数据位。

如果发送字符的长度为 1 位,且数据寄存器(SPIDAT)的当前值为 737Bh,在主控模式下,数据寄存器(SPIDAT)和接收缓冲寄存器(SPIRXBUF)在数据发送前和发送后的数据格式如图 14-4 所示。

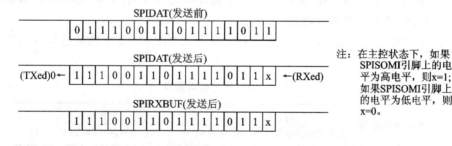

图 14-4 SPI 发送前后的数据格式

14.4.3 SPI 波特率设置和时钟模式

SPI 支持 125 种不同的波特率和 4 种不同的时钟模式。根据 SPI 的工作模式(从动或主控),引脚 SPICLK 可分别接收一个外部的 SPI 时钟信号或由片内提供的 SPI 时钟信号。

- 在从动工作模式中,SPI 时钟信号通过 SPICLK 引脚由外部时钟信号提供,并且该时钟信号的频率不能大于 LSPCLK 的 1/4。
- 在主控工作模式中,SPI 时钟由片内的 SPI 产生并由 SPICLK 引脚输出,该时钟信号的频率不能大于 LSPCLK 的 1/4。

1. 波特率的计算

> 对于 SPIBRR=3~127：
>
> $$SPI\ 波特率 = LSPCLK/(SPIBRR+1)$$
>
> 对于 SPIBRR=0、1 或 2：
>
> $$SPI\ 波特率 = LSPCLK/4$$

其中，LSPCLK 为系统的低速外设模块时钟频率；SPIBRR 为 SPI 主控控制器中波特率寄存器（SPIBRR）的值。

举例：确定 F240xA SPI 的最大波特率，假设 LSPCLK=40 MHz。

$$SPI\ 最大波特率 = LSPCLK/4 = (40 \times 10^6)/4 = 10 \times 10^6\ bps$$

2. SPI 的时钟模式

时钟极性位 CLOCK POLARITY（配置控制寄存器（SPICCR）的位 6）和时钟相位位 CLOCK PHASE（控制寄存器（SPICTL）的位 3）设定引脚 SPICLK 上 4 种不同的时钟模式。时钟极性位选择时钟有效沿为上升沿还是下降沿；时钟相位位则设定是否选择时钟的 1/2 周期延时。4 种不同的时钟模式如下：

> 无延时的下降沿：SPI 在 SPICLK 信号下降沿发送数据，而在 SPICLK 信号上升沿接收数据。
>
> 有延时的下降沿：SPI 在 SPICLK 信号下降沿之前的半个周期时发送数据，而在 SPICLK 信号下降沿接收数据。
>
> 无延时的上升沿：SPI 在 SPICLK 信号上升沿发送数据，而在 SPICLK 信号下降沿接收数据。
>
> 有延时的上升沿：SPI 在 SPICLK 信号上升沿之前的半个周期时发送数据，而在 SPICLK2 信号上升沿接收数据。

SPI 时钟模式选择如表 14-2 所列，这 4 种时钟模式与图 14-5 中的发送和接收是一一对应的。

表 14-2 SPI 时钟模式选择

SPICLK 时钟模式	时钟极性 （配置控制寄存器（SPICCR）的位 6）	时钟相位 （控制寄存器（SPICTL）的位 3）
无延时的上升沿	0	0
有延时的上升沿	0	1
无延时的下降沿	1	0
有延时的下降沿	1	1

对于 SPI，仅当（SPIBRR+1）的结果为偶数时才保持 SPICLK 的对称性。当（SPIBRR+1）为奇数并且 SPIBRR 大于 3 时，SPICLK 变成非对称。当 CLOCK POLARITY 位清零时，SPICLK 脉冲的低电平宽度比高电平宽度长一个系统时钟周期；当 CLOCK POLARITY 位为 1 时，SPICLK 脉冲的高电平宽度比低电平宽度长一个系统时钟周期。

图 14-6 为当（SPIBRR+1）为奇数、SPIBRR>3 且 CLOCK POLARITY=1 时 SPICLK 引脚的输出特性。

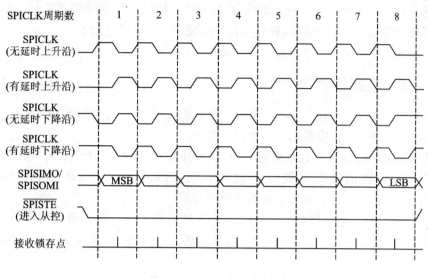

图 14-5 SPI 时钟时序图

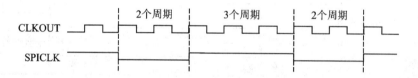

图 14-6 SPICLK 引脚输出特性

14.4.4 SPI 的初始化

当系统复位时,SPI 进入下列默认的配置:
- 配置 SPI 为从动模式(MASTER/SLAVE=0)。
- 禁止发送功能(TALK=0)。
- 在 SPICLK 信号的下降沿锁存输入数据。
- 字符长度为 1 位。
- 禁止 SPI 中断。
- 复位数据寄存器(SPIDAT)中的数据为 0000h。
- 配置 SPI 的 4 个引脚为一般的 I/O 输入引脚。

为了改变 SPI 在系统复位后的配置,应进行如下操作:
- 将 SPI SW RESET 位(配置控制寄存器(SPICCR)的位 7)清零,强制 SPI 进入复位状态。
- 初始化 SPI 的配置、数据格式、波特率和所需引脚的功能。
- 将 SPI SW RESET 位置为 1,使 SPI 进入工作状态。
- 写数据到数据寄存器(SPIDAT)或发送缓冲寄存器(SPITXBUF)中(启动主控模式下的通信过程)。
- 数据传送完成后(状态寄存器(SPISTS)的位 6=1),读取接收缓冲寄存器(SPIRXBUF)中的值,得到接收到的数据。

第14章 串行外设接口

为了防止初始化改变时发生意外事件,在对 SPI 初始化之前,将 SPI SW RESET 位(配置控制寄存器(SPICCR)的位 7)清零,并且在初始化完成之后对该位置 1。

注意: 在 SPI 通信过程中不能改变 SPI 的配置。

14.4.5 SPI 数据传送

SPI 数据传送的时序图如图 14-7 所示。图中表示,在使用对称的 SPICLK 信号时,两个 SPI 相连器件之间进行 5 位字符的 SPI 数据传送。

使用非对称的 SPICLK 传送数据时,其时序图具有与图 14-7 类似的性质。但有一点除外:在 SPICLK 脉冲的低电平期间(CLOCK POLARITY=0)或高电平期间(CLOCK POLARITY=1),数据传送要延长一个系统时钟周期。

图 14-7 给出的 5 位字符数据传送的时序图只适用于串行位流最大为 8 位的器件,对于串行位流最大为 16 位的器件不适用,但可从图 14-7 中了解到 SPI 数据传送的基本情况。

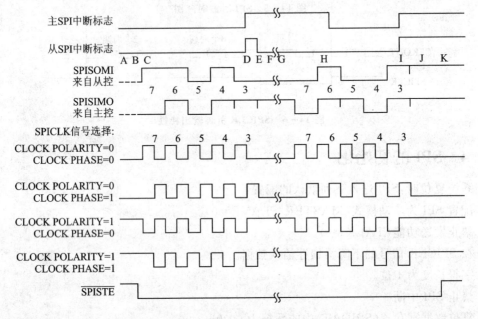

图 14-7 SPI 数据传送时序图

对图 14-7 中的 A~K 说明如下:

A 从动控制器将 0D0h 写入数据寄存器(SPIDAT),并等待主控控制器移出数据。

B 主控控制器将从动控制器的 SPISTE 引脚的电平置低(有效)。

C 主控控制器将 058h 写入数据寄存器(SPIDAT)来启动传送过程。

D 第 1 个字节传送完成,设置中断标志。

E 从动控制器从它的接收缓冲寄存器(SPIRXBUF)(右对齐)中读取数据 0Bh。

F 从动控制器将 04Ch 写入数据寄存器(SPIDAT)中,并等待主控控制器移出数据。

G 主控控制器将 06Ch 写入数据寄存器(SPIDAT)中来启动传送过程。

H 主控控制器从接收缓冲寄存器(SPIRXBUF)(右对齐)中读取 01Ah。

I 第2个字节传送完成，设置中断标志。
J 主控、从动控制器分别从各自的接收缓冲寄存器(SPIRXBUF)中读取 89h 和 8Dh。在用户程序屏蔽掉未使用的位之后，主控、从动控制器分别接收到 09h 和 0Dh。
K 主控控制器将从动控制器的 $\overline{\text{SPISTE}}$ 引脚的电平置为高电平(无效)。

14.5 SPI FIFO 概述

SPI FIFO 中断标志和使能逻辑如图 14-8 所示。

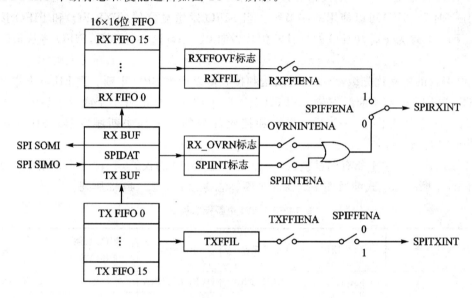

图 14-8 SPI FIFO 中断标志和使能逻辑图

以下几个步骤说明 FIFO 的特点以及如何对 SPI FIFO 进行编程。

① 复位：复位时 SPI 以标准的 SPI 模式上电，FIFO 功能禁止。FIFO 发送寄存器(SPIFFTX)、FIFO 接收寄存器(SPIFFRX)和 FIFO 控制寄存器(SPIFFCT)保持无效。

② 标准 SPI：SPIINT/SPIRXINT 作为中断源。

③ 模式转换：把 FIFO 发送寄存器(SPIFFTX)的位 SPIFFEN 置为 1 将使能 FIFO 模式。在任何操作阶段，SPIRST 都可以复位 FIFO 模式。

④ 激活寄存器：激活所有的 SPI 寄存器和 FIFO 发送寄存器(SPIFFTX)、FIFO 接收寄存器(SPIFFRX)和 FIFO 控制寄存器(SPIFFCT)。

⑤ 中断：FIFO 模式有两个中断，一个用于 FIFO 发送(SPITXINT)，一个用于 FIFO 接收(SPIINT/SPIRXINT)。SPIINT/SPIRXINT 是 SPI FIFO 接收、接收错误和 FIFO 接收溢出的通用中断。在标准 SPI 中，禁止用于发送和接收的 SPIINT 中断，然而这个中断将用于 SPIFIFO 接收中断。

⑥ 缓冲器：用两个 16×16 位的 FIFO 扩充发送和接收缓冲器。标准 SPI 的一字节发送缓冲寄存器(SPITXBUF)作为 FIFO 发送和移位寄存器之间的转换缓冲器。只有在移位寄存器的最后一位移出之后，FIFO 发送中的数据才装载一个字节到发送缓冲器。

⑦ 延时传送：把 FIFO 数据发送到移位寄存器的速度是可编程的。FIFO 控制寄存器（SPIFFCT）的 FFTXDLY7～FFTXDLY0 位定义字传送之间的延时。以 SPI 串行时钟周期的个数来定义延时长短。8 位寄存器可以定义最小为 0 个串行时钟周期的延时和最大为 256 个串行时钟周期的延时。在 0 个串行时钟周期延时的情况下，SPI 模块可以应用连续模式（FIFO 数据一个接一个移出）发送数据。在 256 个串行时钟周期延时的情况下，SPI 模块可以应用最大延时模式（FIFO 数据两个字节移出间隔 256 个串行时钟周期）发送数据。可编程延时传送可以方便地用于速度较慢的 SPI 外设的发送，如 EEPROM、模/数转换、DAC 等。

⑧ FIFO 状态位：FIFO 的发送和接收都有状态位 TXFFST 或 RXFFST（位 12～0），状态位定义任何时刻 FIFO 可以使用的字节数。当 FIFO 发送复位位（TXFIFO）和 FIFO 接收复位位（RXFIFO）置为 1 时，FIFO 的指针复位并指向 0。一旦这些位清零，FIFO 将从最开始重新工作。

⑨ 可编程的中断优先级：FIFO 的发送和接收可以产生 CPU 中断。当 FIFO 发送状态位 TXFFST（位 12～8）与中断触发位 TXFFIL（位 4～0）匹配时（前者小于或等于后者），产生相应的中断。这样就提供了一个 SPI 发送和接收部分的可编程中断触发器。FIFO 接收和 FIFO 发送中断触发位的默认值分别为 0x11111 和 0x00000。

SPI 接口模块产生中断有两种模式，一种是采用 FIFO 的模式，一种是不采用 FIFO 的模式。这两种中断标志模式涉及的中断源和中断标志等信息如表 14-3 所列。

表 14-3 SPI 中断标志模式

FIFO 模式选择	SPI 中断源	中断标志	中断使能	FIFO 使能 SPIFFENA	中 断
无 FIFO 的 SPI 模式	接收过冲	RXOVRN	OVRNINTENA	0	SPIRXINT*
	数据接收	SPIINT	SPIINTENA	0	SPIRXINT*
	无发送数据	SPIINT	SPIINTENA	0	SPIRXINT*
有 FIFO 的 SPI 模式	FIFO 接收	RXFFIL	RXFFIENA	1	SPIRXINT*
	无发送数据	TXFFIL	TXFFIENA	1	SPITXINT

* 非 FIFO 模式，SPIRXINT 与 SPIINT 中断一致。

14.6 SPI 控制寄存器

SPI 的控制和访问是通过控制寄存器实现的。

1. SPI 配置控制寄存器（SPICCR）——地址 7040h

SPI 配置控制寄存器（SPICCR）控制 SPI 操作的设置。

7	6	5	4	3	2	1	0
SPI SW RESET	CLOCK POLARITY	保留	SPILBK	SPI CHAR3	SPI CHAR2	SPI CHAR1	SPI CHAR0
R/W-0	R/W-0			R-0			

位 7　　SPI SW RESET：SPI 软件复位位。用户在改变配置以前，应将该位清零，并在恢复操作前将该位置 1。

0 初始化 SPI 运行标志到复位条件,具体来讲,就是清除 RECEIVER OVERRUN 标志位(状态寄存器(SPISTS)的位 7)、SPI INT 标志位(状态寄存器(SPISTS)的位 6)和 TXBUF FULL 标志位(状态寄存器(SPISTS)的位 5)。SPI 配置保持不变。如果模块作为主控控制器方式运行,则 SPICLK 输出信号返回到本身的未激活状态。

1 SPI 准备发送或接收下一个字符,当 SPI SW RESET 位为 0 时,已经写入发送器的字符在该位置位时不会移出。必须写新的字符到串行数据寄存器。

位 6　　CLOCK POLARITY:移位时钟极性位。该位用于控制 SPICLK 信号的极性。使用 CLOCK POLARITY 和 CLOCK PHASE(控制寄存器(SPICTL)的位 3)可以在 SPICLK 引脚上产生 4 种时钟模式。

0 在 SPICLK 信号的上升沿输出数据,下降沿输入数据。当无数据发送时,SPICLK 保持低电平。数据的输入/输出所对应的边沿依赖于 CLOCK PHASE 位(控制寄存器(SPICTL)的位 3)的值:

CLOCK PHASE=0:数据在 SPICLK 信号的上升沿输出;在 SPICLK 信号的下降沿锁存输入的数据。

CLOCK PHASE=1:在 SPICLK 信号的第一个上升沿之前的半个周期和随后的 SPICLK 信号的下降沿输出数据;输入的数据在 SPICLK 信号的上升沿锁存。

1 在 SPICLK 信号的下降沿输出数据,上升沿输入数据。当无数据发送时,SPICLK 保持高电平。数据的输入/输出所对应的边沿取决于 CLOCK PHASE 位(控制寄存器(SPICTL)的位 3)的值:

CLOCK PHASE=0:数据在 SPICLK 信号的下降沿输出;在 SPICLK 信号的上升沿锁存输入的数据。

CLOCK PHASE=1:在 SPICLK 信号的第一个下降沿之前的半个周期和随后的 SPICLK 信号的上升沿输出数据;输入的数据在 SPICLK 信号的下降沿锁存。

位 5　　保留位。

位 4　　SPILBK:SPI 自测试位。自测试模式允许在设备测试期间进行模块确认,该模式只在 SPI 的主控工作模式下有效。

0 SPI 自测试模式禁止(复位默认值)。

1 SPI 自测试模式使能。SIMO/SOMI 在内部进行联接,用于自己测试,而不需连接其他从动器件发送数据信号用于测试。

位 3～0　　SPI CHAR3～SPI CHAR0:字符长度控制位。该位域用于确定在一个移位时序内移入或移出信号字符的位数。表 14-4 列举了字符长度的选择与这 4 位的值之间的关系。

第 14 章 串行外设接口

表 14-4 字符长度与其控制位的值之间的关系

SPI CHAR3	SPI CHAR2	SPI CHAR1	SPI CHAR0	字符长度
0	0	0	0	1
0	0	0	1	2
0	0	1	0	3
0	0	1	1	4
0	1	0	0	5
0	1	0	1	6
0	1	1	0	7
0	1	1	1	8
1	0	0	0	9
1	0	0	1	10
1	0	1	0	11
1	0	1	1	12
1	1	0	0	13
1	1	0	1	14
1	1	1	0	15
1	1	1	1	16

2. SPI 控制寄存器(SPICTL)——地址 7041h

SPI 控制寄存器(SPICTL)控制数据的传输,控制 SPI 产生中断,控制 SPICLK 相位以及运行模式。

7	5	4	3	2	1	0
保留		OVERRUN INT ENA	CLOCK PHASE	MASTER/ SLAVE	TALK	SPI INT ENA
R-0			R/W-0			

位 7~5　保留位。

位 4　OVERRUN INT ENA:接收过冲中断使能位。当硬件将 RECEIVER OVER-RUN 标志位(状态寄存器(SPISTS)的位 7)置 1 时,产生中断。RECEIVER OVERRUN 标志位和 SPI INT 标志位产生的中断共用一个中断向量。

　　　0　禁止接收过冲中断;1　使能接收过冲中断。

位 3　CLOCK PHASE:SPI 时钟相位选择位。该位用于控制 SPICLK 信号的相位。时钟相位和时钟极性(配置控制寄存器(SPICCR)的位 6)产生 4 种不同时钟模式。当时钟相位为高电平时,SPI(主控控制器和从动控制器)使得数据的首位在写入数据寄存器(SPIDAT)之后和 SPICLK 信号的第一个边沿之前有效,而与 SPI 的工作模式无关。

　　　0　正常的 SPI 时钟模式,由时钟极性位(配置控制寄存器(SPICCR)的位 6)设定。

	1	SPICLK 信号延时半个周期,极性由时钟极性位(配置控制寄存器(SPICCR)的位6)设定。
位 2		MASTER/SLAVE:SPI 工作模式选择位。该位用于设定 SPI 是主控控制器还是从动控制器。复位时,SPI 自动配置为从动控制器。
	0	SPI 配置为从动工作模式; 1 SPI 配置为主控工作模式。
位 1		TALK:主控/从动发送使能位。该位可以置串行数据输出为高阻抗状态,从而禁止数据的发送(主控/从动工作模式)。如果在数据发送过程中禁止该位,发送移位寄存器将继续工作,直到前一个字符移出完成。当该位处于禁止状态时,SPI 仍能够接收字符并更新状态标志。该位在复位时清 0。
	0	禁止发送。在主控、从动工作模式下,若 SPISOMI 引脚没有配置为通用 I/O 引脚,则置成高阻态。
	1	使能发送。对 4 个引脚的应用场合,应保证使能了接收器的 $\overline{\text{SPISTE}}$ 输入引脚。
位 0		SPI INT ENA:SPI 中断使能位。该位用于控制 SPI 产生发送/接收中断。SPI INT 标志位(状态寄存器(SPISTS)的位6)不受其影响。
	0	禁止 SPI 中断; 1 使能 SPI 中断。

3. SPI 状态寄存器(SPISTS)——地址 7042h

7	6	5	4 0
RECEIVER OVERRUN FLAG	SPI INT FLAG	TX BUF FULL FLAG	保留
R/C-0	R/C-0	R/C-0	R-0

注:RECEIVER OVERRUN FLAG 和 SPI INT FLAG 使用相同的中断向量;对位 5、6、7 写入 0 无效。

位 7　　RECEIVER OVERRUN FLAG:SPI 接收过冲标志位。该位为只读可清除位。如果在前一个数据从缓冲器中读出之前,又完成一个新数据的接收,则 SPI 硬件将该位置位。该位表示已经覆盖最后一个接收到的数据,因而丢失了数据。如果接收过冲中断使能位(控制寄存器(SPICTL)的位 4)已经置位,则该位每次置位时 SPI 就发生一次中断请求。该位可由以下 3 种操作来清除:

— 写入 1 到该位。
— 写入 0 到 SPI SW RESET(状态寄存器(SPISTS)的位 7)。
— 系统复位。

若接收过冲中断使能位(控制寄存器(SPICTL)的位 4)已置位,则 SPI 将在第一次接收过冲标志位置位时产生一次中断请求。如果在该标志位置位时又发生接收过冲事件,则 SPI 不会再次发出中断请求(这就意味着:要使下一次发生接收过冲事件时产生中断,用户必须在每次发生接收过冲事件后向 SPI SW RESET 位写 1 清除该位)。换句话说,如果接收过冲标志位由中断服务子程序保留(未清除),则当中断服务子程序退出时,将不会立即产生另一个过冲中断。但是,由于接收过冲标志位和 SPI 中断标志位共用相同的中断向量,所以在中断服务程序期间应清除接收过冲标志位。在接收下一个数据时,将减少对中断源来源的疑问。

位 6　　SPI INT FLAG：SPI 中断标志位。SPI 中断标志位是一个只读位，当 SPI 硬件对该位置位时，表示已经发送或接收完最后一位并处于等待状态。在该位置位的同时，接收到的字符送入接收缓冲器（SPIRBUF）中。若 SPI 中断标志位（控制寄存器（SPICTL）的位 0）置位，会引起一个中断请求。该位可由以下 3 种操作来清除：
— 读出接收缓冲寄存器（SPIRXBUF）的内容。
— 写入 0 到 SPI SW RESET 位（配置控制寄存器（SPICCR）的位 7）。
— 系统复位。

位 5　　TX BUF FULL FLAG：SPI 发送缓冲器满标志位。该位为只读位，当向发送缓冲寄存器（SPITXBUF）写入字符时，该位置位。在数据寄存器（SPIDAT）中先前的字符已完全移出后向数据寄存器（SPIDAT）中自动装载字符时，该位清零。复位时该位为 0。

位 4～0　　保留位。

4. SPI 波特率寄存器（SPIBRR）——地址 7044h

SPI 波特率寄存器（SPIBRR）包含用于波特率选择的位。

7	6	5	4	3	2	1	0
保留	SPI BIT RATE6	SPI BIT RATE5	SPI BIT RATE4	SPI BIT RATE3	SPI BIT RATE2	SPI BIT RATE1	SPI BIT RATE0
R-0	R/W-0						

位 7　　保留位。

位 6～0　　SPI BIT RATE6～SPI BIT RATE0：SPI 波特率设置位。若 SPI 作为主控控制器运行，则可以使用这几位来设置数据的发送速率。共有 125 个数据发送速率供选择。每个 SPICLK 周期移出一个数据位。若 SPI 作为从动控制器运行，则 SPI 模块从 SPICLK 引脚上接收来自主控控制器的时钟信号，因此，这些波特率设置位对 SPICLK 信号无效。来自主控控制器的输入时钟的频率不应该超过从动控制器 SPI 的 SPICLK 信号频率的 1/4。

在主控控制器运行模式下，SPI 时钟由 SPI 模块产生并由 SPICLK 引脚输出。SPI 波特率可以由以下公式计算：

➢ 当 SPIBRR=3～127 时：

$$SPI 波特率 = LSPCLK/(SPIBRR+1)$$

➢ 当 SPIBRR=0、1 或 2 时：

$$SPI 波特率 = LSPCLK/4$$

式中，LSPCLK＝CPU 时钟频率×器件的低速外设模块时钟；SPIBRR＝主控 SPI 器件中波特率寄存器（SPIBRR）的值。

5. SPI 接收仿真缓冲寄存器（SPIRXEMU）——地址 0746h

SPI 接收仿真缓冲寄存器（SPIRXEMU）内存放接收到的数据，读该寄存器不会清除 SPI 中断标志位（状态寄存器（SPISTS）的位 6）。它不是一个实际的寄存器，而是一个伪地址。仿真器可以从该地址中读取接收缓冲寄存器（SPIRXBUF）的内容，而不会清除 SPI 中断标志位。

15	14	13	12	11	10	9	8
ERXB15	ERXB14	ERXB13	ERXB12	ERXB11	ERXB10	ERXB9	ERXB8

R-0

7	6	5	4	3	2	1	0
ERXB7	ERXB6	ERXB5	ERXB4	ERXB3	ERXB2	ERXB1	ERXB0

R-0

位 15~0　ERXB15~ERXB0：仿真缓冲器接收的数据。接收仿真缓冲寄存器(SPIRXEMU)的功能与接收缓冲寄存器(SPIRXBUF)基本相同，只是读接收仿真缓冲寄存器(SPIRXEMU)时不会清除 SPI INT FLAG 标志位(状态寄存器(SPISTS)的位 6)。一旦数据寄存器(SPIDAT)接收到完整的数据，该数据将传送到接收仿真缓冲寄存器(SPIRXEMU)和接收缓冲寄存器(SPIRXBUF)中，可以读出这两个寄存器中的数据。同时 SPI INT FLAG 标志位置位。

创建这个影子寄存器——SPI 接收仿真缓冲寄存器(SPIRXEMU)是为了支持仿真。由于读接收缓冲寄存器(SPIRXBUF)时将清除 SPI INT FLAG 标志位(状态寄存器(SPISTS)的位 6)。而在仿真器的正常操作中，需要不断地读取寄存器的数据以便更新显示窗口中这些寄存器的内容。读接收仿真缓冲寄存器(SPIRXEMU)不会清除 SPI INT FLAG 标志位，即接收仿真缓冲寄存器(SPIRXEMU)使仿真器模拟 SPI 的操作更加真实准确。

建议在仿真器工作模式下观察接收仿真缓冲寄存器(SPIRXEMU)中的值，以便调试程序。

6. SPI 接收缓冲寄存器(SPIRXBUF)——地址 7074h

SPI 接收缓冲寄存器(SPIRXBUF)中存放接收到的数据。读该寄存器将会清除 SPI INT FLAG 标志位(状态寄存器(SPISTS)的位 6)。

15	14	13	12	11	10	9	8
RXB15	RXB14	RXB13	RXB12	RXB11	RXB10	RXB9	RXB8

R-0

7	6	5	4	3	2	1	0
RXB7	RXB6	RXB5	RXB4	RXB3	RXB2	RXB1	RXB0

R-0

位 15~0　RXB15~RXB0：缓冲寄存器接收到的数据。一旦数据寄存器(SPIDAT)接收完整的字符，该字符就传送到接收缓冲寄存器(SPIRXBUF)中以供读取，同时置位 SPI INT FLAG 标志位。由于数据首先移入 SPI 的最高有效位中，所以数据在该寄存器中采用右对齐方式存储。

7. SPI 发送缓冲寄存器(SPITXBUF)——地址 7048h

SPI 发送缓冲寄存器(SPITXBUF)用于存放后一个待发送的字符。对该寄存器写入数据时将置位 TX BUF FULL FLAG 位(状态寄存器(SPISTS)的位 5)。发送完当前的数据后，该缓冲器中的数据将自动装载到数据寄存器(SPIDAT)中，然后会清零 TX BUF FULL FLAG 位(状态寄存器(SPISTS)的位 5)。如果当前数据寄存器(SPIDAT)空，则写入发送缓冲器(SPITXBUF)的数据将直接传送到数据寄存器(SPIDAT)中。在这种情况下，发送缓冲器满，TX BUF FULLFLAG 位不会置位。

在主控模式下,如果当前没有数据发送,则对发送缓冲寄存器(SPITXBUF)写入数据就会启动一次发送操作,这与对数据寄存器(SPIDAT)写入数据启动发送的模式相同。

15	14	13	12	11	10	9	8
TXB15	TXB14	TXB13	TXB12	TXB11	TXB10	TXB9	TXB8
				R/W-0			
7	6	5	4	3	2	1	0
TXB7	TXB6	TXB5	TXB4	TXB3	TXB2	TXB1	TXB0
				R/W-0			

位 15～0　TXB15～TXB0:发送数据缓冲器。

注:写入发送缓冲寄存器(SPITXBUF)的数据必须是左对齐格式。

8. SPI 数据寄存器(SPIDAT)——地址 7049h

SPI 数据寄存器(SPIDAT)是发送/接收用的移位寄存器。写入数据寄存器(SPIDAT)的数据将以 SPICLK 时钟频率依次从该寄存器最高位(MSB)移出。每当最高位移出后,就会有一位数据移入该寄存器的最低位(LSB)。

15	14	13	12	11	10	9	8
SDAT15	SDAT14	SDAT13	SDAT12	SDAT11	SDAT10	SDAT9	SDAT8
				R/W-0			
7	6	5	4	3	2	1	0
SDAT7	SDAT6	SDAT5	SDAT4	SDAT3	SDAT2	SDAT1	SDAT0
				R/W-0			

位 15～0　SDAT15～SDAT0:串行数据。写入数据到数据寄存器(SPIDAT)的操作可执行两种功能:
— 如果置位 TALK 位(控制寄存器(SPICTL)的位 1),则提供输出到串行输出引脚上的数据。
— 如果 SPI 处于主控控制器工作模式,启动数据的发送。

在主控工作模式下,可以将无用数据写入数据寄存器(SPIDAT)用以启动接收器的接收功能。因为硬件不支持对少于 16 位的数据进行对齐处理,所以发送的数据必须先执行左对齐操作,而读取的接收数据为右对齐格式。

9. SPI FIFO 寄存器组

(1) SPI FIFO 发送寄存器(SPIFFTX)——地址 704Ah

15	14	13	12	11	10	9	8
SPIRST	SPIFFENA	TXFIFO	TXFFST4	TXFFST3	TXFFST2	TXFFST1	TXFFST0
R/W-0	R/W-1	R/W-1			R-0		
7	6	5	4	3	2	1	0
TXFFINT FLAG	TXFFINT CLR	TXFFIENA	TXFFIL4	TXFFIL3	TXFFIL2	TXFFIL1	TXFFIL0
R-0	W-0			R/W-0			

位 15　SPIRST:SPI 复位位。
　　0　写入 0 复位 SPI 发送与接收通道,SPI FIFO 寄存器配置位保持不变;
　　1　SPI FIFO 可以重新发送或接收,而不影响 SPI 寄存器的位。

位 14　SPIFFENA:SPI FIFO 增强功能使能位,复位值为 0。

	0	禁止 SPI FIFO 增强功能，FIFO 处于复位状态；
	1	使能 SPI FIFO 增强功能。
位 13	TXFIFO：FIFO 发送复位位，复位值为 1。	
	0	写入 0 复位 FIFO 指针到 0 并保持复位状态；
	1	重新使能 FIFO 发送操作。
位 12～8	TXFFST4～0：FIFO 发送状态位，复位值为 00000。	

00000	FIFO 发送为空；	00011	FIFO 发送内有 3 个字；
00001	FIFO 发送内有 1 个字；	0xxxx	FIFO 发送内有 x 个字；
00010	FIFO 发送内有 2 个字；	10000	FIFO 发送内有 16 个字。

位 7	TXFFINT：TXFIFO 中断标志位，复位值为 0，为只读位。
	0 TXFIFO 中断未发生；
	1 TXFIFO 中断已发生。
位 6	TXFFINT CLR：TXFFINT 标志清零位。
	0 写入 0 时，对 TXFFINT 标志位无效，读出值为 0；
	1 写入 1 时，清除位 7 的 TXFFINT 标志。
位 5	TXFFIENA：TXFFIVL 匹配使能 TX FIFO 中断位。
	0 禁止基于 TXFFIVL 匹配（小于或等于）的 TX FIFO 中断；
	1 使能基于 TXFFIVL 匹配（小于或等于）的 TX FIFO 中断。
位 4～0	TXFFIL4～0：FIFO 发送中断触发位，默认值为 0x00000。
	当 FIFO 状态位（TXFFST4～0）与 FIFO 中断触发位（TXFFIL4～0）匹配（小于或等于）时，FIFO 发送将产生中断。复位后的默认值为 0x00000。

(2) SPI FIFO 接收寄存器(SPIFFRX)——地址 704Bh

15	14	13	12	11	10	9	8
RXFFOVF FLAG	RXFFOVF CLR	RXFIFO RESET	RXFFST4	RXFFST3	RXFFST2	RXFFST1	RXFFST0
R-0	W-0	R/W-1	R-0				

7	6	5	4	3	2	1	0
RXFFINT FLAG	RXFFINT CLR	RXFFIENA	RXFFIL4	RXFFIL3	RXFFIL2	RXFFIL1	RXFFIL0
R-0	W-0	R/W-0	R/W-1				

位 15	RXFFOVF FLAG：FIFO 接收溢出标志位，复位值为 0，该位只读。
	0 FIFO 接收没有溢出；
	1 FIFO 接收溢出，FIFO 接收的字多于 16 个，且最先接收的第一个字已经丢失。
位 14	RXFFOVF CLR：FIFO 接收溢出清除位，复位值为 0。
	0 写入 0 时，对 RXFFOVF 标志位无效，读出值为 0；
	1 写入 1 时清除 RXFFOVF 标志。
位 13	RXFIFO RESET：FIFO 接收复位位，复位值为 1。
	0 写入 0 复位 FIFO 指针到 0 并保持在复位状态；
	1 重新使能 FIFO 接收操作。
位 12～8	RXFFST4～0：FIFO 接收状态位，复位值为 00000。

00000	FIFO 接收为空；	00011	FIFO 接收内有 3 个字；
00001	FIFO 接收内有 1 个字；	0xxxx	FIFO 接收内有 x 个字；
00010	FIFO 接收内有 2 个字；	10000	FIFO 接收内有 16 个字。

位 7　　RXFFINT：FIFO 接收中断标志位，复位值为 0，该位为只读位。
　　　　0　未发生 RXFIFO 中断；
　　　　1　已发生 RXFIFO 中断。

位 6　　RXFFINT CLR：FIFO 接收中断清除位，复位值为 0。
　　　　0　写入 0 时对 RXFFINT 标志位无效，读出值为 0；
　　　　1　写入 1 时清除 RXFFINT 标志。

位 5　　RXFFIENA：FIFO 接收中断匹配使能位，复位值为 0。
　　　　0　禁止基于 RXFFIVL 匹配（小于或等于）的 RX FIFO 中断；
　　　　1　使能基于 RXFFIVL 匹配（小于或等于）的 RX FIFO 中断。

位 4～0　RXFFIL4～0：FIFO 接收中断触发位，复位值为 11111。
　　　　当 FIFO 状态位（RXFFST4～0）与 FIFO 优先级位（RXFFIL4～0）匹配（大于或等于）时，将产生 FIFO 接收中断。复位后的默认值为 11111，这样可以避免由于复位后 FIFO 接收在大多数时间内为空而产生频繁的中断的情况。

(3) SPI FIFO 控制寄存器（SPIFFCT）——地址 704Ch

15							8
保留							
R-0							
7	6	5	4	3	2	1	0
FFTXDLY7	FFTXDLY6	FFTXDLY5	FFTXDLY4	FFTXDLY3	FFTXDLY2	FFTXDLY1	FFTXDLY0
R/W-0							

位 15～8　保留位。
位 7～0　FFTXDLY7～0：FIFO 发送延时位。该位域定义从 FIFO 发送缓冲器到发送移位寄存器之间的延时。延时的定义在数值上以 SPI 串行时钟周期为单位，8 位寄存器可以定义最小 0 个串行时钟周期和最大 25 个串行时钟周期。
　　　　在 FIFO 模式下，移位寄存器与 FIFO 之间的发送缓冲寄存器（SPITXBUF）应该只有在移位寄存器中所有的位完全移出后才能填满，这就要求在发送的数据流之间要有延时。

10. SPI 中断优先级控制寄存器（SPIPRI）——地址 704Fh

7	6	5	4	3			0
保留		SPI SUSP SOFT		SPI SUSP FREE	保留		
R-0		R/W		R/W-0	R-0		

位 7～6　保留位。
位 5～4　SPI SUSP SOFT、SPI SUSP FREE：该两位用于确定在仿真悬挂时（如仿真调试器检测到断点）的操作。若为全速运行模式，则外设模块继续工作；若为停止模式，则外设模块要么立即停止工作，要么在当前的操作（接收/发送）完成后停止。

00	一旦确认 TSPEND 发生,则停止通信。在非系统复位的情况下解除 TSUSPEND,则 DATBUF 中剩余的位就会继续移出。 例如,若数据寄存器(SPIDAT)已经移出 8 位中的 3 位时确认 TSPEND 发生,则通信在当前位停止。但是,在没有对 SPI 复位的情况下解除 TSUSPEND,SPI 将会从先前通信停止处(如 14.7 节 SPI 应用举例中数据的第 4 位)启动数据的发送。SCI 模块的操作则不相同。
10	如果发送前(就是在第一个 SPICLK 脉冲前)产生了仿真悬挂,则不发送;如果在发送时产生了仿真悬挂,则剩余的数据将全部发送出去。标准的 SPI 模式为:发送完移位寄存器和缓冲器内的字后停止,即当发送缓冲寄存器(SPITXBUF)和数据寄存器(SPIDAT)为空时停止。FIFO 模式为:发送完移位寄存器和 FIFO 缓冲器内的字后停止,即当 TX FIFO 和数据寄存器(SPIDAT)为空时停止。
x1	全速运行,SPI 的操作不受仿真悬挂的影响。

位 3~0　保留位。

14.7　SPI 应用举例

在实验开发板上,8 个七段数码管驱动电路和 12 位数/模转换器(DAC)电路均采用 SPI 接口与 DSP 通信。

如图 14-9 所示为数码管显示电路,74HC595 是串行数据转并行数据驱动器,U15~U22 为 8 片 74HC595 驱动芯片,每个 74HC595 芯片驱动一个七段数码管(图 14-9 中只画出两路 8 段数码管)。

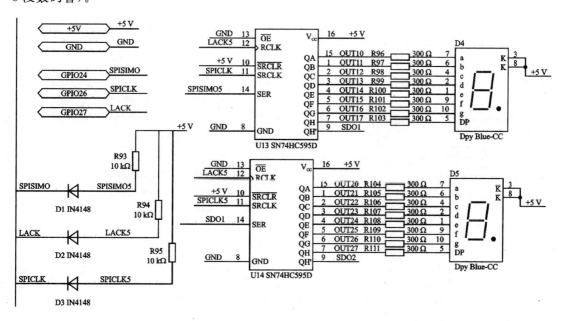

图 14-9　数码管显示电路

第14章 串行外设接口

利用 F2808 的同步 SPI,进行数码管显示。二极管和电阻电路是为了匹配 3.3 V 电平和 5 V 电平之用。

【举 例】 本例中通过 F2808 的 SPI 接口控制数码管显示,在 8 个数码管上依次显示数字 1~8。该程序已在实验开发板上调试通过。

```c
/************************************************************
* *功能描述:SPI 程序,通过 SPI 操作 8 个 LED 数码管,显示数字 1~8* *
************************************************************/
#include "DSP280x_Device.h"
Unit16 table[10] = {0x0c00, 0xf900, 0xA400, 0xB000, 0x9900, 0x9200, 0x8200, 0xF800, 0x8000,
                    0x9000};
void spi_intial()                                         //SPI 初始化子程序
{
    SpiaRegs.SPICCR.all = 0x0047;                         //使 SPI 处于复位模式,下降沿,8 位数据
    SpiaRegs.SPICTL.all = 0x0006;                         //主控模式,一般时钟模式
                                                          //关闭 SPI 中断
    SpiaRegs.SPIBRR = 0x007F;                             //配置波特率
    SpiaRegs.SPICCR.all = SpiaRegs.SPICCR.all|0x0080;     //退出复位状态
    EALLOW;
    GpioCtrlRegs.GPAMUX2.bit.GPIO25 = 1;                  //设置通用引脚为 SPI 引脚
    GpioCtrlRegs.GPAMUX2.bit.GPIO26 = 1;
    EDIS;
}
void gpio_init()
{
    EALLOW;
    GpioCtrlRegs.GPAMUX2.bit.GPIO27 = 0;                  //GPIO27 设置为一般 I/O 口,输出
    GpioCtrlRegs.GPADIR.bit.GPIO27 = 1;
    EDIS;
    GpioDataRegs.GPADAT.bit.GPIO27 = 0;                   //GPIO27 接口为 74HC595D 锁存信号
}
void main(void)
{
    unsigned long int k = 0;
    InitSysCtrl();                                        //系统初始化子程序,该程序包含在
                                                          //DSP28_SysCtrl.C 中
    DINT;                                                 //关闭总中断
    IER = 0x0000;
    IFR = 0x0000;
    spi_intial();                                         //SPI 初始化子程序
    gpio_init();                                          //GPIO 初始化子程序
    while(1)
    {
        GpioDataRegs.GPADAT.bit.GPIO27 = 0;               //给 LACK 信号一个低电平
        for(k = 0;k<8;k ++ )
```

```
        {
            SpiaRegs.SPITXBUF = 0xc00;                    //给数码管送数
            while(SpiaRegs.SPISTS.bit.INT_FLAG != 1){}
            SpiaRegs.SPIRXBUF = SpiaRegs.SPIRXBUF;
        }
        GpioDataRegs.GPADAT.bit.GPIO27 = 1;               //给 LACK 信号一个高电平为锁存 74HC595
        for(k = 0;k<10;k ++ ){}
    }
}
```

第 15 章

增强型局域网控制器

F2808 的增强型局域网控制器(eCAN)模块与现行的 CAN2.0B 版本兼容。在电子噪声环境中,增强型局域网控制器模块常常使用既定的协议与其他控制器进行通信。由于 eCAN 模块有 32 个完全可配置的邮箱和时间标志特性,所以它能提供一个通用且可靠的串行通信接口。

15.1 eCAN 控制器结构

图 15-1 给出了 eCAN 控制器的主要模块及其接口电路。

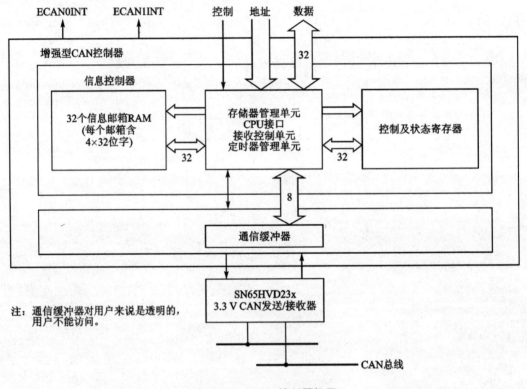

图 15-1 eCAN 控制器框图

15.1.1 CAN 概述

eCAN 模块使用 CAN 协议核心模块去完成基本的 CAN 协议任务。eCAN 模块具有以下特性：
- 完全遵从 CAN2.0B 版本协议。
- 支持高达 1 Mbps 的数据速率。
- 具有 32 个邮箱，每一个都有以下特性：
  —— 可配置为接收或发送；
  —— 可配置为使用标准标识符或扩展标识符；
  —— 有一个可编程的接收屏蔽寄存器；
  —— 支持数据帧和远程帧；
  —— 由 0~8 字节的数据组成；
  —— 在接收和发送信息时使用 32 位时间标志；
  —— 防止旧信息被新信息覆盖的保护措施；
  —— 使能发送信息优先级的动态编程；
  —— 使用两种等级的可编程中断方案；
  —— 在发送和接收超时后警告信息可编程。
- 低功耗工作模式。
- 总线激活可编程的唤醒。
- 对远程请求信息的自动回复。
- 对丢失仲裁或发生错误的帧自动重发。
- 与特殊信息（与 16 号邮箱相关联）同步的 32 位局域网时间标志计数器。
- 自回环测试模式。

构成自回环测试模式操作中提供了发送接收自己信息的通道和提供了一个"哑元"的应答，因此就不需要另外的节点（微控制器）提供应答位，为程序调试提供了方便。

eCAN 模块与 TI 公司 TMS470 系列微控制器的高端 CAN 控制器（HECC，High-End CAN Controller）基本相同，只有一些小改进。eCAN 模块相对于 F240x 系列 CAN 模块的特性有较大提高，例如增加了具有独立接收屏蔽的邮箱数量，增加了时间标志等。因此，为 F240x 的 CAN 模块写的代码不能直接放到 eCAN 中运行。但是，eCAN 仍然遵守与 F240x 的 CAN 模块相同的寄存器结构和位的作用和定义（针对两者都有的寄存器而言）。也就是说，许多寄存器和位在这两个平台上具有完全相同的功能，使得代码移植相对简单一些，用 C 语言编写的代码移植更简单一些。

15.1.2 CAN 网络及模块

控制器局域网（CAN）使用串行多主通信协议，该协议有效支持分布式实时控制，并且具有很高的代码安全性和高达 1 Mbps 的通信速率。CAN 总线对于在噪声干扰严重的情况和恶劣的工作环境下的应用十分理想，例如在汽车或其他要求可靠通信或者多路线路的工业领域。

通过使用保证高优先级数据完整性的仲裁协议和错误检测方法，数据长度高达 8 字节的不同优先级的信息可以在多主串行总线上传输。

CAN 协议在通信时支持 4 种不同的帧类型。
- 数据帧：携带数据从发送节点到接收节点。

第 15 章 增强型局域网控制器

➢ 远程帧：当要求发送一个完全相同数据帧时，远程帧通过一个节点发送。
➢ 错误帧：任何一个节点检测到总线错误时都发送。
➢ 超载帧：提供相邻两个数据帧或远程帧之间的附加延时。

另外，CAN2.0B 版本规范定义了两种标识符长度不同的帧格式，分别为具有 11 位标识符的标准帧和具有 29 位标识符的扩展帧。

CAN 标准数据帧包含 44~108 位，扩展数据帧包含 64~128 位。另外，高达 23 个填充位可以嵌入标准数据帧，高达 28 个填充位可以嵌入扩展数据帧，取决于数据流的编码格式。因此，数据帧的最大长度是标准帧 131 位和扩展帧 156 位。

数据帧的位如图 15-2 所示。

➢ 帧起始域：一位起始位。
➢ 仲裁域：包括标识符和发送信息的类型。
➢ 控制域：包括数据的数量。
➢ 数据域：最高可达 8 字节的数据。
➢ CRC 域：循环冗余校验。
➢ 应答域：2 位应答位。
➢ 帧结束域：7 位结束位。

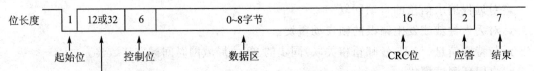

仲裁域包括：11 位标识码+RTR 位(标准帧格式)；29 位标识码+SRR 位+IDE 位+RTR 位(扩展帧格式)。
其中：RTR=远程发送请求；SRR=替代远程请求；TDE=标识符扩展。

注：除非另外说明，否则数量是位的总和。

图 15-2 CAN 协议的数据帧

F2808 的 eCAN 控制器提供具有 CAN 协议 2.0B 版本的全部功能。CAN 控制器使得通信时，CPU 的开销减少到最小，并且通过提供附加特性来增强 CAN 标准的性能。

eCAN 模块的结构如图 15-3 所示，它由 CAN 协议内核(CPK)及信息控制器两部分组成。

CPK 有两个功能：一个功能是对所有 CAN 总线上接收到的符合 CAN 协议的信息进行译码，并把这些信息传送至接收缓存器中；另一个功能是按照 CAN 协议发送信息到 CAN 总线上。

通过 CPK 接收到的信息是否保存或丢弃由 CAN 信息控制器确定。在初始化阶段，规定所有应用到的信息标识符必须都送到信息控制器。信息控制器按照信息的优先级将下一条要发送的信息送入 CPK。

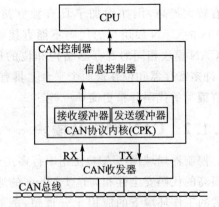

注：接收和发送缓冲器对用户来说是透明的，用户不能访问。

图 15-3 eCAN 模块的结构框图

15.1.3 eCAN 控制器概述

eCAN 是具有 32 位内部结构的新一代 CAN 控制器。
信息控制器由以下几部分组成：
- 存储器管理单元(MMU)，包括 CPU 接口、接收控制单元(接收滤波器)和定时器管理单元。
- 能存储 32 条信息的邮箱 RAM 存储器。
- 控制和状态寄存器。

当 CPK 接收到一条有效信息后，信息控制器的接收控制单元将确定是否将接收到的信息存入能存储 32 条信息的 RAM 存储器邮箱中。接收控制单元检测所有邮箱的状态、标识符和屏蔽，然后确定存入相应的邮箱。接收的信息存入通过接收滤波认可后的第一个邮箱。如果接收控制单元不能找到任何邮箱存储该信息，那么就丢弃该信息。

一条信息必须由 11 位或 29 位的标识符、一个控制域和一个高达 8 字节的数据组成。

当必须发送一条信息时，信息控制器发送该信息到 CPK 的发送缓存器，这样就可以在下一个总线空闲状态时发送信息。当需要发送一条以上的信息时，信息控制器将准备好要发送的最高优先级(该优先级由信息优先级寄存器确定)的信息送入 CPK。如果两个邮箱具有相同的优先级，则序号较大的邮箱将优先发送。

定时器管理单元包含一个局域网时间标记计数器和对所有接收或发送的信息进行适当时间标记的功能。当使能的时钟周期结束后，如果一个信息没有接收或发送出去，则产生中断。时间标志特性只存在于 eCAN 模式中。

要初始化数据发送，相应控制寄存器的发送请求位必须置 1。那时，整个发送过程和可能出现的错误处理都将独立进行而不需要 CPU 参与。如果配置一个邮箱为接收信息，使用 CPU 读指令可以很容易读取它的数据寄存器中的内容。可以设置邮箱在每一次成功发送或接收信息后产生中断。

1. 标准 CAN 控制器兼容模式(SCC)

SCC 模式是 eCAN 的简化功能模式。在该模式下，只使用 16 个邮箱(0~15)，不用时间标志特性且减少了接收屏蔽寄存器。该模式为系统复位时的默认模式。使用 SCB 位(主控寄存器(CANMC)的位 13)可以选择是 SCC 模式还是全功能的 eCAN 模式。

2. 存储器

eCAN 模块使用 F2808 的存储器中两个不同的段地址。第一个段地址用于访问邮箱的控制寄存器、状态寄存器、接收屏蔽寄存器、时间标志寄存器以及信息超时寄存器。对控制寄存器和状态寄存器的访问限制为 32 位宽的模式。局部接收屏蔽寄存器、时间标志寄存器和超时寄存器可以 8 位、16 位和 32 位宽的方式访问。第二个段地址和邮箱 RAM 存储器段用于访问邮箱。该存储范围可以用 8 位、16 位和 32 位宽的方式访问。这两个存储区如图 15-4 所示，它们都占用了 512 字节的地址空间。

信息存储在 RAM 存储器中，可通过 CAN 控制器或 CPU 寻址。CPU 通过修改 RAM 存储器中的各个邮箱或附加寄存器的内容控制 CAN 控制器。存储单元的内容与执行接收滤波、信息发送和中断处理的功能对应。

第15章 增强型局域网控制器

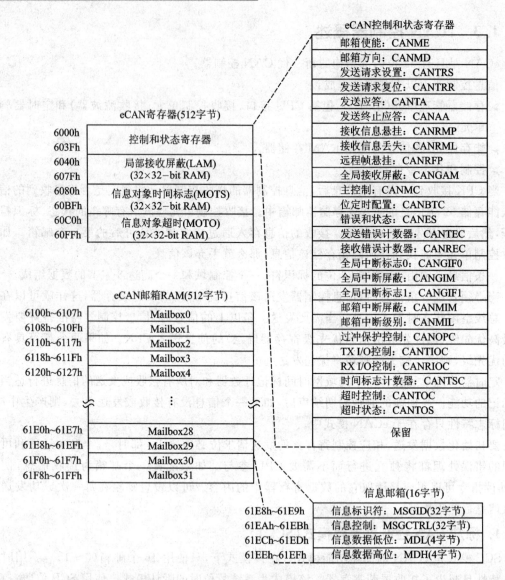

图15-4 存储器图

eCAN中的邮箱提供32个由8字节数据、29位标识符和几个控制位组成的邮箱信息。每一个邮箱都可以配置为发送或接收方式。在eCAN模块中，每个邮箱都有对应的接收屏蔽寄存器。

注：如果在应用中未使用LAM、MOTSn和MOTOn寄存器和邮箱（被邮箱使能寄存器（CANME）设置为禁止），则用户可以把它们作为通用数据存储器使用。

3. eCAN控制和状态寄存器

eCAN的寄存器列于表15-1中，CPU使用它们来配置和控制CAN控制器及邮箱。

第15章 增强型局域网控制器

表 15-1 寄存器列表

寄存器名称	eCANA 地址	eCANB 地址	位长(×32位)	描述
CANME	0x6000	0x6200	1	邮箱使能
CANMD	0x6002	0x6202	1	邮箱方向
CANTRS	0x6004	0x6204	1	发送请求设置
CANTRR	0x6006	0x6206	1	发送请求复位
CANTA	0x6008	0x6208	1	发送应答
CANAA	0x600A	0x620A	1	发送终止应答
CANRMP	0x600C	0x620C	1	接收信息悬挂
CANRML	0x600E	0x620E	1	接收信息丢失
CANRFP	0x6010	0x6210	1	远程帧悬挂
CANGAM	0x6012	0x6212	1	全局接收屏蔽
CANMC	0x6014	0x6214	1	主控寄存器
CANBTC	0x6016	0x6216	1	位时间配置
CANES	0x6018	0x6218	1	错误及状态
CANTEC	0x601A	0x621A	1	发送错误计数器
CANREC	0x601C	0x621C	1	接收错误计数器
CANGIF0	0x601E	0x621E	1	全局中断标志寄存器0
CANGIM	0x6020	0x6220	1	全局中断屏蔽
CANGIF1	0x6022	0x6222	1	全局中断标志寄存器1
CANMIM	0x6024	0x6224	1	邮箱中断屏蔽
CANMIL	0x6026	0x6226	1	邮箱中断优先级别
CANOPC	0x6028	0x6228	1	过冲保护控制
CANTIOC	0x602A	0x622A	1	TX(发送)I/O控制
CANRIOC	0x602C	0x622C	1	RX(接收)I/O控制
CANTSC	0x602E	0x622E	1	时间标识计数器(在SCC模式中保留)
CANTOC	0x6030	0x6230	1	超时控制(在SCC模式中保留)
CANTOS	0x6032	0x6232	1	超时状态(在SCC模式中保留)

注：控制和状态寄存器只允许进行32位的访问。邮箱RAM存储器则无此限制。

15.1.4 邮 箱

信息控制器可以控制32个邮箱,每一个邮箱都可以配置为发送或接收方式。每一个邮箱都有独立的接收屏蔽寄存器。每个邮箱由一个RAM存储器分配的28字节组成。每个邮箱包括以下各项：

> 29位信息标识符；
> 信息控制寄存器；
> 8字节数据信息；

第15章 增强型局域网控制器

- 29 位接收屏蔽寄存器；
- 32 位时间标志寄存器；
- 32 位超时寄存器。

寄存器中相应的控制位和状态位可以对邮箱进行控制。

邮箱有一块 RAM 存储器区域，在接收后或发送前的 CAN 信息都存放在该区域。CPU 不能像访问通用数据存储器那样来使用未存储信息的邮箱的 RAM 存储器区域。该 RAM 存储器区域不像寄存器区域那样能按位进行访问。

每一个邮箱包括：

- 标识符。
  29 位扩展标识符；
  11 位标准标识符。
- 标识符扩展位，IDE(信息标识符寄存器(MSGID)的位 31)。
- 接收屏蔽使能位，AME(信息标识符寄存器(MSGID)的位 30)。
- 自动应答模式位，AAM(信息标识符寄存器(MSGID)的位 29)。
- 远程发送请求位，RTR(信息控制寄存器(MSGCTRL)的位 4)。
- 数据长度代码位，DLC(信息控制寄存器(MSGCTRL)的位 3~0)。
- 高达 8 字节的数据域。
- 发送优先级位，TPL(信息控制寄存器(MSGCTRL)的位 12~8)。

每一个邮箱都可以配置为 4 种邮箱类型之一，如表 15-2 所列。发送和接收的邮箱用于一个发送者和多个接收者间的数据交换(1~n 个通信链接)，然而请求和回复邮箱是用于单对单的通信链接方式。表 15-3 和表 15-4 列出了两段地址 A、B 邮箱的 RAM 存储器分布。

表 15-2 邮箱配置

邮箱行为	邮箱方向寄存器(CANMD)	自动应答模式位(AAM)	远程发送请求位(RTR)
发送邮箱	0	0	0
接收邮箱	1	0	0
请求邮箱	1	0	1
回复邮箱	0	1	0

表 15-3 A 邮箱的 RAM 存储器分布

邮箱	MSGID MSGIDL~MSGIDH	MSGCTRL MSGCTRL~Rsvd	MDL MDL_L~MDL_H	MDH MDH_L~MDH_H
0	6100~6101	6102~6103	6104~6105	6106~6107
1	6108~6109	610A~610B	610C~610D	610E~610F
2	6110~6111	6112~6113	6114~6115	6116~6117
3	6118~6119	611A~611B	611C~611D	611E~611F
4	6120~6121	6122~6123	6124~6125	6126~6127
5	6128~6129	612A~612B	612C~612D	612E~612F

续表 15-3

邮箱	MSGID MSGIDL~MSGIDH	MSGCTRL MSGCTRL~Rsvd	MDL MDL_L~MDL_H	MDH MDH_L~MDH_H
6	6130~6131	6132~6133	6134~6135	6136~6137
7	6138~6139	613A~613B	613C~613D	613E~613F
8	6140~6141	6142~6143	6144~6145	6146~6147
9	6148~6149	614A~614B	614C~614D	614E~614F
10	6150~6151	6152~6153	6154~6155	6156~6157
11	6158~6159	615A~615B	615C~615D	615E~615F
12	6160~6161	6162~6163	6164~6165	6166~6167
13	6168~6169	616A~616B	616C~616D	616E~616F
14	6170~6171	6172~6173	6174~6175	6176~6177
15	6178~6179	617A~617B	617C~617D	617E~617F
16	6180~6181	6182~6183	6184~6185	6186~6187
17	6188~6189	618A~618B	618C~618D	618E~618F
18	6190~6191	6192~6193	6194~6195	6196~6197
19	6198~6199	619A~619B	619C~619D	619E~619F
20	61A0~61A1	61A2~61A3	61A4~61A5	61A6~61A7
21	61A8~61A9	61AA~61AB	61AC~61AD	61AE~61AF
22	61B0~61B1	61B2~61B3	61B4~61B5	61B6~61B7
23	61B8~61B9	61BA~61BB	61BC~61BD	61BE~61BF
24	61C0~61C1	61C2~61C3	61C4~61C5	61C6~61C7
25	61C8~61C9	61CA~61CB	61CC~61CD	61CE~61CF
26	61D0~61D1	61D2~61D3	61D4~61D5	61D6~61D7
27	61D8~61D9	61DA~61DB	61DC~61DD	61DE~61DF
28	61E0~61E1	61E2~61E3	61E4~61E5	61E6~61E7
29	61E8~61E9	61EA~61EB	61EC~61ED	61EE~61EF
30	61F0~61F1	61F2~61F3	61F4~61F5	61F6~61F7
31	61F8~61F9	61FA~61FB	61FC~61FD	61FE~61FF

表 15-4　B 邮箱的 RAM 存储器分布

邮箱	MSGID MSGIDL~MSGIDH	MSGCTRL MSGCTRL~Rsvd	MDL MDL_L~MDL_H	MDH MDH_L~MDH_H
0	6300~6301	6302~6303	6304~6305	6306~6307
1	6308~6309	630A~630B	630C~630D	630E~630F
2	6310~6111	6312~6313	6314~6315	6316~6317
3	6318~6119	631A~631B	631C~631D	631E~631F

续表 15-4

邮箱	MSGID MSGIDL~MSGIDH	MSGCTRL MSGCTRL~Rsvd	MDL MDL_L~MDL_H	MDH MDH_L~MDH_H
4	6320~6121	6322~6323	6324~6325	6326~6327
5	6328~6129	632A~632B	632C~632D	632E~632F
6	6330~6131	6332~6333	6334~6335	6336~6337
7	6338~6139	633A~633B	633C~633D	633E~633F
8	6340~6141	6342~6343	6344~6345	6346~6347
9	6348~6149	634A~634B	634C~634D	634E~634F
10	6350~6151	6352~6353	6354~6355	6356~6357
11	6358~6159	635A~635B	635C~635D	635E~635F
12	6360~6161	6362~6363	6364~6365	6366~6367
13	6368~6169	636A~636B	636C~636D	636E~636F
14	6370~6171	6372~6373	6374~6375	6376~6377
15	6378~6179	637A~637B	637C~637D	637E~637F
16	6380~6181	6382~6383	6384~6385	6386~6387
17	6388~6189	638A~638B	638C~638D	638E~638F
18	6390~6191	6392~6393	6394~6395	6396~6397
19	6398~6199	639A~639B	639C~639D	639E~639F
20	63A0~61A1	63A2~63A3	63A4~63A5	63A6~63A7
21	63A8~61A9	63AA~63AB	63AC~63AD	63AE~63AF
22	63B0~61B1	63B2~63B3	63B4~63B5	63B6~63B7
23	63B8~61B9	63BA~63BB	63BC~63BD	63BE~63BF
24	63C0~61C1	63C2~63C3	63C4~63C5	63C6~63C7
25	63C8~61C9	63CA~63CB	63CC~63CD	63CE~63CF
26	63D0~61D1	63D2~63D3	63D4~63D5	63D6~63D7
27	63D8~61D9	63DA~63DB	63DC~63DD	63DE~63DF
28	63E0~61E1	63E2~63E3	63E4~63E5	63E6~63E7
29	63E8~61E9	63EA~63EB	63EC~63ED	63EE~63EF
30	63F0~61F1	63F2~63F3	63F4~63F5	63F6~63F7
31	63F8~61F9	63FA~63FB	63FC~63FD	63FE~63FF

1. 发送邮箱

CPU 将要发送的数据存储于一个配置为发送的邮箱。如果已经设置相应的邮箱使能寄存器(CANME)的位 n 而将该邮箱使能,且相应的 CANTRS[n]位已置 1,那么在向邮箱 RAM 存储器写入数据和标识符后就会启动信息的发送。

如果有多个邮箱配置为发送邮箱,并且相应 CANTRS[n]位都置 1,则按邮箱优先级的顺序从高到低逐个发送信息。

在 SCC 兼容模式下,邮箱发送的优先级按邮箱的序号排列。最高邮箱序号(=15)表示最高发送优先级。

在 eCAN 模式中,邮箱发送的优先级取决于信息控制寄存器(MSGCTRL)中 TPL 域的设置。最先发送 TPL 为最大值的邮箱。当两个邮箱的 TPL 寄存器中的值相同时,邮箱序号大的先发送。

如果由于丢失仲裁或出错而导致发送失败,将重新发送信息。在重新发送前,CAN 模块要检测是否有其他发送要求,然后发送最高优先级邮箱的内容。

2. 接收邮箱

接收到的每一条信息的标识符都要通过屏蔽验证,将其与保存在接收邮箱中的标识符相比较。当两个标识符相同时,接收的标识符、控制位及数据字节都写入到相匹配的邮箱的 RAM 存储器中。同时,相应接收到信息的悬挂位 CANRMP[n](接收信息悬挂寄存器(CANRMP)的位 31~0)置位,并且如果已使能中断,就产生一个接收中断。如果没有与之匹配的标识符,那么该信息将不能存储而被丢失。

当接收到一条信息时,信息控制器开始寻找一个匹配的邮箱序号最大的邮箱来与之匹配。在 SCC 兼容模式下,eCAN 的 15 号邮箱有最高接收优先级;在 eCAN 模式下,eCAN 的 31 号邮箱有最高接收优先级。

在读数据后,必须复位接收信息悬挂寄存器(CANRMP)。如果该信箱接收到第 2 条信息,并且接收信息悬挂位已经置位,则第 2 条信息将丢失,接受信息丢失标识位 CANRML[n](接收信息丢失寄存器(CANRML)的位 31~0)会置位。在这种情况下,如果过冲保护位 CANOPC[n](过冲保护控制寄存器(CANOPC)的位 31~0)清零,则新的数据将覆盖已经存储的信息;否则,将寻找下一个邮箱。

如果一个邮箱配置为接收邮箱并且已置位 RTR 位,则该邮箱可以发送一个远程帧。一旦发送远程帧,CAN 模块将清零该邮箱的 CANTRS 位。

3. CAN 模块的通常配置操作

如果 CAN 模块在通常模式下使用(例如非自回环测试模式),在 CAN 网络中至少应该有两个 CAN 模块配置为相同的位率。必须配置相同的位率,因为一个 CAN 模块总是希望在 CAN 网络中至少有一个节点能对与之对应的传送信息并进行对应的接收应答。CAN 协议规定,无论 CAN 节点是否配置为存储接收到的消息,任何一个 CAN 节点接收到一条消息就要应答一次(除非应答装置已经关闭)。

在自回环测试模式(STM)下,另外的节点不存在。在自回坏测试模式中,一个发送节点自己发送一个自己的应答信号。要实现这种操作,只需将节点配置为有效的位率就可以了。

15.2 eCAN 寄存器

1. 邮箱使能寄存器(CANME)

邮箱使能寄存器(CANME)用于使能或禁止各个邮箱。

第 15 章　增强型局域网控制器

```
31                                                                    0
┌─────────────────────────────────────────────────────────────────────┐
│                              CANME                                  │
└─────────────────────────────────────────────────────────────────────┘
                              R/W-0
```

位 31～0　CANME：邮箱使能位。上电以后，清除邮箱使能寄存器(CANME)的所有位，禁止所有邮箱。禁止后邮箱的 RAM 存储器可以作为普通的 RAM 存储器使用。
　　　　　0　禁止相应的邮箱。该邮箱存储单元可作为普通的 RAM 存储器使用。
　　　　　1　使能相应的邮箱。在向标识符区域写入内容之前，邮箱必须处于禁止状态。如果置位邮箱使能寄存器(CANME)中的对应位，则将放弃对邮箱标识符的写操作。

2. 邮箱方向寄存器(CANMD)

邮箱方向寄存器(CANMD)用于把一个邮箱设置为发送或接收邮箱。

```
31                                                                    0
┌─────────────────────────────────────────────────────────────────────┐
│                              CANMD                                  │
└─────────────────────────────────────────────────────────────────────┘
                              R/W-0
```

位 31～0　CANMD：邮箱方向位。上电复位所有位均清零。
　　　　　0　定义相应邮箱为发送邮箱。
　　　　　1　定义相应邮箱为接收邮箱。

3. 发送请求设置寄存器(CANTRS)

当邮箱 n 准备好发送后，CPU 就设置发送请求设置寄存器(CANTRS)的 CANTRS[n]位为 1 来启动发送。

一般来说，CPU 对这些位置位，而 CAN 模块逻辑复位。CAN 模块也可以为一个远程帧请求而设置这些位。当发送成功或终止时复位这些位。如果一个邮箱配置为接收邮箱，则将忽略发送请求设置寄存器(CANTRS)对应的位，除非该接收邮箱用于处理远程帧。如果置位 RTR 位，则不会忽略接收邮箱的 CANTRS[n]位。因此，如果一个接收邮箱(置位 RTR 位)的 CANTRS 位置 1，则将发送一个远程帧。一旦远程帧发送出去，CAN 模块就清零 CANTRS[n]位。因此，同一个邮箱可以向另一个节点请求一个数据帧。如果 CPU 要对该位置位而 eCAN 模块要对它清零，则将该位置位。

置 CANTRS[n]位将引起发送特殊信息 n，也可以同时设置几个位。因此，置位 CANTRS 位的所有信息将依次发送，从有最高序号的邮箱(对应于最高优先级)开始，除非有的邮箱的优先级 TPL 位未置位。

CPU 通过向发送请求设置寄存器(CANTRS)写入 1 置位，写入 0 无效。上电复位所有的位都清零。

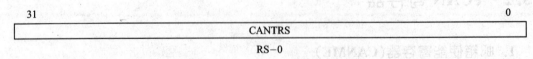

位 31～0　CANTRS：发送要求设置位。
　　　　　0　没有操作。
　　　　　1　设置 CANTRS[n]发送相应邮箱的信息。可以同时设置几个位让信息依次发送。

4. 发送请求复位寄存器(CANTRR)

只有 CPU 可以置位发送请求复位寄存器(CANTRR)，而由内部逻辑电路对其复位。当发送成功或终止时，复位发送请求复位寄存器的位。如果 CPU 要对某位置位而 CAN 模块要对它清零，则将置位该位。

如果信息发送是由对应位(CANTRS[n])启动，但是还没有开始处理，则设置邮箱 n 的 CANTRR[n]位可以取消发送请求。如果相应的信息正在处理，则当发送成功（正常操作时）或在 CAN 总线上探测到因为丢失仲裁或出现错误而停止发送时，将复位 CANTRR[n]位。当发送终止时，置位相应的状态位（发送终止应答寄存器(CANAA)的位 31～0）。当发送成功时，置位状态位（发送应答寄存器(CANTA)的位 31～0）。发送请求复位的状态可以从发送请求复位寄存器(CANTRR)的位 31～0 中读到。

通过 CPU 向发送请求复位寄存器(CANTRR)中的位写入 1 可以将它们置位。

31	0
CANTRR	
RS-0	

注：RS=读/设置。

位 31～0　CANTRR：发送请求复位位。

0　没有操作；

1　置 CANTRR[n]位取消发送请求。

5. 发送应答寄存器(CANTA)

如果成功发送邮箱 n 的信息，则将置位发送应答寄存器(CANTA)的 CANTA[n]位。如果邮箱中断屏蔽寄存器(CANMIM)中相应的中断屏蔽位置位，则信息的成功发送也会将 GMIF0/GMIF1 位（全局中断标志寄存器(CANGIF0/ CANGIF1)的位 15）置位。而 GMIF0/GMIF1 位可以启动中断。

CPU 通过向发送应答寄存器(CANTA)的位写入 1 来复位，写入 0 无效。如果产生中断，复位也将清除中断。如果 CPU 要对某位复位而 CAN 模块要对它置位，则将置位该位。上电后，所有的位都将清零。

31	0
CANTA	
RC-0	

注：RC=读/清除，0=复位值。

位 31～0　CANTA：发送应答位。

0　信息未发送。

1　如果成功发送邮箱 n 的信息，则将置位该寄存器的第[n]位。

6. 发送终止应答寄存器(CANAA)

如果终止了邮箱 n 中信息的发送，将置位发送终止应答寄存器(CANAA)的 CANAA[n]位，也将置位 AAIF 位（全局中断标志寄存器(CANGIF0/ CANGIF1)的位 14）。这样，如果中断使能，将会产生一个中断。

CPU通过向发送终止应答寄存器(CANAA)的位写入1来复位,写入0无效。如果CPU要对这些位复位而CAN模块要对它们置位,则将置位这些位。上电后,所有的位都将清零。

31	0
CANTAA	
RC-0	

位31~0　CANAA：发送终止应答位。
　　　　　0　发送未终止。
　　　　　1　如果终止邮箱 n 的信息发送,则将置位该寄存器的第[n]位。

7. 接收信息悬挂寄存器(CANRMP)

如果邮箱 n 有一条已经接收到的信息,则将置位接收信息悬挂寄存器(CANRMP)的CANRMP[n]位。该位仅能由CPU复位,而由内部逻辑置位。如果CANOPC[n](过冲保护控制寄存器(CANOPC)的位31~0)位清零,则新进入的信息将覆盖已存储的信息,否则将寻找下一个邮箱是否匹配。在这种情况下,将置位相应的状态位CANRML[n]。通过对接收信息悬挂寄存器(CANRMP)的基地址进行写操作可以将接收信息悬挂寄存器(CANRMP)和接收信息丢失寄存器(CANRML)的位清零,写操作是向对应的位写入1。如果CPU要对这些位复位而CAN模块同时要对它们置位,则将置位这些位。

如果置位邮箱中断屏蔽寄存器(CANMIM)中相应的中断屏蔽位,则接收信息悬挂寄存器(CANRMP)可以将GMIF0/GMIF1位(全局中断标志寄存器(CANGIF0/CANGIF1)的位15)置位。GMIF0/GMIF1位可以启动中断。

31	0
CANRMP	
RC-0	

位31~0　CANRMP：接收信息悬挂位。
　　　　　0　邮箱没有信息。
　　　　　1　如果邮箱 n 已有一条接收信息,则将置位该寄存器的CANRMP[n]位。

8. 接收信息丢失寄存器(CANRML)

如果在邮箱 n 中,一条旧信息被一条新信息覆盖,则接收信息丢失寄存器(CANRML)的CANRML[n]位将置位。该位仅能由CPU复位,而由内部逻辑置位。通过对接收信息悬挂寄存器(CANRMP)的基地址进行写操作可将这些位清零,写操作是向对应的位写入1。如果CPU要对这些位复位而CAN模块同时要对它们置位,则将置位这些位。如果置位CANOPC[n](过冲保护控制寄存器(CANOPC)的位31~0)位,接收信息丢失寄存器(CANRML)不会改变。

如果接收信息丢失寄存器(CANRML)的一个或多个位置位,则也会置位RMLIF位(全局中断标志寄存器(CANGIF0/CANGIF1)的位11)。如果置位RMLIM位(全局中断屏蔽寄存器(CANGIM)的位11),则上述操作将启动中断。

31	0
CANRML	
RC-0	

位 31~0　　CANRML：接收信息丢失位。
　　　　　　0　没有信息丢失。
　　　　　　1　邮箱中一条旧的未读信息被一条新信息覆盖了。

9. 远程帧悬挂寄存器(CANRFP)

不论 CAN 模块何时接收到一个远程帧请求，都将置位远程帧悬挂寄存器(CANRFP)相应的 CANRFP[n]位。如果存放远程帧到一个接收邮箱(AAM=0,CANMD=1)，将不置位 CANRFP[n]位。

要防止自动应答邮箱应答远程帧请求，CPU 必须通过将相应的发送请求复位位 CANTRR[n]置位来清除 CANRFP[n]标志位和 CANTRS[n]位。也可以通过 CPU 将 AAM 位清零来阻止模块发送信息。

如果 CPU 要对这些位复位而 CAN 模块同时要对它们置位，则置位这些位。CPU 不能中断一个正在进行的发送过程。

31	0
CANRFP	
RC-0	

位 31~0　　CANRFP：远程帧悬挂位。对于接收邮箱，如果接收了一个远程帧，将置位 CANRFP[n]位，而 CANTRS[n]位将不受影响。对于发送邮箱，如果接收一个远程帧，将置位 CANRFP[n]位，并且如果邮箱的 AAM 为 1，将置位 CANTRS[n]位。邮箱的 ID 必须与远程帧 ID 相匹配。
　　　　　　0　没有接收到远程帧请求。CPU 清零寄存器。
　　　　　　1　模块接收到远程帧请求。

如果接收到远程帧(进入信息的 RTR(信息控制寄存器(MSGCTRL)的位 4)=1)，则 CAN 模块将用对应的屏蔽寄存器把它的标识符与所有邮箱的标识符进行比较，比较的顺序是从最高的邮箱序号向下递减。

在标识符匹配的情况下，邮箱配置为发送邮箱且邮箱的 AAM 位(信息标识符寄存器(MSGID)的位 29)置位，标记该邮箱为准备发送(置位 CANTRS[n]位)邮箱。

在接收信息标识符与配置为发送邮箱的标识符相匹配但该发送邮箱的 AAM 位未置位的情况下，该邮箱不会接收信息。

当在一个发送邮箱中找到匹配的标识符后，不再进行下一步的比较。

在标识符匹配且邮箱配置为接收邮箱的情况下，信息将像数据帧一样处理，并且接收信息悬挂寄存器(CANRMP)的对应位将置位。届时，CPU 将确定如何处理这种情况。

为了使 CPU 能改变配置为远程帧邮箱(AAM 位置位)中的数据，必须首先设置邮箱序号和主控寄存器(CANMC)中的改变数据请求位 CDR 位(主控寄存器(CANMC)的位 8)。然后 CPU 可以进行访问并清除 CDR 位来告诉 eCAN 模块访问已经完成。在清除 CDR 位以前，禁止该邮箱发送。要改变该邮箱的标识符，首先必须将邮箱禁止(CANME[n]=0)。

要使 CPU 能从 CAN 总线网络上的其他节点请求获得数据，需要将邮箱配置为接收邮箱并且将 CANTRS 位置位。在这种情况下，模块发出一个远程帧请求并且使用发送该请求的那个邮箱来接收数据帧。因此，进行远程请求仅需要一个邮箱。注意，要使能远程帧发送，

CPU 必须将 RTR 位(信息控制寄存器(MSGCTRL)的位 4)置位。一旦发送远程帧，CAN 将清零邮箱的 CANTRS 位。在这种情况下，不会置位该邮箱的 CANTA[n] 位。

邮箱 n 的行为由 CANMD[n](邮箱方向寄存器(CANMD)的位 31～0)，AAM 位(信息标识符寄存器(MSGID)的位 29)和 RTR 位(信息控制寄存器(MSGCTRL)的位 4)的配置设定。它们说明要如何根据所期望的行为来配置邮箱。

概括地说，可以配置邮箱为 4 种不同的行为：
① 发送邮箱仅能发送信息。
② 接收邮箱仅能接收信息。
③ 请求邮箱可以发送远程帧并且等待相应数据帧。
④ 回复邮箱可以在接收到相同标识符的远程帧时发送数据帧。

注：远程帧发送请求位：当一个配置为请求模式的邮箱成功发送了一个远程帧发送请求时，发送应答寄存器(CANTA)不会置位，并且不产生中断。当接收到远程回复信息时，邮箱的行为与配置为接收模式的邮箱相同。

10. 全局接收屏蔽寄存器(CANGAM)

全局接收屏蔽寄存器(CANGAM)用于 eCAN 的 SCC 模式。如果置位相应邮箱的 AME 位(信息标识符寄存器(MSGID)的位 30)，则对邮箱 6～15 使用全局接收屏蔽。接收信息将存放在标识符匹配的第一个邮箱中。

全局接收屏蔽寄存器用于 SCC 模式下的邮箱 6～15。

31	30 29	28		16
AMI	保留		CANGAM[28:16]	
RW1-0	R-0		RW1-0	

15		0
	CANGAM[15:0]	
	RW1-0	

注：RW1＝在任何时间可读，仅在初始化模式时可写。

位 31　　　AMI：接收屏蔽标识符扩展位。

　　　　　0　存放在邮箱中的标识符扩展位设定哪些信息应该接收。接收邮箱的 IDE 位设定比较位的数量，禁止滤波功能。为了接收信息，MSGID 必须逐位匹配。

　　　　　1　可接收标准帧和扩展帧。在扩展帧的情况下，标识符的所有 29 位都存放到邮箱中，全局接收屏蔽寄存器的所有 29 位都用于滤波器。在标准帧的情况下，仅使用标识符的前 11 位(位 28～18)和全局接收屏蔽。

　　　　　接收邮箱的 IDE 位无影响，并且被发送信息的 IDE 位覆盖。为了接收信息，必须满足滤波条件。比较位的数量是发送信息 IDE 位值的函数。

位 30～29　保留位。

位 28～0　　CANGAM：全局接收屏蔽位。该位域允许屏蔽接收信息的任何标识符位。对接收标识符屏蔽的对应位接收 0 或 1 无影响。接收标识符位的值必须与信息标识符寄存器(MSGID)相应标识符位相匹配。

11. 主控寄存器(CANMC)

主控寄存器(CANMC)用于 CAN 模块的设置。主控寄存器(CANMC)的一些位受 EALLOW 保护。对于读/写操作,仅支持 32 位访问。

31								17	16
保留									SUSP
R-0									R/W-0
15	14	13	12	11	10	9			8
MBCC	TCC	SCB	CCR	PDR	DBO	WUBA			CDR
R/WP-0	SP-x	R/WP-0	R/WP-1	R/WP-0	R/WP-0	R/WP-0			R/WP-0
7	6	5	4						0
ABO	STM	SRES	MBNR						
R/WP-0	R/WP-0	R/S-0	R/W-0						

注:WP=仅在 EALLOW 模式中写;S=仅在 EALLOW 模式设置。

位 31~17　　保留位。

位 16　　SUSP:悬挂模式位。该位确定了 CAN 模块在悬挂模式(仿真停止如断点或单步执行)下的操作。

　　0　SOFT 模式,当前发送结束后外设模块关闭。

　　1　FREE 模式,外设模块继续运行,CAN 节点正常通信(发送应答、生成错误帧、发送/接收数据)。

位 15　　MBCC:邮箱时间标志计数器清零位。该位在 SCC 模式下保留,受 EALLOW 保护。

　　0　时间标志计数器不复位。

　　1　邮箱 16 成功发送和接收信息后,时间标志计数器复位为 0。

位 14　　TCC:时间标志计数器最高有效位(MSB)清零位。该位在 SCC 模式下保留,受 EALLOW 保护。

　　0　时间标志计数器不变。

　　1　时间标志计数器的最高有效位(MSB)复位为 0。内部逻辑的一个时钟周期后 TCC 位复位。

位 13　　SCB:SCC 兼容模式位。该位在 SCC 模式下保留,受 EALLOW 保护。

　　0　eCAN 工作在 SCC 模式,仅邮箱 15~0 可用。

　　1　选择 eCAN 模式。

位 12　　CCR:改变配置请求位,受 EALLOW 保护。

　　0　CPU 请求正常操作。该操作仅能在位时间配置寄存器(CANBTC)设置为使能时执行。

　　1　CPU 要求对位时间配置寄存器(CANBTC)和 SCC 模式的接收屏蔽寄存器(CANGAM、LAM[0]和 LAM[3])进行写操作。对该位置位后,CPU 必须等待,直到 CANES 寄存器的 CCE 标志位为 1 后才能对位时间配置寄存器(CANBTC)操作。如果 ABO 位没有设置,CCR 位将设置总线关闭条件。通过清除该位,总线关闭条件将一直保持。

位 11　PDR:掉电模式请求位。从低功耗工作模式被唤醒时,eCAN 模块将该位自动清零,受 EALLOW 保护。
　　0　未请求局部掉电模式(正常运作)。
　　1　请求局部掉电模式。

位 10　DBO:数据字节顺序位。该位选择信息数据域的字节顺序,受 EALLOW 保护。
　　0　首先接收或发送数据的最高有效字节。
　　1　首先接收或发送数据的最低有效字节。

位 9　WUBA:总线活动唤醒位,受 EALLOW 保护。
　　0　仅在向 PDR 位写入 0 后模块脱离掉电模式。
　　1　探测到任何总线活动之后,模块将脱离掉电模式。

位 8　CDR:改变数据域请求位。该位允许快速更新数据信息。
　　0　CPU 请求正常操作。
　　1　CPU 请求对邮箱通过 MBNR 寄存器的位 4~0(主控寄存器(CANMC)的位 4~0)指定的数据域进行写操作。在访问邮箱后,CPU 必须将 CDR 位清零。当 CDR 位置位时,模块不发送该邮箱内容。在从邮箱读取数据并存放到发送缓存器之前或之后,状态机构检查 CDR 位。
　　注:如果置位邮箱的 CANTRS 位,然后通过 CDR 位改变邮箱中数据,则 CAN 模块发送新数据将失败,而用旧的数据来代替。要避免这样,使用该邮箱的 CANTRR[n]位来重新发送,并且将 CANTRS[n]位重新置位。届时,将发送新的数据。

位 7　ABO:总线自动开启位,受 EALLOW 保护。
　　0　总线关闭状态仅仅在总线连续地接收 128×11 个位和清零 CCR 位后才退出。
　　1　总线关闭后,当接收到 128×11 个连续的位时,模块自动回到总线开启状态。

位 6　STM:自回环测试模式位,受 EALLOW 保护。
　　0　模块处于正常模式。
　　1　模块处于自回环测试模式。在该模式下,CAN 模块产生自己的应答信号(ACK),在总线不连接到模块的情况下使能操作。信息没发送,但是可以读回并存放在对应的邮箱。接收帧 MSGID 在 MBR 中不存储。
　　注意:在 STM 中,如果没有 MBX 配置为接收一个传送帧,那么这个传送帧将会存在 MBX0 中,即使 MBX0 没有被配置为接收。如果其他邮箱一样被配置为接收和存储数据帧,而一个数据帧又不与邮箱匹配,将丢失该帧。

位 5　SRES:模块软件复位位。该位仅可以写,读出为 0。
　　0　无效。
　　1　对该寄存器的写操作将使模块被软件复位(所有参数,除了被保护的寄存器外,将复位为默认值),不修改邮箱内容和错误计数器。为了防止通信混乱,将取消悬挂的和正在进行的发送。

位 4~0　　MBNR:CPU 对其数据域进行写操作需要的邮箱序号。该数据域的修改与 CDR 位相关。MBNR 位域的位 4 仅用于 eCAN,在 SCC 模式保留。

CAN 模块 SUSPEND(暂停或悬挂)模式下的操作:

① 如果 CAN 总线没有通信且要求 SUSPEND 模式,则节点将进入 SUSPEND 模式。

② 如果 CAN 总线正在通信且要求 SUSPEND 模式,则节点将正在发送的帧完成后进入 SUSPEND 模式。

③ 如果节点正在发送,当要求 SUSPEND 模式获得应答后,节点将进入 SUSPEND 状态。如果节点没有获得应答或有一些其他的错误,将发送一个错误帧,然后进入 SUSPEND 状态。发送错误计数器(CANTEC)也因此改变。在第二种情况下(也就是在发送一个错误帧之后暂停),节点将在脱离暂停状态后重新发送原始帧。在发送该帧之后发送错误计数器(CANTEC)将相应修改。

④ 如果节点正在接收,当要求 SUSPEND 模式时,节点将在发送应答位之后进入 SUSPEND 状态。如果有任何错误,节点将发送一个错误帧并且进入 SUSPEND 状态。在进入 SUSPEND 状态前,接收错误计数器(CANREC)将相应修改。

⑤ 如果 CAN 总线没有通信且 SUSPEND 模式被要求取消,节点将退出 SUSPEND 状态。

⑥ 如果 CAN 总线正在通信且 SUSPEND 模式被要求取消,节点将在总线空闲后退出 SUSPEND 状态。因此,节点不接收任何帧,以避免导致出错帧。

⑦ 当节点处于 SUSPEND 状态时,将不参与发送或接收任何数据,因此没有任何发送错误帧或应答位。在 SUSPEND 状态期间,不修改发送错误计数器(CANTEC)和接收错误计数器(CANREC)。

12. 位时间配置寄存器(CANBTC)

位时间配置寄存器(CANBTC)用来为 CAN 节点配置适当的网络时间参数。在使用 CAN 模块之前必须对该寄存器进行编程。

该寄存器受 EALLOW 写保护,并且只能在初始化模式中写入。

注:禁止配置的值:为了避免 CAN 模块不可预知的后果,位时间配置寄存器(CANBTC)决不能配置为 CAN 协议规范和位定时规则所不允许的值。

31		24	23			16
保留			BRP$_{reg}$			
R-x			RWPI-0			

15		10	9	8	7	6		3	2		0
保留			SJW$_{reg}$		SAM	TSEG1$_{reg}$			TSEG2$_{reg}$		
R-0			RWPI-0		RWPI-0	RWPI-0			RWPI-0		

注:RWPI=在所有模式可读,仅在初始化时 EALLOW 模式下可写入。

位 31~24　　保留位。

位 23~16　　BRP$_{reg}$:波特率前分频器。寄存器通过设置前分频器进行波特率设置。一个 TQ 的时间长度定义为:

第 15 章 增强型局域网控制器

$$TQ = (BRP_{reg} + 1)/SYSCLK$$

其中，SYSCLK 是 CAN 模块得到的系统时钟频率，这和串行外设的常用时钟 LSPCLK 不同；BRP_{reg} 代表前分频器的值，也就是写入到位时间配置寄存器(CANBTC)的位 23～16 的值。当 CAN 模块访问它时该值自动加 1。增加后的值表示为 BRP(BRP = BRP_{reg} + 1)。BRP 可编程为 1～256。

注意：在 BRP=1 的特殊情况下，当信息处理时间(IPT)是 3 倍的 TQ 时，不符合 ISO1189 标准。在该标准中，IPT 被限制在 2TQ 以内。因此这种模式(BRP_{reg}=0)不允许使用。

位 15～10　保留位。

位 9～8　SJW_{reg}：同步跳转宽度。该两位表明当重新同步时，允许一位可以延长或缩短多少个 TQ 时间单元。该值在 1(SJW=00b)～4(SJW=11b)之间调整。

CAN 模块访问它时，该值将增 1。增加后的值表示为 SJW(SJW = SJW_{reg} + 1)。SJW 可以编程为 1～4 个 TQ。SJW 的最大值为 TSEG2 和 4TQ 两者中的最小值，即 SJW_{MAX} = min[TSEG2, 4TQ]。

位 7　SAM：CAN 模块用该位来设置采样数目，以确定 CAN 总线的实际电平值。当该位置位时，CAN 总线根据最后 3 次的值，以"多数判别法"的结果来确定电平值。3 个采样点分别在采样点处、采样点前 1/2TQ 处和采样点后 1/2TQ 处。

0　CAN 模块仅在采样点采样一次。

1　CAN 模块将进行 3 次采样然后选取占多数的值。仅在前分频值大于 4 时(BRP>4)，需要选择 3 次采样模式。

位 6～3　$TSEG1_{reg}$：位时间段 1。CAN 总线上一个位的长度由参数 TSEG1、TSEG2 和 BRP 设定。所有 CAN 总线上的控制器都必须有相同的波特率和位时间长度。在各个控制器的不同时钟频率下，波特率需要根据上述参数调节。

该参数以 TQ 为单位指定 TSEG1 段的长度。TSEG1 段由 PROP_SEG 和 PHASE_SEG1 段组成：TSEG1 = PROP_SEG + PHASE_SEG1。其中 PROP_SEG 和 PHASE_SEG1 是这两段的 TQ 个数。

CAN 模块访问它时，该值将增 1。增加后的值表示为 TSEG1(TSEG1 = $TSEG1_{reg}$ + 1)。

TSEG1 的值应大于或等于 TSEG2 和 IPT(信息处理时间，见后面说明)。

位 2～0　$TSEG2_{reg}$：位时间段 2。TSEG2 以 TQ 为单位定义 PHASE_SEG1 段的长度。TSEG2 可编程为 1TQ～8TQ 的范围，且必须满足以下定时规则：TSEG2 必须小于或等于 TSEG1，且必须大于或等于 IPT。

CAN 模块访问它时，该值将增 1。增加后的值表示为 TSEG2(TSEG2 = $TSEG2_{reg}$ + 1)。

13. 错误和状态寄存器

CAN 模块的状态通过错误及状态寄存器(CANES)和错误计数寄存器(下节将对其进行介绍)显示出来。

错误及状态寄存器包含 CAN 模块的实际工作状态，并可以显示总线错误标志位和错误状态标志位。总线错误标志位(FE、BE、CRCE、SE、ACKE)和错误状态标志位(BO、EP、EW)在 CANES 寄存器中的存储方式受特殊方法的影响。特殊方法如果为这些错误标志位之一置位，则所有其他错误标志位的当前状态会冻结。为了更新 CANES 寄存器错误标志位为当前值，已置位的错误标志位必须写入 1 来清零。这种特殊方法保证软件能区分出第一个错误与所有后续的错误。

31		25	24	23	22	21	20	19	18	17	16
	保留		FE	BE	SA1	CRCE	SE	ACKE	BO	EP	EW
	R-0		RC-0		R-1			RC-0			

15		6	5	4	3	2	1	0
	保留		SMA	CCE	PDA	保留	RM	TM
	R-0		R-0		R-1		R-0	

- 位 31～25　保留位。
- 位 24　　FE：格式错误标志位。
  - 0　没有探测到格式错误。CAN 模块可以正常地发送或接收。
  - 1　总线上发生格式错误。这表示总线上有一个或多个固定格式的位出现错误电平。
- 位 23　　BE：位错误标志位。
  - 0　没有探测到位错误。
  - 1　在仲裁域之外或在仲裁域发送期间，接收到的位与发送位不匹配，发送的为显性位而接收到的为隐性位。
- 位 22　　SA1：始终为显性错误位。在硬件复位、软件复位后或总线停止的情况下，SA1 位总是为 1。当在总线上探测到隐性位时该位清零。
  - 0　CAN 模块探测到隐性位。　1　CAN 模块没有探测到隐性位。
- 位 21　　CRCE：CRC 错误位。
  - 0　CAN 模块没有接收到错误的 CRC。　1　CAN 模块接收到错误的 CRC。
- 位 20　　SE：填充错误位。
  - 0　没有发生填充位错误。　1　发生填充位错误。
- 位 19　　ACKE：应答错误位。
  - 0　所有的信息都有正确的应答。　1　CAN 模块没有接收到应答。
- 位 18　　BO：总线关闭状态位。CAN 模块处于总线关闭状态。
  - 0　正常操作。
  - 1　总线上有异常波特率错误。这种情况在发送错误计数器(CANTEC)到达极限值 256 时发生。在总线关闭过程中，没有信息可以发送或接收。总线自动开始位 ABO（主控寄存器(CANMC)的位 7）置位且收到 128×11 个隐性位后将退出该状态。在脱离总线关闭状态以后，错误计数器清零。

位 17　　EP：错误无效状态位。
　　　　　0　CAN 模块在错误有效模式。
　　　　　1　CAN 模块在错误无效模式。发送错误计数器(CANTEC)已达到 128。

位 16　　EW：警告状态位。
　　　　　0　两个错误计数器的值都小于 96。
　　　　　1　两个错误计数器中的一个(接收错误计数器(CANREC)或发送错误计数器(CANTEC))已达到警告值(96)。

位 15~6　保留位。

位 5　　SMA：悬挂(suspend)模式应答位。悬挂模式激活后该位经过一个时钟周期的延时(最多一个数据帧的长度)后置位。当芯片不处于运行模式时，调试工具激活悬挂模式。在悬挂模式期间，冻结 CAN 模块并且不能发送或接收任何帧。尽管如此，激活悬挂模式时，如果 CAN 模块正在发送或接收一个帧，则仅在帧结束时才激活悬挂模式。运行模式(RUN)是当软件模式(SOFT)激活时的状态(主控寄存器(CANMC)位 16＝1)。
　　　　　0　模块未处于悬挂模式。　1　模块进入悬挂模式。

位 4　　CCE：改变配置使能位。该位显示配置访问的权限，在一个时钟周期的延时后置位。
　　　　　0　CPU 不能对配置寄存器进行写操作。
　　　　　1　CPU 可以对配置寄存器进行写操作。
　　　　　注意：CCE 位的复位状态是 1，但是一旦 CCE 位初始化为清零，CANRX 引脚在向 CCE 写入 1 之前将是处于高电平状态。

位 3　　PDA：掉电模式应答位。
　　　　　0　正常运行。　1　CAN 模块进入掉电模式。

位 2　　保留位。

位 1　　RM：接收模式位。CAN 模块处在接收模式。不管邮箱的配置情况如何，该位反映了 CAN 模块的实际工作状态。
　　　　　0　CAN 模块没有接收信息。　1　CAN 模块正在接收信息。

位 0　　TM：发送模式位。CAN 模块处在发送模式。不管邮箱的配置情况如何，该位反映了 CAN 模块的实际工作状态。
　　　　　0　CAN 模块没有发送信息。　1　CAN 模块正在发送信息。

14. 错误计数寄存器

CAN 模块包含两个错误计数器，分别为接收错误计数器(CANREC)和发送错误计数器(CANTEC)。CPU 可以读取两个计数器的值。这些计数器根据 CAN 协议规范 2.0 递增或者递减。错误计数器的位分布如下：

31				8	7		0
	保留					TEC	
	R-x					R-0	

31				8	7		0
	保留					REC	
	R-x					R-0	

当接收错误计数器(CANREC)的值达到或超过其最大计数值 128 后，就不再增加(错误失效模式)。此后当正确接收到一个信息时，计数器的值将设置在 119～127 之间。当总线处于关闭状态时，发送错误计数器的值是不确定的，但接收错误计数器(CANREC)将清零，其功能也会发生改变。当总线上每连续出现 11 个隐性位后，则接收错误计数器(CANREC)加 1，这 11 位相当于总线上两个报文之间的间隔。如果接收错误计数器(CANREC)的值达到 128 后，则 CAN 模块自动回到总线开启状态(如果该特性已使能，即置位了总线自动开启位 ABO)。此时，复位 CAN 控制器的全部内部标志位，错误计数器清零。当 CAN 控制器脱离初始化模式后，错误计数器的值也会清零。

15. 全局中断标志寄存器(CANGIF0 / CANGIF1)

中断标志寄存器、中断屏蔽寄存器、邮箱中断优先级寄存器控制着中断。这些寄存器可以使 CPU 确定中断源的位置。

如果中断发生，则置位相应中断标志位。是否置位全局中断标志位取决于全局中断屏蔽寄存器(CANGIM)中的 GIL 位。如果置位该位，则将全局中断标志寄存器 1(CANGIF1)的位置位；否则，将把全局中断标志寄存器 0(CANGIF0)的位置位。这也适用于中断标志位 AAIF 和 RMLIF。这些位的设置取决于全局中断屏蔽寄存器(CANGIM)对应的 GIL 位。

不论全局中断屏蔽寄存器(CANGIM)中相应屏蔽位的状态如何，都将置位以下位：

MTOFx　　　WDIFx　　　BOIFx
TCOIFx　　　WUIFx　　　EPIFx
AAIFx　　　 RMLIFx　　 WLIFx

对于任何邮箱，仅当相应的邮箱中断屏蔽位置位时，才置位 GMIFx 位。如果所有中断标志位都已清除，而置位一个新的中断标志位，当置位相应的中断屏蔽位时，激活中断输出。中断将保持激活状态直到清除中断标志(CPU 向对应的位写入 1 或者取消引起中断的条件来清除中断标志)。GMIFx 标志位必须通过向发送应答寄存器(CANTA)或接收信息悬挂寄存器(CANRMP)对应的位写入 1 来清除，而不能在 CANGIFx 寄存器中清除。在清除了一个或多个中断标志位后，但是还有一个或多个中断标志位仍然被置位时，将产生一个新的中断。中断标志位通过向对应的位写入 1 来清除。如果置位 GMIFx，则邮箱中断向量 MIVx 表示引起 GMIFx 的置位的邮箱序号。在多于一个邮箱中断悬挂的情况下，总是将最高邮箱中断向量分配到该中断。

全局中断标志寄存器 0(CANGIF0)的位分布如下：

31							24
保留							
R-x							
23					18	17	16
保留						MTOF0	TCOF0
R-x						R-0	RC-0
15	14	13	12	11	10	9	8
GMIF0	AAIF0	WDIF0	WUIF0	RMLIF0	BOIF0	EPIF0	WLIF0
R/W-0	R-0	RC-0	RC-0	R-0	RC-0	RC-0	RC-0
7		5	4	3	2	1	0
保留			MIV0.4	MIV0.3	MIV0.2	MIV0.1	MIV0.0
R-0					R-0		

全局中断标志寄存器1(CANGIF1)的位分布如下：

31							24
保留							
R-x							
23					18	17	16
保留						MTOF1	TCOF1
R-x						R-0	RC-0
15	14	13	12	11	10	9	8
GMIF1	AAIF1	WDIF1	WUIF1	RMLIF1	BOIF1	EPIF1	WLIF1
R/W-0	R-0	RC-0	RC-0	R-0	RC-0	RC-0	RC-0
7		5	4	3	2	1	0
保留			MIV1.4	MIV1.3	MIV1.2	MIV1.1	MIV1.0
R-0					R-0		

注意：下面寄存器的描述适用于两个全局中断标志寄存器(CANGIF0/CANGIF1)。对于送入全局中断标志寄存器(CANGIF0/CANGIF1)的中断标志，送入哪一个寄存器，由全局中断屏蔽寄存器(CANGIM)GIL位的值确定。如果GIL=0，中断标志送入全局中断标志寄存器0(CANGIF0)；否则送入全局中断标志寄存器1(CANGIF1)。同样，对于MTOFx和GMIFx，全局中断标志寄存器(CANGIF0/CANGIF1)的选择由邮箱中断优先级寄存器(CANMIL)中MIL位确定。

位 31~18　保留位。

位 17　MTOF0/1：邮箱超时标志位。该位在SCC模式下无效。
　　0　没有邮箱发生超时的情况。
　　1　有一个邮箱没有在指定的时间帧内发送或接收信息。

注意：全局中断标志寄存器(CANGIF0/CANGIF1)中的MTOFx位是否被设置，必须看MIL[n]位的值。当TOS[n]位清零时，MTOFx位同时清零。TOSnZAI成功发送或者接收前被清零。

位 16　TCOF0/1：时间标志计数器溢出标志位。
　　0　时间标志计数器的最高有效位(MSB)为0。
　　1　时间标志计数器的最高有效位(MSB)从0变为1。

位 15　GMIF0/1：全局邮箱中断标志位。仅在邮箱中断屏蔽寄存器(CANMIM)的相应邮箱中断屏蔽标志位置位时该位才置位。
　　0　没有发送或接收信息。　1　有一个邮箱成功发送或接收信息。

位 14　　　AAIF0/1：发送终止应答中断标志位。该位清零是通过设置 AA[n]位来实现的。

　　　　　0　没有终止发送。　1　终止发送请求。

位 13　　　WDIF0/1：拒写中断标志位。

　　　　　0　CPU 对邮箱的写操作成功。　1　CPU 对邮箱的写操作不成功。

位 12　　　WUIF0/1：唤醒中断标志位。

　　　　　0　该模块仍然在休眠模式或正常工作模式。

　　　　　1　在局部掉电模式下，该标志位表示模块脱离了休眠模式。

位 11　　　RMLIF0/1：接收信息丢失中断标志位。该位清零是通过设置 RMP[n]位来实现的。

　　　　　0　没有丢失信息。

　　　　　1　至少有一个接收邮箱发生溢出，且邮箱中断优先级寄存器(CANMIL)中对应的位清零。

位 10　　　BOIF0/1：总线关闭中断标志位。

　　　　　0　CAN 模块处于总线开启模式。　1　CAN 模块进入总线关闭模式。

位 9　　　EPIF0/1：错误失效中断标志位。

　　　　　0　CAN 模块不处于错误失效模式。　1　CAN 模块进入错误失效模式。

位 8　　　WLIF0/1：警告级别中断标志位。

　　　　　0　没有错误计数器达到警告级。　1　至少有一个错误计数器达到警告级。

位 7~5　　保留位。

位 4~0　　MIV0/1：邮箱中断向量。在 SCC 模式下仅位 3~0 有效。

　　　　　该向量表示将全局邮箱中断标志位置位的邮箱序号。保持该向量直到清除对应的 MIF[n]位或有一个更高优先级的邮箱中断发生。然后显示最高中断向量，邮箱 31 具有最高优先级。在 SCC 模式，邮箱 15 具有最高优先级，不能识别邮箱 16~31。如果发送应答寄存器(CANTA)/接收信息悬挂寄存器(CANRMP)中没有置位标志位而且也清除了 GMIF1 或 GMIF0，则该值是不确定的。

16. 全局中断屏蔽寄存器(CANGIM)

中断屏蔽寄存器的设置与中断标志寄存器一样。如果置位一个位则使能相应的中断。该寄存器受 EALLOW 保护。

31									18	17	16
保留										MTOM	TCOM
R-0										R/WP-0	

15	14	13	12	11	10	9	8	7	3	2	1	0
保留	AAIM	WDIM	WUIM	RMLIM	BOIM	EPIM	WLIM	保留		GIL	I1EN	I0EN
R-0	R/WP-0							R-0		R/WP-0		

位 31~18　　保留位。

位 17　　　MTOM：邮箱超时中断屏蔽位。

　　　　　0　禁止超时中断；1　使能超时中断。

位 16　　　TCOM：时间标志计数器溢出屏蔽位。
　　　　　　0　禁止时间标志计数器溢出中断；1　使能时间标志计数器溢出中断。
位 15　　　保留位。
位 14　　　AAIM：发送终止应答中断屏蔽位。
　　　　　　0　禁止发送终止应答中断；1　使能发送终止应答中断。
位 13　　　WDIM：拒写中断屏蔽位。
　　　　　　0　禁止拒写中断；1　使能拒写中断。
位 12　　　WUIM：唤醒中断屏蔽位。
　　　　　　0　禁止唤醒中断；1　使能唤醒中断。
位 11　　　RMLIM：接收信息丢失中断屏蔽位。
　　　　　　0　禁止接收信息丢失中断；1　使能接收信息丢失中断。
位 10　　　BOIM：总线关闭中断屏蔽位。
　　　　　　0　禁止总线关闭中断；1　使能总线关闭中断。
位 9　　　EPIM：错误失效中断屏蔽位。
　　　　　　0　禁止错误失效中断；1　使能错误失效中断。
位 8　　　WLIM：警告级中断屏蔽位。
　　　　　　0　禁止警告级中断；1　使能警告级中断。
位 7～3　　保留位。
位 2　　　GIL：中断 TCOF、WDIF、WUIF、BOIF、EPIF 和 WLIF 的全局中断的级别。
　　　　　　0　所有全局中断都连接到 ECAN0INT 中断；
　　　　　　1　所有全局中断都连接到 ECAN1INT 中断。
位 1　　　I1EN：中断 1 使能位。
　　　　　　0　禁止中断 ECAN1INT 上的所有中断；
　　　　　　1　如果置位相应屏蔽位，则该位将使能全局中断 ECAN1INT 上的所有中断。
位 0　　　I0EN：中断 0 使能位。
　　　　　　0　禁止中断 ECAN0INT 上的所有中断；
　　　　　　1　如果置位相应屏蔽位，则该位将使能全局中断 ECAN0INT 上的所有中断。

GMIF 在全局中断屏蔽寄存器(CANGIM)中没有对应的位，因为各邮箱在邮箱中断屏蔽寄存器(CANMIM)中都有各自的屏蔽位。

17. 邮箱中断屏蔽寄存器(CANMIM)

每一个邮箱都有一个中断标志位。根据邮箱的配置不同，这个中断可以是一个接收或发送中断。邮箱中断屏蔽寄存器(CANMIM)受 EALLOW 保护。

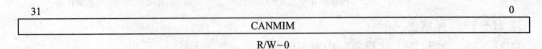

位 31～0　　CANMIM：邮箱中断屏蔽位。上电后所有的中断屏蔽位都清零，且禁止中

断。这些位各自屏蔽各自邮箱的中断。

  0 禁止邮箱中断。

  1 邮箱中断使能。如果成功发送信息(在发送邮箱的情况下)或接收到没有出现任何错误的信息(在接收邮箱的情况下),则将产生一个中断。

18. 邮箱中断优先级寄存器(CANMIL)

根据邮箱中断优先级寄存器(CANMIL)的设置,32个邮箱中的每一个都可以在两个中断(ECAN0INT 或 ECAN1INT)之一上产生中断。这也适用于 AAIFx 和 RMLIFx 标志位。

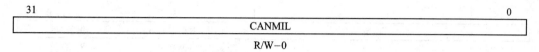

位 31~0 CANMIL:邮箱中断优先级寄存器。该寄存器使能选择邮箱的中断优先级。

  0 在中断 0(ECAN0INT)产生邮箱中断。

  1 在中断 1(ECAN1INT)产生邮箱中断。

19. 过冲保护控制寄存器(CANOPC)

如果邮箱 n 出现溢出的情况(CANRMP[n]置为 1 且新接收的信息又与邮箱 n 匹配),新信息的存放取决于过冲保护控制寄存器(CANOPC)的设置。如果对应的 CANOPC[n]位置位,则保护旧信息而不会被新信息所覆盖;然后将继续寻找其他 ID 匹配的邮箱。如果没有找到其他合适的邮箱,则新信息在不告知的情况下丢失。如果 CANOPC[n]位清零,则新信息将覆盖旧信息。通过设置接收信息丢失位 CANRML[n]来告知这种情况已发生。

读/写操作仅支持 32 位的访问。

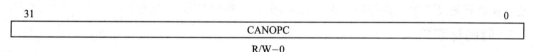

位 31~0 CANOPC:过冲保护控制位。

  0 如果 CANOPC[n]位未置位,新信息将覆盖旧信息。

  1 如果设置 CANOPC[n]位为 1,则存放在该邮箱中的旧信息不会被新信息覆盖。

20. eCAN 的 I/O 控制寄存器(CANTIOC、CANRIOC)

eCAN 模块的 CANTX 和 CANRX 引脚经过 I/O 控制寄存器(CANTIOC、CANRIOC)的配置后用于 CAN 模块。

21. 发送 I/O 控制寄存器(CANTIOC)

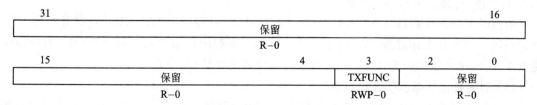

注:RWP=在所有模式可读,仅在特定授权模式下可写入。

位 31～4　　　保留位。
位 3　　　　　TXFUNC：对于 CAN 模块该位必须置位。
　　　　　　　0　保留；1　CANTX 引脚用于 CAN 发送功能。
位 2～0　　　保留位。

22. 接收 I/O 控制寄存器(CANRIOC)

31		16
	保留	
	R-0	

15	4	3	2	0
保留		RXFUNC	保留	
R-0		RWP-0	R-0	

位 31～4　　　保留位。
位 3　　　　　RXFUNC：对于 CAN 模块该位必须置位。
　　　　　　　0　保留；1　CANRX 引脚用于 CAN 接收功能。
位 2～0　　　保留位。

注： 如果想将 CAN 模块的引脚作为通用 I/O 引脚使用,则寄存器 GPFMUX 的位 6 和位 7 必须清零。

15.2.1　定时器管理单元

在信息发送或接收时,eCAN 中的几个功能可以用于监控时间。eCAN 中一个单独的状态机用来处理时间控制功能。在访问寄存器时,该状态机的优先级低于 CAN 状态机。因此,其他正在进行的动作可以推迟时间控制功能,引起一定的时间延时。

1. 时间标志功能

为了得到信息接收或发送的时间标识,在模块中使用了一个独立运行的 32 位定时器(CANTSC)。当存放接收到的信息或已发送一条信息时,将该定时器的值写入相应邮箱时间标志寄存器(MOTS)。

时间标志计数器(CANTSC)由 CAN 总线的位时钟驱动。在初始化模式,或模块处于休眠或悬挂模式时,定时器停止。在上电复位后,独立运行的定时器清零。

通过向 TCC 位(主控寄存器(CANMC)的位 14)写入 1,可以将时间标志计数器(CANTSC)的最高有效位清零。当邮箱 16 成功发送或接收一条信息时(取决于邮箱方向寄存器(CANMD)位 16 的设置),时间标志计数器(CANTSC)也可以清零,这可通过设置 MSCC 位(主控寄存器(CANMC)的位 15)来使能。因此,可以用邮箱 16 使网络的全局时间同步。CPU 可以读/写独立运行的定时器。

通过时间标志计数器(CANTSC)溢出中断标志位(TCOFn～CANGIFn 寄存器的位 16),可以检测出时间标志计数器(CANTSC)是否溢出。当时间标志计数器(CANTSC)的最高位变为 1 时,溢出发生。因此,CPU 有足够的时间处理这种情况。

(1) 时间标志计数器(CANTSC)

时间标志计数器(CANTSC)保存着任一时刻的时间值。它是一个由 CAN 总线的位时钟来提供时钟的独立运行的 32 位定时器。例如,当波特率为 1 Mbps 时,时间标志计数器

(CANTSC)每隔 1 μs 加 1。

```
31                                                    0
|                      TSC                            |
                      R/WP-0
```

位 31~0　　TSC：时间标志计数器。该计数器用于保存针对时间标志功能和超时功能的局域网时间定时器的值。

(2) 邮箱时间标志寄存器(MOTS)

当成功发送或接收对应的邮箱数据时,邮箱时间标志寄存器(MOTS)将保存时间标志计数器(CANTSC)的值。每个邮箱都有自己的邮箱时间标志寄存器(MOTS)。

```
31                                                    0
|                      MOTS                           |
                      R/W-x
```

位 31~0　　MOTS：邮箱时间标志寄存器。其值为信息实际接收或发送完成时时间标志计数器(CANTSC)的值。

2. 超时功能

要保证在预先定义的周期中发送或接收所有的信息,每一个邮箱都有自己的超时寄存器。如果在超时寄存器所指定的时间没有完成发送或接收信息,当置位超时控制寄存器(CANTOC)中对应位 CANTOC[n]时,则会置位超时状态寄存器(CANTOS)中的一个标志位。

对于发送邮箱,当 CANTOC[n]位清零或相应 CANTRS[n]位清零时,不管是否发送成功或终止发送请求,CANTOS[n]标志都清零。对于接收邮箱,当相应 CANTOC[n]位清零时,CANTOS[n]标志清零。

CPU 也可以通过向超时状态寄存器写入 1 来清除超时状态寄存器的标志。

邮箱超时寄存器(MOTO)可以作为 RAM 存储器来使用。状态机扫描所有的邮箱超时寄存器(MOTO),并把它们与时间标志计数器(CANTSC)的值进行比较。如果时间标志计数器(CANTSC)的值大于或等于超时寄存器的值,并且相应的 CANTRS 位(仅用于发送邮箱)和CANTOC[n]位都置位,则会置位对应的 CANTOS[n]位。由于要依次扫描所有的超时寄存器,所以 CANTOS[n]位置位前会有一个延时。

(1) 邮箱超时寄存器(MOTO)

邮箱超时寄存器(MOTO)保存对应邮箱成功发送或接收数据的时间标志计数器(CANTSC)的超时值。每个邮箱都有自己的邮箱超时寄存器(MOTO)。

```
31                                                    0
|                      MOTO                           |
                      R/W-x
```

位 31~0　　MOTO：邮箱超时寄存器。该寄存器存放用于实际发送或接收信息的时间标志计数器(CANTSC)的值。

(2) 超时控制寄存器(CANTOC)

超时控制寄存器(CANTOC)控制是否使能邮箱的超时功能。

31	0
CANTOC	
R/W-x	

位 31~0　CANTOC：超时控制位。
　　　　　0　禁止超时功能。不置位 CANTOS[n]标志。
　　　　　1　CPU 置位 CANTOC[n]位使能邮箱 n 超时功能。在置位 CANTOC[n]位以前，应该用时间标志计数器(CANTSC)相关的超时值装载对应的邮箱超时寄存器(MOTO)。

(3) 超时状态寄存器(CANTOS)

超时状态寄存器(CANTOS)保存已超时邮箱的状态信息。

31	0
CANTOS	
R/C-x	

位 31~0　CANTOS：超时状态位。
　　　　　0　没有超时发生或禁止了邮箱超时功能。
　　　　　1　当邮箱 n 已超时时，时间标志计数器(CANTSC)的值大于或等于对应邮箱 n 的超时寄存器的值，并且已置位 CANTOC[n]位。

当同时满足以下 3 个条件时，置位 CANTOS[n]位：
➢ 时间标志计数器(CANTSC)的值大于或等于邮箱超时寄存器(MOTO)的值。
➢ 置位 CANTOC[n]位。
➢ 置位 CANTRS[n]位。

超时寄存器可以作为一个 RAM 存储器来使用。状态机扫描所有的超时寄存器，并将它们与时间标志计数器的值相比较。由于要依次扫描所有的超时寄存器，所以可能出现即使发送邮箱超时而 CANTOS[n]位仍然没有置位的情况。当邮箱已发送成功，并且在状态机扫描该邮箱的超时寄存器之前就已将 CANTRS[n]清零时，上述情况就可能发生。这种情况对接收邮箱也适用。在状态机扫描该邮箱的超时寄存器时可以设置 CANRMP[n]位为 1。但是对于接收邮箱，在到达超时寄存器指定的时间之前可能还没有接收信息。

(4) MTOF0 和 MTOF1 位在用户应用中的作用

在邮箱进行发送或接收时，CPK 自动清零 MTOF0 位、MTOF1 位和 CANTOS[n]位，也可以由用户通过 CPU 清零。在超时情况下，将置位 MTOF0 位、MTOF1 位和对应的 CANTOS[n]位。当数据最终成功传输后，CPK 自动清零这些位。以下是 MTOF0 和 MTOF01 位可能的行为：

➢ 超时情况发生。将置位 MTOF0 位、MTOF1 位和 CANTOS[n]位。通信失败，即不再发送或接收该帧，但会请求一个中断。应用程序处理该问题后最终将清除 MTOF0 位、MTOF1 位和 CANTOS[n]位。

➢ 超时情况发生。将置位 MTOF0 位、MTOF1 位和 CANTOS[n]位。但通信最终成功，即发送或接收了该帧。CPK 自动清除 MTOF0 位、MTOF1 位和 CANTOS[n]位。此时仍然会请求一个中断，因为 PIE 模块记录着中断的发生情况。当中断服务程序(ISR)扫描全局中断标志寄存器(CANGIF0、CANGIF1)时，不会查看 MTOF0 和 MT-

OF1 位的设置情况。这是一个"假"中断,按"假"中断处理应用程序只需返回主程序,什么事情都不做。
- 超时情况发生。将置位 MTOF0 位、MTOF1 位和 CANTOS[n] 位。当正在执行针对超时的中断服务程序 ISR 时,通信成功了。这种情况必须谨慎处理。若一个邮箱在发生中断和中断服务程序 ISR 准备处理之间的时段发送出去,则该邮箱不应该重新发送。一种处理方法是检测 GSR 寄存器中的 TM/RM 位,这些位反映了 CPK 是否正在发送或接收。如果是正在发送或接收,应用程序应该等待通信完成后再检查 CANTOS[n] 位。如果通信仍没有成功,则用户程序应该采取相应的纠正措施。

15.2.2 邮箱设置

每个邮箱都包含下述 4 个 32 位寄存器:
- MSGID——信息标识符寄存器,存储信息 ID。
- MSGCTRL——定义字节数,发送优先级和数据帧。
- MDL——数据的 4 个字节。
- MDH——数据的 4 个字节。

1. 信息标识符寄存器(MSGID)

信息标识符寄存器(MSGID)包含邮箱的信息 ID 和其他控制位。

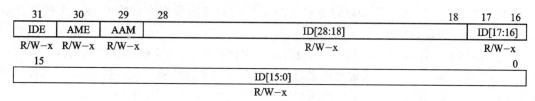

注:W=该寄存器仅在邮箱 n 禁止时可写入(CANME[n]=0)。

位 31   IDE:标识符扩展位。该位的功能将根据 AMI 位的值而变化。

    (1) 当 AMI=1 时,接收邮箱的 IDE 位无影响,并且将覆盖发送信息的 IDE 位;为了接收信息,必须满足滤波标准;用于比较的位的数量由发送信息 IDE 位的值确定。

    0 接收的信息有标准标识符;
    1 接收的信息有扩展标识符。

    (2) 当 AMI=0 时,接收邮箱的 IDE 位设定了要进行比较的位数;为了接收信息,MSGID 必须逐位匹配;用于比较的位的数量由发送信息 IDE 位的值确定。

    0 接收的信息必须有标准标识符;
    1 接收的信息必须有扩展标识符。

位 30   AME:接收屏蔽使能位。AME 位仅用于接收邮箱。对于自动回复邮箱(AAM=1,CANMD[n]=0),不能置位该位,否则,邮箱的行为将是不确定的。信息接收不会改变该位。

    0 不使用接收屏蔽,要接收信息,所有的标识符位都必须匹配;
    1 使用对应接收屏蔽。

位29	AAM：自动应答模式位。仅在邮箱信息配置为发送时该位有效。对于接收邮箱，该位无效，邮箱总是配置为接收。信息接收不会改变该位。
	0　正常发送模式。邮箱不应答远程请求。远程帧的接收不影响邮箱信息。
	1　自动应答模式。如果接收到一个匹配的远程请求，CAN 模块通过发送该邮箱的内容来应答远程请求。
位28~0	ID：信息标识符。
	0　在扩展标识符模式，如果 IDE 位（信息标识符寄存器（MSGID）的位 31）为 1，将存放信息标识符到 ID 寄存器的 28~0 位。
	1　在标准标识符模式，如果 IDE 位（信息标识符寄存器（MSGID）的位 31）为 0，将存放信息标识符到 ID 寄存器的 28~18 位。此时，ID 寄存器的位 17~0 无意义。

2. CPU 访问邮箱

只有在邮箱禁止时（CANME[n]=0（邮箱使能寄存器（CANME）的位 31~0）），CPU 才能对标识符进行写入操作。当 CPU 访问数据域时，CAN 模块读取数据域而要求数据绝对不改变是不容易的。因此，禁止对接收邮箱数据域的写入操作。

对于发送邮箱，如果置位 CANTRS（发送请求设置寄存器（CANTRS）的位 31~0）或 CANTRR（发送请求复位寄存器（CANTRR）的位 31~0）标志位，通常拒绝访问。在这种情况下，可能产生中断。访问这些邮箱的方法之一是在访问邮箱数据之前将 CDR（主控寄存器（CANMC）的位 8）位置位。

CPU 访问完成后，必须向 CDR 标志位写入 0 来清除它。CAN 模块在读邮箱以前或以后检查该标志位。如果 CDR 标志位在检查过程中置位，CAN 模块将不发送信息，而是继续寻找其他发送请求。将 CDR 标志位置位也可以阻止拒绝写中断（WDI）的申请。

3. 信息控制寄存器（MSGCTRL）

对于发送邮箱，信息控制寄存器（MSGCTRL）指定了要发送的字节数和发送优先级，而且也确定了远程帧的操作。作为 CAN 模块初始化过程的一部分，在初始化各个位的值之前应该先将 MSGCTRL 寄存器的所有位初始化为 0。

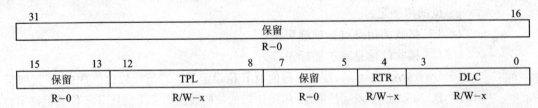

注：RW＝在任何时间可读，寄存器 MSGCTRL 仅在邮箱 n 配置为发送（CANMD[n]（邮箱方向寄存器（CANMD）的位 31~0）=0）或禁止（CANME[n]（邮箱使能寄存器（CANME）的位 31~0）=0）时可写入。

位 31~13　保留位。

位 12~8　TPL：发送优先级。该位域定义该邮箱与其他 31 个邮箱相比较的优先级。最大邮箱序号具有最高优先级。当两个邮箱具有相同优先级时，具有更大序号的邮箱将先发送。TPL 仅用于发送邮箱。在 SCC 模式，不使用 TPL。

位 7～5　　保留位。
位 4　　　RTR：远程发送请求位。
　　　　　0　没有远程帧请求。
　　　　　1　对于接收邮箱，如果置位 CANTRS 位，将发送远程帧，并且对应的数据帧将被同一个邮箱接收。一旦发送远程帧，CAN 将清零邮箱的 CANTRS 位。对于发送邮箱，如果置位 CANTRS 位，将发送远程帧，但对应的数据帧将被另一个邮箱接收。
位 3～0　　DLC：数据长度代码。该 4 位的数字设定发送或接收几个字节的数据。有效值范围是 0～8，值 9～15 是不允许的。

4. 信息数据寄存器(CANMDL、CANMDH)

邮箱有 8 字节用来存储 CAN 信息的数据域。DBO 位(主控寄存器(CANMC)的位 10)的设置确定存储数据的顺序。

数据从字节 0 开始通过 CAN 总线发送或接收。

> 当 DBO=1 时，数据的存储和读取都从信息数据寄存器(CANMDL)的最低有效字节开始，到信息数据寄存器(CANMDH)的最高有效字节结束。
> 当 DBO=0 时，数据的存储和读取都从信息数据寄存器(CANMDL)的最高有效字节开始，到信息数据寄存器(CANMDH)的最低有效字节结束。

仅在配置邮箱 n 为发送(CANMD[n]=0)或邮箱禁止(CANME[n]=0)时，可以写寄存器 MDL[n]和 MDH[n]。如果 CANTRS[n]=1，则不能写 MDL[n]和 MDH[n]，除非 CDR=1(主控寄存器(CANMC)的位 8)并且 MBNR(主控寄存器(CANMC)的位 4～0)设为 n。这种设置也用于应答模式的邮箱配置(AAM=1)。

当 DBO=0 时，MDL 的字节分布：

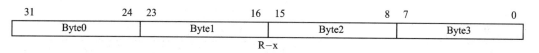

当 DBO=0 时，MDH 的字节分布：

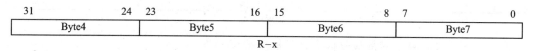

当 DBO=1 时，MDL 的字节分布：

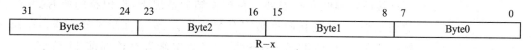

当 DBO=1 时，MDH 的字节分布：

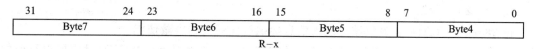

注：超过有效接收数据范围的数据域将修改，并且它们是不确定的。

15.2.3 接收滤波器

接收信息的标识符首先要与邮箱的标识符(存放在邮箱内)相比较。然后,对应的接收屏蔽寄存器将屏蔽掉标识符中不需要比较的位。

在 SCC 模式时,全局接收屏蔽寄存器(CANGAM)用于邮箱 15～6。接收信息存放在标识符匹配的最高序号邮箱中。如果在邮箱 15～6 中没有匹配的标识符,则接收的信息与邮箱 5～3 的标识符进行比较,如果还是不匹配,再与邮箱 2～0 的标识符进行比较。

邮箱 5～3 使用 SCC 模式的局部接收屏蔽寄存器 LAM3;邮箱 2～0 使用 SCC 模式的局部接收屏蔽寄存器 LAM0。

要改变全局接收屏蔽寄存器(CANGAM)和 SCC 模式的两个局部接收屏蔽寄存器,必须将 CAN 模块设置为初始化模式。

eCAN 的 32 个邮箱每一个都有自己的局部接收屏蔽寄存器,它们是 LAM0～LAM31。eCAN 中没有全局接收屏蔽寄存器。

用于比较的屏蔽位选择取决于所使用的模式(SCC 模式或 eCAN 模式)。

1. 局部接收屏蔽寄存器(LAM)

局部接收屏蔽寄存器(LAM)允许用户局部地屏蔽掉进入信息的任何标识符位。

在 SCC 模式时,局部接收屏蔽寄存器 LAM0 用于邮箱 2～0。局部接收屏蔽寄存器 LAM3 用于邮箱 5～3。对于邮箱 6～15,使用全局接收屏蔽寄存器(CANGAM)。

在 SCC 模式的硬件或软件复位以后,LAM0 和 LAM3 寄存器复位为 0。在 eCAN 模式复位以后,局部接收屏蔽寄存器(LAM)不修改。

在 eCAN 模式,每一个邮箱(0～31)都有自己的屏蔽寄存器,分别是 LAM0～LAM31。接收的信息存放在标识符匹配的最高序号的邮箱中。

31	30	29	28		16
LAMI	保留			LAMn[28:16]	
				R/W-0	

15		0
	LAMn[15:0]	
	R/W-0	

位 31　　LAMI:局部接收标识符扩展屏蔽位。
　　　　0　存放在邮箱中的标识符扩展位设定应该接收哪些信息。
　　　　1　可以接收标准帧和扩展帧。在扩展帧的情况下,标识符的所有 29 位存放到邮箱中,局部接收屏蔽寄存器的所有 29 位都用于滤波器。在标准帧的情况下,仅使用标识符和局部接收屏蔽寄存器的前 11 位(位 28～18)。

位 30～29　保留位。

位 28～0　　LAMn:该位域对进入信息标识符任何位的屏蔽使能。
　　　　0　接收标识符位的值必须与信息标识符寄存器(MSGID)对应标识符位的值相匹配。
　　　　1　对接收标识符对应的位接收 0 或 1(无影响)。

任何一个输入信息标识符位都能局域表示，A1 值表示无关紧要，或者表示接受 A0 或者 A1。A0 的值表示输入位值必须与信息标识符的通信位标识符相匹配。

如果局域接受标志标识符扩展位被设置，那么标准帧和扩展帧都能接收到。一个扩展帧使用邮箱中存储标识符的 29 个位和局域接受标志寄存器用于滤波的 29 个位。对于一个标准帧而言，仅仅使用标识符的第一个 11 位(位 18~28)和局域接受标志。

如果局域接受标志的标识符扩展位复位(LAMI=0)，那么标识符扩展位确定信息的接收。

15.3 eCAN 模块的配置

以下说明 eCAN 模块的初始化过程并介绍 eCAN 模块的配置步骤。

15.3.1 CAN 模块的初始化

CAN 模块使用前必须先进行初始化。初始化只能在模块初始化模式下完成。图 15-5 的流程图给出了初始化的过程。

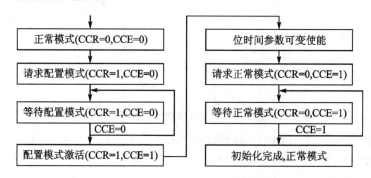

图 15-5 初始化顺序

通过编程使 CCR=1(主控寄存器(CANMC)的位 12)即设置为初始化模式。仅在 CCE=1(CANES 寄存器的位 4)时可执行初始化，然后才可以写配置寄存器。

对于 SCC 模式而言，为了修改全局接收屏蔽寄存器(CANGAM)和 SCC 模式的两个局部接收屏蔽寄存器(LAM0 和 LAM3)，也必须在初始化模式设置 CAN 模块。

通过编程使 CCR(主控寄存器(CANMC)位 12)=0 后，将再次激活 CAN 模块。硬件复位后，激活初始化模式。

注：如果 CANTBC 寄存器编程为 0 值或初始值，CAN 将再也离不开初始化模式。也就是说，当清除 CCR 位时，CEE 位(CANES 寄存器的位 4)将保持为 1。

注：初始化模式、正常模式，以及异常模式间的转换与 CAN 网络同步。即 CAN 控制器在改变模式前一直等待，直到它探测到总线空闲(11 个隐性位)为止。如果总线固定在显性位这种错误，CAN 控制器不能探测到总线空闲，因此不能完成模式的转换。

1. CAN 的位时间配置

CAN 协议规范把名义上的位时间区分为 4 段：

SYNC_SEG   该位时间段是用来使总线上的不同节点同步的。它期望有一个边缘，且

第15章 增强型局域网控制器

	总有一个时间当量(TQ,TIME QUANTUM)。
PROP_SEG	该位时间是用来补偿网络中的物理延时时间的。它为信号在总线上的传播时间,为输入比较器延时时间及输出驱动延时时间总和的两倍。该位时间可以编程为1~8个时间当量(TQ)。
PHASE_SEG1	该位时间是用来补偿正边缘相位错误的。它可以编程为1~8个时间当量(TQ),并且可以通过重同步来延长。
PHASE_SEG2	该位时间是用来补偿负边缘相位错误的。它可以编程为2~8个时间当量(TQ),并且可以通过重同步来缩短。

在eCAN模块中,CAN总线一个位的长度由参数TSEG1(位时间配置寄存器(CANBTC)的位6~3)、TSEG2(位时间配置寄存器(CANBTC)的位2~0)和BRP(位时间配置寄存器(CANBTC)的位23~16)设定,如图15-6所示。

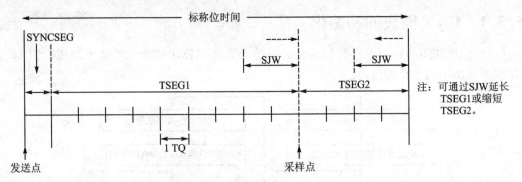

图15-6 CAN位时间示意图

按照CAN协议的定义,TSEG1是PROP_SEG和PHASE_SEG1两个位时间的总和。TSEG2定义位时间PHASE_SEG2的长度。

信息处理时间(IPT)对应读取位操作所必需的时间,IPT对应于2个时间当量(TQ)。

当确定位值时必须满足以下位时间规则:

- $TSEG1_{(min)} \geq TSEG2$;
- $IPT \leq TSEG1 \leq 16\ TQ$;
- $IPT \leq TSEG2 \leq 8\ TQ$;
- IPT= 3/BRP(所得的IPT结果需要四舍五入);
- $1\ TQ \leq SJW \leq min[4\ TQ, TSEG2]$(SJW=同步跳转宽度);
- 要采用3点采样模式,必须选择BRP≥5。

2. CAN波特率的计算

波特率用每秒传送的位来计算,即:

$$波特率 = SYSCLK/(BRP_{reg} \times 位时间)$$

其中,位时间是每一位的时间当量(TQ)的值;SYSCLK是CAN模块得到的系统时钟频率,其值与CPU时钟频率相等;BRP_{reg}是$BRP_{reg}[7\sim0]+1$(位时间配置寄存器(CANBTC)的位23~16)的二进制值。

位时间定义如下:

$$位时间 = (TSEG1_{reg}+1) + (TSEG2_{reg}+1) + 1$$

其中，$TSEG1_{reg}$ 和 $TSEG2_{reg}$ 代表位时间配置寄存器（CANBTC）中对应区域写入的值。当 CAN 模块访问参数 $TSEG1_{reg}$、$TSEG2_{reg}$、SJW_{reg} 和 BRP_{reg} 时，它们都将自动加 1，因此可得下式：

$$位时间 = TSEG1_{reg} + TSEG2_{reg} + 1$$

【举例】 当 SYSCLK 为 150 MHz 时的时间参数选择。

在这里位时间配置寄存器（CANBTC）位提供例子的样值，它是针对 SYSCLKOUT 波特率和采样点的。

注意：这些值仅仅用做说明。在实际中，需要考虑很多参数，例如网络电缆、传输器以及隔离器等。

下表显示了如何改变 BRP_{reg} 来获得不同的波特率（位时间 BT = 15，$TSEG1_{reg}$ = 10，$TSEG2_{reg}$ = 2，SP（采样点）= 80%）：

CAN 总线波特率	$BRP_{reg}+1$	CAN 时钟频率/MHz
1 Mbps	10	15
500 Kbps	20	7.5
250 Kbps	40	3.75
125 Kbps	80	1.875
100 Kbps	100	1.5
50 Kbps	200	0.75

下表列出了如何获得不同的采样点（SP）（BT = 25）：

$TSEG1_{reg}$	$TSEG2_{reg}$	SP
18	4	80%
17	5	76%
16	6	72%
15	7	68%
14	8	64%

下表显示了如何改变 BRP_{reg} 域的值来获得不同的波特率（针对上表中的采样点，BT = 25）：

CAN 总线波特率	$BRP_{reg}+1$
1 Mbps	6
500 Kbps	12
250 Kbps	24
125 Kbps	48
100 Kbps	60
50 Kbps	120

注：当 SYSCLK = 150 MHz 时，可获得最低的波特率为 23.4 Kbps。

3. EALLOW 保护

为了避免无意中修改操作，eCAN 模块中一些重要的寄存器和某些位受 EALLOW 保护。这些寄存器和位只有解除 EALLOW 保护后才能修改。以下是 eCAN 模块中受 EALLOW 保护的寄存器和位：

CANMC[15～9]和[7～6]；
CANBTC[23～16]和[10～0]；
CANGIM[17～16]、[14～8]和[2～0]；
CANMIM[31～0]；
CANTSC[31～0]；
CANTIOC[3]；
CANRIOC[3]。

15.3.2 eCAN 的配置步骤

1. eCAN 模块基本功能配置

操作 eCAN 前必须进行配置，以下步骤必须在解除 EALLOW 保护情况下进行。

① 使能 CAN 模块时钟。

② 设置 CANTX 和 CANRX 引脚来实现 CAN 功能。

写发送 I/O 控制寄存器(CANTIOC)的位 3～0 = 0x08；

写接收 I/O 控制寄存器(CANRIOC)的位 3～0 = 0x08；

③ 复位后 CCR 位（主控寄存器(CANMC)的位 12）和 CCE 位（CANES 寄存器的位 4）置为 1。允许用户配置位时间配置寄存器(CANBTC)。如果 CCE 位置位，则执行下一步；否则，将 CCR 位置位并且等待直到 CCE 位置位。

④ 用适当的时间值编程位时间配置寄存器(CANBTC)，确保 TSEG1 和 TSEG2 的值不为 0。如果为 0，模块就不能退出初始化模式。

⑤ 对于 SCC 模式，此时编程接收屏蔽寄存器。例如：写 LAM3 = 0x3C0000。

⑥ 编程主控寄存器(CANMC)如下：

CCR（主控寄存器(CANMC)的位 12）= 0；
PDR（主控寄存器(CANMC)的位 11）= 0；
DBO（主控寄存器(CANMC)的位 10）= 0；
WUBA（主控寄存器(CANMC)的位 9）= 0；
CDR（主控寄存器(CANMC)的位 8）= 0；
ABO（主控寄存器(CANMC)的位 7）= 0；
STM（主控寄存器(CANMC)的位 6）= 0；
SRES（主控寄存器(CANMC)的位 5）= 0；
MBNR（主控寄存器(CANMC)的位 4～0）= 0。

⑦ 将 MSGCTRLn 寄存器的所有位全部初始化为 0。

⑧ 验证 CCE 位已清除(CANES 寄存器的位 4 = 0)，表示 CAN 模块已经完成配置。

以上步骤完成了 CAN 模块基本功能的配置。

2. 配置发送邮箱

要发送信息,需要执行以下步骤(以邮箱 1 为例):

① 将发送请求设置寄存器(CANTRS)中对应的位清零,使发送请求设置寄存器(CANTRS)的位 1=0(由于向 CANTRS 写入 0 无效,所以应该置位发送请求复位寄存器(CANTRR)的位 1,并且等待直到发送请求设置寄存器(CANTRS)的位 1 清零)。如果置位 RTR 位,则 CANTRS 位可以发送远程帧。一旦发送远程帧,CAN 模块将清零邮箱的 CANTRS 位。同一个节点可以用来向其他节点请求数据帧。

② 通过清除邮箱使能寄存器(CANME)对应的位来禁止邮箱,使邮箱使能寄存器(CANME)的位 1=0。

③ 装载邮箱的信息标识符寄存器(MSGID)。对于正常发送邮箱应清除 AME 位(信息标识符寄存器(MSGID)的位 30=0)和 AAM 位(信息标识符寄存器(MSGID)的位 29=0)。在正常运行过程中一般不修改该寄存器,它仅在邮箱禁止时才可以修改。例如:写 MSGID[1]=0x15AC 0000。

将数据长度写入信息控制域寄存器(信息控制寄存器(MSGCTRL)的位 3~0)的 DLC 区。通常,RTR 标志(信息控制寄存器(MSGCTRL)的位 4=0)清零。在正常运行过程中一般不修改信息控制寄存器(MSGCTRL),它仅在邮箱禁止时才可以修改。

清除邮箱方向寄存器(CANMD)中对应的位来设置邮箱方向,使邮箱方向寄存器(CANMD)的位 1=0。

④ 设置邮箱使能寄存器(CANME)中对应的位使能邮箱,使邮箱使能寄存器(CANME)的位 1=1。

以上为配置邮箱 1 发送模式的过程。

发送一条信息:

启动发送的步骤(以邮箱 1 为例):

① 写信息数据到邮箱数据区域。由于配置时将 DBO(主控寄存器(CANMC)的位 10)设置为 0,MSGCTRL[1]设置为 2,所以数据被存放在信息数据寄存器(CANMDL)[1]的 2 个最高有效字节,写 CANMDL[1]=xxxx0000h。

② 将发送请求寄存器的对应位置 1(发送请求设置寄存器(CANTRS)的位 1=1),从而启动信息的发送。CAN 模块开始处理 CAN 信息发送的整个过程。

③ 等待对应邮箱的发送应答标志位置位(发送应答寄存器(CANTA)的位 1=1)。成功发送之后,CAN 模块置位该标志位。

④ 在成功发送或发送终止后,模块复位 CANTRS 标志位为 0(发送请求设置寄存器(CANTRS)的位 1=0)。

⑤ 为了进行下一次发送,必须将发送应答位清零。置发送应答寄存器(CANTA)的位 1=1,等待直到读到的发送应答寄存器(CANTA)的位 1=0。

⑥ 要用同一个邮箱发送其他信息,必须更新邮箱 RAM 存储器数据。置位发送请求设置寄存器(CANTRS)的位 1 标志位来启动下一次发送。写入邮箱 RAM 存储器的数据可以为半字(16 位)或全字(32 位),但模块总是从偶数边界地址处返回 32 位值。CPU 要接受所有 32 位或它的一部分。

3. 配置接收邮箱

要配置邮箱接收信息,需要执行以下步骤(以邮箱 3 为例):

① 通过清除邮箱使能寄存器（CANME）对应的位来禁止邮箱，使邮箱使能寄存器（CANME）的位 3=0。

② 将选定的标识符写到对应的信息标识符寄存器（MSGID）。标识符扩展位必须适合期望的标识符。如果使用接收屏蔽寄存器，接收屏蔽使能位 AME 必须置1（即信息标识符寄存器（MSGID）的位 30=1）。例如，MSGID[3]=0x4F78 0000。

③ 如果 AME 位已设置为1，则必须对相应的接收屏蔽寄存器编程：LAM3=0x03C 0000。

④ 设置邮箱方向寄存器中对应标志位（邮箱方向寄存器（CANMD）的位 3=1），把邮箱配置为一个接收邮箱，并确保该操作不会影响此寄存器中的其他位。

⑤ 如果邮箱中的数据被保护，则需对过冲保护寄存器（CANOPC）进行编程。如果不允许信息丢失，则该保护非常有用。如果置位过冲保护控制寄存器（CANOPC）相应位，则需用软件确保配置一个附加邮箱（缓存邮箱）来存放"溢出"的信息。否则，信息可能在没有告知的情况下丢失。置过冲保护控制寄存器（CANOPC）的位 3=1。

⑥ 通过设置邮箱使能寄存器（CANME）中对应的标志位来使能邮箱。这应该通过读邮箱使能寄存器（CANME）并回写（CANME=0x0008）来确保没有其他标志位被意外改变。

该对象现在已设置为接收模式，任何针对该对象的输入信息将自动处理。

接收一条信息：

以邮箱3为例，当接收到一条信息时，接收信息悬挂寄存器（CANRMP）的对应标志位将置为1，并且启动一个中断。此时，CPU 将从邮箱 RAM 存储器读取信息。在 CPU 从邮箱读取信息之前，应该先清零 CANRMP 位（写接收信息悬挂寄存器（CANRMP）的位 3=1 来清零）。CPU 也应该检测接收信息丢失标志位（接收信息丢失寄存器（CANRML）的位 3=1）。根据应用程序的要求，CPU 确定如何处理这种情况。

在读数据之后，CPU 需要检测 CANRMP 位是否被模块重新置位。如果 CANRMP 位置为1，则数据可能已经损坏，CPU 需要重新读数据，因为在 CPU 读旧数据的时候接收到一条新数据。

4. 过载情况的处理

如果 CPU 不能及时处理重要信息，则配置多个邮箱为同一标识符是必要的。以下是对象 3、4、5 具有相同标识符并且分享相同屏蔽寄存器的例子。对于 SCC 模式，屏蔽寄存器是 LAM3。对于 eCAN，每一个对象都有自己的屏蔽寄存器 LAM，即 LAM3、LAM4 和 LAM5，每一个都需要编程为同一标识符。

为了确保信息不丢失，对象 4 和对象 5 置位 CANOPC 标志位，这将防止覆盖未读的信息。如果 CAN 模块需要存储一条接收到的信息，将首先检测邮箱 5。如果该信箱为空，信息便存储在此。如果对象 5 的 CANRMP 标志位置位（即邮箱已占用），CAN 模块将检查邮箱 4 的情况。如果邮箱 4 也忙，则模块将检查邮箱 3，由于邮箱 3 的 CANOPC 标志位未置位，信息将存储在此。在此之前，如果没有读出邮箱 3 的内容，则会置位邮箱 3 的 CANRML 标志位，而这可能启动一个中断。

好的建议是让对象 4 产生一个中断告知 CPU 立即读邮箱 4 和 5。该技术对多于 8 字节的数据信息也很有用。在这种情况下，信息所需要的所有数据都可以收集到邮箱中，并且立刻读取，避免信息丢失。

15.3.3 远程帧邮箱的处理

远程帧有两种功能。一种是模块要求从其他节点获得数据；另一种是其他节点请求获得数据，模块需要应答。

1. 请求其他节点的数据

为了从其他节点得到数据，配置对象为接收邮箱。以对象 3 为例，CPU 需要进行如下操作：

① 设置信息控制寄存器（MSGCTRL）的 RTR 位为 1。写 MSGCTRL[3]=0x12。

② 将正确的标识符写入信息标识符寄存器（MSGID）。写 MSGID[3]=0x4F780000。

③ 设置邮箱的发送请求设置寄存器（CANTRS）的标志位。由于配置邮箱为接收邮箱，它将仅仅发送一个远程请求信息到其他节点。设置发送请求设置寄存器（CANTRS）的位 3=1。

④ 模块将接收到的应答信息存储在该邮箱中并且将 CANRMP 位置位。该操作可能启动一个中断。同时，要确保没有其他邮箱使用相同的 ID。等待或判断接收信息悬挂寄存器（CANRMP）的位 3=1。

⑤ 读接收到的邮箱信息。

2. 响应远程请求

① 把对象配置为一个发送邮箱。

② 在邮箱使能之前设置信息标识符寄存器（MSGID）的自动应答模式位（AAM）（信息标识符寄存器（MSGID）的位 29）。MSGID[1]=0x35AC0000。

③ 更新数据区。CANMIL，MDH[1]=xxxx xxxxh。

④ 设置邮箱使能寄存器（CANME）标志位为 1 来使能邮箱。邮箱使能寄存器（CANME）的位 1=1。

当从其他节点获得一个远程请求时，自动置位 CANTRS 标志位，并且发送数据至该节点。接收信息和发送信息的标识符应该是相同的。

数据发送之后，置位 CANTA 标志位。然后 CPU 才更新数据。等待或判断发送应答寄存器（CANTA）的位 1=1。

3. 更新数据域

要更新自动应答模式对象的数据，需要执行以下步骤。该顺序也可用于更新 CANTRS 标志位被置位的正常发送模式的数据。

① 设置改变数据请求位（CDR）（主控寄存器（CANMC）的位 8）及主控寄存器（CANMC）中对象的邮箱序号。这将告知 CAN 模块 CPU 想要更改数据。例如，对于对象 1，写 CANMC=0x0000101。

② 写信息数据到邮箱数据寄存器。例如，写 CANMDL[1]=xxxx0000h。

③ 清除 CDR 位（主控寄存器（CANMC）的位 8）从而使能对象。写 CANMC=0x00000000。

15.3.4 中 断

有两种不同的中断。一种是与邮箱相关的中断，例如，接收信息悬挂中断或发送终止应答中断；另一种是系统中断，它处理错误或系统相关的中断源，例如，错误失效中断或唤醒中断。两种中断如图15-7所示。

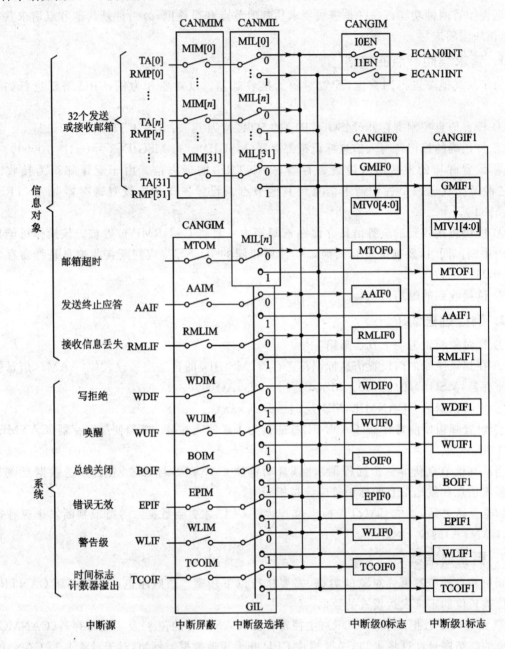

图15-7 中断图

以下事件将引起两种中断中的一种。
➢ 邮箱中断。
— 信息接收中断：成功接收一条信息；
— 信息发送中断：成功发送一条信息；

——发送终止应答中断：信息发送时被终止；
——接收信息丢失中断：一条新的信息覆盖了未读的旧信息；
——邮箱超时中断（仅在 eCAN 模式）：信息的发送或接收没有在预定义的时间帧内完成。
➢ 系统中断。
——拒绝写中断：CPU 要写邮箱但却不允许；
——唤醒中断：该中断在唤醒后产生；
——总线关闭中断：CAN 模块进入总线关闭状态；
——错误失效中断：CAN 模块进入错误失效模式；
——警告级中断：一个或两个错误计数器大于或等于 96；
——时间标志计数器溢出中断（仅在 eCAN 模式）：时间标志计数器发生溢出。

1. 中断设计

如果中断发生，则置位对应的中断标志位。系统中断标志位的置位取决于 GIL（全局中断屏蔽寄存器（CANGIM）的位 2）的设置。如果置位 GIL，则全局中断将全局中断标志寄存器 1（CANGIF1）中的位置位，否则，它们将全局中断标志寄存器 0（CANGIF0）中的位置位。

GMIF0/GMIF1 位（全局中断标志寄存器（CANGIF0/CANGIF1）的位 15）的置位取决于 CANMIL[n]位的设置，而这与产生中断的邮箱相关。如果置位 CANMIL[n]位，对应邮箱中断标志位 MIF[n]将把全局中断标志寄存器 1（CANGIF1）的 GMIF1 标志位置位，否则，它将置位 GMIF0 的标志位。

如果清除所有中断标志，一个新的中断将置位标志，并且置位对应中断屏蔽位，激活 CAN 模块中断输出线（ECAN0INT 或 ECAN1INT）。中断线保持激活的状态直到 CPU 清零中断标志，清中断标志位是通过向对应的位写入 1 来实现的。

GMIF0 或 GMIF1 位必须通过向发送应答寄存器（CANTA）或接收信息悬挂寄存器（CANRMP）（取决于邮箱配置）对应的位写入 1 来清零，并且不能在全局中断标志寄存器（CANGIF0/CANGIF1）中清零。

在清除一个或多个中断标志位后，若一个或多个中断标志位仍然悬挂，将产生一个新的中断。通过向对应的位写入 1 来清除中断标志位。如果置位 GMIF0 或 GMIF1 位，则邮箱中断向量 MIV0（全局中断标志寄存器 0（CANGIF0）的位 4～0）或 MIV1（全局中断标志寄存器 1（CANGIF1）的位 4～0）将指明引起 GMIF0/GMIF1 置位的邮箱序号。它总是显示分配到该中断线的最高序号邮箱的中断向量。

2. 邮箱中断

eCAN 模式的 32 个邮箱或 SCC 模式的 16 个邮箱中的任何一个，都可以启动两条中断输出线（1 或 0）之一。根据邮箱的配置，这些中断可以是接收或发送中断。

每一个邮箱都有一个中断屏蔽位（CANMIM[n]）和一个中断优先级位（CANMIL[n]）。要产生一个接收/发送中断，必须置位 CANMIM 位。如果 CAN 信息被一个接收邮箱接收（CANRMP[n]=1）或从一个发送邮箱发送（CANTA[n]=1），则将产生一个中断。如果配置邮箱为一个远程请求邮箱（CANMD[n]=1，信息控制寄存器（MSGCTRL）的位 RTR=1），则当接收到回复帧时产生中断。远程回复邮箱（CANMD[n]=0，信息标识符寄存器（MSGID）

的位 AAM=1)在成功发送回复帧后产生中断。

如果置位对应的中断标志位,则对 CANRMP[n]位或 CANTA[n]位置位也会将全局中断标志寄存器(CANGIF0/CANGIF1)的 GMIF0/GMIF1 标志位置位。然后 GMIF0/GMIF1 标志位产生一个中断,并且对应邮箱向量(=邮箱序号)可以从全局中断标志寄存器(CANGIF0/CANGIF1)的 MIV0/MIV1 位读出。如果有多个的邮箱中断悬挂,则 MIV0/MIV1 位的实际值反映了最高优先级的中断向量。中断的产生取决于邮箱中断优先级寄存器(CANMIL)的设置。

当发送信息由于设置 CANTRR[n]位为 1 而终止时,发送终止应答标志位(CANAA[n])和终止应答中断标志位(AAIF)置位。如果置位全局中断屏蔽寄存器(CANGIM)中的屏蔽位 AAIM,则发送终止后就会产生一个中断。清除 CANAA[n]标志位不会复位 AAIF0/AAIF1 标志位。应该单独清零中断标志位。发送终止应答中断所选择的中断线要与相关邮箱的 CANMIL[n]位一致。

接收信息的丢失是通过设置接收信息丢失标志位 CANRML[n]和全局中断标志寄存器(CANGIF0/CANGIF1)的接收信息丢失中断标志位 RMLIF0/RMLIF1 来告知。如果要产生一个接收信息丢失事件的中断,需要置位全局中断屏蔽寄存器(CANGIM)中的接收信息丢失中断屏蔽位(RMLIM)。清除 CANRML[n]标志位不会复位 RMLIF0/RMLIF1 标志位。应该单独清零中断标志位。接收信息丢失中断所选择的中断线要与相关邮箱的中断优先级 CANMIL[n]一致。

eCAN 的每一个邮箱(仅在 eCAN 模式)都连接到一个邮箱超时寄存器(MOTO)。如果一个超时事件发生(CANTOS[n]=1),且置位了全局中断屏蔽寄存器(CANGIM)中的邮箱超时中断屏蔽位(MTOM),则在两条中断线的其中之一上将产生一个邮箱超时中断。清除 CANTOS[n]标志位不会复位 MTOF0/MTOF1 标志位。邮箱超时中断所选的中断线要与相关邮箱的中断优先级 CANMIL[n]一致。

3. 中断处理

CPU 的中断是通过两条中断线之一来申请的。中断处理完以后(通常会清除中断源),CPU 必须清零中断标志位,即清除全局中断标志寄存器(CANGIF0/CANGIF1)的中断标志位,而该标志位的清零是通过写入 1 来实现的。有一些例外的情况,如表 15-5 所列。如果没有其他的中断悬挂,就将释放中断线。

表 15-5 中断的声明及清除

中断标志	中断条件	CANGIF0/CANGIF1 设定位	清除方法
WLIFx	一个或两个错误计数器的值≥96	GIL	写入 1
EPIFx	CAN 模块进入"错误失效"模式	GIL	写入 1
BOIFx	CAN 模块进入"总线关闭"模式	GIL	写入 1
RMLIFx	某个接收邮箱发生溢出	GIL	清除 CANRMP[n]

续表 15-5

中断标志	中断条件	CANGIF0/CANGIF1 设定位	清除方法
WUIFx	CAN 模块脱离局部掉电模式	GIL	写入 1
WDIFx	对一个邮箱的写操作被拒绝	GIL	写入 1
AAIFx	一个发送请求被终止	GIL	清除 CANAA[n]
GMIFx	某个邮箱成功地发送或接收了一条信息	CANMIL[n]	通过向发送应答寄存器(CANTA)或接收信息悬挂寄存器(CANRMP)对应的位写入 1
TCOFx	时间标志计数器(CANTSC)的最高有效位(MSB)已从 0 变为 1	GIL	写入 1
MTOFx	某个邮箱没有在规定的时间帧内发送或接收	CANMIL[n]	清除 CANTOS[n]

注：(1) 中断标志：适用于全局中断标志寄存器(CANGIF0/ CANGIF1)的中断标志名称。

(2) 中断条件：表中该列是引起中断的条件。

(3) 全局中断标志寄存器(CANGIF0/ CANGIF1)设定位：中断标志位可以在寄存器全局中断标志寄存器(CANGIF0/CANGIF1)中设置，这由全局中断屏蔽寄存器(CANGIM)中的 GIL 位或邮箱中断优先级寄存器(CANMIL)中的 CANMIL[n]位来确定(取决于所用的中断)。该列显示了特定的中断是由 GIL 位确定还是 CANMIL[n]位来确定。

(4) 清除方法：该列解释了怎样清除某个标志位。有些标志位可以通过写入 1 来清除，另一些则是通过对 CAN 控制寄存器的某些位进行操作来清除。

4. 中断处理的配置

为了对中断处理进行配置，就必须对邮箱中断优先级寄存器(CANMIL)、邮箱中断屏蔽寄存器(CANMIM)以及全局中断屏蔽寄存器(CANGIM)进行配置。具体配置步骤如下：

① 写邮箱中断优先级寄存器(CANMIL)。这将确定一次成功的发送是申请中断线 0 还是中断线 1。例如，CANMIL＝0xFFFF FFFF 将设置所有的邮箱中断连接到中断线 1。

② 配置邮箱中断屏蔽寄存器(CANMIM)来指明不引起中断的邮箱。可以设置该寄存器为 0xFFFF FFFF，这将使能所有的邮箱中断。没有使用的邮箱不会引起任何中断。

③ 配置全局中断屏蔽寄存器(CANGIM)。应该始终置位(使能对应中断)标志位 AAIM、WDIM、WUIM、BOIM、EPIM 和 WLIM 位(全局中断屏蔽寄存器(CANGIM)的位 14～9)。另外，可以将 GIL 位(全局中断屏蔽寄存器(CANGIM)的位 2)置位来使全局中断处于与邮箱中断不同的中断优先级。应该置位 I1EN 位(全局中断屏蔽寄存器(CANGIM)的位 1)和 I0EN 位(全局中断屏蔽寄存器(CANGIM)的位 0)这两个标志位来使能两条中断线，也可以置位 RMLIM 位(全局中断屏蔽寄存器(CANGIM)的位 11)。

这样的配置将所有的邮箱中断放在中断线 1，而所有的系统中断放在中断线 0。因此，CPU 可以将所有系统中断(通常比较重要)处理为高优先级，而将所有邮箱中断(在另一个中断线上)处理为较低的优先级。可以指定所有高优先级信息连接到中断线 0 上。

5. 邮箱中断的处理

邮箱中断有 3 个中断标志位。在全局中断标志寄存器(CANGIF0/CANGIF1)上进行半字读,如果值为负,则将引起邮箱中断,并置位其中断标志位。可以读到终止应答中断标志位(AAIF0/AAIF1,全局中断标志寄存器(CANGIF0/CANGIF1)的位 14),可以读到接收信息丢失中断标志位(RMLIF0/RMLIF1,全局中断标志寄存器(CANGIF0/CANGIF1)的位 11)。具体描述如下:

GMIF0/GMIF1:有一个对象接收或发送了一条信息。邮箱的序号在 MIV0/MIV1 位(全局中断标志寄存器(CANGIF0/ CANGIF1)的位 4～0)中。邮箱中断的通常的处理过程如下:

① 如果对全局中断标志寄存器(CANGIF0/CANGIF1)进行半字读取,若值为负,则引起邮箱中断。引起邮箱中断还可能是其他原因造成的,需要检测终止应答中断标志位(AAIF0/AAIF1,全局中断标志寄存器(CANGIF0/CANGIF1)的位 14)或接收信息丢失中断标志位(RMLIF0/RMLIF1,全局中断标志寄存器(CANGIF0/CANGIF1)的位 11)。如果上述原因都不是,则是系统产生了中断。在这种情况下,应该检测每一个系统中断标志位。

② 如果是 RMLIF0 标志位(全局中断标志寄存器 0(CANGIF0)的位 11)引起中断,则有一个邮箱中的信息已经被新信息覆盖了。这在正常操作下是不应该发生的事情。CPU 需要向该标志位写入 1 来清零。CPU 必须检查接收信息丢失寄存器(CANRML)来确定是哪个邮箱引起的中断,以确定 CPU 下一步要做什么事情。该中断与 GMIF0/GMIF1 中断一起出现。

③ 如果是 AAIF 标志位(全局中断标志寄存器(CANGIF0/CANGIF1)的位 14)引起的中断,则 CPU 将终止发送操作。CPU 应该检查发送终止应答寄存器(CANAA)的位 31～0)来确定是哪个邮箱引起的中断,并且如果需要将重发信息。必须向该标志位写入 1 清零。

④ 如果是 GMIF0/GMIF1 标志位(全局中断标志寄存器(CANGIF0/CANGIF1)的位 15)引起的中断,引起中断的邮箱序号可以从 MIV0/MIV1 位读取。这可以作为向量用来跳转到需要处理的那个邮箱位置。如果它是一个接收邮箱,则 CPU 应该读取数据,并且向接收信息悬挂寄存器(CANRMP)的位 31～0 写入 1 清零该标志位。如果它是一个发送邮箱,则没有更多的操作要求,除非 CPU 需要发送更多数据。在这种情况下,前面描述的正常发送程序是必要的。CPU 应该向发送应答位(发送应答寄存器(CANTA)的位 31～0)写入 1 清零该位。

6. 中断处理的次序

为了让 CPU 内核识别并处理 CAN 中断,在任何 CAN 中断服务程序(ISR)中必须进行以下操作:

① 先必须清除寄存器 GMIF0/GMIF1 中引起中断的标志位。这些寄存器中有两类标志位。

第一类:必须通过对标志位写入 1 来清除。
  包括:TCOFx、WDIFx、WUIFx、BOIFx、EPIFx、WLIFx。
第二类:必须通过对相关寄存器中的对应位进行写操作来清除。
  包括:MTOFx、GMIFx、AAIFx、RMLIFx。

> 通过清除超时状态寄存器(CANTOS)中的对应位来清除 MTOFx 位。例如,如果由于 MTOFx 位置位而使 27 号邮箱发生超时中断,ISR(在正确处理完超时条件后)需要清除 CANTOS[27]来使 MTOFx 位清零。

> 通过清除发送应答寄存器(CANTA)或接收信息悬挂寄存器(CANRMP)中的对应位来清除 GMIFx 位。例如,邮箱 19 已配置为发送邮箱并完成一次发送操作,则 CANTA

[19]会置位,然后置位 GMIF0 位。ISR 需要清除 CANTA[19]来清除 GMIF0 位。如果邮箱 8 已配置为接收邮箱并完成一次接收操作,则接收信息悬挂寄存器(CANRMP)位 8 会置位,然后置位 GMIFx 位。ISR 需要清除接收信息悬挂寄存器(CANRMP)位 8 来使 GMIFx 位清零。

➢ 通过清除发送终止应答寄存器(CANAA)中的对应位来清除 AAIFx 位。例如,如果由于置位 AAIFx 位而使邮箱 13 的发送终止,则 ISR 就需要清除发送终止应答寄存器(CANAA)位 13 来使 AAIFx 位清零。

➢ 通过清除接收信息悬挂寄存器(CANRMP)中的对应位来清除 RMLIFx 位。例如,如果由于邮箱 13 的信息发生过冲情况,而置位了 RMLIFx 位,则 ISR 就需要清除接收信息悬挂寄存器(CANRMP)位 13 来清零 RMLIFx 位。

② 与 CAN 模块对应的 PIEACK 位必须写入 1,这可以用以下的 C 语言语句来实现:

`PieCtrlRegs.PIEACK.bit.ACK9 = 1;`

③ 必须使能 CAN 模块对应的进入 CPU 的中断线。这可以用以下的 C 语言语句来实现:

`IER| = 0x0100;          //使能 INT9`

④ 必须清除 INTM 位来使能 CPU 的全局中断。

15.3.5　CAN 模块的掉电模式

当停止 CAN 模块的内部时钟时,CAN 模块就处于局部掉电模式。

1. 进入和退出局部掉电模式

在局部掉电模式下,关闭 CAN 模块的时钟,仅仅保证唤醒逻辑电路仍然继续工作。其他外设模块继续正常工作。

向 PDR(主控寄存器(CANMC)的位 11)位写入 1 可以请求进入局部掉电模式,而这允许正在进行的任何邮箱成功完成发送。在发送完成后,置位 PDA 状态位(CANES 寄存器的位 3),这样可以确保 CAN 模块已经进入掉电模式。

从 CANES 寄存器读出的值为 0x08(置位了 PDA 位),对所有其他寄存器读取将返回值 0x00。

当 PDR 位清零或探测到 CAN 总线上有任何的总线活动时(如果总线活动唤醒功能已使能),模块将脱离局部掉电模式。

总线活动自动唤醒功能可以通过主控寄存器(CANMC)的 WUBA 配置位来使能或禁止。如果 CAN 总线上有任何的活动,模块将开始它的上电顺序。模块一直等待,直到它在 CANRX 引脚上探测到 11 个连续的隐性位,然后它进入总线正常工作状态。

注:不能收到发起 CAN 总线活动的第一帧信息,这意味着在掉电和自动唤醒模式下第一帧信息将会丢失。

在脱离休眠模式后,PDR 和 PDA 位清零。CAN 错误计数器保持不变。

如果 CAN 模块在 PDR 位置位时正在发送信息,发送将一直继续直到成功发送或丢失仲裁或 CAN 总线上发生错误条件。然后,激活 PDA 位,CAN 模块在总线上不引起错误条件。

为了执行局部掉电模式,需要在 CAN 模块中使用两路单独的时钟。一路时钟一直保持激活状态从而保证掉电时的运行,例如,唤醒逻辑和 PDA 位(CANES 寄存器的位 3)的读/写操作。另一路时钟由 PDA 位控制。

2. 进入和退出低功耗工作模式的注意事项

F2808 有两种低功耗工作模式——STANBY 和 HALT。在这两种模式中,外设模块时钟都被关闭。由于 CAN 模块通过一个网络与多个节点相连,所以在进入和退出低功耗工作模式时必须十分小心,保证一个 CAN 邮箱必须被所有节点完整地接收。因此,如果在发送过程中失败,失败的邮箱将违反 CAN 协议,结果将使所有的节点都产生错误帧。节点在退出低功耗工作模式时要特别谨慎,例如,如果节点要在 CAN 总线正在通信时退出低功耗工作模式,它可能"看见"一个被删减的邮箱,并且用错误帧干扰总线。

控制器进入低功耗工作模式前必须先考虑以下几点:
- CAN 模块已经完成所要求的最后一个邮箱的发送。
- CAN 模块已经通知 CPU 它准备进入低功耗工作模式。

换句话说,只有当 CAN 模块进入局部掉电模式后才允许控制器进入低功耗工作模式。

3. CAN 模块时钟的使能或禁止

只有 CAN 模块的时钟使能以后才能使用 CAN 模块。PCLKCR 寄存器的位 14 可以使能或禁止 CAN 模块的时钟。当应用中完全不使用 CAN 模块时,该位很有用。用该位可以永久地关闭 CAN 模块的时钟,以降低芯片功耗。与其他外设模块一样,复位时将关闭 CAN 模块的时钟。

4. CAN 控制模块失效模式的扩展

这里列出了一些在一个基本 CAN 系统中潜在的失效模式。该失效模式是 CAN 控制器的外部扩展,所以需要在系统级上进行评估。

CAN_H 和 CAN_L 直接连在一起;
CAN_H 和 CAN_L 直接接地;
CAN_H 和 CAN_L 直接接电源;
CAN 传送失败;
CAN 总线上存在干扰。

15.4 eCAN 控制器的程序设计举例

在实验开发板上提供了一个 eCAN 接口,采用 9 针 D 型插座。通信接口的驱动电路见图 15-8,跳针 J15 用来选择是否接入 120 Ω 的终端匹配电阻。

【例 15-1】 本例是让 eCAN 模块工作在自回环测试模式下的应用例子。其中,MBX0 发送到 MBX16,MBX1 发送到 MBX17 等。该程序在不停地高速背靠背传输数据,检查接收数据的正确性,并标注出错误之处。该程序已在实验开发板上调试通过。

```
/* 功能描述:eCAN 自回环测试程序,CAN 模块工作在自回环测试模式。MBX0 发送到 MBX16,MBX1 发送到
   MBX17。该程序不停地高速背靠背传输数据,检查接收数据的正确性 */
#include "DSP28_Device.h"
```

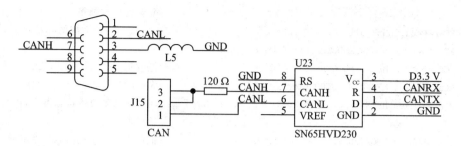

图 15 - 8 CAN 通信接口电路

```
void mailbox_check(int32 T1,int32 T2,int32 T3);
void mailbox_read(int16 i);
Uint32    ErrorCount = 0;                              //全局变量
Uint32    MessageReceivedCount = 0;
Uint32    TestMbox1 = 0;
Uint32    TestMbox2 = 0;
Uint32    TestMbox3 = 0;
void  CAN_INIT()
{
    struct ECAN_REGS ECanaShadow;
    EALLOW;
    GpioMuxRegs.GPFMUX.bit.CANTXA_GPIOF6 = 1;          //设置 GPIOF6 为 CANTX
    GpioMuxRegs.GPFMUX.bit.CANRXA_GPIOF7 = 1;          //设置 GPIOF7 为 CANRX
    EDIS;
    /* eCAN 控制寄存器需要 32 位访问。如果想向一个单独位进行写操作,编译器可能会使其进入 16
       位访问。这里引用一种解决方法,就是用影子寄存器迫使进行 32 位访问。把整个寄存器读入
       一个影子寄存器,该访问将是 32 位的。用 32 位写操作改变需要改的位,然后把该值复制到
       eCAN 寄存器 */
    EALLOW;
    ECanaShadow.CANTIOC.all = ECanaRegs.CANTIOC.all;   //把 CANTIOC 寄存器读入影子寄存器
    ECanaShadow.CANTIOC.bit.TXFUNC = 1;                //外部引脚 I/O 使能标志位
    //TXFUNC = 1   CANTX 引脚用于 CAN 发送功能;TXFUNC = 0   CANTX 引脚作为通用 I/O 引脚
    ECanaRegs.CANTIOC.all = ECanaShadow.CANTIOC.all;   //把配置好的寄存器值回写
    ECanaShadow.CANRIOC.all = ECanaRegs.CANRIOC.all;   //把 CANRIOC 寄存器读入影子寄存器
    ECanaShadow.CANRIOC.bit.RXFUNC = 1;                //外部引脚 I/O 使能标志位
    //RXFUNC = 1   CANRX 引脚用于 CAN 接收功能;RXFUNC = 0   CANRX 引脚作为通用 I/O 引脚
    ECanaRegs.CANRIOC.all = ECanaShadow.CANRIOC.all;   //把配置好的寄存器值回写
    EDIS;
    //在配置邮箱 ID 值之前,邮箱使能寄存器(CANME)对应的位必须复位
    //如果对应的位置位,则 ID 写入操作无效
    ECanaRegs.CANME.all = 0;                           //复位所有的邮箱
    ECanaMboxes.MBOX0.MSGID.all = 0x9555AAA0;          //配置发送邮箱 0 的 ID:扩展标识符 29 位
    ECanaMboxes.MBOX1.MSGID.all = 0x9555AAA1;          //配置发送邮箱 1 的 ID:扩展标识符 29 位
    ECanaMboxes.MBOX16.MSGID.all = 0x9555AAA0;         //确定接收邮箱 16 的 ID
    ECanaMboxes.MBOX17.MSGID.all = 0x9555AAA1;         //确定接收邮箱 17 的 ID
    ECanaRegs.CANMD.all = 0xFFFF0000;                  //邮箱 0~15 配置为发送邮箱,16~31
```

第15章 增强型局域网控制器

```c
                                                        //配置为接收邮箱
    ECanaRegs.CANME.all = 0xFFFFFFFF;                   //CAN模块使能对应的邮箱
    ECanaMboxes.MBOX0.MSGCTRL.bit.DLC = 8;
    ECanaMboxes.MBOX1.MSGCTRL.bit.DLC = 8;              //把发送、接收数据的长度定义为8位
    ECanaMboxes.MBOX0.MSGCTRL.bit.RTR = 0;              //无远程帧请求
    ECanaMboxes.MBOX1.MSGCTRL.bit.RTR = 0;              //因RTR位复位后状态不定,初始化时必
                                                        //须赋值
    ECanaMboxes.MBOX0.MDRL.all = 0x00112233;            //把待发送的数据写入发送邮箱
    ECanaMboxes.MBOX0.MDRH.all = 0x44556677;
    ECanaMboxes.MBOX1.MDRL.all = 0x8899AABB;
    ECanaMboxes.MBOX1.MDRH.all = 0xCCDDEEFF;
    EALLOW;
    //邮箱中断屏蔽寄存器。上电后所有中断屏蔽位都清零,禁止中断使能,可以允许独立屏蔽任何邮
    //箱中断
    ECanaRegs.CANMIM.all = 0xFFFFFFFF;
    //CANMIM.BIT.x = 1  邮箱中断使能(x = 1~31);CANMIM.BIT.x = 0  邮箱中断禁止(x = 1~31)
    ECanaShadow.CANMC.all = ECanaRegs.CANMC.all;        //把主控寄存器(CANMC)读入影子寄存器
    ECanaShadow.CANMC.bit.CCR = 1;                      //改变配置请求位
    ECanaRegs.CANMC.all = ECanaShadow.CANMC.all;        //把配置好的寄存器值回写
    EDIS;
    /* CPU对配置位时间配置寄存器(CANBTC)和SCC模式的接收屏蔽寄存器(CANGAM、LAM[0]和LAM[3])进
    行写操作。对该位置位后,CPU必须等待,直到CANES寄存器的CCE标志位在送入位时间配置寄存
    器(CANBTC)之前为1 */
    do {
        ECanaShadow.CANES.all = ECanaRegs.CANES.all;
    } while(ECanaShadow.CANES.bit.CCE != 1);            //当CCE = 1时,对位时间配置寄存器
                                                        //(CANBTC)操作

    EALLOW;                                             //配置波特率
    ECanaShadow.CANBTC.all = ECanaRegs.CANBTC.all;      //把CANBTC读入影子寄存器
    ECanaShadow.CANBTC.bit.BRP = 149;                   //(BRP + 1) = 150,最小时间单位TQ = 1 μs
    ECanaShadow.CANBTC.bit.TSEG2 = 2;                   //位定时 bit - time = (TSEG1 + 1) +
                                                        //(TSEG1 + 1) + 1
    ECanaShadow.CANBTC.bit.TSEG1 = 3;                   //bit - time = 8 μs,所以波特率为125 Kbps
    ECanaRegs.CANBTC.all = ECanaShadow.CANBTC.all;      //把配置好的寄存器值回写
    ECanaShadow.CANMC.all = ECanaRegs.CANMC.all;        //把主控寄存器(CANMC)读入影子寄存器
    ECanaShadow.CANMC.bit.CCR = 0;                      //设置CCR = 0,CPU请求正常模式
    ECanaRegs.CANMC.all = ECanaShadow.CANMC.all;        //把配置好的寄存器值回写
    EDIS;
    do
    {
        ECanaShadow.CANES.all = ECanaRegs.CANES.all;
    } while(ECanaShadow.CANES.bit.CCE != 0);            //等待CCE位清零
    EALLOW;                                             //配置eCAN为自回环测试模式,使能
                                                        //eCAN的增强特性
    ECanaShadow.CANMC.all = ECanaRegs.CANMC.all;
```

```
        ECanaShadow.CANMC.bit.STM = 1;                    //配置 CAN 为自回环测试模式
        //CANMC.bit.STM = 0,正常模式;CANMC.bit.STM = 1,自回环测试模式
        ECanaShadow.CANMC.bit.SCM = 1;                    //选择 HECC 工作模式
        ECanaRegs.CANMC.all = ECanaShadow.CANMC.all;
        EDIS;
}
void main(void)
{
    Uint16 j;
    InitSysCtrl();                                        //系统初始化程序,该子程序在 DSP28_
                                                          //sysctrl.c 中
    DINT;                                                 //关闭总中断
    IER = 0x0000;                                         //关闭外设中断
    IFR = 0x0000;                                         //清中断标志
    CAN_INIT();
    while(1) {                                            //开始循环发送数据
        ECanaRegs.CANTRS.all = 0x00000003;
        while(ECanaRegs.CANTA.all != 0x00000003) {};
        ECanaRegs.CANTA.all = 0x0000FFFF;
        MessageReceivedCount ++ ;
        for(j = 0; j<32;)
            {
                mailbox_read(j);                          //把邮箱 j(j = 0~31)的数据读出来
                j ++ ;
                //mailbox_check(TestMbox1,TestMbox2,TestMbox3);   //测试程序是否正确
            }
    }
}
void mailbox_read(int16 MBXnbr)                           //该函数读出邮箱序号(MBXnbr)指示的
                                                          //邮箱内容
{
    volatile struct MBOX * Mailbox;
    Mailbox = &ECanaMboxes.MBOX0 + MBXnbr;
    TestMbox1 = Mailbox->MDRL.all;                        //读出当前邮箱数据低 4 字节
    TestMbox2 = Mailbox->MDRH.all;                        //读出当前邮箱数据高 4 字节
    TestMbox3 = Mailbox->MSGID.all;                       //读出当前邮箱 ID
}
void mailbox_check(int32 T1,int32 T2,int32 T3)            //接收邮箱 MBX 的信息标识符寄存器
                                                          //(MSGID)作为 MDRL 数据传输
{
    if((T1 != T3) ||( T2 != 0x89ABCDEF))    ErrorCount ++ ;
}
```

【**例 15-2**】 本例是使 eCAN 模块工作在正常模式,用于两块实验开发板 A 和实验开发板 B 的相互通信,用一个实验开发板的键盘控制另一个实验开发板的 LED 发光二极管。例

如,按下 A 板的 S1 键,B 板的 LED 发光二极管以递加模式循环点亮;按下 A 板的 S2 键,B 板的 LED 发光二极管以递减模式循环点亮。同样,B 板也能以同样模式控制 A 板。注意在把程序写入两个实验开发板的控制器时,须修改程序中的邮箱地址,使对应邮箱的地址对应起来,方可实现通信。键盘和 LED 发光二极管的用法请参见第 7 章。该程序已在实验开发板上调试通过。

```c
/**************************************************************
* * 功能描述:F2808 eCAN 通信程序,用于两块实验开发板间的相互控制 * *
**************************************************************/
#include "DSP28_Device.h"
Uint32    TestMbox1 = 0;
Uint32    TestMbox2 = 0;
Uint32    TestMbox3 = 0;
void  CAN_INIT()
{
    struct ECAN_REGS ECanaShadow;
    EALLOW;
      GpioMuxRegs.GPFMUX.bit.CANTXA_GPIOF6 = 1;        //设置 GPIOF6 为 CANTX
      GpioMuxRegs.GPFMUX.bit.CANRXA_GPIOF7 = 1;        //设置 GPIOF7 为 CANRX
    EDIS;
    /* eCAN 控制寄存器需要 32 位访问。如果要向一个单独位进行写操作,编译器可能会使其进入 16
    位访问。这里引用一种解决方法,就是用影子寄存器迫使进行 32 位访问。把整个寄存器读入一个
    影子寄存器,这个访问将是 32 位的。用 32 位写操作改变需要改的位,然后把该值复制到 eCAN 寄
    存器 */
    EALLOW;
        ECanaShadow.CANTIOC.all = ECanaRegs.CANTIOC.all;   //把 CANTIOC 寄存器读入影子寄存器
        ECanaShadow.CANTIOC.bit.TXFUNC = 1;                //外部引脚 I/O 使能标志位
    //TXFUNC = 1,CANTX 引脚用于 CAN 发送功能
    //TXFUNC = 0,CANTX 引脚作为通用 I/O 引脚使用
        ECanaRegs.CANTIOC.all = ECanaShadow.CANTIOC.all;   //把配置好的寄存器值回写
        ECanaShadow.CANRIOC.all = ECanaRegs.CANRIOC.all;   //把 CANRIOC 寄存器读入影子寄存器
        ECanaShadow.CANRIOC.bit.RXFUNC = 1;                //外部引脚 I/O 使能标志位
    //RXFUNC = 1,CANRX 引脚用于 CAN 接收功能
    //RXFUNC = 0,CANRX 引脚作为通用 I/O 引脚使用
        ECanaRegs.CANRIOC.all = ECanaShadow.CANRIOC.all;   //把配置好的寄存器值回写
    EDIS;
    //在配置邮箱 ID 值之前,邮箱使能寄存器(CANME)对应的位必须复位
    //如果邮箱使能寄存器(CANME)中对应的位置位,则 ID 写入操作无效
        ECanaRegs.CANME.all = 0;                           //复位所有的邮箱
        ECanaMboxes.MBOX0.MSGID.all = 0x15100000;          //配置发送邮箱 0 的 ID:标识符 11 位
        ECanaMboxes.MBOX1.MSGID.all = 0x15100000;          //配置发送邮箱 1 的 ID:标识符 11 位
        ECanaMboxes.MBOX16.MSGID.all = 0x15200000;         //确定接收邮箱 16 的 ID
    //把邮箱 0~15 配置为发送邮箱,把邮箱 16~31 配置为接收邮箱
        ECanaRegs.CANMD.all = 0xFFFF0000;
        ECanaRegs.CANME.all = 0xFFFFFFFF;                  //CAN 模块使能对应的邮箱
```

```c
ECanaMboxes.MBOX0.MSGCTRL.bit.DLC = 8;
ECanaMboxes.MBOX1.MSGCTRL.bit.DLC = 8;              //把发送、接收数据的长度定义为8位
ECanaMboxes.MBOX0.MSGCTRL.bit.RTR = 0;              //无远程帧请求
//因为RTR位在复位后状态不定,因此在程序进行初始化时必须对该位赋值
ECanaMboxes.MBOX1.MSGCTRL.bit.RTR = 0;
//把待发送的数据写入发送邮箱
ECanaMboxes.MBOX0.MDRL.all = 0x55555555;
ECanaMboxes.MBOX0.MDRH.all = 0x55555501;
ECanaMboxes.MBOX1.MDRL.all = 0x55555555;
ECanaMboxes.MBOX1.MDRH.all = 0x55555502;
EALLOW;
//邮箱中断屏蔽寄存器。上电后所有的中断屏蔽位都清零且中断停止使能
//这些位允许独立屏蔽任何邮箱中断
ECanaRegs.CANMIM.all = 0xFFFFFFFF;
//CANMIM.BIT.x = 1,邮箱中断使能(x = 1~31);CANMIM.BIT.x = 0,邮箱中断禁止(x = 1~31)
ECanaShadow.CANMC.all = ECanaRegs.CANMC.all;        //把CANMC读入影子寄存器
ECanaShadow.CANMC.bit.CCR = 1;                      //改变配置请求位
ECanaShadow.CANMC.bit.SCM = 1;                      //eCAN模式,所有邮箱使能
ECanaRegs.CANMC.all = ECanaShadow.CANMC.all;        //把配置好的寄存器值回写
EDIS;
/* CPU要求对配置位时间配置寄存器(CANBTC)和SCC模式的接收屏蔽寄存器(CANGAM、LAM[0]和
LAM[3])进行写操作。对该位置位后,CPU必须等待,直到CANES寄存器的CCE标志位在送入位时间
配置寄存器(CANBTC)之前为1 */
do
{
    ECanaShadow.CANES.all = ECanaRegs.CANES.all;
} while(ECanaShadow.CANES.bit.CCE != 1);            //当CCE = 1时位时间配置寄存器
                                                    //(CANBTC)操作
EALLOW;
ECanaShadow.CANBTC.all = ECanaRegs.CANBTC.all;      //把CANBTC读入影子寄存器
ECanaShadow.CANBTC.bit.BRP = 149;                   //(BRP + 1) = 150,最小时间单位TQ = 1 μs
ECanaShadow.CANBTC.bit.TSEG2 = 2;                   //位定时bit - time = (TSEG1 + 1) + (TSEG1 + 1) + 1
ECanaShadow.CANBTC.bit.TSEG1 = 3;                   //bit - time = 8 μs,所以波特率为125 Kbps
ECanaRegs.CANBTC.all = ECanaShadow.CANBTC.all;      //把配置好的寄存器值回写
ECanaShadow.CANMC.all = ECanaRegs.CANMC.all;        //把CANMC读入影子寄存器
ECanaShadow.CANMC.bit.CCR = 0;                      //设置CCR = 0,请求正常模式
ECanaRegs.CANMC.all = ECanaShadow.CANMC.all;        //把配置好的寄存器值回写
EDIS;
do
{
    ECanaShadow.CANES.all = ECanaRegs.CANES.all;
} while(ECanaShadow.CANES.bit.CCE != 0);            //等待CCE位清零
EALLOW;
ECanaShadow.CANMC.all = ECanaRegs.CANMC.all;
ECanaShadow.CANMC.bit.STM = 0;                      //配置CAN为正常模式,即CANMC.bit.STM = 0
```

第15章 增强型局域网控制器

```c
    ECanaShadow.CANMC.bit.SCM = 1;              //CANMC.bit.STM = 1,自回环测试模式
    ECanaRegs.CANMC.all = ECanaShadow.CANMC.all; //选择 HECC 模式
    EDIS;
}
void mailbox_read(int16 MBXnbr)                 //该函数读出邮箱序号(MBXnbr)指示
                                                //的邮箱内容
{
    volatile struct MBOX * Mailbox;
    Mailbox = &ECanaMboxes.MBOX0 + MBXnbr;
    TestMbox1 = Mailbox->MDRL.all;              //读出当前邮箱数据低4字节
    TestMbox2 = Mailbox->MDRH.all;              //读出当前邮箱数据高4字节
    TestMbox3 = Mailbox->MSGID.all;             //读出当前邮箱 ID
}
void IOinit(void)
{
    EALLOW;                                     //将 GPIOE0～GPIOE2 配置为一般 I/O
                                                //接口输出,作为138译码
    GpioMuxRegs.GPEMUX.all = GpioMuxRegs.GPEMUX.all&0xfff8;
    GpioMuxRegs.GPEDIR.all = GpioMuxRegs.GPEDIR.all|0x0007;
    //将 GPIOB8～GPIOB15 配置为一般 I/O 接口,D0～D7
    GpioMuxRegs.GPBMUX.all = GpioMuxRegs.GPBMUX.all&0x00ff;
    EDIS;
}
int KeyIn(void)
{
    unsigned long int i = 0;
    EALLOW;                                     //将 GPIOB8～GPIOB15 配置为输入
                                                //D0～D7
    GpioMuxRegs.GPBDIR.all = GpioMuxRegs.GPBDIR.all&0x00ff;
    EDIS;
    GpioDataRegs.GPEDAT.all = 0xfff8;           //选通键盘低8位
    for(i = 0; i<100; i++){}                    //延时判断 S1 是否按下
    if((GpioDataRegs.GPBDAT.all|0x00ff) == 0xfeff)
    {
        for(i = 0; i<100000; i++){}             //延时消抖动
        if((GpioDataRegs.GPBDAT.all|0x00ff) == 0xfeff)
        {
            while((GpioDataRegs.GPBDAT.all|0x00ff) == 0xfeff)  //判 S1 是否断开
            {
                GpioDataRegs.GPDDAT.bit.GPIOD1 = ! GpioDataRegs.GPDDAT.bit.GPIOD1;
                for(i = 0; i<1000; i++){}
            }
            return(1);
        }
```

```c
            }
                                              //判断 S2 是否按下
        if((GpioDataRegs.GPBDAT.all|0x00ff) == 0xfdff)
        {
            for(i = 0; i<100000; i++){}       //延时消抖动
            if((GpioDataRegs.GPBDAT.all|0x00ff) == 0xfdff)
            {
                while((GpioDataRegs.GPBDAT.all|0x00ff) == 0xfdff)  //判 S2 是否断开
                {
                    GpioDataRegs.GPDDAT.bit.GPIOD1 = ! GpioDataRegs.GPDDAT.bit.GPIOD1;
                    for(i = 0; i<1000; i++){}
                }
                return(2);
            }
        }
    return(0);
}
void LedOut(Uint16 led)
{
    unsigned long int i = 0;
    EALLOW;
    //将 GPIOB8~GPIOB15 配置为输出,D0~D7
    GpioMuxRegs.GPBDIR.all = GpioMuxRegs.GPBDIR.all|0xff00;
    EDIS;
    GpioDataRegs.GPEDAT.all = 0xfffb;          //LEDB 清零
    GpioDataRegs.GPBDAT.all = ~ led;
    for(i = 0; i<100; i++){}                   //延时
    GpioDataRegs.GPEDAT.all = 0xffff;          //锁存高 8 位
    GpioDataRegs.GPEDAT.all = 0xfffa;          //LEDA 清零
    GpioDataRegs.GPBDAT.all = ~ (led<<8);
    for(i = 0; i<100; i++){}
    GpioDataRegs.GPEDAT.all = 0xffff;          //锁存低 8 位
}
void main(void)
{
    Uint16 dis = 0x0000;
    InitSysCtrl();                             //系统初始化程序,该子程序在
                                               //DSP28_sysctrl.c 中
    DINT;                                      //关闭总中断
    IER = 0x0000;                              //关闭外设中断
    IFR = 0x0000;                              //清中断标志
    CAN_INIT();
    IOinit();
    LedOut(dis);
    while(1)
```

```
        {
            if(KeyIn() == 1)
            {
                ECanaRegs.CANTRS.all = 0x00000001;
                //while(ECanaRegs.CANTA.all != 0x00000001) {};
                ECanaRegs.CANTA.all = 0x0000FFFF;
            }
            if(KeyIn() == 2)
            {
                ECanaRegs.CANTRS.all = 0x00000002;
                //while(ECanaRegs.CANTA.all != 0x00000002) {};
                ECanaRegs.CANTA.all = 0x0000FFFF;
            }
            if(ECanaRegs.CANRMP.all == 0x00010000)
            {
                ECanaRegs.CANRMP.all = 0xFFFF0000;
                mailbox_read(16);
                if(TestMbox2 == 0x55555501)
                {
                    dis = dis + 1;
                    LedOut(dis);
                }
                if(TestMbox2 == 0x55555502)
                {
                    dis = dis - 1;
                    LedOut(dis);
                }
            }
        }
}
```

在验证该实验时注意，以上程序仅是一个实验开发板的，另一个实验开发板的程序需在以上程序的基础上作如下修改，以使邮箱地址正确对应。

原程序的代码段：

```
ECanaMboxes.MBOX0.MSGID.all = 0x15100000;        //配置发送邮箱 0 的 ID：标识符 11 位
ECanaMboxes.MBOX1.MSGID.all = 0x15100000;        //配置发送邮箱 1 的 ID：标识符 11 位
ECanaMboxes.MBOX16.MSGID.all = 0x15200000;       //确定接收邮箱 16 的 ID
```

改为：

```
ECanaMboxes.MBOX0.MSGID.all = 0x15200000;        //配置发送邮箱 0 的 ID：标识符 11 位
ECanaMboxes.MBOX1.MSGID.all = 0x15200000;        //配置发送邮箱 1 的 ID：标识符 11 位
ECanaMboxes.MBOX16.MSGID.all = 0x15100000;       //确定接收邮箱 16 的 ID
```

即可。

第 16 章

TMS320F2808 的 C 语言编程应用实例

16.1 图形液晶显示模块与 TMS320F2808 接口编程

由于液晶显示器(LCD)具有显示信息丰富、功耗低、体积小、重量轻、超薄等诸多其他显示器无法比拟的优点,因此,它广泛用于各种智能型仪器和低功耗等电子产品中。点阵式(或图形式)LCD 不仅可以显示字符、数字,还可以显示各种图形、曲线及汉字,并且可以实现屏幕上下左右滚动、动画、闪烁、文本特性显示等功能,用途十分广泛。本章在简介液晶显示模块的结构、功能的基础上,介绍 F2808 芯片与 LCD 模块的硬件接口电路和软件编程特点。

16.2 硬件设计

1. MCG12864A8-3 的结构特点

该液晶显示模块由两片分辨率为 64×64 的液晶驱动芯片组成,其显示分辨率为 128×64,它采用 KS0108B 及其兼容控制驱动器(例如 HD61202)作为列驱动器,采用 KS0107B 及其兼容驱动器(例如 HD61203)作为行驱动器,如图 16-1 所示。由于 KS0107B(或 HD61203)不与 F2808 发生联系,故只要提供电源就能产生行驱动信号和各种同步信号。利用该模块灵活的接口方式和简单、方便的操作指令,可构成全中文人机交互图形界面。该液晶模块可以显示 8×2 行 16×16 点阵的汉字,也可完成图形显示。

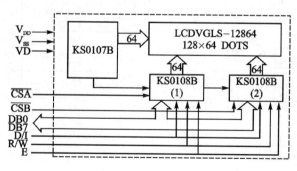

图 16-1 MCG12864A8-3 的逻辑电路

在 MCG12864A8-3 中,$\overline{CSA}$ 与 KS0108B(1) 的 CS1 相连;$\overline{CSB}$ 与 KS0108B(2) 的 CS1 相连。因此 $\overline{CSA}$、$\overline{CSB}$ 选通组合信号为 $\overline{CSA}$、$\overline{CSB}$=01 选通(1)、$\overline{CSA}$、$\overline{CSB}$=10 选通(2)。

2. MCG12864A8-3 模块的引脚说明

MCG12864A8-3 模块共有 20 个引脚,其定义如表 16-1 所列。关于 MCG12864A8-3 的接口信号和时序等详细资料可参见液晶显示模块使用手册。

表 16-1 MCG12864A8-3 模块的引脚定义

序 号	符 号	状 态	功能说明
1	$\overline{CSA}$	输入	片选 1
2	$\overline{CSB}$	输入	片选 2
3	V_{SS}	—	数字地
4	V_{DD}	—	逻辑电源+5 V
5	V_0	—	对比度设定
6	D/I	输入	指令/数据通道
7	R/W	输入	读/写选择
8	E	输入	使能信号,数据在下降沿时写入 LCM;在高电平时读出 LCM
9~16	DB0~DB7	三态	数据线
17	V_{CC}	输入	背光控制线
18	V_{SS}	—	电源地

3. F2808 与 MCG12864A8-3 模块的接口电路

图 16-2 和图 16-3 为液晶显示模块 MCG12864A8-3 与 F2808 的接口电路。

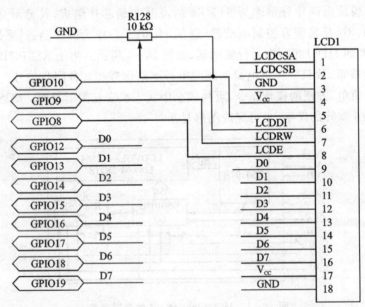

图 16-2 液晶显示模块与 F2808 的接口电路 1

图 16-2 显示电路采用 F2808 通用 I/O 口间接实现对液晶显示模块进行控制,同时将 F2808 的 A 口的 8 位 GPIO12~GPIOB19 作为数据总线,关于使用 74LVC138 译码器进行数

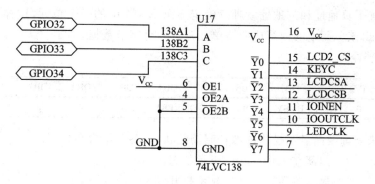

图 16-3　液晶显示模块与 F2808 的接口电路 2

据总线的扩展请参见第 7 章。该液晶显示模块为单 3.3 V 供电。液晶显示模块的第 5 引脚串接 10 kΩ 的电阻用于液晶显示对比度的调节。背光控制线直接接高电平 V_{cc}，一旦上电就会点亮液晶显示器。

在图 16-3 中，选择 $\overline{Y_2}$、$\overline{Y_3}$ 的高电平来控制液晶屏两个屏幕的选择，其中 $\overline{CSA}$ 用来控制右屏幕、$\overline{CSB}$ 用来控制左屏幕。

16.3　液晶显示模块指令系统

KS0108B 及其兼容控制驱动器的指令系统比较简单，总共只有 7 种，现分别介绍如下：
① 显示开/关指令

R/W	D/I	DB7	DB6	DB5	DB4	DB3	DB2	DB1	DB0
0	0	0	0	1	1	1	1	1	I/O

当 DB0＝1 时，LCD 显示 RAM 中的内容；DB0＝0 时，关闭显示。
② 显示起始行 ROW 设置指令

R/W	D/I	DB7	DB6	DB5	DB4	DB3	DB2	DB1	DB0
0	0	1	1	显示起始行(0~63)					

该指令设置对应液晶屏最上一行的显示 RAM 的行号，有规律地改变显示起始行，可以使 LCD 实现显示滚屏的效果。
③ 页 PAGE 设置指令

R/W	D/I	DB7	DB6	DB5	DB4	DB3	DB2	DB1	DB0
0	0	1	0	1	1	1	页号(0~7)		

显示 RAM 区域共 64 行，分 8 页，每页 8 行。
④ 列地址 Y Address 设置指令

R/W	D/I	DB7	DB6	DB5	DB4	DB3	DB2	DB1	DB0
0	0	0	1	显示列地址(0~63)					

该指令设置了页地址和列地址就唯一确定显示 RAM 中的一个单元,这样 F2808 就可以用读/写指令读出该单元中的内容或向该单元写进一个字节数据。

⑤ 读状态指令

R/W	D/I	DB7	DB6	DB5	DB4	DB3	DB2	DB1	DB0
1	0	BUSY	0	ON/OFF	REST	0	0	0	0

该指令用来查询液晶显示模块内部控制器的状态,各参量含义如下。

BUSY   1   内部在工作;   0   正常状态。
ON/OFF   1   显示关闭;   0   显示打开。
RESET   1   复位状态;   0   正常状态。

在 BUSY 和复位状态时,除读状态指令外,其他指令均不对液晶显示模块产生作用。在对液晶显示模块操作之前,要查询 BUSY 状态以确定是否可以对液晶显示模块进行操作。

⑥ 写数据指令

R/W	D/I	DB7	DB6	DB5	DB4	DB3	DB2	DB1	DB0
0	1				写数据				

⑦ 读数据指令

R/W	D/I	DB7	DB6	DB5	DB4	DB3	DB2	DB1	DB0
1	1				读显示数据				

读/写数据指令每执行完一次读/写操作列地址就自动增 1。必须注意的是,进行读取操作之前必须有一次空读取操作,紧接着再读才会读出所要读的单元中的数据。

16.4 液晶显示程序清单

以下给出一个已经在模板上调试通过的液晶显示程序。本程序是在液晶显示屏上显示"重庆大学"4 个汉字,同时让背光点亮。该程序已在实验开发板上调试通过。

```
/******************************************************
** 功能描述:该程序对 MCG12864A8-3 液晶屏进行初始化并开启显示
******************************************************/
#include "DSP280x_Device.h"
#define    LCD_DI    GpioDataRegs.GPADAT.bit.GPIO10    //指令/数据,低为数据
#define    LCD_RW    GpioDataRegs.GPADAT.bit.GPIO9     //读/写,低为写
#define    LCD_E     GpioDataRegs.GPADAT.bit.GPIO8     //使能信号,下降沿写入
char table1[300] = {
0x08,0x08,0x0A,0xEA,0xAA,0xAA,0xAA,0xFF,0xA9,0xA9,0xA9,0xE9,0x08,0x08,0x08,0x00,
0x40,0x40,0x48,0x4B,0x4A,0x4A,0x4A,0x7F,0x4A,0x4A,0x4A,0x4B,0x48,0x40,0x40,0x00,
// 重
0x00,0x00,0xFC,0x44,0x44,0x44,0x44,0xC5,0x7E,0xC4,0x44,0x44,0x44,0x44,0x44,0x00,
0x40,0x30,0x0F,0x40,0x20,0x10,0x0C,0x03,0x00,0x01,0x06,0x18,0x30,0x60,0x20,0x00,
// 庆
```

```
0x20,0x20,0x20,0x20,0x20,0x20,0xA0,0x7F,0xA0,0x20,0x20,0x20,0x20,0x20,0x20,0x00,
0x00,0x80,0x40,0x20,0x10,0x0C,0x03,0x00,0x01,0x06,0x08,0x30,0x60,0xC0,0x40,0x00,
// 大
0x40,0x30,0x10,0x12,0x5C,0x54,0x50,0x51,0x5E,0xD4,0x50,0x18,0x57,0x32,0x10,0x00,
0x00,0x02,0x02,0x02,0x02,0x02,0x42,0x82,0x7F,0x02,0x02,0x02,0x02,0x02,0x02,0x00,
// 学
};
void ReadLcdState (Uint16 E)                          //读状态字,判断忙否,E为区分左右
{
    unsigned long int i = 0;
    Uint32 STAFLAG;
    EALLOW;
    GpioCtrlRegs.GPADIR.all = GpioCtrlRegs.GPADIR.all&0xfff00fff;   //D0~D7 输入
    EDIS;
    if(E == 1)
        GpioDataRegs.GPBDAT.all = 0xfffa;           //CSA = 0,CSB = 1 左
    else
        GpioDataRegs.GPBDAT.all = 0xfffb;           //CSA = 1,CSB = 0 右
    LCD_DI = 0;
    for(i = 0; i<2; i ++ ){}
    LCD_RW = 1;
    for(i = 0; i<2; i ++ ){}
    while(1)
    {
        LCD_E = 1;
        for(i = 0; i<2; i ++ ){}
        STAFLAG = GpioDataRegs.GPADAT.all&0x80000;    //读液晶状态
        if(STAFLAG == 0x0000)break;
    }
}
void WriteLcdIns (Uint32 INS,Uint16 E)                //写指令,E为区分左右
{
    unsigned long int i = 0;
    ReadLcdState (E);
    EALLOW;
    GpioCtrlRegs.GPADIR.all = GpioCtrlRegs.GPADIR.all|0x000ff000;   //D0~D7 输出
    EDIS;
    if(E == 1)
        GpioDataRegs.GPBDAT.all = 0xfffa;           //CSA = 0,CSB = 1 左
    else
        GpioDataRegs.GPBDAT.all = 0xfffb;           //CSA = 1,CSB = 0 右
    LCD_RW = 0;
    for(i = 0; i<2; i ++ ){}
    LCD_DI = 0;
    for(i = 0; i<2; i ++ ){}
```

```c
        LCD_E = 1;
        GpioDataRegs.GPADAT.all = (GpioDataRegs.GPADAT.all&0xfff00fff)|(INS<<12);
                                                        //指令写入LCD
        for(i = 0; i<2; i++){}
        LCD_E = 0;
    }

    void WriteLcdData (Uint32 DATA,Uint16 Yaddress,Uint16 E)   //写数据,E为区分左右
    {
        unsigned long int i = 0;
        WriteLcdIns(Yaddress,E);                        //设置列地址
        ReadLcdState (E);                               //查询液晶是否为空闲
        EALLOW;
        GpioCtrlRegs.GPADIR.all = GpioCtrlRegs.GPADIR.all|0x000ff000;  //D0~D7 输出
        EDIS;
        if(E == 1)
            GpioDataRegs.GPBDAT.all = 0xfffa;           //CSA = 0,CSB = 1 左
        else
            GpioDataRegs.GPBDAT.all = 0xfffb;           //CSA = 1,CSB = 0 右
        LCD_RW = 0;
        for(i = 0; i<2; i++){}
        LCD_DI = 1;
        for(i = 0; i<2; i++){}
        LCD_E = 1;
        GpioDataRegs.GPADAT.all = (GpioDataRegs.GPADAT.all&0xfff00fff)|(DATA<<12);
                                                        //数据写入LCD
        for(i = 0; i<2; i++){}
        LCD_E = 0;
    }
    void OffLcdDis (Uint16 E)                           //关显示
    {
        unsigned long int i = 0;
        Uint32 STAFLAG;
        while(1)
        {
            WriteLcdIns (0X3E,E);                       //写指令:关闭显示
            ReadLcdState (E);                           //查询液晶是否为空闲
        EALLOW;
        GpioCtrlRegs.GPADIR.all = GpioCtrlRegs.GPADIR.all&0xfff00fff;  //D0~D7 输入
        EDIS;
            if(E == 1)
                GpioDataRegs.GPBDAT.all = 0xfffa;       //CSA = 0,CSB = 1 左
            else
                GpioDataRegs.GPBDAT.all = 0xfffb;       //CSA = 1,CSB = 0 右
            LCD_RW = 1;
```

```c
        for(i = 0; i<2; i ++ ){}
        LCD_DI = 0;
        for(i = 0; i<2; i ++ ){}
        LCD_E = 1;
        for(i = 0; i<2; i ++ ){}
        LCD_E = 0;
        STAFLAG = GpioDataRegs.GPADAT.all&0X20000;    //读液晶状态
        if(STAFLAG == 0X20000)break;                  //如液晶关闭,则退出循环
    }
}
void OpenLcdDis (Uint16 E)                            //开显示
{
    unsigned long int i = 0;
    Uint32 STAFLAG;
    while(1)
    {
        WriteLcdIns (0x3F,E);                         //写指令:LCD 显示 RAM 中的内容
        ReadLcdState (E);                             //查询液晶是否为空闲
    EALLOW;
    GpioCtrlRegs.GPADIR.all = GpioCtrlRegs.GPADIR.all&0xfff00fff;   //D0~D7 输入
    EDIS;
        if(E == 1)
            GpioDataRegs.GPBDAT.all = 0xfffa;         //CSA = 0,CSB = 1 左
        else
            GpioDataRegs.GPBDAT.all = 0xfffb;         //CSA = 1,CSB = 0 右
        LCD_RW = 1;
        for(i = 0; i<2; i ++ ){}
        LCD_DI = 0;
        for(i = 0; i<2; i ++ ){}
        LCD_E = 1;
        for(i = 0; i<2; i ++ ){}
        LCD_E = 0;
        STAFLAG = GpioDataRegs.GPADAT.all&0X20000;    //读液晶状态
        if(STAFLAG == 0x00000)break;                  //如果液晶被打开,则退出循环
    }
}
void ClrLcdDis (Uint16 E)                             //清屏
{
    Uint16 PAGENUM;                                   //页地址 B8~BF
    Uint16 Yaddress;                                  //Y 地址 40~7F
    for (PAGENUM = 0xB8; PAGENUM< = 0xBF; PAGENUM ++ )
        {
        WriteLcdIns (PAGENUM, E);                     //设置相应的页地址
            for (Yaddress = 0x40; Yaddress< = 0x7F; Yaddress ++ )
        {
```

```c
                WriteLcdData(0x00, Yaddress, E);        //送0清屏
        }
    }
}
void LCDinit (Uint16 E)                                  //LCD 初始化子程序
{
    OffLcdDis (E);                                       //关显示
    WriteLcdIns (0x0A4,E);                               //设置显示驱动,占空比,复位,ADC选择等
    WriteLcdIns (0x0A9,E);
    WriteLcdIns (0x0E2,E);
    WriteLcdIns (0x0A0,E);
    ClrLcdDis (E);                                       //清屏
    WriteLcdIns (0x3F,E);                                //写指令:LCD 显示 RAM 中的内容
    OpenLcdDis (E);                                      //开显示
}
void DISPLAY(Uint16 n,Uint16 E,Uint16 PAGADD,Uint16 Yaddress)   //送显汉字子程序
{
    Uint16 K;
    char TEMP;
    WriteLcdIns (0X0c0,E);
    WriteLcdIns (PAGADD,E);
    n = n * 32;
    for(K = 0;K<16;K ++ ,Yaddress ++ )
    {
        TEMP = table1[K + n];
        WriteLcdData (TEMP,Yaddress,E);
    }
    Yaddress = Yaddress - 16;
    PAGADD = PAGADD + 1;
    WriteLcdIns (PAGADD,E);
    for(;K<32;K ++ ,Yaddress ++ )
    {
        TEMP = table1[K + n];
        WriteLcdData (TEMP,Yaddress,E);
    }
    WriteLcdIns (0X0C0,E);
    PAGADD = PAGADD - 1;
    WriteLcdIns (PAGADD,E);
}
void IOinit()                                            // I/O 初始化子程序
{
    EALLOW;
    GpioCtrlRegs.GPAMUX1.all = GpioCtrlRegs.GPAMUX1.all&0x00000000;
    GpioCtrlRegs.GPAMUX2.all = GpioCtrlRegs.GPAMUX2.all&0x00000000;
    GpioCtrlRegs.GPADIR.all = GpioCtrlRegs.GPADIR.all|0xfff00fff;
```

```
        GpioCtrlRegs.GPBMUX1.all = GpioCtrlRegs.GPBMUX1.all&0x00000000;
        GpioCtrlRegs.GPBDIR.all = GpioCtrlRegs.GPBDIR.all|0x0ff;
        EDIS;
}
main()
{
        InitSysCtrl();                              //系统初始化程序,该子程序在
                                                    //DSP28_sysctrl.c 中
        DINT;                                       //关闭总中断
        IER = 0x0000;                               //关闭外部中断
        IFR = 0x0000;                               //请中断标志
        IOinit();                                   //I/O 初始化子程序
        LCDinit(1);                                 //LCD 初始化子程序
        LCDinit(2);
        DISPLAY (0,1,0xBA,0x47);                    //重
        DISPLAY (1,1,0xBA,0x67);                    //庆
        DISPLAY (2,2,0xBA,0x47);                    //大
        DISPLAY (3,2,0xBA,0x67);                    //学
        for( ; ; ){}
}
```

对程序的说明：

- 对液晶的初始化特别重要,初始化的顺序为:关显示→正常显示驱动设置→占空比设置→复位→ADC 选择→清屏→开显示(具体方法见上面的程序)。初始化完成以后,用户就可以按照程序中的方法,通过调用模块化的子程序,在液晶显示屏的任意位置显示汉字、字母或其他图形了。
- 无论是对液晶的初始化还是在液晶的相应位置显示相应的图案,都可能涉及液晶不同的两边。为了节约程序空间和程序的编写量,程序中对两边(E1、E2 边)的操作都用同一个程序模块,而通过 C 语言灵活的参数传递的方法区别需要对哪一边进行操作。

使用 LCD 底层的子程序库,可以模仿 LCDP0 很简单地实现其他信息的显示。只要设置相应的显示字符字库存储的首地址、需要操作显示的边数(1 或 2)、显示起始页及显示起始列就行了。如果与键盘配合就可以显示很多信息,能很好地满足工业控制中对带汉字信息显示的要求。

附　录
光盘内容说明

本书附带光盘包含书中第 7 章～第 16 章所有汇编或 C 语言程序，以及头文件和命令文件。个别章中包含 2 个以上样例程序。为了编译程序，读者可直接将程序复制到自己的计算机。

光盘根目录下包含 4 个文件夹："DSP280x_common"、"DSP280x_examples"、"DSP280x_headers" 和"总程序-所有程序合在一起"。读者可以将其子文件夹复制到自己的工程文件夹即可。

光盘内包含的文件夹内容说明如下：

| DSP280x_common　　　命令文件夹
| DSP280x_examples　　各章样例文件夹
　　　　| chapter7 2808gpio_key
　　　　| chapter8 2808sci1.0
　　　　| chapter8 2808sci2.0
　　　　| chapter9 2808adc1.0
　　　　| chapter9 2808adc2.0
　　　　| chapter10 2808pwm1.0
　　　　| chapter10 2808pwm2.0
　　　　| chapter11 eqep_example
　　　　| chapter12 2808ecap_apwm
　　　　| chapter13 2808i2c_eeprom
　　　　| chapter14 2808spi_led
　　　　| chapter15 2808ecan2.1
　　　　| chapter15 2808ecan1.0
　　　　| chapter15 2808ecan2.2
　　　　| chapter16 2808lcd
　　　　注：第 15 章的 chapter15 2808ecan2.1 与 chapter15 2808ecan2.2 是两个实验板通信的程序。
| DSP280x_headers 头文件夹
　　　　此文件夹包含 4 个文件夹，读者直接将其复制到自己的工程文件夹下即可，不需要做任何改动，与每章的程序组合在一起形成工程文件。
| 总程序-所有程序合在一起
　　　　此文件夹是一个所有功能组合在一起的工程文件。
　　　　此文件夹下包含 3 个文件夹，读者直接将其复制到自己的工程文件夹下即可，不需要做任何改动，已经形成工程文件，可以直接编译、链接下载使用。

参考文献

[1] Texas Instruments. TMS320x280x, 2801x, 2804x DSP System Control and Interrupts Reference Guide. SPRU712F.

[2] Texas Instruments. TMS320F2809, TMS320F2808, TMS320F2806, TMS320F2802, TMS320F2801, TMS320C2802, TMS320C2801, TMS320F28016, TMS320F28015, Digital Signal Processors, Data Manual. SPRS230L.

[3] Texas Instruments. TMS320F280x, TMS320C280x, and TMS320F2801x DSC Silicon Errata. SPRZ171L.

[4] Texas Instruments. TMS320C2000 Motor Control Primer User's Guide. SPRUGI6

[5] Texas Instruments. TMS320x280x, 2801x, 2804x Serial Peripheral Interface Reference Guide. SPRUG72.

[6] Texas Instruments. TMS320x280x, 2801x, 2804x Serial Communications Interface (SCI) Reference Guide. SPRUFK7A.

[7] Texas Instruments. TMS320x280x/2801x Enhanced Controller Area Network (eCAN) Reference Guide. SPRUEU0.

[8] Texas Instruments. TMS320x280x, 2801x, 2804x High Resolution Pulse Width Modulator Reference Guide. SPRU924E.

[9] Texas Instruments. TMS320x280x, 2801x, 2804x Enhanced Capture (eCAP) Module Reference Guide. SPRU807B.

[10] Texas Instruments. TMS320x280x, 2801x, 2804x Enhanced Pulse Width Modulator (ePWM) Module Reference Guide. SPRU791F.

[11] Texas Instruments. TMS320x280x, 2801x, 2804x Enhanced Quadrature Encoder Pulse (eQEP) Module Reference Guide. SPRU790D.

[12] Texas Instruments. TMS320x280x, 2801x, 2804x Inter-Integrated Circuit (I2C) Reference Guide. SPRU721B.

[13] Texas Instruments. TMS320x280x, 2801x, 2804x DSP Analog-to-Digital Converter (ADC) Reference Guide. SPRU716D.